A 类石油石化设备材料监造大纲

（石化专用设备分册）

中国石油化工集团有限公司物资装备部　编

内容提要

《A类石油石化设备材料监造大纲》是中国石油化工集团有限公司物资装备部总结以往监造管理工作经验，结合设备材料监造管理制度及相关标准的要求，形成的一套工具书。分为《材料》《阀门管件》《石化专用设备》《石化转动设备与电气设备》《石油专用设备》五个分册，是为A类石油石化设备材料监造管理工作制订的技术规范。明确实施监造设备材料的关键部件、关键生产工序，以及质量控制内容，规范中国石化设备材料监造工作流程和质量控制点，是委托第三方监造单位开展A类石油石化设备材料监造管理工作的指导用书。

《A类石油石化设备材料监造大纲》适合从事石油石化设备材料采购、物资供应质量管理、生产建设项目管理、设备技术管理、工程设计等相关人员阅读参考。

图书在版编目（CIP）数据

A类石油石化设备材料监造大纲．3，石化专用设备分册/中国石油化工集团有限公司物资装备部编．— 北京：中国石化出版社，2020.5
ISBN 978-7-5114-5747-9

Ⅰ．①A… Ⅱ．①中… Ⅲ．①石油化工设备—制造—监管制度②石油化工—化工材料—制造—监管制度 Ⅳ．① TE65

中国版本图书馆CIP数据核字（2020）第065466号

未经本社书面授权，本书任何部分不得被复制、抄袭，或者以任何形式或任何方式传播。版权所有，侵权必究。

中国石化出版社出版发行
地址：北京市东城区安定门外大街58号
邮编：100011 电话：（010）57512500
发行部电话：（010）57512575
http://www.sinopec-press.com
E-mail: press@sinopec.com
北京科信印刷有限公司印刷
全国各地新华书店经销

*

710×1000 毫米 16 开本 80.5 印张 1232 千字
2020年6月第1版 2020年6月第1次印刷
定价：320.00 元（全五册）

编委会

主　　任：茹　军　王　玲
副 主 任：戚志强
委　　员：张兆文　徐　野　刘华洁　高文辉　方　华　李晓华
　　　　　沈中祥　苗　濛　范晓骏　孙树福　周丙涛　余良俭

编写组

主　　编：张兆文
副 主 编：孙树福　余良俭　张　铦
编写人员：娄方毅　田洪辉　傅　军　刘　旸　王洪璞　王瑞强
　　　　　陈生新　陶　晶　刘长卿　程　勇　赵保兴　曲吉堂
　　　　　张冰峻　王秀华　王　磊　唐晓渭　王志敏　夏筱斐
　　　　　王宇韬　郭　峰　吴　宇　杨　景　陈明健　解朝晖
　　　　　章　敏　胡积胜　张海波　葛新生　周钦凯　王　勤
　　　　　田　阳　郑明宇　邵树伟　华　伟　时晓峰　方寿奇
　　　　　贺立新　魏　嵬　赵　峰　张　平　李　楠　刘　鑫
　　　　　李科锋　孙亮亮　付　林　郑庆伦　华锁宝　李星华
　　　　　赵清万　李　辉　易　锋　陈　琳　杨运李　王常青
　　　　　康建强　吴晓俣　吴　挺　刘海洋　陆　帅　李文健
　　　　　田海涛　陈允轩　吴茂成　蔡志伟　李　波　孙宏艳
　　　　　肖殿兴　朱全功　赵付军　姚金昌　鄢邦兵

审核人员

秦士珍　李广月　尉忠友　龚　宏　赵　巍　谭　宁
王立坤　方紫咪　曲立峰　崔建群　毛之鉴　黄　强
沈　珉　邓卫平　李胜利　柯松林　刘智勇　黄　志
黄水龙　刘建忠　徐艳迪

序言
PREFACE

为落实质量强国战略，中国石化坚持"质量永远领先一步"的质量方针，高度重视物资供应质量风险控制，致力打造基业长青的世界一流能源化工公司。设备材料制造质量直接影响石油石化生产建设项目质量进度和生产装置安稳长满优运行，是本质安全的基础。对设备材料制造过程实施监造，开展产品质量过程监控，是中国石化始终坚持的物资质量管控措施。

对于生产建设所需物资，按照其重要程度，实行质量分类管理。对用于生产工艺主流程，出现质量问题对安全生产、产品质量有重大影响的物资确定为A类物资，对A类物资实施第三方驻厂监造。多年来中国石化积累了丰富的监造管理经验，为沉淀和固化行之有效的经验和做法，物资装备部2010年组织编写并出版发行了《重要石化设备监造大纲》（上册），包括加氢反应器、螺纹锁紧环换热器、压缩机组、炉管等共19大类设备；2013年组织编写并出版发行了《重要石化设备监造大纲》（下册），包括烟气轮机、聚酯反应器、冷箱、空冷器、阀门、管件等共17大类设备材料。

为持续提高物资供应质量风险防控能力和质量管理水平，2017年6月启动了A类设备材料监造大纲制（修）订工作。历时两年半，于2019年12月完成了《A类石油石化设备材料监造大纲》制（修）订工作，将85个A类石油石化设备材料监造大纲汇编为材料、阀门管件、石化专用设备、石化转动设备与电气设备、石油专用设备等5个分册。本次监造大纲制（修）订充分吸收了监造单位、设计单位、制造厂和使用单位的意见，并将中国石化设备材料监造管理制度及相关采购技术标准的要求纳入监造大纲内容，明确了原材料、重要部件、关键生产工序等质量控制范围，规范了监造工作流程、质量控制点和控制内容，是开展A类石油石化设备材料监造工作的指导性文件。

　　对参与编写工作的上海众深科技股份有限公司、南京三方化工设备监理有限公司、合肥通安工程机械设备监理有限公司和陕西威能检验咨询有限公司；参与审核工作的中国石油化工股份有限公司胜利油田分公司、齐鲁分公司、长岭分公司、安庆分公司、天然气分公司，中国石化集团扬子石油化工有限公司，中石化工程建设有限公司、洛阳工程有限公司、宁波工程有限公司、石油工程设计有限公司，中国石化集团南京化学工业有限公司化工机械厂，中石化四机石油机械有限公司、石油工程机械有限公司沙市钢管厂，江苏中圣机械制造有限公司、燕华工程建设有限公司、沈阳鼓风机集团股份有限公司、大连橡胶塑料机械有限公司、天津钢管集团股份有限公司、南京钢铁集团有限公司、中核苏阀科技实业股份有限公司、成都成高阀门有限公司、合肥实华管件有限责任公司、浙江飞挺特材科技股份有限公司、宝鸡石油机械有限责任公司、上海神开石油设备有限责任公司、胜利油田孚瑞特石油装备有限责任公司、江苏金石机械集团有限公司等，在此表示感谢。

　　A类石油石化设备材料监造大纲，虽经多次研讨修改，由于水平有限，仍难免存在缺陷和不足之处，结合实际使用情况和技术进步需要不断完善，欢迎广大阅读使用者批评指正。

编委会

2019年12月16日

目录 CONTENTS

CFB锅炉本体监造大纲……………………………………………………… 001

热壁加氢反应器监造大纲…………………………………………………… 017

连续重整反应器监造大纲…………………………………………………… 035

环氧乙烷反应器（SD工艺）监造大纲……………………………………… 047

环氧乙烷反应器（壳牌工艺）监造大纲…………………………………… 063

粉煤气化炉监造大纲………………………………………………………… 079

水煤浆气化炉监造大纲……………………………………………………… 095

聚丙烯环管反应器监造大纲………………………………………………… 111

聚酯立式盘管反应器监造大纲……………………………………………… 123

聚酯卧式反应器监造大纲…………………………………………………… 135

甲醇合成塔监造大纲………………………………………………………… 147

氯乙烯聚合反应釜监造大纲………………………………………………… 161

（高压聚乙烯、EVA）釜式反应器监造大纲……………………………… 177

（高压聚乙烯、EVA）管式反应器监造大纲……………………………… 189

（高压聚乙烯、EVA）高压、超高压套管监造大纲……………………… 201

（高压聚乙烯、EVA）高压、超高压套管式换热器监造大纲…………… 215

高压容器监造大纲…………………………………………………………… 229

高压容器（多层包扎）监造大纲…………………………………………… 241

低温容器监造大纲…………………………………………………………… 255

螺纹锁紧环换热器监造大纲………………………………………………… 269

板壳式换热器监造大纲……………………………………………………… 285

管壳式换热器监造大纲………………………………………………… 299
绕管式换热器监造大纲………………………………………………… 313
废热锅炉监造大纲……………………………………………………… 327
双套管急冷废热锅炉监造大纲………………………………………… 343
高压空冷器监造大纲…………………………………………………… 355
普通空冷器监造大纲…………………………………………………… 367
乙烯冷箱监造大纲……………………………………………………… 379
空气分离装置冷箱监造大纲…………………………………………… 393
带中间介质的海水气化器（IFV）监造大纲………………………… 409
浸没燃烧式气化器（SCV）监造大纲………………………………… 425
开架式海水气化器（ORV）监造大纲………………………………… 437
催化裂化装置外取热器（衬里）监造大纲…………………………… 451
大型塔器监造大纲……………………………………………………… 467
焦炭塔监造大纲………………………………………………………… 479
现场组焊大型塔器监造大纲…………………………………………… 491

CFB 锅炉本体监造大纲

目　录

前　言 ………………………………………………………… 003
1　总则 ………………………………………………………… 004
2　原材料 ……………………………………………………… 006
3　结构 ………………………………………………………… 006
4　焊接 ………………………………………………………… 007
5　无损检测 …………………………………………………… 008
6　几何尺寸与外观 …………………………………………… 008
7　通球及光谱分析 …………………………………………… 009
8　热处理及产品试件 ………………………………………… 009
9　耐压及泄漏试验 …………………………………………… 010
10　涂装与发运 ………………………………………………… 011
11　主要外购外协件检验要求 ………………………………… 011
12　其它要求 …………………………………………………… 011
13　CFB锅炉本体驻厂监造主要质量控制点 ………………… 012

前 言

《CFB锅炉本体监造大纲》参照GB/T 1.1—2009《标准化工作导则 第1部分：标准的结构和编写》给出的规则起草。

本大纲由中国石油化工集团有限公司物资装备部提出。

本大纲2010年7月第一次发布，本次为修订升版。

本大纲起草单位：上海众深科技股份有限公司。

本大纲起草人：华伟、时晓峰、邵树伟、方寿奇、贺立新。

CFB锅炉本体监造大纲

1 总则

1.1 内容和适用范围。

1.1.1 本大纲主要规定了采购单位(或使用单位)对CFB循环流化床锅炉本体制造过程监造的基本内容及要求,是委托驻厂监造的主要依据。

1.1.2 本大纲适用于石油化工工业使用的CFB循环流化床锅炉的制造过程监造,同类设备可参照使用。

1.1.3 本大纲中具体技术要求如与采购技术文件不一致时,原则上应以采购技术文件为准。

1.2 监造工作的基本要求。

1.2.1 监造人员要求。

1.2.1.1 监造人员应与所在监造单位有正式劳动合同关系。

1.2.1.2 监造人员应严格依据监造委托合同,履行监造职责,完成监造任务。

1.2.1.3 监造人员应持有不低于中国设备监理协会颁发的专业设备监理师资格证书,监造人员有二年(或以上)的监造业务经验,在相应专业岗位工作三年以上。

1.2.1.4 监造人员应熟悉监造物资的制造工艺,掌握制造过程中的质量技术要求和检验试验关键控制点。

1.2.1.5 监造人员在监造活动过程中应遵守有关保密约定和规定。

1.2.1.6 监造人员应遵守制造厂HSSE或安全生产管理制度的相关规定,严格执行劳保着装和安全防护要求。

1.2.2 监造工作程序。

1.2.2.1 监造人员在开始监造的10个工作日内,对制造厂的人员资质、生产工艺、装备能力和质保体系运行情况进行检查和评估,并向委托方提供质量风险评估报告,明确风险等级(高、中、低、无)。

1.2.2.2 监造单位在收到采购技术文件后,10个工作日内编制完成《监造大纲》。

1.2.2.3 监造单位在获得设计相关图纸、制造工艺、质量控制计划、生产进度计划后,15日内编制完成《监造实施细则》。

1.2.2.4 监造人员应配备必要的用于平行检查且检定合格的检测器具。

1.2.2.5 监造人员应按委托方的通知或有关要求参加或组织召开预检验会议,与制造厂对接确定检验试验计划和质量控制点，并经委托方确认。

1.2.2.6 监造人员应组织制造厂质量、技术、生产及经营（项目管理）等相关部门召开监理周例会，通报监造工作情况，协调解决质量进度问题，结合生产进度计划安排后续监造工作，并形成会议纪要。

1.2.2.7 监造人员在监造实施过程中，如发现质量隐患、质量问题以及可能影响交货期的重大因素时，应及时报委托方，并以书面形式通知制造厂，要求制造厂采取有效措施予以整改，若制造厂延误或拒绝整改时，可责令其停工。

1.2.2.8 对于原材料、外购件以及外协加工、外协检测和外协检验试验等过程，监造人员应重点审查质量证明文件、外协单位资质、人员资质、工艺文件和检验试验报告等。并依据监造实施细则和检验试验计划中设置的监造访问点，实施质量控制。

1.2.2.9 实施监造的物资经现场监造人员确认符合标准规范和订单约定后，按发货批次开具监造放行单，并报委托方。

1.2.2.10 全部监造工作完成后，应于30日内完成监造总结报告交付委托方。

1.3 监造单位应提交的文件资料。

1.3.1 目录（含页码）（必须）。

1.3.2 产品质量监造报告书（必须）。

1.3.3 监造工作总结（必须）。

1.3.4 监造大纲（必须）。

1.3.5 监造实施细则（必须）。

1.3.6 监造周报（必须）。

1.3.7 设计变更通知及往来函件（如有）。

1.3.8 监造工作联系单（如有）。

1.3.9 监理工程师通知单（如有）。

1.3.10 会议纪要（如有）。

1.3.11 监造放行单（必须）。

1.4 主要编制依据。

1.4.1 TSG G0001 锅炉安全技术监察规程。

1.4.2 GB/T 26429 设备工程监理规范。

1.4.3 GB/T 16507 水管锅炉。

1.4.4 GB/T 16508 锅壳锅炉。

1.4.5 JB/T 3375 锅炉原材料入厂检验。

1.4.6 JB/T 9626 锅炉锻件技术条件。

1.4.7 NB/T 47013 承压设备无损检测。

1.4.8 NB/T 47014 承压设备焊接工艺评定。

1.4.9 NB/T 47016 承压设备产品焊接试件力学性能试验。

1.4.10 ASME 第Ⅰ卷 动力锅炉建造规则。

1.4.11 采购技术文件。

2 原材料

2.1 制造锅炉受压元件的金属材料必须是镇静钢，用于锅炉受压元件的金属材料应按 TSG G0001《锅炉安全技术监察规程》规定选用。

2.2 锅炉钢板、锅炉钢管和焊接材料等用于锅炉的主要材料应严格按有关材料标准、JB/T 3375 及采购技术文件规定进行入厂验收，合格后才能使用。对于复验项目，监理工程师应现场见证。对于国家市场监督机构认可免检的材料可免于复验。

2.2.1 用于锅炉受压元件的钢材应有标记，受压元件的钢板切割下料前应作标记移植，且便于识别。

2.2.2 进厂板材的复验应包括表面质量及尺寸偏差、化学成分分析、常温拉伸试验、常温冲击试验、弯曲试验、时效敏感性试验、高温拉伸试验、超声检验，其复验项目和抽查数量按 JB/T 3375 执行。

2.2.3 钢管复验应包括表面质量及尺寸偏差、化学成分分析、常温拉伸试验、压扁试验（外径大于22mm且厚度不大于10mm钢管）、扩口试验（根据采购技术文件）、光谱分析（逐根合金钢管）；对于高压锅炉用钢管还应进行晶粒度测定、显微组织检验、脱碳层检验（外径不大于76mm钢管）、超声检验（厚度大于30mm的逐根钢管）；如有特殊要求，按特殊要求执行。

2.3 锅炉用锻件应根据锻件级别按 JB/T 9626 及采购技术文件验收，主要包括：化学成分、力学性能、金相和超声检测。

2.4 锅炉用紧固件应按相应的标准及采购技术文件进行检验，螺母硬度应低于螺栓硬度。

2.5 焊接锅炉受压元件用的焊接材料应进行化学成分分析，焊条还应进行熔敷金属拉伸试验，合金焊条还应进行纵向导向弯曲试验，不锈钢焊条的腐蚀性能试验和铁素体含量测定应根据采购技术文件进行，焊条、焊丝抽查数量按 JB/T3375 规定，合金焊丝应逐盘进行光谱分析。

2.6 锅炉受压元件材料代用，应符合 TSG G0001《锅炉安全技术监察规程》对材料的规定，且应当经过材料代用单位技术部门（包括工艺和设计部门）的同意，还应报原图样审批单位备案，并应征得业主同意。

2.7 锅炉受压元件采用国外钢材时，应按 TSG G0001《锅炉安全技术监察规程》及采购技术文件规定验收。

3 结构

3.1 锅炉主要受压元件的主焊缝（锅筒、集箱）应采用全焊透的对接焊。

3.2 管子或管接头与锅筒、集箱、管道连接时，应在管端或锅筒、集箱、管道上开全焊透型坡口（长管接头除外）。

3.3 集中下降管的管孔不得开在焊缝上，其它焊接管孔应避免开在焊缝和热影响区上。不能避免时，管孔周围60mm（若管孔直径大于60mm，则取孔径值）内的焊缝应经射线或超声探伤合格，且焊缝在管孔边缘上无夹渣，管接头焊后经消除应力热处理方可在焊缝和热影响区上开孔。

3.4 锅筒（筒体壁厚不相等的除外）和炉嘴上相邻两筒节的纵焊缝和封头的拼接焊缝与相邻筒节的纵焊缝都不应彼此相连，其焊缝中心线间外圆弧长至少应为较厚钢板厚度的3倍，且不小于100mm。

3.5 锅炉受热面管子直段上对接焊缝间的距离不应小于150mm。

3.6 受压元件主要焊缝及其邻近区域应避免焊接零件。如不能避免，则焊接零件的焊缝可穿过主要焊缝，而不应在焊缝及其邻近区域终止，以避免在这些部位发生应力集中。

4 焊接

4.1 焊工作业必须持有相应类别的有效焊接资格证书。

4.2 制造厂应在产品施焊前，根据采购技术文件及NB/T 47014的规定完成焊接工艺评定。

4.3 主要焊接工艺评定至少覆盖板材、管材、型式评定三类。

4.4 根据评定合格的焊接工艺核查焊接工艺规程。

4.5 焊接作业应严格遵守焊接工艺纪律。

4.6 Cr-Mo钢焊前应预热、焊后应及时消氢或消除应力处理。

4.7 焊缝拼缝要求。

4.7.1 对于等厚壁锅筒，筒节纵缝不得多于两道，两条焊缝外弧长不小于600mm。

4.7.2 封头用钢板应尽量采用整块钢板；必须拼接时，允许采用两块钢板，其要求应符合GB/T 16507。

4.7.3 集箱筒体环缝数量应符合GB/T 16507。

4.7.4 水冷壁、对流管束、蛇形管等管道拼缝数量应按GB/T 16507，拼接最短长度不小于500mm。

4.8 焊缝外观检查。

4.8.1 焊缝及其热影响区表面无裂纹、夹渣、弧坑和气孔。焊缝外形尺寸应符合设计图样和工艺文件的规定，焊缝高度不低于母材表面，应平滑过渡；

4.8.2 锅筒和集箱的纵、环焊缝及封头的拼接焊缝应无咬边，其余焊缝咬边深度不超过0.5mm，管子焊缝两侧咬边总长度不超过管子周长的20%，且不超过40mm。

4.9 受压元件焊接接头同一位置上的返修不应超过三次。

4.10 受压元件的焊缝必须打上焊工代号钢印（低应力钢印）。

5 无损检测

5.1 无损检测人员应持有相应类（级）别的有效资格证书。

5.2 锅筒、集箱、管子等对接或角接焊缝应按技术条件要求进行相应的无损检测。无损检测的方法应符合 NB/T 47013 的要求。

5.2.1 锅筒的纵向和环向对接焊缝，封头的拼接焊缝以及集箱的纵向对接焊缝，应进行 100% 射线及 100% 超声检测；其它焊接接头，其检测方法、检测比例应根据工件规格、厚度、额定蒸汽压力按 TSG G0001《锅炉安全技术监察规程》等确定。

5.2.2 集箱、管子、管道和其它管件的环焊缝，集中下降管的角接接头应进行 100% 射线或超声检测；每个锅筒和集箱上的其它管接头角焊缝，应进行至少 10% 的无损检测抽查，按 TSG G0001《锅炉安全技术监察规程》验收。

5.2.3 对按规定比例进行射线或超声检测的集箱、管子、管道和其它管件的环焊缝，如有超标缺陷，应按原检验比例抽查双倍数量的焊缝进行检查；仍不合格时，则应对该焊工所焊该批焊件的全部环缝进行无损检测。

5.2.4 审查制造厂 RT 底片时，应对照技术要求审查 RT 检测部位及数量、底片黑度、灵敏度、缺陷等级和底片质量等。

5.3 对于现场进行的 MT、PT，除审查相应报告外，还应进行现场巡查。

5.4 设备在进行无损检测前，外观质量应检查合格。

6 几何尺寸与外观

6.1 锅筒部分。

6.1.1 锅筒、锅壳等筒形受压元件的纵缝、封头拼缝、环向焊缝的对接边缘偏差，按 GB/T 16507 执行，当接头两侧钢板厚度不同时，厚板两边应按 1：4 进行削薄处理。

6.1.2 筒体及封头几何形状及尺寸偏差，应符合 GB/T 16507。

6.1.3 管接头、集中下降管接头尺寸偏差，应符合 GB/T 16507。

6.1.4 锅筒内、外预焊件尺寸应符合图纸要求。

6.2 集箱部分。

6.2.1 集箱、管道和其它管件对接接头内表面边缘偏差，应按 GB/T 16507 执行。削边处理其斜度不大于 1：4。

6.2.2 集箱、管道和其它管件环缝外表面边缘偏差、集箱筒体和端盖长度偏差、集箱上管接头偏差、高度大于 300mm 成排管接头偏差、集箱上支吊间尺寸偏差，应按 GB/T 16507。

6.2.3 集箱全长直线度不超过 1.0mm/m 且不超过 20mm。

6.2.4 具有缩颈的集箱，缩颈后集箱偏差应符合 GB/T 16507。

6.3 膜式水冷壁管排尺寸偏差，应符合 GB/T 16507。

6.4 蛇形管尺寸检查应在工装模具上进行，蛇形管管端长度偏差为 –2 ~ +4mm，多排蛇形管管间距应不小于 1mm，蛇形管长度及宽度应符合图纸要求。

6.5 其余锅炉部件尺寸检验偏差应符合图纸要求，但不得低于相应的标准要求。

7 通球及光谱分析

7.1 对接焊接的受热面管子，应按 GB/T 16507 进行通球试验。

7.2 公称外径不大于 60mm 的对接管子和弯制管子均应进行通球试验，按 GB/T 16507 规定。

7.3 称外径大于 60mm 的弯制管子应逐个进行椭圆率检查，小于等于 60mm 的管子应进行抽查，其椭圆率应符合 GB/T 16507。

7.4 用合金制成的集箱筒体、管接头、端盖及其连接焊缝应逐个进行光谱分析。

7.5 用合金管制成的管子及其手工方法焊接的焊缝均应逐个进行光谱分析。

8 热处理及产品试件

8.1 产品最终热处理前各项检验（包括预焊件）应全部检查合格，还应对热处理工艺、热电偶布置、产品试板、炉中摆放进行检查。

8.2 锅筒制造过程中的焊缝消氢或局部后热处理不能代替整体热处理。

8.3 焊有管接头的集箱应进行消应力热处理。

8.4 壁厚大于 30mm 低碳钢受压元件对接接头、壁厚大于等于 20mm 低合金钢对接接头，应进行焊后热处理。

8.5 耐热钢受压元件焊后需进行热处理的厚度界限，按 GB/T 16507 执行。

8.6 对焊后有延迟裂纹倾向的钢材，应及时进行焊后消氢或热处理。

8.7 经弯制或焊接（包括管子与管间连接板焊接的管排）的合金管应进行消除应力热处理。

8.8 母材试板的性能应符合采购技术文件中材料的规定。

8.9 每个锅筒的纵、环焊缝应各做一块检查试板；当环缝的母材和焊接工艺与纵缝相同时，可只做纵缝检查试板，免做环缝检查试板；封头、管板的拼接焊缝，当其母材与锅筒相同时，可免做检查试板，否则检查试板的数量应与锅筒筒体相同。

8.10 集箱和管道的对接接头，当材料为碳钢时，可免做检查试件；当材料为合金钢时，在同钢号、同焊接材料、同焊接工艺、同热处理设备及同规范的情况下，每批做焊接接头数 1% 的模拟检查试件，但不得少于 1 个。当采用手工或半自动的焊接方法时，试件数量按每一焊工每批焊件接头数的 1% 且不少于一件，当采用机械化焊接方法时，试件数量按每一焊机每批焊件接头数的 1% 且不少于一件。

8.11 受热面管子的对接接头，当材料为碳钢时（接触焊对接接头除外），可免做检查试件；当材料为合金钢时，在同钢号、同焊接材料、同焊接工艺、同热处理设备及同规范的情况下，每一焊工每批焊件切取接头数的0.5％作为检查试件，但不得少于1套试样所需接头数。在产品接头上直接切取检查试件确有困难的，如锅筒和集箱上管接头与管子连接的对接接头、膜式壁管子对接接头等，可焊接模拟的检查试件。

8.12 产品检查试件应由焊该产品的焊工焊接。试件材料、焊接材料、焊接设备和工艺条件等应与所代表的产品相同。试件焊成后应打上焊工代号钢印。

8.13 产品检查试件的拉力试样（焊接接头、全焊缝）、弯曲试样（面弯、背弯、侧弯）、冲击试样、金相试样、断口试样的数量、试验项目、性能结果应符合《锅炉安全技术监察规程》和GB/T 16507的规定。

8.14 焊件材料为合金钢时，锅筒的对接焊缝、锅筒和集箱上的管接头角焊缝、集箱和受热面管子及管道的对接焊缝的试样，应进行金相检验。

8.15 锅筒和集箱上管接头的角焊缝，按不同钢号和管接头壁厚分为大于6mm和不大于6mm两种，对每种管接头，每焊200个，焊一个检查试件（不足200个按200个计）作金相检验。

8.16 金相检验的合格标准为：裂纹、无疏松；无过烧组织；无淬硬性马氏体组织。

8.17 受热面管子的对接接头应做断口检验，每200个接头抽查一个（不足200个也应抽查1个）。100％射线或超声探伤合格或氩弧焊焊接（含氩弧焊打底手工电弧焊盖面）的对接接头可免做断口检验。合格标准及具体要求见TSG G0001《锅炉安全技术监察规程》。

9 耐压及泄漏试验

9.1 受压焊件的水压试验应在无损检测和热处理后进行。

9.2 单个锅筒和整装出厂的焊制锅炉，应在制造单位进行水压试验，应以1.25倍工作压力进行水压试验，锅炉应在试验压力下保持20min，然后降到工作压力进行检查，检查期间压力应保持不变。

9.3 散件出厂锅炉的集箱及其类似元件，应以元件工作压力的1.5倍压力在制造单位进行水压试验，并在试验压力下保持5min。

9.4 对接焊接的受热面管子及其它受压管件，应在制造单位逐根逐件进行水压试验，试验压力应为元件工作压力的2倍（对于额定蒸汽压力大于或等于13.7MPa的锅炉，此试验的压力可为1.5倍），并在此试验压力下保持10～20s。如对接焊缝经氩弧焊打底并100％无损探伤检查合格，能够确保焊接质量，在制造单位内、可不做此项水压试验。

9.5 用于水压试验的压力表量程和精度应合适，压力表应经过鉴定并有完整的铅封，压力表的有效期应在使用期限内。

9.6 水压试验应在周围气温高于5℃时进行，低于5℃时必须有防冻措施。水压试验用水应保持高于周围露点的温度以防锅炉表面结露，一般为20~70℃；合金钢受压元件的水压试验水温应高于所用钢种的脆性转变温度；奥氏体受压元件水压试验时，应控制水中的氯离子含量不超过25mg/L，如不能满足这一要求时，水压试验后应立即将水渍去除干净。

9.7 制作完成的锅筒内部应进行清理，不得留有杂物和积水。

10 涂装与发运

10.1 部件外表面应喷砂除锈，达到采购技术文件的规定。

10.2 部件外表面油漆应按GB/T 16507、采购技术文件规定。

10.3 锅炉应设置金属铭牌，铭牌内容按TSG G0001《锅炉安全技术监察规程》检查。

10.4 对散件出厂的锅炉，还应在锅筒、过热器集箱、再热器集箱、水冷壁集箱、省煤器集箱以及减温器和启动分离器等主要受压部件的封头或端盖上打上钢印，注明该部件的产品编号。

10.5 装箱前备件型号、数量清点，应与清单一致。

10.6 锅炉部件装车应有合适的工装，以防止运输损坏。

10.7 装箱及出厂文件检查。

11 主要外购外协件检验要求

11.1 主要外购外协件供应商应符合采购技术文件要求。

11.2 外购外协件进厂后，应进行尺寸、外观、标识及文件资料核查。

11.3 主要外协件应按采购技术文件要求，采取过程控制（如关键点访问监造）。

12 其它要求

12.1 旋风分离器的制造应符合采购技术文件要求。

12.1.1 中心筒高强耐热合金材料应符合采购技术文件规定。

12.1.2 壳体曲面应光滑连续、外形规整。

12.1.3 整体组装后，应对气体出口管与筒体、锥体的同轴度以及圆度、总长、入口尺寸进行检查。

12.1.4 耐磨衬里的材料、浇筑、外观、烘炉等应符合相关标准及采购技术文件规定。

12.2 锅筒内部部件检查按GB/T 16507。

12.3 锅筒内部装置总装合格后,在滚轮架上转两周,再倒转一周,检查内部购件有无脱落或松动现象。

12.4 其它特殊要求按采购技术文件执行。

13 CFB锅炉本体驻厂监造主要质量控制点

13.1 文件见证点(R):由监造人员对设备材料制造过程有关文件、记录或报告进行见证而预先设定的监造质量控制点。

13.2 现场见证点(W):由监造人员对设备材料制造过程、工序、节点或结果进行现场见证而预先设定的监造质量控制点,且应包括相关文件见证点(R)质量控制内容。

13.3 停止点(H):由监造人员见证并签认后才可转入下一个过程、工序或节点而预先设定的监造质量控制点,应包括相关现场见证点(W)和文件见证点(R)质量控制内容。

序号	零部件名称	监造内容	文件见证点(R)	现场见证(W)	停止点(H)
1	锅筒部分	1. 筒体材料质量证明书及复验报告审查	R		
		2. 封头及焊材质量证明书及复验报告审查	R		
		3. 筒体材料外观及尺寸检查		W	
		4. 封头外形及尺寸检查		W	
		5. 筒体下料、加工坡口检查		W	
		6. 滚圆、纵缝焊接、中间热处理		W	
		7. 校圆、几何形状(圆度、棱角度)检查		W	
		8. 纵缝外观、无损检测(RT、UT、MT)		W	
		9. 环缝外观、无损检测(RT、UT、MT)		W	
		10. 接管安装方位及尺寸		W	
		11. D类角焊缝无损检测(UT、PT、MT)		W	
		12. 总体长度、直线度、外观检查		W	
		13. 内外部预焊件外观、位置、尺寸检查		W	
		14. 热处理检查		W	
		15. 产品试板检查	R		
		16. 水压试验			H
		17. 内件安装及内部清理		W	
		18. 外壁喷砂、油漆包装		W	
		19. 标记检查		W	

（续表）

序号	零部件名称	监造内容	文件见证点（R）	现场见证（W）	停止点（H）
2	集箱部分	1. 集箱管材料质量证明书及复验报告审查	R		
		2. 端盖及焊材质量证明书及复验报告审查	R		
		3. 管材外观及尺寸检查		W	
		4. 端盖外形及尺寸检查		W	
		5. 集箱管环缝焊接过程		W	
		6. 环缝外观、无损检验（RT、UT、MT）		W	
		7. 管接头与集箱焊接过程		W	
		8. 角焊缝外观、无损检测（UT、PT、MT）		W	
		9. 合金集箱、管接头及焊缝光谱分析		W	
		10. 总体长度、直线度、接管安装尺寸、位置、外观检查		W	
		11. 热处理检查		W	
		12. 产品试板检查	R		
		13. 水压试验			H
		14. 接管坡口加工、尺寸检查		W	
		15. 外壁喷砂、油漆包装		W	
		16. 标记检查		W	
3	管排部分	1. 管子材料质量证明书及复验报告审查	R		
		2. 焊材质量证明书及复验报告审查	R		
		3. 管子外观及尺寸检查		W	
		4. 管子尺寸加工		W	
		5. 管排焊接过程		W	
		6. 管排间连接板与管子焊缝外观及无损检测		W	
		7. 弯制和对接的管子通球试验		W	
		8. 合金管子及焊缝光谱分析		W	
		9. 管排整体尺寸检查		W	
		10. 管排上堆焊部位堆焊层厚度、长度检查		W	
		11. 堆焊层无损检测（PT、MT）		W	
		12. 抓丁焊接密度、区域、焊接强度检查		W	
		13. 热处理检查（合金管管排）		W	

(续表)

序号	零部件名称	监造内容	文件见证点（R）	现场见证（W）	停止点（H）
3	管排部分	14. 产品试板检查（合金管）	R		
		15. 水压试验		W	
		16. 管子内部清理、两端封装		W	
		17. 管子外壁整体除锈		W	
		18. 整体油漆包装		W	
		19. 标记检查		W	
4	蛇形管部分	1. 管子材料质量证明书及复验报告审查	R		
		2. 焊材质量证明书及复验报告审查	R		
		3. 管材外观及尺寸检查		W	
		4. 管子坡口加工、管子对接		W	
		5. 焊缝无损检测（RT、PT）		W	
		6. 管子弯制后R处减薄量		W	
		7. 弯管R处无损检测（如有要求）		W	
		8. 通球试验		W	
		9. 蛇形管外观、尺寸检查		W	
		10. 合金管子及焊缝光谱分析		W	
		11. 热处理检查（合金管）		W	
		12. 产品试板检查（合金管）	R		
		13. 水压试验		W	
		14. 管子内部清理、两端封装		W	
		15. 管子外壁整体除锈		W	
		16. 整体油漆包装		W	
		17. 标记检查		W	
5	空气预热器	1. 材料质量证明书审查	R		
		2. 管材外观及尺寸检查		W	
		3. 结构板材和型材下料、焊接		W	
		4. 焊缝无损检测	R		
		5. 整体直线度、长度、宽度、对角长度检查		W	
		6. 管子下料、端头除锈		W	
		7. 管子与管板胀接、焊接		W	

(续表)

序号	零部件名称	监造内容	文件见证点（R）	现场见证（W）	停止点（H）
5	空气预热器	8. 管头伸出长度		W	
		9. 整体除锈、油漆、包装		W	
		10. 标记检查		W	
6	旋风分离器	1. 中心筒材料质量证明书审查	R		
		2. 整体外观、尺寸检查		W	
		3. 耐磨衬里材料质证书及浇筑质量检查		W	
		4. 浇筑试块性能检查	R		
		5. 外壁除锈、油漆、包装		W	
7	钢架、大板梁	1. 材料质量证明书及复验报告审查	R		
		2. 尺寸检查		W	
		3. 焊缝无损检测	R		
		4. 钢结构现场分片试装		W	

热壁加氢反应器监造大纲

目　录

前　言 ……………………………………………………………………… 019
1　总则 …………………………………………………………………… 020
2　原材料 ………………………………………………………………… 022
3　焊接 …………………………………………………………………… 023
4　无损检测 ……………………………………………………………… 024
5　几何尺寸与外观 ……………………………………………………… 025
6　热处理及产品试件 …………………………………………………… 026
7　耐压及泄漏试验 ……………………………………………………… 027
8　涂装与发运 …………………………………………………………… 027
9　主要外购外协件检验要求 …………………………………………… 027
10　其它要求 …………………………………………………………… 027
11　热壁加氢反应器驻厂监造主要质量控制点 ……………………… 028

前　言

《热壁加氢反应器监造大纲》参照GB/T 1.1—2009《标准化工作导则　第1部分：标准的结构和编写》给出的规则起草。

本大纲由中国石油化工集团有限公司物资装备部提出。

本大纲2010年7月第一次发布，本次为修订升版。

本大纲起草单位：上海众深科技股份有限公司。

本大纲起草人：华伟、邵树伟、时晓峰、方寿奇、贺立新。

热壁加氢反应器监造大纲

1 总则

1.1 内容和适用范围。

1.1.1 本大纲主要规定了采购单位（或使用单位）对热壁加氢反应器制造过程监造的基本内容及要求，是委托驻厂监造的主要依据。

1.1.2 本大纲适用于石油化工工业使用的热壁加氢反应器制造过程监造，同类设备可参照使用。

1.1.3 本大纲中具体技术要求如与采购技术文件不一致时，原则上应以采购技术文件为准。

1.2 监造工作的基本要求。

1.2.1 监造人员要求。

1.2.1.1 监造人员应与所在监造单位有正式劳动合同关系。

1.2.1.2 监造人员应严格依据监造委托合同，履行监造职责，完成监造任务。

1.2.1.3 监造人员应持有不低于中国设备监理协会颁发的专业设备监理师资格证书，监造人员有二年（或以上）的监造业务经验，在相应专业岗位工作三年以上。

1.2.1.4 监造人员应熟悉监造物资的制造工艺，掌握制造过程中的质量技术要求和检验试验关键控制点。

1.2.1.5 监造人员在监造活动过程中应遵守有关保密约定和规定。

1.2.1.6 监造人员应遵守制造厂商HSSE或安全生产管理制度的相关规定，严格执行劳保着装和安全防护要求。

1.2.2 监造工作程序。

1.2.2.1 监造人员在开始监造的10个工作日内，对制造厂的人员资质、生产工艺、装备能力和质保体系运行情况进行检查和评估，并向委托方提供质量风险评估报告，明确风险等级（高、中、低、无）。

1.2.2.2 监造单位在收到采购技术文件后，10个工作日内编制完成《监造大纲》。

1.2.2.3 监造单位在获得设计相关图纸、制造工艺、质量控制计划、生产进度计划后，15日内编制完成《监造实施细则》。

1.2.2.4 监造人员应配备必要的用于平行检查且检定合格的检测器具。

1.2.2.5 监造人员应按委托方的通知或有关要求参加或组织召开预检验会议，与

制造厂对接确定检验试验计划和质量控制点，并经委托方确认。

1.2.2.6　监造人员应组织制造厂质量、技术、生产及经营（项目管理）等相关部门召开监理周例会，通报监造工作情况，协调解决质量进度问题，结合生产进度计划安排后续监造工作，并形成会议纪要。

1.2.2.7　监造人员在监造实施过程中，如发现质量隐患、质量问题以及可能影响交货期的重大因素时，应及时报委托方，并以书面形式通知制造厂，要求制造厂采取有效措施予以整改，若制造厂延误或拒绝整改时，可责令其停工。

1.2.2.8　对于原材料、外购件以及外协加工、外协检测和外协检验试验等过程，监造人员应重点审查质量证明文件、外协单位资质、人员资质、工艺文件和检验试验报告等。并依据监造实施细则和检验试验计划中设置的监造访问点，实施质量控制。

1.2.2.9　实施监造的物资经现场监造人员确认符合标准规范和订单约定后，按发货批次开具监造放行单，并报委托方。

1.2.2.10　全部监造工作完成后，应于30日内完成监造总结报告交付委托方。

1.3　监造单位应提交的文件资料。

1.3.1　目录（含页码）（必须）。

1.3.2　产品质量监造报告书（必须）。

1.3.3　监造工作总结（必须）。

1.3.4　监造大纲（必须）。

1.3.5　监造实施细则（必须）。

1.3.6　监造周报（必须）。

1.3.7　设计变更通知及往来函件（如有）。

1.3.8　监造工作联系单（如有）。

1.3.9　监理工程师通知单（如有）。

1.3.10　会议纪要（如有）。

1.3.11　监造放行单（必须）。

1.4　主要编制依据。

1.4.1　TSG 21 固定式压力容器安全技术监察规程。

1.4.2　GB/T 150 压力容器。

1.4.3　GB/T 8923.1 涂覆涂料前钢材表面处理 表面清洁额度的目视评定 第一部分：未涂覆过的钢材表面和全面清除原有涂层后的钢材表面的锈蚀等级和处理等级。

1.4.4　GB/T 26429 设备工程监理规范。

1.4.5　GB/T 30583 承压设备焊后热处理规程。

1.4.6　GB/T 31183 炼油临氢高压设备制造监理技术要求。

1.4.7　JB 4732—1995 钢制压力容器分析设计（2005年确认版）。

1.4.8　NB/T 47013 承压设备无损检测。

1.4.9　NB/T 47014 承压设备焊接工艺评定。

1.4.10　NB/T 47016 承压设备产品焊接试件力学性能试验。

1.4.11　API RP 934A—2010　2Cr-1Mo，2Cr-1Mo-V，3Cr-1Mo，and 3Cr-1Mo-V 钢制高温高压厚壁临氢设备的材料和制造要求。

1.4.12　API RP 934B—2011 含钒铬钼钢厚壁压力容器制造要求。

1.4.13　API RP 941—2008 石油炼厂与石化工厂高温高压下的临氢用钢。

1.4.14　ASTM G 146—2007 评定高温高压临氢设备不锈钢堆焊层的氢剥离试验。

1.4.15　ASME 锅炉及压力容器规范 第Ⅱ卷 材料C篇焊条、焊丝及填充金属（2010版）。

1.4.16　Q/SHCG 11003—2016　14Cr1MoR(H)/15CrMoR(H)制临氢压力容器采购技术规范。

1.4.17　Q/SHCG 11005—2016　12Cr2Mo1R(H)板焊式加氢反应器、热高压分离器采购技术规范。

1.4.18　Q/SHCG 11005—2016　12Cr2Mo1V(H)锻焊式加氢反应器、热高压分离器采购技术规范。

1.4.19　采购技术文件。

2　原材料

2.1　主要承压件钢种为耐热高强钢2Cr-1Mo，2Cr-1Mo-V，3Cr-1Mo和3Cr-1Mo-V，冶炼工艺应采用电炉熔炼、精炼炉精炼。

2.2　采用适当的方式见证锻焊设备主要承压件的冶炼、脱气、锻制、正火+回火热处理、粗加工、试样。

2.3　依据采购技术文件审核主体材料（含焊材）质量证明书、材料牌号及规格、锻件级别、数量、供货商等。核查材料与设计文件的符合性。

2.4　见证主体材料外观、热处理状态、材料标记检查。

2.5　筒体、封头、进出口法兰及盖、法兰接管等主要承压件的化学成分、回火脆性敏感系数、常温力学性能、高温力学性能、夏比冲击试验、晶粒度及非金属夹杂物、金相组织、硬度、回火脆化倾向评定、无损检测及取样部位、方向、试样数量、模拟热处理状态应与采购技术文件规定一致。材料复验应按《固定式压力容器安全技术监察规程》、采购技术文件规定执行，监理工程师应现场见证。

2.6　审查基材焊接材料和堆焊材料检验报告，应与采购技术文件规定一致。

2.7　内件、M36及以上螺栓、螺母、裙座等材料检验应与采购技术文件规定一致。

2.8　审查双头螺柱和螺母逐件硬度测试报告，其硬度值和螺柱、螺母硬度差按采购技术文件和设计文件验收。

2.9　审查≥ϕ50mm棒料加工的螺栓粗加工后的超声检测报告，按采购技术文件验收。

2.10 凡在制造过程中改变热处理状态的承压材料,应重新进行承压元件恢复性能热处理,其力学性能应与母材规定的一致。

3 焊接

3.1 应在产品施焊前,根据采购技术文件及NB/T 47014的规定,审查焊接工艺评定报告和产品焊接工艺规程。

3.2 主要焊接工艺评定至少覆盖基体焊接工艺评定、堆焊工艺评定、异种钢焊接工艺评定和返修焊补工艺评定四类。

3.3 焊接工艺评定报告应经相关单位确认。

3.4 根据评定合格的焊接工艺核查焊接工艺规程。

3.5 应检查焊接作业人员资格。焊工作业必须持有相应类别的有效焊接资格证书。

3.6 焊接作业应严格遵守焊接工艺纪律。

3.7 抽查铬钼钢的焊接、热切割、气刨前的预热温度,检查焊后及时消氢或中间消除应力处理。

3.8 基体材料焊后消除应力如果采用消氢处理,应审查设备制造单位有关控制氢的信息和措施,包括检查焊接材料的采购和储藏,消氢处理后焊缝和热影响区的氢含量以及焊接接头超声检测的灵敏度,并应征得业主的书面同意。

3.9 焊接返修次数应与采购技术文件规定一致,所有的返修均应有返修工艺评定支持。

3.10 厚壁深焊缝应采用窄间隙自动焊接。

3.11 封头宜采用整板制作。如采用拼焊结构,制造商应提交拼接方案并取得用户或设计单位的书面认可。

3.12 焊缝检查:

3.12.1 应审查承压焊缝熔敷金属的化学成分和X系数报告,取样数量及分析结果按采购技术文件验收。

3.12.2 见证焊缝硬度测试部位及测试点数,审核最终热处理后的逐条承压焊缝和热影响区母材侧维氏硬度测试报告,按采购技术文件验收。

3.12.3 鞍座式接管角焊缝,应尽量在平焊位置进行焊接,并应检查焊脚高度及圆滑过渡情况。

3.12.4 应检查焊接接头及堆焊层外观、尺寸,不允许存在咬边、裂纹、气孔、弧坑、夹渣、飞溅等缺陷。

3.12.5 内件角焊缝应连续焊,焊脚高应符合图样规定。

3.12.6 应检查所有的焊接接头全焊透及接管与容器连接焊缝的圆滑过渡。

3.12.7 应审查采用化学成分分析方法的不锈钢堆焊层化学成分分析检验报告。取样部位、数量按采购技术文件的规定。

3.12.8　见证产品不锈钢堆焊层取样及采用仪器测试的部位及测试点数，审核仪器测试和化学成分分析计算的不锈钢堆焊层的铁素体数检验报告，按采购技术文件验收。

3.12.9　法兰密封面堆焊层应进行硬度检查，按采购技术文件验收。

3.13　法兰密封面的表层及凸台转角处的堆焊及加工应在最终热处理之后进行。

3.14　按设计或业主要求审查堆焊层的氢剥离试验报告。氢剥离试验的试验标准、评定方法和验收指标由被监理单位和业主商量。

3.15　分段设备现场合拢组焊前应对工件外观、施工条件、安全措施等进行检查，包括转胎、焊接设备、焊材库、热处理设施、加热工具、检验检测仪器、起吊及运输设备等。

4　无损检测

4.1　应检查无损检测人员资格及无损检测设备的有效性。

4.2　审查制造单位的无损检测报告，检验标准、探伤比例、验收级别按NB/T 47013、采购技术文件规定验收。对射线检测，逐张对底片进行确认。重要部位的表面无损检测和超声检测，应到现场检查。

4.3　采用衍射时差法超声检测（TOFD）代替射线检测应根据设计文件规定。审查制造商按NB/T 47013.10《承压设备无损检测》第10部分：衍射时差法超声检测编制的无损检测工艺，包括表面盲区和横向裂纹的检测措施。

4.4　审查以下材料无损检测报告。

4.4.1　母材钢板的超声检测。

4.4.2　封头热成形后母材超声检测、磁粉检测。

4.4.3　壳体、接管和法兰等锻件粗加工后的超声检测。

4.4.4　直径大于50mm的棒料的超声检测。

4.4.5　锻件加工表面、焊接坡口的磁粉或渗透检测，必要时进行见证。

4.4.6　待堆焊表面的磁粉检测。

4.4.7　八角垫加工后的渗透检测。

4.5　审查最终热处理前的焊缝无损检测报告。

4.5.1　所有A、B、D类焊缝及容器与裙座的连接焊缝的射线检测或衍射时差法检测（TOFD）。

4.5.2　封头拼接焊缝冲压前的超声检测和磁粉检测。

4.5.3　不锈钢堆焊层的超声检测、过渡层、覆层的渗透检测。

4.5.4　所有受压焊缝包括清根的磁粉检测。

4.5.5　本体临时附件去除后的磁粉或渗透检测。

4.5.6　法兰堆焊密封面加工后的渗透检测。

4.5.7　Cr-Mo钢堆焊层（凸台）的超声检测、加工后的磁粉检测。

4.5.8 壳体与裙座的连接接头及裙座上 Cr–Mo 钢接头内外表面的磁粉检测。

4.5.9 壳体与裙座的连接接头及裙座上 Cr–Mo 钢接头、碳钢接头的超声检测。

4.5.10 不锈钢内件分配盘、冷氢盘、支持盘的所有焊缝应进行 100% 渗透检测。

4.5.11 热电偶口对接焊缝射线检测、渗透检测。

4.6 审查最终热处理后的无损检测报告。

4.6.1 所有 A、B、D 类焊缝包括接管焊缝的超声检测。

4.6.2 所有可实施的焊缝的磁粉检测。

4.6.3 所有奥氏体不锈钢堆焊层和焊接到堆焊层的焊缝的渗透检测。

4.6.4 奥氏体不锈钢堆焊层（包括支持凸台上下 200mm 高度内）及裙座与壳体连接焊缝的超声检测。

4.6.5 壳体与裙座的连接接头及裙座上 Cr–Mo 钢接头内外表面的磁粉检测。

4.6.6 壳体与裙座的连接接头及裙座上 Cr–Mo 钢接头、碳钢接头的超声检测。

4.7 审查水压试验后的无损检测报告。

4.7.1 所有 A、B、D 类焊缝的超声检测。

4.7.2 所有 A、B、D 类焊缝的磁粉检测。

4.7.3 壳体与裙座的连接接头及裙座上 Cr–Mo 钢接头内外表面的磁粉检测。

4.7.4 壳体与裙座的连接接头及裙座上 Cr–Mo 钢接头的超声波检测。

4.7.5 分配盘支持凸台转角处、法兰密封面、内件与筒体连接角焊缝的渗透检测。

5 几何尺寸与外观

5.1 采用适当方式检查试验过程及外观质量，对主要尺寸、几何形状复测，按设计文件验收。并审核以下检验试验记录。

5.1.1 筒体机加工后或校圆后的几何形状。

5.1.2 封头冲压及弯管成形后的几何形状。

5.1.3 承压件及不锈钢堆焊层厚度。

5.1.4 法兰和盖的密封面硬度。

5.1.5 八角垫的硬度及与法兰和盖密封面的硬度差。

5.1.6 内件支承圈的水平度及支撑梁与内壁连接的连接板安装尺寸。

5.1.7 分配盘、支持盘、冷氢盘平面度、弯曲度、扭曲度。

5.1.8 装配尺寸、整体尺寸、管口方位及伸出高度。

5.1.9 入口扩散器、冷氢分配管、出口收集器、内部支持件组装及焊接尺寸。

5.2 确认与大气接触的螺栓和螺母采用了磷化处理，检查螺栓螺纹采用滚制的方法加工。

5.3 应检查所有内构件（如分配盘、冷氢盘、催化剂支持盘等）在模拟件内进行的预组装、组装标记及内件装配图。

5.4 设备分段出厂前应进行整体预组对，检查组对标记，组装尺寸。

6 热处理及产品试件

6.1 按 GB/T150 及 JB/T 10175 的要求，检查热处理设备及热工仪表的适用性、有效性。

6.2 应查看热处理工艺文件，核查热处理执行与工艺文件的一致性。

6.3 应查看超过下临界相变温度的铬钼钢热成型和热加工及重新正火处理的过程。不得采用热成型和热加工代替正火处理，并检查正火试件。

6.4 应审查以下热处理报告（包括自动测温仪表记录的热处理曲线）。

6.4.1 筒体热成型、封头热冲压及弯管热成形后必须进行恢复性能热处理（正火加回火或调质）。

6.4.2 主体焊缝逐条中间热处理。

6.4.3 最终热处理。

6.5 最终热处理前检查。

6.5.1 所有的焊接件和预焊件应完成焊接。

6.5.2 反应器应进行内外表面外观检查，工装焊接件应清除干净。

6.5.3 凸台与筒体连接部位应圆滑过渡，不得有棱角、突变等。

6.5.4 母材试板、焊接试板应齐全。

6.5.5 产品最终热处理前的各项检验应已完成。

6.6 设备最终热处理。

6.6.1 检查内外壁热电偶的数量及布置，热处理温度、保温时间及升降温速度等应按采购技术文件的规定。

6.7 设备分段最终热处理。

6.7.1 设备分段最终热处理应符合采购技术文件规定。

6.7.2 检查内外壁热电偶的数量及布置，保温温度、保温时间及升降温速度及保温措施等应按采购技术文件的规定。

6.8 现场合拢缝最终热处理。

6.8.1 应对现场热处理的条件如热处理设施、加热工具，热电偶的数量、布置及固定，保温状况等进行检查。

6.8.2 合拢缝的局部最终热处理应按热处理规范进行，并应符合采购技术文件规定。

6.9 产品试件。

6.9.1 应审查产品试件（焊接试件、母材热处理试件）力学性能检验报告。

6.9.2 母材试件的性能应符合采购技术文件中材料的规定。

6.9.3 焊接试件的数量、检验项目、性能结果应符合采购技术文件和 NB/T 47016 的规定。

7 耐压及泄漏试验

7.1 现场见证试验过程，审核水压试验和气密性试验报告，按采购技术文件的规定。

7.2 设备水压试验，应检查下列内容。

7.2.1 计量器具的精度、量程、有效期。

7.2.2 容器壁温、升压和降压速率、试验压力、保压时间、试验用水氯离子含量、渗漏或泄漏、变形或响声。

7.3 热电偶组合件氦渗漏试验，应检查以下内容。

7.3.1 计量器具的精度、量程、有效期。

7.3.2 试验介质、升压和降压速率、试验压力、保压时间、渗漏检查。

7.4 应见证或审核分配盘、冷氢盘充水试验或报告，检查其充水高度、保持时间。

8 涂装与发运

8.1 检查设备外表面喷砂除锈、表面处理应达到 GB/T 8923 中的 Sa2.5 级。

8.2 检查油漆质量，按采购技术文件规定。

8.3 设备发运前，检查设备内部清理、试验液体的排干、有无异物。

8.4 应检查所有接管法兰密封面保护及 M36 及以上螺栓螺纹防高温咬合的保护。

8.5 装箱前备件型号、数量清点，应与清单一致，并符合采购技术文件规定。

8.6 检查设备充氮保护。

8.7 检查现场组焊的环缝坡口、尺寸及防护应符合采购技术文件规定。

8.8 装箱及出厂文件检查。

9 主要外购外协件检验要求

9.1 主要外购外协件供应商应符合采购技术文件要求。

9.2 外购外协件进厂后，应进行尺寸、外观、标识及文件资料核查。

9.3 主要外协件应按采购技术文件要求，采取过程控制（如关键点访问监造）。

10 其它要求

10.1 材料代用及图纸改动应取得业主或设计单位的书面同意。

10.2 主体承压锻件补焊应征得业主和设计单位的书面同意。

10.3 承压螺栓的螺纹加工应采用滚压成型。

10.4 筒体排版图须经设计单位签字确认后才能施工。

10.5 M36 以上螺母每种至少做一件承载试验，具体按采购技术文件规定。

10.6 其它特殊要求按采购技术文件执行。

11 热壁加氢反应器驻厂监造主要质量控制点

11.1 文件见证点（R）：由监造人员对设备材料制造过程有关文件、记录或报告进行见证而预先设定的监造质量控制点。

11.2 现场见证点（W）：由监造人员对设备材料制造过程、工序、节点或结果进行现场见证而预先设定的监造质量控制点，且应包括相关文件见证点（R）质量控制内容。

11.3 停止点（H）：由监造人员见证并签认后才可转入下一个过程、工序或节点而预先设定的监造质量控制点，应包括相关现场见证点（W）和文件见证点（R）质量控制内容。

序号	零部件名称	监造内容	文件见证点（R）	现场见证点（W）	停止点（H）
1	筒节	1. 材料质量证明书审查	R		
		2. 化学成分（熔炼分析、产品分析）	R		
		3. 回火脆性敏感性系数 J	R		
		4. 力学性能（常温、高温）	R		
		5. 晶粒度（适用锻件）	R		
		6. 非金属夹杂物	R		
		7. 回火脆化倾向评定	R		
		8. 超声检测	R		
		9. 机加工后形状尺寸、加工面磁粉检测		W	
		10. 滚圆、纵缝焊接、中间热处理		W	
		11. 校圆、几何形状（椭圆度、棱角度）检查		W	
		12. 纵缝外观、无损检测 RT、UT、MT	R		
		13. 纵缝熔敷金属化学成分分析	R		
		14. 凸台 Cr-Mo 钢堆焊层无损检测 UT、MT	R		
		15. 不锈钢堆焊层厚度检查	R		
		16. 不锈钢堆焊层化学成分、铁素体数检查		W	
		17. 不锈钢堆焊层无损检测 UT、PT		W	
		18. 堆焊层外观检查		W	
2	封头	1. 材料质量证明书审查	R		
		2. 化学成分（熔炼分析、产品分析）	R		
		3. 回火脆性敏感性系数 J	R		
		4. 力学性能（常温、高温）	R		
		5. 晶粒度（适用锻件）	R		

(续表)

序号	零部件名称	监造内容	文件见证点（R）	现场见证点（W）	停止点（H）
2	封头	6. 非金属夹杂物	R		
		7. 回火脆化倾向评定	R		
		8. 超声检测	R		
		9. 拼缝坡口无损检测 MT	R		
		10. 组焊拼接焊缝		W	
		11. 拼缝中间消应力热处理		W	
		12. 拼缝无损检测 UT、MT	R		
		13. 冲压后恢复性能热处理及母材试件力学性能	R		
		14. 整板冲压后无损检测 UT、MT	R		
		15. 冲压后形状、尺寸（圆度、直径、厚度）检查		W	
		16. 封头拼缝置换熔敷金属、原焊缝去除及坡口形状、置换拼缝外观、错边量检查		W	
		17. 置换拼缝无损检测 RT、UT、MT	R		
		18. 置换拼缝熔敷金属化学成分分析	R		
		19. 管口划线、开孔、尺寸、方位及封头环缝坡口尺寸、坡口 MT 检测		W	
		20. 待堆焊面无损检测 MT	R		
		21. 不锈钢堆焊层厚度		W	
		22. 不锈钢堆焊层化学成分、铁素体数检查		W	
		23. 不锈钢堆焊层无损检测 UT、PT		W	
		24. 不锈钢堆焊层外观检查		W	
3	顶部大法兰、顶部人孔盖、油气进口法兰、油气出口法兰/进口弯管、出口弯管、底部卸料管、卸料口法兰盖、卸料管法兰、冷氢入口法兰	1. 材料质量证明书审查	R		
		2. 化学成分（熔炼分析、产品分析）	R		
		3. 回火脆性敏感性系数 J	R		
		4. 力学性能（常温、高温）	R		
		5. 晶粒度	R		
		6. 非金属夹杂物	R		
		7. 回火脆化倾向评定	R		
		8. 超声检测	R		
		9. 精加工后尺寸及加工面磁粉检测		W	
		10. 弯管冲压后几何形状（尺寸、厚度）		W	

（续表）

序号	零部件名称	监造内容	文件见证点（R）	现场见证点（W）	停止点（H）
3	顶部大法兰、顶部人孔盖、油气进口法兰、油气出口法兰/进口弯管、出口弯管、底部卸料管、卸料口法兰盖、卸料管法兰、冷氢入口法兰	11. 弯管冲压后恢复性能热处理	R		
		12. 弯管冲压后无损检测 UT、MT	R		
		13. 弯管母材试件力学性能	R		
		14. 坡口尺寸及磁粉检测		W	
		15. 不锈钢堆焊层厚度检查	R		
		16. 不锈钢堆焊层化学成分、铁素体数检查	R		
		17. 不锈钢堆焊层无损检测 UT、PT		W	
		18. 不锈钢堆焊层外观检查		W	
		19. 法兰堆焊层密封面硬度检查		W	
4	进出口对应法兰、冷氢入口对应法兰	1. 材料质量证明书审查	R		
		2. 化学成分	R		
		3. 力学性能	R		
		4. 无损检测 UT、MT/PT	R		
		5. 几何尺寸及外观检查	R		
5	不锈钢内件	1. 材料质量证明书审查	R		
		2. 化学成分	R		
		3. 力学性能	R		
		4. 晶间腐蚀	R		
		5. 焊缝无损检测 PT	R		
		6. 几何尺寸及外观检查		W	
		7. 分配盘、冷氢盘充水试验		W	
		8. 螺柱与翼板的封焊角缝煤油渗漏试验		W	
6	M36及以上螺栓	1. 材料质量证明书审查	R		
		2. 化学成分	R		
		3. 力学性能	R		
		4. 无损检测 UT、MT	R		
		5. 螺纹加工滚压成型		W	
		6. 尺寸及精度检查		W	
7	M36及以上螺母	1. 材料质量证明书审查	R		
		2. 化学成分	R		
		3. 硬度检查	R		

（续表）

序号	零部件名称	监造内容	文件见证点（R）	现场见证点（W）	停止点（H）
7	M36及以上螺母	4. 尺寸及精度检查		W	
		5. 精加工后无损检测MT	R		
		6. 承载试验（按采购技术文件规定）	R		
8	八角垫	1. 材料质量证明书审查	R		
		2. 化学成分	R		
		3. 硬度检查		W	
		4. 尺寸、无损检测PT	R		
9	热电偶管	1. 材料质量证明书审查	R		
		2. 化学成分	R		
		3. 力学性能	R		
		4. 晶间腐蚀	R		
		5. 焊缝无损检测RT、PT	R		
		6. 直线度检查		W	
		7. 氦渗漏试验		W	
10	裙座	1. Cr-Mo钢筒节材料质量证明书检查	R		
		2. Cr-Mo钢筒节纵、环缝焊后MT、UT、RT	R		
		3. 碳钢筒节纵、环缝焊后MT、UT、RT	R		
11	总装	1. 承压焊缝坡口无损检测MT	R		
		2. 组焊筒体间、筒体与封头环焊缝		W	
		3. 中间热处理		W	
		4. 筒体管口划线、开孔、尺寸、方位		W	
		5. 接管与壳体、与封头组焊		W	
		6. 中间热处理	R		
		7. 壳体A/B/D类焊缝焊后MT、UT、RT		W	
		8. 壳体A/B/D类焊缝熔敷金属化学成分	R		
		9. 壳体A/B/D类焊缝里口堆焊层PT、UT		W	
		10. 壳体A/B/D类焊缝里口堆焊层铁素体数测定	R		
		11. 壳体A/B/D类焊缝里口堆焊层化学成分	R		
		12. 支持圈凸台上下200mm高度内奥氏体不锈钢堆焊层无损检测UT	R		
		13. 壳体与裙座的连接接头MT、UT	R		

（续表）

序号	零部件名称	监造内容	文件见证点（R）	现场见证点（W）	停止点（H）
11	总装	14. 裙座底面到基准线的间距偏差检查		W	
		15. 筒体直线度及环缝错边量检查		W	
		16. 管口方位及尺寸		W	
		17. 凸台位置及尺寸		W	
		18. 设备内外表面外观（热处理前）检查			H
		19. 内件与壳体组焊方位、尺寸、外观检查		W	
		20. 内件与壳体组焊角缝无损检测 PT	R		
		21. 分配盘、支持盘、冷氢盘模拟预组装			H
12	热处理	1. A/B/D 类焊缝中间热处理		W	
		2. 整体最终热处理或分段最终热处理		W	
		3. 现场合拢焊缝局部最终热处理		W	
		4. 壳体 A/B/D 类焊缝最终热处理后硬度检查		W	
		5. 壳体 A/B/D 类焊缝最终热处理后 MT、UT		W	
		6. 裙座与壳体连接焊缝最终热处理后 MT、UT	R		
		7. 裙座 Cr-Mo 钢纵环焊缝最终热处理后 MT、UT	R		
		8. 临时连接物去除部位最终热处理后 MT	R		
		9. 堆焊层最终热处理后 PT		W	
13	产品试件	1. 母材性能热处理试件检查	R		
		2. 产品焊接试件检查	R		
14	压力试验	1. 壳体水压试验			H
		2. 外观及内部清洁度检查		W	
		3. 壳体 A/B/D 类焊缝水压后 MT、UT	R		
		4. 裙座与壳体连接焊缝水压后 MT、UT	R		
		5. 分配盘支持凸台转角处、法兰密封面、内件与筒体连接角焊缝水压后 PT	R		
15	其它外购件	1. 密封垫、泡罩合格证检查	R		
		2. 密封垫、泡罩几何尺寸及外观抽查		W	
		3. 密封垫硬度检查	R		
16	出厂检验	1. 法兰密封面外观检查		W	
		2. 设备分段出厂前整体预组装及组对标记检查		W	

（续表）

序号	零部件名称	监造内容	文件见证点（R）	现场见证点（W）	停止点（H）
16	出厂检验	3. 分段筒体环缝坡口尺寸及防护检查		W	
		4. 喷砂除锈、油漆检查		W	
		5. 接管法兰面保护及包装检查		W	
		6. 标记检查		W	
		7. 充氮保护检查		W	
		8. 按采购技术文件规定进行随机文件检查	R		

连续重整反应器

监造大纲

目 录

前　言 ·· 037
1　总则 ·· 038
2　原材料 ··· 040
3　焊接 ··· 040
4　无损检测 ·· 041
5　几何尺寸与外观 ·· 042
6　热处理及产品试件 ·· 042
7　耐压及泄漏试验 ··· 043
8　涂装与发运 ··· 043
9　主要外购外协件检验要求 ··· 043
10　其它要求 ·· 043
11　连续重整反应器驻厂监造主要质量控制点 ······················ 044

前　言

《连续重整反应器监造大纲》参照 GB/T 1.1—2009《标准化工作导则　第1部分：标准的结构和编写》给出的规则起草。

本大纲由中国石油化工集团有限公司物资装备部提出。

本大纲2010年7月第一次发布，本次为修订升版。

本大纲起草单位：上海众深科技股份有限公司。

本大纲起草人：华伟、邵树伟、时晓峰、方寿奇、贺立新。

连续重整反应器监造大纲

1 总则

1.1 内容和适用范围。

1.1.1 本大纲主要规定了采购单位（或使用单位）对连续重整反应器制造过程监造的基本内容及要求，是委托驻厂监造的主要依据。

1.1.2 本大纲适用于石油化工工业连续重整装置反应器制造过程监造，同类设备可参照使用。

1.1.3 本大纲中具体技术要求如与采购技术文件不一致时，原则上应以采购技术文件为准。

1.2 监造工作的基本要求。

1.2.1 监造人员要求。

1.2.1.1 监造人员应与所在监造单位有正式劳动合同关系。

1.2.1.2 监造人员应严格依据监造委托合同，履行监造职责，完成监造任务。

1.2.1.3 监造人员应持有不低于中国设备监理协会颁发的专业设备监理师资格证书，监造人员有二年（或以上）的监造业务经验，在相应专业岗位工作三年以上。

1.2.1.4 监造人员应熟悉监造物资的制造工艺，掌握制造过程中的质量技术要求和检验试验关键控制点。

1.2.1.5 监造人员在监造活动过程中应遵守有关保密约定和规定。

1.2.1.6 监造人员应遵守制造厂HSSE或安全生产管理制度的相关规定，严格执行劳保着装和安全防护要求。

1.2.2 监造工作程序。

1.2.2.1 监造人员在开始监造的10个工作日内，对制造厂的人员资质、生产工艺、装备能力和质保体系运行情况进行检查和评估，并向委托方提供质量风险评估报告，明确风险等级（高、中、低、无）。

1.2.2.2 监造单位在收到采购技术文件后，10个工作日内编制完成《监造大纲》。

1.2.2.3 监造单位在获得设计相关图纸、制造工艺、质量控制计划、生产进度计划后，15日内编制完成《监造实施细则》。

1.2.2.4 监造人员应配备必要的用于平行检查且检定合格的检测器具。

1.2.2.5 监造人员应按委托方的通知或有关要求参加或组织召开预检验会议，与

制造厂对接确定检验试验计划和质量控制点，并经委托方确认。

1.2.2.6 监造人员应组织制造厂质量、技术、生产及经营（项目管理）等相关部门召开监理周例会，通报监造工作情况，协调解决质量进度问题，结合生产进度计划安排后续监造工作，并形成会议纪要。

1.2.2.7 监造人员在监造实施过程中，如发现质量隐患、质量问题以及可能影响交货期的重大因素时，应及时报委托方，并以书面形式通知制造厂，要求制造厂采取有效措施予以整改，若制造厂延误或拒绝整改时，可责令其停工。

1.2.2.8 对于原材料、外购件以及外协加工、外协检测和外协检验试验等过程，监造人员应重点审查质量证明文件、外协单位资质、人员资质、工艺文件和检验试验报告等。并依据监造实施细则和检验试验计划中设置的监造访问点，实施质量控制。

1.2.2.9 实施监造的物资经现场监造人员确认符合标准规范和订单约定后，按发货批次开具监造放行单，并报委托方。

1.2.2.10 全部监造工作完成后，应于30日内完成监造总结报告交付委托方。

1.3 监造单位应提交的文件资料。

1.3.1 目录（含页码）（必须）。

1.3.2 产品质量监造报告书（必须）。

1.3.3 监造工作总结（必须）。

1.3.4 监造大纲（必须）。

1.3.5 监造实施细则（必须）。

1.3.6 监造周报（必须）。

1.3.7 设计变更通知及往来函件（如有）。

1.3.8 监造工作联系单（如有）。

1.3.9 监理工程师通知单（如有）。

1.3.10 会议纪要（如有）。

1.3.11 监造放行单（必须）。

1.4 主要编制依据。

1.4.1 TSG 21 固定式压力容器安全技术监察规程。

1.4.2 GB/T 150 压力容器。

1.4.3 GB/T 8923.1 涂覆涂料前钢材表面处理 表面清洁额度的目视评定 第一部分：未涂覆过的钢材表面和全面清除原有涂层后的钢材表面的锈蚀等级和处理等级。

1.4.4 GB/T 26429 设备工程监理规范。

1.4.5 GB/T 30583 承压设备焊后热处理规程。

1.4.6 NB/T 47041 塔式容器。

1.4.7 NB/T 47013 承压设备无损检测。

1.4.8 NB/T 47014 承压设备焊接工艺评定。

1.4.9　NB/T 47016 承压设备产品焊接试件力学性能试验。

1.4.10　Q/SHCG 11003—2016 14Cr1MoR（H）/15CrMoR（H）制临氢压力容器采购技术规范。

1.4.11　采购技术文件。

2　原材料

2.1　主要钢种为2.25Cr-1Mo和1.25Cr-0.5Mo-Si（钢板和锻件），冶炼工艺应采用电炉熔炼、精炼炉精炼和真空脱氧，其硫、磷及微量元素含量应符合采购技术文件规定。

2.2　审核主体材料（含焊材）质量证明书，材料牌号及规格、锻件级别、数量、供货商等应与采购技术文件规定一致。

2.3　见证主体材料外观、热处理状态、材料标记检查。

2.4　筒体、封头、中间蝶形封头、锥体、设备法兰、油气进出口法兰、接管法兰等主要承压件的化学成分分析、回火脆性敏感系数、常温力学性能、高温力学性能、夏比冲击试验、晶粒度及非金属夹杂物（指锻件）、硬度、回火脆化倾向评定、无损检验结果及取样部位、试样数量、模拟热处理状态应与采购技术文件规定一致。材料复验应按《固定式压力容器安全技术监察规程》、采购技术文件规定执行，监理工程师应现场见证。

2.5　对应法兰材料与性能应与采购技术文件规定一致。

2.6　油气出口管、虾米腰弯管、催化剂输送管等材料应与采购技术文件规定一致。

2.7　见证中心管、扇形筒、膨胀节等外购件应与采购技术文件规定一致。

2.8　主螺栓、主螺母、裙座等材料检验应与采购技术文件规定一致。

2.9　$\phi \geq 50mm$棒料加工的螺栓粗加工后应进行超声波检测，或按采购技术文件验收。

2.10　焊接材料检验应与采购技术文件规定一致。

2.11　凡在制造过程中改变热处理状态的承压元件，应重新进行恢复性能热处理，其力学性能结果应符合母材的规定。

3　焊接

3.1　焊工作业必须持有相应类别的有效焊接资格证书。

3.2　制造厂应在产品施焊前，根据采购技术文件及NB/T 47014的规定完成焊接工艺评定。

3.3　主要焊接工艺评定至少覆盖基体焊接工艺评定、异种钢焊接工艺评定、堆焊工艺评定、内件接头工艺评定、返修补焊五类评定。

3.4　焊接工艺评定报告应按采购技术文件规定报相关单位确认。

3.5　根据评定合格的焊接工艺核查焊接工艺规程。

3.6 焊接作业应严格遵守焊接工艺纪律。

3.7 Cr-Mo钢应按采购技术文件规定进行焊前预热、焊后立即进行脱氢处理或在焊接后保持预热温度直至中间消除应力热处理（ISR）。

3.8 焊接返修次数不得超过采购技术文件规定，所有焊缝的返修均应有返修工艺评定支持。

3.9 焊缝检查。

3.9.1 承压焊缝熔敷金属应进行化学成分、X系数、取样数量、试验状态及分析结果按采购技术文件验收。

3.9.2 承压焊缝（含热影响区、母材）最终热处理后应逐条进行硬度检测，按采购技术文件验收。

3.9.3 焊缝外观不允许存在咬边、裂纹、气孔、弧坑、夹渣、飞溅等缺陷。

3.10 内部角焊缝形状、尺寸应符合图样规定。

4 无损检测

4.1 无损作业人员应持有相应类（级）别的有效资格证书。

4.2 所有承压锻件粗加工后应进行超声波检测，按采购技术文件规定验收。

4.3 所有承压锻件精加工后应进行磁粉检测，验收标准按NB/T 47013.4 Ⅰ级要求。

4.4 所有承压板材应进行超声检测，按采购技术文件规定验收。

4.5 Cr-Mo钢的焊接坡口应进行100% 磁粉检测，按NB/T 47013.4 Ⅰ级验收，必要时进行见证。

4.6 承压焊缝的无损检测，审查无损检测报告及审片。

4.6.1 A、B、D类焊缝焊后、热处理后、水压后的磁粉检测，按NB/T 47013.4 Ⅰ级验收。

4.6.2 A、B、D类焊缝焊后、热处理后、水压后的超声检测，按NB/T 47013.3 Ⅰ级验收。

4.6.3 A、B类焊缝焊后射线检测报告、审片，按NB/T 47013.2 Ⅱ级验收。

4.7 中间封头与筒体角焊缝焊后超声检测和磁粉检测报告，均按NB/T 47013.3/.4 Ⅰ级验收。

4.8 内锥体、支撑板、扇形筒支持环、吊耳、把手、支架垫板、保温支持圈等与壳体角焊缝焊后磁粉检测报告，按NB/T 47013.4 Ⅰ级验收。

4.9 锥体、支撑件等内件与上下封头角焊缝焊后磁粉检测，按NB/T 47013.4 Ⅰ级验收。

4.10 壳体与裙座连接的堆焊段及接头、裙座上Cr-Mo钢接头、Cr-Mo钢与碳钢连接接头、碳钢接头焊后、热处理后、水压后应进行无损检测，其检验方法、检验比例、验收级别应符合采购技术文件的规定。

5　几何尺寸与外观

5.1　筒体机加工后或校圆后应进行几何形状检查。

5.2　封头冲压后应进行几何形状检查。

5.3　弯管成形后应进行几何形状检查。

5.4　膨胀节应采用液压成型，不允许有环焊缝。

5.5　催化剂输送管需整根制作，不得拼接。

5.6　对整体尺寸、管口方位、标高进行检查。

5.7　中心管、扇形筒检查按采购技术文件规定。

5.8　底部封头短节的端面、中心管支座平焊法兰的机加工面、内封头加强环端面应与反应器中心线垂直，其中内封头加强环端面与反应器中心线垂直度最大为0.76mm（如有特殊要求，按特殊要求执行）。

5.9　中心管支座与外筒同心度应进行检查。

5.10　支撑板位置及与壳体垂直度允差在±3mm内（如有特殊要求，按特殊要求执行）。

5.11　反应器内件出厂前应进行预组装，以保证现场安装质量。

5.12　设备分段交货出厂前应进行预组对，现场合拢组焊前应进行工件外观、施工条件等检查，如转胎、焊接设备、焊材库、热处理设施，加热工具，检验检测仪器、起吊及运输设备等准备情况。

6　热处理及产品试件

6.1　按GB/T 150及GB/T 30583的要求，检查热处理设备及热工仪表的适用性、有效性。

6.2　应查看热处理工艺文件，核查热处理执行与工艺文件的一致性。

6.3　应查看超过下临界相变温度的铬钼钢热成型和热加工及重新正火处理的过程。不得采用热成型和热加工代替正火处理，并检查正火试件。

6.4　应审查以下热处理报告（包括自动测温仪表记录的热处理曲线）。

6.4.1　封头热冲压成形后必须进行性能热处理（正火+回火或调质）并带母材试板。

6.4.2　膨胀节成型后热处理状态应与采购技术文件一致。

6.4.3　中间热处理和消氢热处理按采购技术文件规定执行。

6.5　最终热处理前检查。

6.5.1　所有的焊接件和预焊件应完成焊接。

6.5.2　内外表面外观应进行检查，工装焊接件应清除干净。

6.5.3　母材试板、焊接试板应齐全。

6.6 设备最终热处理。

热电偶的数量、布置及固定，热处理温度及时间等应按采购技术文件的规定，主体焊缝应逐条记录中间热处理和最终热处理的次数、保温温度、保温时间及升降温速度。

6.7 试板报告审查。

6.7.1 母材试板的力学性能应符合采购技术文件中材料的规定。

6.7.2 焊接试板的数量、检验项目、力学性能结果应符合采购技术文件和NB/T 47016的规定。

7 耐压及泄漏试验

7.1 现场见证试验过程，审核水压试验报告，按采购技术文件的规定。

7.2 设备水压试验，应检查下列内容。

7.2.1 计量器具的精度、量程、有效期。

7.2.2 容器壁温、升压和降压速率、试验压力、保压时间、试验用水氯离子含量、渗漏或泄漏、变形或响声。

8 涂装与发运

8.1 壳体外表面应喷砂除锈，达到GB 8923中Sa2.5级的规定。

8.2 壳体外表面油漆应按采购技术文件规定。

8.3 所有管口至少应用防水材料遮盖密封。

8.4 清点装箱备件型号、数量，应与清单一致。

8.5 装箱及出厂文件检查。

9 主要外购外协件检验要求

9.1 主要外购外协件供应商应符合采购技术文件要求。

9.2 外购外协件进厂后，应进行尺寸、外观、标识及文件资料核查。

9.3 主要外协件应按采购技术文件要求，采取过程控制（如关键点访问监造）。

10 其它要求

10.1 材料代用及图纸变更应取得业主或设计单位的书面同意。

10.2 中心管支座加工工艺必须得到设计单位确认后，方可对产品进行加工。

10.3 承压螺栓的螺纹加工应采用滚压成型。

10.4 催化剂流经部位表面应全部打磨光滑。

10.5 其它特殊要求按采购技术文件执行。

11 连续重整反应器驻厂监造主要质量控制点

11.1 文件见证点（R）：由监造人员对设备材料制造过程有关文件、记录或报告进行见证而预先设定的监造质量控制点。

11.2 现场见证点（W）：由监造人员对设备材料制造过程、工序、节点或结果进行现场见证而预先设定的监造质量控制点，且应包括相关文件见证点（R）质量控制内容。

11.3 停止点（H）：由监造人员见证并签认后才可转入下一个过程、工序或节点而预先设定的监造质量控制点，应包括相关现场见证点（W）和文件见证点（R）质量控制内容。

序号	零部件名称	监造内容	文件见证点（R）	现场见证点（W）	停止点（H）
1	筒节、锥体	1. 材料质量证明书审查		W	
		2. 化学成分（熔炼分析、产品分析）	R		
		3. 回火脆性敏感性系数 X, J	R		
		4. 力学性能（常温、高温）	R		
		5. 回火脆化倾向评定	R		
		6. 超声检测	R		
		7. 外观检查（表面、尺寸）		W	
		8. 坡口MT检测		W	
		9. 预弯处硬度、滚圆、纵缝焊接、中间热处理		W	
		10. 校圆、几何形状（圆度、棱角度、锥体同心度）检查		W	
		11. 纵缝外观、无损检验（RT、UT、MT）		W	
		12. 纵缝熔敷金属化学成分分析	R		
2	球型封头、中间碟型封头	1. 材料质量证明书审查	R		
		2. 化学成分（熔炼分析、产品分析）	R		
		3. 回火脆性敏感性系数 X, J	R		
		4. 力学性能（常温、高温）	R		
		5. 回火脆化倾向评定	R		
		6. 超声检测	R		
		7. 冲压后形状尺寸（圆度、直径、厚度）		W	
		8. 冲压后性能热处理及母材试板力学性能	R		
		9. 冲压后无损检验（UT、MT）	R		

（续表）

序号	零部件名称	监造内容	文件见证点（R）	现场见证点（W）	停止点（H）
2	球型封头、中间碟型封头	10. 外观检查（表面、尺寸）		W	
		11. 精加工后尺寸检查及坡口MT		W	
3	设备法兰、人孔法兰、人孔法兰盖、接管法兰、短节	1. 材料质量证明书审查	R		
		2. 化学成分（熔炼分析、产品分析）	R		
		3. 回火脆性敏感性系数 X, J	R		
		4. 力学性能（常温、高温）	R		
		5. 晶粒度（适用锻件）	R		
		6. 非金属夹杂物（适用锻件）	R		
		7. 回火脆化倾向评定	R		
		8. 超声检测	R		
		9. 精加工后尺寸检查及加工面MT		W	
4	膨胀节	1. 材料质量证明书审查：化学成分、力学性能、纵焊缝无损检测（RT、PT）	R		
		2. 几何尺寸及外观检查		W	
		3. 膨胀节水压试验		W	
5	催化剂输出管、不锈钢内件	1. 材料质量证明书审查：化学成分、力学性能、晶间腐蚀、	R		
		2. 焊缝无损检测（PT）	R		
		3. 几何尺寸及外观检查		W	
6	M36及以上螺栓	1. 材料质量证明书审查：化学成分、力学性能、硬度检查	R		
		2. 无损检验（UT或MT）	R		
		3. 尺寸及精度检查		W	
7	M36及以上螺母	1. 材料质量证明书审查：化学成分、硬度检查	R		
		2. 尺寸及精度检查		W	
		3. 精加工后磁粉检测	R		
		4. 承载试验（按采购技术文件规定）	R		
8	裙座	1. Cr-Mo钢筒节材料质量证明书检查	R		
		2. 裙座筒节纵、环焊缝焊后MT、UT、RT	R		
		3. 裙座与壳体连接堆焊部位的UT、MT检测	R		
9	总装	1. 承压焊缝坡口磁粉检测	R		
		2. 壳体A/B/D类焊缝焊后MT、UT、RT		W	

(续表)

序号	零部件名称	监造内容	文件见证点（R）	现场见证点（W）	停止点（H）
9	总装	3. 壳体A/B/D类焊缝熔敷金属化学成分	R		
		4. 中心管底座上表面与中心线垂直度检查		W	
		5. 基准线与顶部切线间距偏差检查		W	
		6. 裙座底面到基准线的间距偏差检查		W	
		7. 筒体直线度及环缝错边量检查		W	
		8. 管口方位及尺寸检查		W	
		9. 设备内外表面外观检查（催化剂流经部位表面应打磨光滑）		W	
		10. 内件、预焊件与壳体组焊方位、尺寸、外观检查		W	
		11. 内件与壳体组焊角缝MT或PT检测	R		
		12. 支撑圈水平度检查		W	
10	热处理	1. A/B/D类焊缝中间热处理	R		
		2. 分段热处理及合拢缝局部最终热处理		W	
		3. 壳体A/B/D类焊缝最终热处理后硬度测试		W	
		4. 壳体A/B/D类焊缝最终热处理后MT、UT	R		
		5. 裙座与壳体连接焊缝最终热处理后MT、UT	R		
		6. Cr-Mo钢裙座筒节纵环缝最终热处理后MT、UT	R		
		7. 临时连接物去除部位最终热处理后MT	R		
11	试板	1. 母材性能热处理试板检查	R		
		2. 产品焊接试板检查	R		
12	压力试验	1. 还原段水压试验及整体水压试验			H
		2. 外观及内部清洁度检查		W	
		3. 壳体A/B/D类焊缝水压后MT、UT	R		
		4. 裙座与壳体连接焊缝水压后MT、UT	R		
13	出厂检验	1. 法兰密封面外观检查		W	
		2. 喷砂除锈、油漆检查		W	
		3. 管口包装检查		W	
		4. 标记检查		W	

环氧乙烷反应器

（SD 工艺）

监造大纲

目 录

前　言 ………………………………………………………………………………… 049
1　总则 ………………………………………………………………………………… 050
2　原材料 ……………………………………………………………………………… 052
3　焊接 ………………………………………………………………………………… 053
4　无损检测 …………………………………………………………………………… 054
5　几何尺寸及外观 …………………………………………………………………… 055
6　热处理及产品试件 ………………………………………………………………… 055
7　泄漏试验 …………………………………………………………………………… 056
8　耐压试验 …………………………………………………………………………… 056
9　涂敷包装 …………………………………………………………………………… 057
10　主要外购外协件检验要求 ………………………………………………………… 057
11　其它要求 …………………………………………………………………………… 057
12　环氧乙烷反应器（SD工艺）驻厂监造主要质量控制点 ……………………… 057

前　言

《环氧乙烷反应器（SD工艺）监造大纲》参照 GB/T 1.1—2009《标准化工作导则　第1部分：标准的结构和编写》给出的规则起草。

本大纲由中国石油化工集团有限公司物资装备部提出。

本大纲为首次发布。

本大纲起草单位：南京三方化工设备监理有限公司。

本大纲起草人：赵清万、李辉、易锋、陈琳、吴挺。

环氧乙烷反应器（SD 工艺）监造大纲

1 总则

1.1 内容和适用范围。

1.1.1 本大纲主要规定了采购单位（或使用单位）对环氧乙烷装置用环氧乙烷反应器（SD 工艺）制造过程监造的基本内容及要求，是委托驻厂监造的主要依据。

1.1.2 本大纲适用于石油化工工业中使用的环氧乙烷反应器（SD 工艺）制造过程监造，同类设备可参照使用。

1.1.3 本大纲中具体技术要求如与采购技术文件不一致时，原则上应以采购技术文件为准。

1.2 监造工作的基本要求。

1.2.1 监造人员要求。

1.2.1.1 监造人员应与所在监造单位有正式劳动合同关系。

1.2.1.2 监造人员应严格依据监造委托合同，履行监造职责，完成监造任务。

1.2.1.3 监造人员应持有不低于中国设备监理协会颁发的专业设备监理师资格证书，监造人员有二年（或以上）的监造业务经验，在相应专业岗位工作三年以上。

1.2.1.4 监造人员应熟悉监造物资的制造工艺，掌握制造过程中的质量技术要求和检验试验关键控制点。

1.2.1.5 监造人员在监造活动过程中应遵守有关保密约定和规定。

1.2.1.6 监造人员应遵守制造厂 HSSE 或安全生产管理制度的相关规定，严格执行劳保着装和安全防护要求。

1.2.2 监造工作程序。

1.2.2.1 监造人员在开始监造的 10 个工作日内，对制造厂的人员资质、生产工艺、装备能力和质保体系运行情况进行检查和评估，并向委托方提供质量风险评估报告，明确风险等级（高、中、低、无）。

1.2.2.2 监造单位在收到采购技术文件后，10 个工作日内编制完成《监造大纲》。

1.2.2.3 监造单位在获得设计相关图纸、制造工艺、质量控制计划、生产进度计划后，15 日内编制完成《监造实施细则》。

1.2.2.4 监造人员应配备必要的用于平行检查且检定合格的检测器具。

1.2.2.5 监造人员应按委托方的通知或有关要求参加或组织召开预检验会议，与

制造厂对接确定检验试验计划和质量控制点，并经委托方确认。

1.2.2.6 监造人员应组织制造厂质量、技术、生产及经营（项目管理）等相关部门召开监理周例会，通报监造工作情况，协调解决质量进度问题，结合生产进度计划安排后续监造工作，并形成会议纪要。

1.2.2.7 监造人员在监造实施过程中，如发现质量隐患、质量问题以及可能影响交货期的重大因素时，应及时报委托方，并以书面形式通知制造厂，要求制造厂采取有效措施予以整改，若制造厂延误或拒绝整改时，可责令其停工。

1.2.2.8 对于原材料、外购件以及外协加工、外协检测和外协检验试验等过程，监造人员应重点审查质量证明文件、外协单位资质、人员资质、工艺文件和检验试验报告等。并依据监造实施细则和检验试验计划中设置的监造访问点，实施质量控制。

1.2.2.9 实施监造的物资经现场监造人员确认符合标准规范和订单约定后按发货批次开具监造放行单，并报委托方。

1.2.2.10 全部监造工作完成后，应于30日内完成监造总结报告交付委托方。

1.3 监造单位应提交的文件资料。

1.3.1 目录（含页码）（必须）。

1.3.2 产品质量监造报告书（必须）。

1.3.3 监造工作总结（必须）。

1.3.4 监造大纲（必须）。

1.3.5 监造实施细则（必须）。

1.3.6 监造周报（必须）。

1.3.7 设计变更通知及往来函件（如有）。

1.3.8 监造工作联系单（如有）。

1.3.9 监造工程师通知单（如有）。

1.3.10 会议纪要（如有）。

1.3.11 监造放行单（必须）。

1.4 主要编制依据。

1.4.1 TSG 21—2016 固定式压力容器安全技术监察规程。

1.4.2 GB/T 151 管壳式换热器。

1.4.3 GB/T 150 压力容器。

1.4.4 GB/T 713 锅炉和压力容器用钢板。

1.4.5 GB/T 1184 形状和位置公差 未注公差值。

1.4.6 GB/T 1804 一般公差 未注公差的线性和角度尺寸公差。

1.4.7 GB/T 26429 设备工程监理规范。

1.4.8 GB/T 30583 承压设备焊后热处理规程。

1.4.9 NB/T 47002.1 压力容器爆炸焊接复合板。

1.4.10 NB/T 47008 承压设备用碳素钢和合金钢锻件。

1.4.11 NB/T 47010 承压设备用不锈钢和耐热钢锻件。

1.4.12 NB/T 47013.1～NB/T 47013.13 承压设备无损检测。

1.4.13 NB/T 47014 承压设备焊接工艺评定。

1.4.14 NB/T 47015 压力容器焊接规程。

1.4.15 NB/T 47016 承压设备焊接试件的力学性能检验。

1.4.16 NB/T 47018 承压设备用焊接材料订货技术条件。

1.4.17 JB/T 4711 压力容器涂敷与运输包装。

1.4.18 JB 4732—1995 钢制压力容器-分析设计标准（2005年确认）。

1.4.19 采购技术文件。

2 原材料

2.1 基本要求。

2.1.1 检查原材料，设备使用的材料应是未使用过的新材料，供应商应符合采购技术文件要求；所有材料的实物标识以及标记移植内容应与质量证明文件相符。设备主体板材及锻件钢应由氧气转炉或电炉冶炼的真空处理本质细晶粒镇静钢。

2.1.2 设备主体板材所用钢板应符合 GB/T 713 的要求，且不低于采购技术文件要求。

2.1.3 设备主体板材所用复合钢板应符合 NB/T 47002.1 的要求，且不低于采购技术文件要求。

2.1.4 设备所用 2205 换热管应符合 ASME SA 789 的要求，且不低于采购技术文件要求。

2.1.5 设备所用 Ⅲ/Ⅳ 锻件应符合 NB/T 47008 的要求，且不低于采购技术文件要求。

2.1.6 焊接材料应符合 NB/T 47018 的要求，同时需满足采购技术文件的要求。

2.1.7 M36 及以上螺栓螺母等紧固件材料，应符合采购技术文件要求。

2.1.8 设备制造所用的非受压元件材料必须具有出厂合格证和质量证明书，其化学成分、力学性能和其他技术要求应符合相应的国家标准和行业标准的规定。

2.1.9 所有材料的实物标识应与质量证明文件相符。

2.2 检验与试验要求。

2.2.1 检查制造厂在制造前是否已按标准、采购技术文件要求对设备用材料进行了相关复验。高温拉伸试验的试件取样数量、方向、位置及试验温度等均应符合相应标准、采购技术文件要求；低温冲击的试样取样位置、缺口方向以及试验温度均应符合相应标准、采购技术文件的要求。

2.2.2 所有材料入厂后，应按采购技术文件要求对原材料外观以及尺寸进行检查。

2.2.3 检查换热管的外径、壁厚尺寸及外观质量，换热管应无机械损伤，管子无可见的变形，管内不得留存氧化皮等任何杂物。

2.2.4 焊材应按标准、采购技术文件的要求进行复验。

2.2.5 主要受压原件材料代用时，应有原设计单位的书面同意文件。

2.2.6 制造过程中如改变受压元件的供货状态，应根据标准、采购技术文件审查该受压元件改善或恢复材料力学性能热处理报告，同时审查热处理后的力学性能试验报告，结果应符合采购技术文件要求。

3 焊接

3.1 焊前准备。

3.1.1 焊工作业必须持有相应类别的有效焊接资格证书，按照相关安全技术规范的规定考核合格，取得相应项目的《特种设备作业人员证》后，方能在有效期间内担任合格项目范围内的焊接工作，并按照焊接工艺规程进行焊接。

3.1.2 设备施焊前，审查焊接工艺文件：受压元件焊接接头、与受压元件相焊的焊接接头、熔入永久焊接接头内的定位焊接接头、受压元件母材表面堆焊与补焊，以及上述焊接接头的返修焊接接头，应按 NB/T 47014 进行焊接工艺评定或具有经过评定合格的焊接工艺规程支持。

3.1.3 审查制造厂排版图以及组装工艺；组装过程中受压元件不得强力组装。

3.1.4 审查焊接工艺，所有 A、B 类焊接接头均应采用全焊透对接接头型式，对无法进行双面焊的对接接头，应采用氩弧焊打底的单面坡口全焊透结构。

3.1.5 所有钢板及锻件的焊接坡口均应采用机械方法加工，并进行磁粉或渗透检测（优先采用磁粉检测）。

3.1.6 换热管与管板焊接前，焊接坡口及两侧均应清除油污等脏污。

3.1.7 制造厂在管板拼焊、堆焊前，应制定合理的工艺措施，以减少焊接变形。

3.2 焊接要求。

3.2.1 设备焊接前应严格按照焊接工艺要求进行预热、焊后应及时消氢或消除应力处理。现场测量施焊前预热温度，检查焊接坡口、堆焊位置及两侧 150mm 范围内壳体应均匀受热，温度应符合焊接工艺规程的要求。

3.2.2 焊接过程中检查焊接参数，焊接参数需严格遵守经审批合格的焊接工艺规程。

3.2.3 焊接返修前审查是否具有经过审批的焊接返修方案，且焊接工艺是否具有焊接工艺评定支持。返修后应按原方法重新检验。

3.2.4 承压焊接接头熔敷金属应进行化学成分检查，检查取样点及数量、分析结果，应符合采购技术文件的要求。

3.2.5 管板、管箱筒体堆焊层化学成分及厚度检查，其取样位置、数量、及检查结果应符合采购技术文件的要求。

3.2.6 换热管与管板焊接道数、焊道接头位置、焊接接头每次焊接长度、焊角高度以及换热管伸出管板高度，应符合焊接工艺、采购技术文件的要求。

3.2.7 格栅焊接应严格按照要求执行，确保格栅管网之间点焊位置、点焊厚度满足符合焊接工艺、采购技术文件的要求。

3.2.8 A、B类焊接接头（含焊缝、热影响区、母材）最终热处理后应按采购技术文件的要求进行硬度检测。

4 无损检测

4.1 基本要求。

4.1.1 审查无损检测人员的资格证书，无损检测前，审查制造厂无损检测工艺，应符合NB/T 47013标准要求。

4.2 射线及超声检测。

4.2.1 A、B类焊接接头焊后，应按采购技术文件要求进行100%射线检测，Ⅱ级合格，检测技术等级不低于AB级。

4.2.2 所有承压锻件粗加工后应按采购技术文件要求进行超声检测。

4.2.3 所有承压板材到厂后应按采购技术文件要求进行超声检测。

4.2.4 先拼焊后成形的凸形封头，成形后所有拼接焊接接头应进行100%的射线检测，Ⅱ级合格，检测技术等级不低于AB级。

4.2.5 A、B、D类焊接接头焊后、热处理后、耐压试验后，应按采购技术文件要求进行100%超声检测，Ⅰ级合格。

4.2.6 管板堆焊过渡层、面层后，应按采购技术文件要求进行100%超声检测。

4.3 表面检测。

4.3.1 所有承压锻件精加工后应按采购技术文件要求进行磁粉检测。

4.3.2 A、B、D类焊接接头焊后、热处理后、耐压试验后，应按采购技术文件要求进行100%磁粉检测，Ⅰ级合格。

4.3.3 管板堆焊过渡层、面层，应按采购技术文件要求进行100%渗透检测，Ⅰ级合格。

4.3.4 换热管与管板焊接接头，应按采购技术文件要求进行100%渗透检测，Ⅰ级合格。

4.3.5 不锈钢内件焊接接头及与管箱筒体、封头不锈钢覆层焊接接头，应按采购技术文件要求进行100%渗透检测，Ⅰ级合格。

4.3.6 耳式支座垫板与壳体及支座筋板（包括底板）的E类焊接接头，应按采购技术文件要求进行100%磁粉或渗透检测，Ⅰ级合格。

4.3.7 设备的缺陷修磨或补焊处表面，拆除卡具、拉筋等临时附件的焊痕表面，应按采购技术文件要求进行100%磁粉或渗透检测，Ⅰ级合格。

5 几何尺寸及外观

5.1 尺寸检查。

5.1.1 设备整体外形尺寸检查，包括接管方位标高/伸出长度等尺寸检查，法兰跨中情况检查。

5.1.2 管板堆焊后、机加工成型后应进行管板平面度检查。

5.1.3 管板钻孔后应进行管孔形位尺寸检查。

5.1.4 格栅制作成型后应进行用正公差"规管"对管孔进行逐个检查，要求每件格栅必须同心。

5.1.5 设备格栅与筒体组装过程中，应检查格栅与筒体的间距。

5.1.6 筒体成型后直径、圆度、棱角度等尺寸检查。

5.1.7 封头压制后最小厚度及成型尺寸检查。

5.1.8 焊接接头组对尺寸检查。

5.1.9 支座或裙座螺栓孔尺寸检查，对裙座需复查其热处理后变形情况。

5.1.10 法兰密封面加工尺寸及粗糙度检查。

5.1.11 以上尺寸偏差按照相应的标准、采购技术文件要求执行。未注尺寸公差值的机械加工表面和非机械加工表面线性尺寸和角度的极限偏差，应分别符合 GB/T 1804 中 m 级和 c 级的规定。未注形状和位置公差值的机械加工表面和非机械加工表面的形位极限偏差，应分别符合 GB/T 1184 中 K 级和 L 级的规定。

5.2 外观。

5.2.1 换热管应无机械损伤，管子无可见的变形，管内不得留存氧化皮等任何杂物。

5.2.2 见证焊接区域内，包括对接接头和角接接头的表面，不得有裂纹、气孔和咬边等缺陷。不应有急剧的形状变化，圆滑过度。

5.2.3 换热管与管板焊接接头，不允许存在咬边、焊穿、过烧、弧坑等缺陷，焊角高度应符合采购技术文件要求规定。

5.2.4 角接接头焊角尺寸应符合图样及相关标准要求，所有角接接头应凹形圆滑过渡。

6 热处理及产品试件

6.1 热处理。

6.1.1 封头热压成型后如若改变材料的供货状态应按相应标准进行恢复或改善性能热处理（同时制备母材试件），监造人员对上述过程进行跟踪。

6.1.2 设备制作应按 GB/T 30583、采购技术文件要求进行焊后消除应力处理。

6.1.3 热处理前应检查以下内容。

6.1.3.1 所有焊接工作已经完成。

6.1.3.2 所有内外表面以及焊接接头已通过外观检查，工装焊接件已去除。

6.1.3.3 所有无损检测（包含临时工装去除后的部位）已全部合格。

6.1.3.4 所有其他应在PWHT前完成的检验已全部合格。

6.1.3.5 试件（含母材试件）的数量、摆放位置满足标准、采购技术文件要求。

6.1.3.6 进炉前应加装防变形工装，对法兰密封面应采取保护措施以防止法兰密封面氧化和变形。

6.1.4 见证热处理工艺用热电偶的数量及布置，热处理温度及保温时间均应满足相应标准、采购技术文件及热处理工艺要求，并记录热处理曲线。

6.1.5 合拢缝的局部最终热处理的桩位、热电偶数量、布置及固定、加热带加热宽度、保温棉保温宽度、热处理温度及时间等应满足相应标准、采购技术文件及热处理工艺要求，并记录热处理曲线。

6.1.6 热处理后审查热处理曲线，热处理温度、保温时间、升降温速率均应满足相应标准、采购技术文件及热处理工艺要求。

6.1.7 热处理后应进行焊接接头、热影响区及母材的硬度检测，检测结果应符合采购技术文件的相关要求。

6.1.8 热处理后不得直接在受压部件上施焊。

6.2 产品试件。

6.2.1 设备应根据GB/T 150、采购技术文件要求制备母材、产品焊接试件。

6.2.2 焊接试件所用母材及焊材应与实际产品相一致，应采用与所代表焊接接头相同的工艺焊接。

6.2.3 试件的尺寸、热处理状态、检验项目以及性能试验结果应符合采购技术文件及母材标准或NB/T 47016的规定。

7 泄漏试验

氦检漏试验部位：壳程，按采购技术文件要求进行氦检漏试验，重点检查换热管与管板焊接接头。

8 耐压试验

8.1 见证设备制作完毕后的壳程耐压试验，试验压力、保压时间、介质温度、压力表要求等均应符合采购技术文件及标准要求。

8.2 见证设备制作完毕后的管程耐压试验，试验压力、保压时间、介质温度、压力表要求等均应符合采购技术文件及标准要求。

8.3 耐压试验后应把内部清理干净。

9 涂敷包装

9.1 设备制造完毕后容器外表面应按采购技术文件要求的规定予以清理和除锈，内部不锈钢表面应进行酸洗。

9.2 油漆的种类、颜色，以及漆膜厚度应符合采购技术文件要求。

9.3 法兰密封面、现场焊接接头坡口及其附近约100mm范围内的外表面不应涂漆，但法兰密封面应涂防锈油脂，现场焊接的坡口及其附近未涂漆的区域应涂对焊接质量无害且易去除的保护膜或涂层。

9.4 内陆运输过程中应保持设备内部干燥，避免因潮湿引起设备内部表面产生锈蚀。海上运输时，应将设备内部充氮保护。采购技术文件有明确规定充氮保护后运输的，需按要求执行。

9.5 设备本体上应按采购技术文件要求标准重心以及方位标识。

9.6 备品备件装箱前进行核对检查，数量和规格应与装箱清单一致，同时符合采购技术文件的相关要求。

9.7 设备铭牌应符合采购技术文件要求。

10 主要外购外协件检验要求

10.1 主要外购外协件供应商应符合采购技术文件要求。

10.2 外购外协件进厂后，应进行尺寸、外观、标识及文件资料核查。

10.3 主要外协件应按采购技术文件要求，采取过程控制（如关键点访问监造）。

11 其它要求

11.1 换热管要求冷轧、正公差交货，不允许拼接。

11.2 格栅的制作及组装要有专用的防变形工具。

11.3 管板拼焊、堆焊时要采取防变形措施，并在拼焊过程中、堆焊前后、及热处理前后、机加工前后进行平面度跟踪检查，确保满足采购技术文件要求。

11.4 管头胀接前应进行胀管工艺评定，其胀管尺寸应符合采购技术文件要求。

11.5 其它特殊检验项按采购技术文件要求执行。

12 环氧乙烷反应器（SD工艺）驻厂监造主要质量控制点

12.1 文件见证点（R）：由监造人员对设备材料制造过程有关文件、记录或报告进行见证而预先设定的监造质量控制点。

12.2 现场见证点（W）：由监造人员对设备材料制造过程、工序、节点或结果进行现场见证而预先设定的监造质量控制点，且应包括相关文件见证点（R）质量控制内容。

12.3 停止点（H）：由监造人员见证并签认后才可转入下一个过程、工序或节点而预先设定的监造质量控制点，应包括相关现场见证点（W）和文件见证点（R）质量控制内容。

序号	零部件及工序名称	监造内容	文件见证点（R）	现场见证点（W）	停止点（H）
1	资质审查	1.制造单位设计、制造资质审查	R		
		2.制造厂质保体系审查		W	
		3.焊工资格审查	R		
		4.无损检测人员资质审查	R		
		5.其它人员（如理化）资质审查	R		
		6.对该产品制造所需装备能力及完好性检查		W	
2	工艺文件	1.生产进度计划	R		
		2.质量计划（检验计划）	R		
		3.焊接排版图	R		
		4.焊接工艺评定和焊接工艺指导书	R		
		5.制造工艺过程文件	R		
		6.无损检测工艺	R		
		7.热处理工艺	R		
		8.胀管工艺	R		
		9.耐压、泄漏试验程序	R		
		10.喷砂油漆程序	R		
		11.包装方案	R		
3	材料	1.板材、锻件			
		1）质量证明书			
		A.化学成分	R		
		B.力学性能	R		
		C.无损检测	R		
		D.供货状态	R		
		E.锻造比（锻件）	R		
		F.锻件热处理（锻件）	R		
		2）化学成分、力学性能复验		W	
		3）外观及材料标识		W	
		2.封头（压型后）			
		1）质量证明书	R		

（续表）

序号	零部件及工序名称	监造内容	文件见证点（R）	现场见证点（W）	停止点（H）
3	材料	2）几何尺寸	R		
		3）外观及标识检查		W	
		3. 换热管			
		1）质量证明书			
		A. 化学成分	R		
		B. 力学性能	R		
		C. 晶间腐蚀	R		
		D. 无损检测	R		
		E. 供货状态	R		
		F. 耐压试验	R		
		2）化学成分、力学性能、晶间腐蚀复验		W	
		3）外观及材料标识		W	
		4. 格栅材料			
		1）质量证明书	R		
		2）外观及材料标识		W	
		5. 焊材			
		1）质量证明书	R		
		2）化学成分、力学性能复验		W	
		6. 外协外购件检查			
		1）合格证等文件资料	R		
		2）外观、尺寸、标识		W	
4	冷、热加工	1. 成型及制造公差		W	
		2. 坡口尺寸		W	
		3. 各段筒体/锥体加工尺寸		W	
		4. 错边量、圆度、直线度		W	
		5. 封头检查			
		1）热压及恢复或改善性能热处理（热压成型）	R		
		2）力学性能报告（热压成型）	R		
		3）尺寸检验报告	R		
		6. 管板机加工尺寸		W	
		7. 格栅卡槽尺寸检查		W	

059

（续表）

序号	零部件及工序名称	监造内容	文件见证点（R）	现场见证点（W）	停止点（H）
5	母材试件	1. 试件数量		W	
		2. 受热史	R		
		3. 力学性能		W	
6	焊接	1. 焊接工艺检查	R		
		2. 焊前预热及焊后热处理		W	
		3. 焊接材料		W	
		4. 焊接工艺执行		W	
		5. 焊工资格		W	
		6. 焊接接头外观检查		W	
		7. 焊后尺寸检查		W	
		8. 焊接接头返修检查		W	
		9. 光谱分析（PMI）	R		
7	无损检测	1. 无损检测人员资质	R		
		2. 铬钼钢检测时机		W	
		3. RT片审查	R		
		4. UT检测	R		
		5. 焊接接头MT、PT	R		
8	方位尺寸	1. 筒体上接管方位、伸出长度及标高			H
		2. 管板平面度尺寸		W	
		3. 管板钻孔尺寸		W	
		4. 格栅形状尺寸、格栅同心度		W	
		5. 壳程组装格栅间隙尺寸		W	
		6. 壳程筒体总体尺寸		W	
		7. 换热管伸出管板长度尺寸		W	
		8. 换热管胀管长度尺寸		W	
		9. 内部和外部附件方位及偏差		W	
		10. 法兰尺寸及密封面粗糙度		W	
		11. 管程筒体总体尺寸		W	
		12. 支座/鞍座/裙座螺栓孔尺寸（裙座需在热处理后复查）		W	
		13. 设备整体外观检查			H

（续表）

序号	零部件及工序名称	监造内容	文件见证点（R）	现场见证点（W）	停止点（H）
9	热处理	1. 热电偶数量布置、设备外观、试件等热处理前检查			H
		2. 热处理报告及曲线审查	R		
10	硬度	热处理后焊接接头硬度检测	R		
11	产品焊接试件	1. 受热史（同产品）	R		
		2. 力学性能	R		
12	泄漏试验	壳程氦检漏试验，按采购技术文件要求		W	
13	耐压试验	1. 试验前紧固件装配检查、安全检查；压力表及安装位置检查			H
		2. 壳程耐压试验			H
		3. 管程耐压试验			H
		4. 上、下环管单独耐压试验			H
		5. 耐压试验应符合图样和 GB/T150 要求	R		
		6. 耐压试验后设备内部清理干燥		W	
14	出厂检验	1. 法兰密封面检查		W	
		2. 管程内部清理		W	
		3. 铭牌、备品备件检查		W	
		4. 敞口接管法兰密封面保护以及包装检查		W	
		5. 喷砂、除锈油漆检查		W	
		6. 方位、重心及标识标记检查		W	
		7. 内部充氮检查		W	
		8. 随机资料审查	R		
		9. 运输工装、装车发运		W	

环氧乙烷反应器
（壳牌工艺）
监造大纲

目 录

前　言 ··· 065
1　总则 ··· 066
2　原材料 ··· 068
3　焊接 ··· 069
4　无损检测 ··· 070
5　几何尺寸及外观 ··· 071
6　热处理及产品试件 ··· 072
7　氦检漏试验 ··· 073
8　耐压试验 ··· 073
9　气密性试验 ··· 073
10　涂敷包装 ··· 073
11　主要外购外协件检验要求 ··· 074
12　其它要求 ··· 074
13　环氧乙烷反应器（壳牌工艺）驻厂监造主要质量控制点 ········· 075

前　言

《环氧乙烷反应器（壳牌工艺）监造大纲》参照 GB/T 1.1—2009《标准化工作导则　第 1 部分：标准的结构和编写》给出的规则起草。

本大纲由中国石油化工集团有限公司物资装备部提出。

本大纲为首次发布。

本大纲起草单位：南京三方化工设备监理有限公司。

本大纲起草人：赵清万、易锋、陈琳、王常青、杨运李。

环氧乙烷反应器（壳牌工艺）监造大纲

1 总则

1.1 内容和适用范围。

1.1.1 本大纲主要规定了采购单位（或使用单位）对环氧乙烷反应器（壳牌工艺）制造过程监造的基本内容及要求，是委托驻厂监造的主要依据。

1.1.2 本大纲适用于石油化工工业中使用的环氧乙烷反应器（壳牌工艺）制造过程监造，同类设备可参照使用。

1.1.3 本大纲中具体技术要求如与采购技术文件不一致时，原则上应以采购技术文件为准。

1.2 监造工作的基本要求。

1.2.1 监造人员要求。

1.2.1.1 监造人员应与所在监造单位有正式劳动合同关系。

1.2.1.2 监造人员应严格依据监造委托合同，履行监造职责，完成监造任务。

1.2.1.3 监造人员应持有不低于中国设备监理协会颁发的专业设备监理师资格证书，监造人员有二年（或以上）的监造业务经验，在相应专业岗位工作三年以上。

1.2.1.4 监造人员应熟悉监造物资的制造工艺，掌握制造过程中的质量技术要求和检验试验关键控制点。

1.2.1.5 监造人员在监造活动过程中应遵守有关保密约定和规定。

1.2.1.6 监造人员应遵守制造厂HSSE或安全生产管理制度的相关规定，严格执行劳保着装和安全防护要求。

1.2.2 监造工作程序。

1.2.2.1 监造人员在开始监造的10个工作日内，对制造厂的人员资质、生产工艺、装备能力和质保体系运行情况进行检查和评估，并向委托方提供质量风险评估报告，明确风险等级（高、中、低、无）。

1.2.2.2 监造单位在收到采购技术文件后，10个工作日内编制完成《监造大纲》。

1.2.2.3 监造单位在获得设计相关图纸、制造工艺、质量控制计划、生产进度计划后，15日内编制完成《监造实施细则》。

1.2.2.4 监造人员应配备必要的用于平行检查且检定合格的检测器具。

1.2.2.5 监造人员应按委托方的通知或有关要求参加或组织召开预检验会议，与

制造厂对接确定检验试验计划和质量控制点，并经委托方确认。

1.2.2.6　监造人员应组织制造厂质量、技术、生产及经营（项目管理）等相关部门召开监理周例会，通报监造工作情况，协调解决质量进度问题，结合生产进度计划安排后续监造工作，并形成会议纪要。

1.2.2.7　监造人员在监造实施过程中，如发现质量隐患、质量问题以及可能影响交货期的重大因素时，应及时报委托方，并以书面形式通知制造厂，要求制造厂采取有效措施予以整改，若制造厂延误或拒绝整改时，可责令其停工。

1.2.2.8　对于原材料、外购件以及外协加工、外协检测和外协检验试验等过程，监造人员应重点审查质量证明文件、外协单位资质、人员资质、工艺文件和检验试验报告等。并依据监造实施细则和检验试验计划中设置的监造访问点，实施质量控制。

1.2.2.9　实施监造的物资经现场监造人员确认符合标准规范和订单约定后按发货批次开具监造放行单，并报委托方。

1.2.2.10　全部监造工作完成后，应于30日内完成监造总结报告交付委托方。

1.3　监造单位应提交的文件资料。

1.3.1　目录（含页码）（必须）。

1.3.2　产品质量监造报告书（必须）。

1.3.3　监造工作总结（必须）。

1.3.4　监造大纲（必须）。

1.3.5　监造实施细则（必须）。

1.3.6　监造周报（必须）。

1.3.7　设计变更通知及往来函件（如有）。

1.3.8　监造工作联系单（如有）。

1.3.9　监造工程师通知单（如有）。

1.3.10　会议纪要（如有）。

1.3.11　监造放行单（必须）。

1.4　主要编制依据。

1.4.1　TSG 21—2016 固定式压力容器安全技术监察规程。

1.4.2　GB/T 151 热交换器。

1.4.3　GB/T 713 锅炉和压力容器用钢板。

1.4.4　GB/T 1184 形状和位置公差未注公差值。

1.4.5　GB/T 1804 一般公差 未注公差的线性和角度尺寸公差。

1.4.6　GB/T 26429 设备工程监理规范。

1.4.7　GB/T 30583 承压设备焊后热处理规程。

1.4.8　NB/T 47002.1 压力容器用爆炸焊接复合板。

1.4.9　NB/T 47008 承压设备用碳素钢和合金钢锻件。

1.4.10　NB/T 47010　承压设备用不锈钢和耐热钢锻件。
1.4.11　NB/T 47013.1～NB/T 47013.13　承压设备无损检测。
1.4.12　NB/T 47014　承压设备焊接工艺评定。
1.4.13　NB/T 47015　压力容器焊接规程。
1.4.14　NB/T 47016　承压设备焊接试件的力学性能检验。
1.4.15　NB/T 47018　承压设备用焊接材料订货技术条件。
1.4.16　JB/T 4711　压力容器涂敷与运输包装。
1.4.17　JB 4732—1995　钢制压力容器-分析设计标准（2005年确认）。
1.4.18　ASME 锅炉及压力容器规范 国际性规范 第Ⅱ卷 材料 A篇 铁基材料 2015版。
1.4.19　采购技术文件。

2　原材料

2.1　基本要求。

2.1.1　检查原材料，设备使用的材料应是未使用过的新材料，供应商应符合采购技术文件要求；所有材料的实物标识以及标记移植内容应与质量证明文件相符。设备主体板材及锻件钢应由氧气转炉或电炉冶炼的真空处理本质细晶粒镇静钢。

2.1.2　设备主体板材所用钢板应符合 ASME 第二卷材料 A 篇的要求，且不低于采购技术文件要求。

2.1.3　设备主体板材所用复合钢板应符合 NB/T 47002.1 的要求，且不低于采购技术文件要求。

2.1.4　设备所用换热管应符合 ASME 第二卷材料 A 篇的要求，且不低于采购技术文件要求。

2.1.5　设备所用Ⅲ/Ⅳ锻件应符合 NB/T 47008 的要求，且不低于采购技术文件要求。

2.1.6　焊接材料应符合 NB/T 47018 的要求，同时需满足采购技术文件的要求。

2.1.7　M36 及以上螺栓螺母等紧固件材料，应符合采购技术文件要求，比如材料牌号及规格、齿形螺栓加工方法、热处理状态、供货商等项。

2.1.8　主体材料应进行外观、材料标识、移植标记检查，材料标识应与质量证明文件相符。

2.1.9　设备制造所用的非受压元件材料必须具有出厂合格证和质量证明书，其化学成分、力学性能和其他技术要求应符合相应的国家标准和行业标准的规定。

2.2　检验与试验要求。

2.2.1　跟踪制造前，制造单位按采购技术文件要求对原材料进行复验的过程。高温拉伸试验的试件取样数量、方向、位置及试验温度等均应符合相应标准、采购技术文件要求；低温冲击的试样取样位置、缺口方向以及试验温度均应符合相应标准、采购技术文件的要求。

2.2.2　所有材料入厂后，应按采购技术文件要求对原材料外观以及尺寸进行检查。所有超出标准和采购技术文件规定的缺陷在获得业主批准前不得进行修补。

2.2.3　检查换热管的外径、壁厚尺寸及外观质量，换热管应无机械损伤，管子无可见的变形，管内不得留存氧化皮等任何杂物。

2.2.4　焊材应按标准、采购技术文件的要求进行复验。

2.2.5　主要受压原件材料代用时，应有原设计单位的书面同意文件。

2.2.6　制造过程中如改变受压元件的供货状态，应根据标准、采购技术文件审查该受压元件改善或恢复材料力学性能热处理报告，同时审查热处理后的力学性能试验报告，结果应符合采购技术文件要求。

3　焊接

3.1　焊前准备。

3.1.1　焊工作业必须持有相应类别的有效焊接资格证书，按照相关安全技术规范的规定考核合格，取得相应项目的《特种设备作业人员证》后，方能在有效期间内担任合格项目范围内的焊接工作，并按照焊接工艺规程进行焊接。

3.1.2　设备施焊前，审查焊接工艺文件：受压元件焊接接头、与受压元件相焊的焊接接头、熔入永久焊接接头内的定位焊接接头、受压元件母材表面堆焊与补焊，以及上述焊接接头的返修焊接接头，应按NB/T 47014进行焊接工艺评定或符合经过评定合格的焊接工艺规程。

3.1.3　审查制造厂排版图以及组装工艺；组装过程中受压元件不得强力组装。

3.1.4　审查焊接工艺，所有A、B类焊接接头均应采用全焊透对接接头型式，对无法进行双面焊的对接接头，应采用氩弧焊打底的单面坡口全焊透结构。

3.1.5　检查焊接坡口，焊接坡口优先选用机械加工的方法，对于火焰切割制备的焊接坡口表面应彻底清除淬硬层并露出金属光泽，承压零部件的焊接坡口表面应进行磁粉或渗透检测。

3.1.6　换热管与管板焊接前，焊接坡口及两侧均应清除油污等脏污。

3.1.7　制造厂在管板拼焊、堆焊前，应制定合理的工艺措施，以减少焊接变形。

3.2　焊接要求。

3.2.1　设备焊接前应严格按照焊接工艺要求进行预热、焊后应及时消氢或消除应力处理。现场测量施焊前预热温度，检查焊接坡口、堆焊位置及两侧150mm范围内壳体应均匀受热，温度应符合焊接工艺规程的要求。

3.2.2　焊接过程中检查焊接参数，焊接参数需严格遵守经审批合格的焊接工艺规程。

3.2.3　换热管与管板焊接，应检查焊接道数、焊道接头位置、焊缝每次焊接长度、焊角高度以及换热管伸出管板高度，满足焊接工艺及采购技术文件要求。

3.2.4 焊接返修前审查是否具有经过审批的焊接返修方案，且焊接工艺是否具有焊接工艺评定支持，返修后应按原方法重新检验。

3.2.5 设备最终热处理（PWHT）之前，进行停止点检查，所有与基体相焊接的零部件（接管、支持板等）需焊接完毕，最终热处理之后不允许再在本体上施焊或引弧。

4 无损检测

4.1 基本要求。

4.1.1 审查无损检测人员资格证书，无损检测前，审查制造厂无损检测工艺，应符合NB/T 47013标准要求。

4.2 射线及超声检测。

4.2.1 设备A、B类焊接接头焊后应进行射线或TOFD检测，上述检测应按采购技术文件要求进行，按NB/T 47013标准验收。

4.2.2 设备A、B、D类（D类焊缝仅指$DN \geqslant 150mm$）焊接接头在焊后、PWHT后、耐压试验后应分别进行100%超声检测，上述检测应按采购技术文件要求进行，按NB/T47013标准验收。

4.2.3 设备裙座与设备的焊接接头在焊后、PWHT后、耐压试验后应分别进行100%超声检测，其检测应按采购技术文件要求进行，按NB/T 47013标准验收。

4.2.4 设备管板、下管箱堆焊过渡层及面层后应进行100%超声检测，其检测应按采购技术文件要求进行，按NB/T 47013标准验收。

4.2.5 设备椭圆封头、锥段筒体、锻件粗加工后及弯管段成型后应分别进行100%超声检测，其检测应按采购技术文件要求进行，按NB/T 47013标准验收。

4.2.6 所有承压板材到厂后应逐张进行100%超声检测，其检测应按采购技术文件要求进行，按NB/T 47013标准验收。

4.3 表面检测。

4.3.1 检查下列焊接接头在PWHT前、后应分别进行的100%磁粉检测，按NB/T 47013 Ⅰ级合格。

4.3.1.1 A、B、D类焊接接头坡口表面、清根后。

4.3.1.2 A、B、D类焊接接头焊后内、外表面。

4.3.1.3 所有待堆焊的基材表面（PWHT前）及管板碳钢堆焊层表面。

4.3.1.4 非受压部件与受压部件连接焊接接头。

4.3.1.5 所有临时附件焊缝及拆除临时附件后的部位。

4.3.1.6 椭圆封头压型后内、外表面（PWHT前）。

4.3.1.7 锥段筒体及弯管段压型后外表面（PWHT前）。

4.3.1.8 基体金属上的返修部位表面。

4.3.1.9 设备整体吊装用吊耳及溜尾吊耳的焊接接头。

4.3.1.10 裙座与锥封头的焊接接头。

4.3.2 检查下列焊接接头在耐压试验前、后应分别进行的100%磁粉检测，按NB/T 47013 I级合格。

4.3.2.1 A、B、D类焊接接头内、外表面。

4.3.2.2 非受压部件与受压部件连接焊接接头。

4.3.2.3 基体金属上的返修部位表面。

4.3.2.4 裙座与锥封头的焊接接头。

4.3.3 检查下列焊接接头表面在PWHT前进行的100%渗透检测，按NB/T 47013 I级合格。

4.3.3.1 所有不锈钢堆焊层表面（PWHT前、后）。

4.3.3.2 机加工后的不锈钢堆焊层表面。

4.3.3.3 不锈钢焊接接头表面。

4.3.3.4 所有内件与不锈钢堆焊层的焊接接头。

4.3.3.5 所有机加工后的接管法兰密封面。

4.3.3.6 换热管与管板的焊接接头。

4.3.3.7 锥段筒体及弯管段成型后内表面。

5 几何尺寸及外观

5.1 几何尺寸。

5.1.1 检查设备整体外形尺寸，包括接管方位、标高、伸出长度等尺寸及法兰跨中情况检查。

5.1.2 检查壳程筒体、管箱筒体成型后的直径、圆度、棱角度等几何形状。

5.1.3 检查封头、锥体、弯管段成型后的几何尺寸、最小厚度。

5.1.4 检查内、外部预焊件方位及偏差。

5.1.5 所有管板堆焊层、下管箱不锈钢堆焊层进行厚度测量。

5.1.6 管板堆焊前的定位尺寸，管板堆焊过程中、热处理后、机加工成型后（钻孔前）、组焊壳程筒节及管箱筒节环缝后的平面度尺寸，需进行控制。检查管板钻孔后最终平面度数据。

5.1.7 检查管板钻孔后，孔径、孔桥、垂直度、粗糙度等尺寸数据。

5.1.8 管头胀接前应进行胀管工艺评定或提供适用的胀管工艺，核查胀管尺寸是否符合采购技术文件要求。

5.1.9 检查法兰密封面加工尺寸及粗糙度。

5.1.10 裙座螺栓孔尺寸检查，其热处理后变形情况需进行复查。

5.1.11 以上尺寸偏差按照相应的标准、采购技术文件要求执行。未注尺寸公差值的机械加工表面和非机械加工表面线性尺寸和角度的极限偏差，应分别符合GB/T 1804中m级和c级的规定。未注形状和位置公差值的机械加工表面和非机械加工表面的形位极限偏差，应分别符合GB/T1184中K级和L级的规定。

5.2 外观。

5.2.1 检查设备表面不允许存在划伤、疤痕、刻痕及弧坑。如有应修磨，修磨深度应符合采购技术文件要求。

5.2.2 见证焊接区域内，包括对接接头和角接接头的表面，不得有裂纹、气孔和咬边等缺陷。不应有急剧的形状变化，圆滑过渡。

5.2.3 角焊缝焊角尺寸应符合图样及相关标准要求，角焊缝应凹形圆滑过渡。

5.2.4 检查法兰和法兰盖的密封面，表面应光滑，不得有刻痕、划痕等降低法兰强度和密封性能的缺陷。

6 热处理及产品试件

6.1 热处理。

6.1.1 封头热压成型后如若改变材料的供货状态，应按相应标准规定进行恢复性能热处理（同时制备母材试件），监造人员对上述过程进行跟踪。

6.1.2 设备应按GB/T 30583、采购技术文件要求进行焊后消除应力处理。

6.1.3 制造厂应根据设计单位对设备的力学性能要求及防腐要求（复合板基层的力学性能、覆层的防腐性能）综合考虑，制定焊后热处理工艺。

6.1.4 热处理前的检查工作如下。

6.1.4.1 所有焊接工作已经完成。

6.1.4.2 所有内外表面以及焊缝已通过外观检查。

6.1.4.3 所有无损检测（包含临时工装去除后的部位）已全部合格。

6.1.4.4 所有其他应在PWHT前完成的检验已全部合格。

6.1.4.5 试件（含母材试件）的数量、摆放位置满足标准、采购技术文件要求。

6.1.4.6 进炉前应加装防变形工装，对法兰密封面应采取保护措施以防止法兰密封面氧化和变形。

6.1.5 见证热处理工艺用热电偶的数量及布置，热处理温度及保温时间均满足热处理工艺要求，并记录热处理曲线。

6.1.6 合拢缝的局部最终热处理的桩位、热电偶数量、布置及固定、加热带加热宽度、保温棉保温宽度、热处理温度及时间等应按热处理工艺及采购技术文件规定。

6.1.7 热处理后审查热处理曲线，热处理温度、保温时间、升降温速率均应满足相应标准、采购技术文件及热处理工艺要求。

6.1.8 承压焊接接头PWHT后应按采购技术文件规定进行硬度检测，检测至少包含如下部位。

6.1.8.1 壳体上A、B、D类焊接接头各两组。

6.1.8.2 每个开口接管与筒体和封头连接焊缝各一组。

6.1.8.3 换热管与管板的焊接接头。

6.1.9 法兰密封面堆焊层应按采购技术文件规定进行硬度检测。

6.1.10 热处理后不得直接在受压部件上施焊。

6.1.11 环形总管如需在现场与设备本体进行组装焊接，现场组焊后，应对现场组焊焊接接头进行焊后局部热处理（仅针对按GB/T 150要求需要进行焊后热处理的焊接接头）。

6.2 产品试件。

6.2.1 设备应根据GB/T 150、采购技术文件要求制备母材、产品焊接试件。

6.2.2 见证焊接试件所用母材及焊材应与实际产品相一致，采用与所代表焊缝相同的工艺焊接。

6.2.3 试件尺寸、热处理状态、检验项目以及性能试验结果应符合NB/T 47016、采购技术文件的规定。

7 氦检漏试验

氦检漏试验部位：壳程，按采购技术文件要求进行氦检漏试验，重点检查换热管与管板焊接接头。

8 耐压试验

8.1 见证设备壳程制造完毕后的耐压试验，试验压力按采购技术文件的规定。

8.2 见证设备管程制造完毕后的耐压试验，试验压力按采购技术文件的规定。

8.3 见证设备环形总管制造完毕后的耐压试验，试验压力按采购技术文件的规定。

8.4 耐压试验过程中，按试验程序检查：升压和降压速率、试验压力、保压时间、试验介质温度等。

8.5 水压试验时，试验用水水质除应满足相应规定外，还需添加除锈剂（除锈剂的配比参数由工艺部门定，并提交业主方审查通过后方可实施）。

8.6 水压试验后检查设备内部是否清理干净，并吹干水迹。

9 气密性试验

气密性试验部位：管程，按采购技术文件进行检查。

10 涂敷包装

10.1 制造完毕后，按采购技术文件要求检查设备外表面的清理和除锈。

10.2 检查管程内表面，毛刺、焊瘤、飞溅物等的清除情况，并应打磨平滑，去除油污、粉笔等污迹。

10.3 设备下管箱不锈钢表面应进行表面光滑机械处理，防止催化剂粉尘聚集。随后，进行酸洗钝化处理，蓝点检测以无蓝点为合格。合格后对漂洗、干燥的处理过程进行检查。

10.4 检查设备内部，应清除杂物、异物。

10.5 设备外表面油漆的种类、颜色，以及漆膜厚度按采购技术文件要求核查。

10.6 设备制造完成后，检查所有加工表面（法兰密封面）防锈油脂（或其它经确认的防蚀剂）的涂抹情况，并在设备内应装入足够量的干燥剂（在设备使用前取出）。

10.7 设备的运输包装应符合 JB/T 4711 的规定，并进行如下检查。

10.7.1 所有敞口接管法兰应按采购技术文件及 JB/T 4711 要求进行密封保护。

10.7.2 法兰密封面及紧固件不应涂漆。

10.7.3 内陆运输过程中应保持设备内部干燥，避免因潮湿引起设备内部表面产生锈蚀。海上运输及采购技术文件有明确规定充氮保护后运输的要求时，应将设备内部充氮保护，并在设备壳体表面醒目位置喷涂"注意内有氮气，防止窒息"等字样。

10.8 按采购技术文件检查设备本体上重心以及方位标识。

10.9 备品备件装箱前核对检查，数量和规格应与装箱清单一致，同时符合采购技术文件的相关要求。

10.10 按采购技术文件检查设备铭牌的材质和内容。

11 主要外购外协件检验要求

11.1 主要外购外协件供应商应符合采购技术文件要求。

11.2 外购外协件进厂后，应进行尺寸、外观、标识及文件资料核查。

11.3 主要外协件应按采购技术文件要求，采取过程控制（如关键点访问监造）。

12 其它要求

12.1 换热管要求壁厚正公差交货，不允许拼接。

12.2 试压用封头及焊缝耐压试验前应按相关规定检查。

12.3 支撑板的制作及组装要有专门的特种工具，确保支撑板在起吊、移位、吊装中不产生变形。

12.4 管板拼焊、堆焊时要采取防变形措施，并在拼焊过程中、堆焊前后、及热处理前后、机加工前后进行平面度跟踪检查，确保满足采购技术文件要求。

12.5 其它特殊检验项按采购技术文件要求执行。

13 环氧乙烷反应器（壳牌工艺）驻厂监造主要质量控制点

13.1 文件见证点（R）：由监造人员对设备材料制造过程有关文件、记录或报告进行见证而预先设定的监造质量控制点。

13.2 现场见证点（W）：由监造人员对设备材料制造过程、工序、节点或结果进行现场见证而预先设定的监造质量控制点，且应包括相关文件见证点（R）质量控制内容。

13.3 停止点（H）：由监造人员见证并签认后才可转入下一个过程、工序或节点而预先设定的监造质量控制点，应包括相关现场见证点（W）和文件见证点（R）质量控制内容。

序号	零部件及工序名称	监造内容	文件见证点（R）	现场见证点（W）	停止点（H）
1	资质审查	1. 制造单位制造资质审查	R		
		2. 质量保证体系的审查		W	
		3. 焊工资格审查	R		
		4. 无损检测人员资质审查	R		
		5. 其他人员（如理化）资质审查	R		
		6. 对该产品制造所需装备能力及完好性检查		W	
2	工艺文件	1. 生产进度计划	R		
		2. 质量计划（检验计划）	R		
		3. 焊缝布置图	R		
		4. 焊接工艺评定和焊接工艺规程	R		
		5. 制造工艺过程文件	R		
		6. 无损检测工艺	R		
		7. 贴胀工艺	R		
		8. 热处理工艺	R		
		9. 耐压、氦检漏及气密性试验程序	R		
		10. 喷砂油漆程序	R		
		11. 包装方案	R		
3	材料	1. 板材质量证明书检查（含封头钢板）			
		1）材料证书与实物标记核对	R		
		2）外观及尺寸检查	R		
		3）检验报告（包括供货状态、化学成分、力学性能、高温拉伸试验、晶粒度等，复合板注意剪切强度）	R		

（续表）

序号	零部件及工序名称	监造内容	文件见证点（R）	现场见证点（W）	停止点（H）
3	材料	4）无损检测	R		
		5）材料复验		W	
		2. 锻件质量证明书检查（含封头锻板）			
		1）材料证书与标记核查	R		
		2）外观及尺寸检查	R		
		3）检验报告（包括供货状态、化学成分、力学性能、高温拉伸试验、晶粒度、锻造比等）	R		
		4）无损检测	R		
		5）材料复验		W	
		6）外观及材料标识	R		
		3. 封头（压型后）			
		1）质量证明书	R		
		2）几何尺寸	R		
		3）外观及标识检查		W	
		4. 换热管检查			
		1）材料证书与标记核查	R		
		2）外观及尺寸检查	R		
		3）检验报告（包括供货状态、化学成分、力学性能、高温拉伸试验、压扁、扩口等）	R		
		4）无损检测	R		
		5）水压试验	R		
		6）材料复验		W	
		5. M36及以上螺栓螺母紧固件			
		1）质量证明书（化学成分、力学性能、低温冲击、硬度）	R		
		2）无损检测	R		
		3）尺寸与外观		W	
		6. 焊材			
		1）规格、牌号或型号		W	
		2）复验（如有）		W	
		7. 外协外购件检查			
		1）合格证等文件资料	R		

（续表）

序号	零部件及工序名称	监造内容	文件见证点（R）	现场见证点（W）	停止点（H）
3	材料	2）外观、尺寸、标识		W	
4	冷、热加工	1. 成型及制造公差		W	
		2. 坡口尺寸		W	
		3. 各段筒体/锥体加工尺寸		W	
		4. 错边量、圆度、直线度		W	
		5. 管板、管支撑机加工尺寸		W	
		6. 封头		W	
		1）热压及恢复性能热处理（母材试件）	R		
		2）外观表示及尺寸检查	R		
		3）尺寸检验报告	R		
5	母材试件	1. 试件数量		W	
		2. 受热史		W	
		3. 力学性能		W	
6	焊接	1. 焊接工艺检查	R		
		2. 焊接材料		W	
		3. 焊前预热及焊后热处理		W	
		4. 焊接工艺执行		W	
		5. 焊缝外观检查		W	
		6. 焊后尺寸检查		W	
		7. 焊缝返修检查		W	
7	无损检测	1. RT审查	R		
		2. UT检测	R		
		3. MT检测	R		
		4. PT检测	R		
8	方位尺寸	1. 接管方位、伸出长度及标高			H
		2. 外形总体尺寸			H
		3. 管板平面度		W	
		4. 管板管孔检查		W	
		5. 支持板形状尺寸、同心度		W	
		6. 壳程支持板间隙尺寸		W	
		7. 壳程筒体尺寸		W	

(续表)

序号	零部件及工序名称	监造内容	文件见证点（R）	现场见证点（W）	停止点（H）
8	方位尺寸	8. 换热管伸出管板长度		W	
		9. 换热管胀管长度		W	
		10. 法兰尺寸及密封面粗糙度		W	
		11. 支座/鞍座/裙座螺栓孔尺寸（裙座需在热处理后复查）		W	
		12. 内外部预焊件、方位		W	
		13. 设备整体外观检查			H
9	热处理	1. 热电偶数量布置、设备外观、随炉试件等热处理前检查			H
		2. 热处理报告及曲线审查	R		
10	硬度检测	热处理后焊接接头硬度检测		W	
11	产品焊接试件	1. 受热史（同产品）	R		
		2. 力学性能	R		
12	耐压及泄漏试验	1. 试验前紧固件装配检查、安全检查；压力表及安装位置检查			H
		2. 壳程氦检漏试验		W	
		3. 壳程耐压试验			H
		4. 管程耐压试验			H
		5. 管程气密性试验		W	
		6. 上、下环形总管水压试验			H
		7. 耐压试验完成后设备内部清理干燥		W	
13	出厂检验	1. 喷砂除锈、油漆检查		W	
		2. 管程内部清理		W	
		3. 法兰密封面检查		W	
		4. 敞口接管法兰密封保护以及包装检查		W	
		5. 内部充氮检查		W	
		6. 方位、重心及标识标志检查		W	
		7. 铭牌、备品备件检查		W	
		8. 随机资料检查	R		
		9. 运输工装、装车发运		W	

粉煤气化炉

监造大纲

目 录

前 言 ……………………………………………………………… 081
1　总则 …………………………………………………………… 082
2　原材料 ………………………………………………………… 084
3　焊接 …………………………………………………………… 084
4　无损检测 ……………………………………………………… 085
5　几何尺寸与外观 ……………………………………………… 086
6　热处理及产品试件 …………………………………………… 087
7　耐压及泄漏试验 ……………………………………………… 088
8　涂装与发运 …………………………………………………… 088
9　主要外购外协件检验要求 …………………………………… 088
10　其它要求 …………………………………………………… 089
11　粉煤气化炉驻厂监造主要质量控制点 …………………… 089

前　言

《粉煤气化炉监造大纲》参照 GB/T 1.1—2009《标准化工作导则　第 1 部分：标准的结构和编写》给出的规则起草。

本大纲由中国石油化工集团有限公司物资装备部提出。

本大纲 2010 年 7 月第一次发布，本次为修订升版。

本大纲起草单位：上海众深科技股份有限公司。

本大纲起草人：华伟、邵树伟、时晓峰、方寿奇、贺立新。

粉煤气化炉监造大纲

1 总则

1.1 内容和适用范围。

1.1.1 本大纲主要规定了采购单位（或使用单位）对粉煤气化炉制造过程监造的基本内容及要求，是委托驻厂监造的主要依据。

1.1.2 本大纲适用于石油化工化工工业使用的粉煤气化炉制造过程监造，同类设备可参照使用。

1.1.3 本大纲中具体技术要求如与采购技术文件不一致时，原则上应以采购技术文件为准。

1.2 监造工作的基本要求。

1.2.1 监造人员要求。

1.2.1.1 监造人员应与所在监造单位有正式劳动合同关系。

1.2.1.2 监造人员应严格依据监造委托合同，履行监造职责，完成监造任务。

1.2.1.3 监造人员应持有不低于中国设备监理协会颁发的专业设备监理师资格证书，监造人员有二年（或以上）的监造业务经验，在相应专业岗位工作三年以上。

1.2.1.4 监造人员应熟悉监造物资的制造工艺，掌握制造过程中的质量技术要求和检验试验关键控制点。

1.2.1.5 监造人员在监造活动过程中应遵守有关保密约定和规定。

1.2.1.6 监造人员应遵守制造厂HSSE或安全生产管理制度的相关规定，严格执行劳保着装和安全防护要求。

1.2.2 监造工作程序。

1.2.2.1 监造人员在开始监造的10个工作日内，对制造厂的人员资质、生产工艺、装备能力和质保体系运行情况进行检查和评估，并向委托方提供质量风险评估报告，明确风险等级（高、中、低、无）。

1.2.2.2 监造单位在收到采购技术文件后，10个工作日内编制完成《监造大纲》。

1.2.2.3 监造单位在获得设计相关图纸、制造工艺、质量控制计划、生产进度计划后，15日内编制完成《监造实施细则》。

1.2.2.4 监造人员应配备必要的用于平行检查且检定合格的检测器具。

1.2.2.5 监造人员应按委托方的通知或有关要求参加或组织召开预检验会议，与

制造厂对接确定检验试验计划和质量控制点，并经委托方确认。

1.2.2.6 监造人员应组织制造厂质量、技术、生产及经营（项目管理）等相关部门召开监理周例会，通报监造工作情况，协调解决质量进度问题，结合生产进度计划安排后续监造工作，并形成会议纪要。

1.2.2.7 监造人员在监造实施过程中，如发现质量隐患、质量问题以及可能影响交货期的重大因素时，应及时报委托方，并以书面形式通知制造厂，要求制造厂采取有效措施予以整改，若制造厂延误或拒绝整改时，可责令其停工。

1.2.2.8 对于原材料、外购件以及外协加工、外协检测和外协检验试验等过程，监造人员应重点审查质量证明文件、外协单位资质、人员资质、工艺文件和检验试验报告等。并依据监造实施细则和检验试验计划中设置的监造访问点，实施质量控制。

1.2.2.9 实施监造的物资经现场监造人员确认符合标准规范和订单约定后，按发货批次开具监造放行单，并报委托方。

1.2.2.10 全部监造工作完成后，应于30日内完成监造总结报告交付委托方。

1.3 监造单位应提交的文件资料。

1.3.1 目录（含页码）（必须）。

1.3.2 产品质量监造报告书（必须）。

1.3.3 监造工作总结（必须）。

1.3.4 监造大纲（必须）。

1.3.5 监造实施细则（必须）。

1.3.6 监造周报（必须）。

1.3.7 设计变更通知及往来函件（如有）。

1.3.8 监造工作联系单（如有）。

1.3.9 监理工程师通知单（如有）。

1.3.10 会议纪要（如有）。

1.3.11 监造放行单（必须）。

1.4 主要编制依据。

1.4.1 TSG 21 固定式压力容器安全技术监察规程。

1.4.2 GB/T 8923.1 涂覆涂料前钢材表面处理 表面清洁额度的目视评定 第一部分：未涂覆过的钢材表面和全面清除原有涂层后的钢材表面的锈蚀等级和处理等级。

1.4.3 GB/T 26429 设备工程监理规范。

1.4.4 JB 4732—1995 钢制压力容器分析设计（2005年确认版）。

1.4.5 JB/T 10175 热处理质量控制要求。

1.4.6 NB/T 47013 承压设备无损检测。

1.4.7 NB/T 47014 承压设备焊接工艺评定。

1.4.8 NB/T 47016 承压设备产品焊接试件力学性能试验。

1.4.9 NB/T 47041 塔式容器。
1.4.10 ASME 规范。
1.4.11 采购技术文件。

2 原材料

2.1 主要钢种（钢板、锻件和复合钢板），冶炼工艺及硫、磷元素含量等应符合采购技术文件规定。

2.2 依据采购技术文件审核主体材料（含焊材）质量证明书，材料牌号及规格、锻件级别、数量、供货商等应与采购技术文件规定一致。核查材料与设计文件的符合性。

2.3 主体材料应进行外观、热处理状态、材料标记检查。

2.4 气体返向室、气化炉外壳、废热锅炉、导管壳体中的筒体、封头、斜插管、变径段、锥体、虾米腰筒体、人孔法兰、接管法兰等主要承压件的化学成分、常温力学性能、高温力学性能、复合板复合界面的结合剪切强度、夏比冲击试验、晶粒度及非金属夹杂物（指锻件）、硬度、无损检测结果及取样部位、方向、试样数量、模拟热处理状态应与采购技术文件规定一致。材料复验按《固定式压力容器安全技术监察规程》和采购技术文件规定执行，监理工程师应现场见证。

2.5 内件等外购件应与采购技术文件规定一致。

2.6 M36 及以上螺栓、螺母、裙座等材料检验应与采购技术文件规定一致。

2.7 由 $\phi \geqslant 50mm$ 棒料加工的螺栓粗加工后应进行超声检测，或按采购技术文件规定。

2.8 基材焊接材料和堆焊材料检验应符合采购技术文件规定。

2.9 凡在制造过程中改变热处理状态的承压元件，应重新进行恢复性能热处理，其力学性能结果应符合母材的相关规定。

3 焊接

3.1 应在产品施焊前，根据采购技术文件及 NB/T 47014 的规定，审查焊接工艺评定报告和产品焊接工艺规程。

3.2 主要焊接工艺评定至少覆盖基体焊接工艺评定、异种钢焊接工艺评定、堆焊工艺评定、覆层接头工艺评定和返修焊补工艺评定五类。

3.3 焊接工艺评定报告应按采购技术文件规定报相关单位确认。

3.4 根据评定合格的焊接工艺核查焊接工艺规程。

3.5 应检查焊接作业人员资格。焊工作业必须持有相应类别的有效焊接资格证书。

3.6 焊接作业应严格遵守焊接工艺纪律。

3.7 抽查铬钼钢的焊接、热切割、气刨前的预热温度，检查焊后及时消氢或中间消除应力处理。

3.8 复合板焊接接头坡口型式应符合采购技术文件的规定。

3.9 焊接返修次数不得超过采购技术文件规定，所有焊缝的返修均应有返修工艺评定支持。

3.10 厚壁深焊缝应采用窄间隙自动焊接。

3.11 焊缝检查。

3.11.1 应检查焊缝及堆焊层外观、尺寸，不允许存在咬边、裂纹、气孔、弧坑、夹渣、飞溅等缺陷。

3.11.2 壳体环焊缝及封头拼接焊缝的错边量应进行检查。

3.11.3 应审查承压焊缝熔敷金属的化学成分、X系数、碳当量报告，检查试样取自产品试件焊逢外侧中心部位，其分析结果按采购技术文件验收。

3.11.4 复合板侧镍基合金堆焊层的化学成分分析应在热处理之后进行，取自容器内侧焊缝表面，取样数量及结果按采购技术文件规定验收。

3.11.5 见证产品不锈钢堆焊层取样及采用仪器测试的部位及测试点数，审核仪器测试和化学分析计算的不锈钢堆焊层的铁素体数检验报告，按采购技术文件验收。

3.11.6 所有堆焊层厚度应符合施工图样规定。

3.11.7 如果施工图样中有要求，法兰密封面的表层堆焊及加工应在最终热处理之后进行。

3.11.8 法兰密封面堆焊层应进行硬度检查，按采购技术文件规定验收。

3.11.9 见证焊缝硬度测试部位及测试点数，审核最终热处理后的逐条Cr-Mo钢承压焊缝内外两侧的焊缝和热影响区，逐条复合板承压焊缝的外侧焊缝和热影响区，轴耳、支座、附件等焊缝和热影响区母材硬度检查报告，检查数量及结果按采购技术文件规定验收。

3.11.10 内部角焊缝焊脚高应符合施工图样规定。

3.11.11 应检查所有的焊接接头全焊透及接管与容器连接焊缝的圆滑过渡。

3.12 分段设备现场合拢组焊前应对工件外观、施工条件、安全措施等进行检查，包括转胎、焊接设备、焊材库、热处理设施、加热工具、检验检测仪器、起吊及运输设备等。

4 无损检测

4.1 应检查无损检测人员资格及无损检测设备的有效性。

4.2 审查制造单位的无损检测报告，检验标准、探伤比例、验收级别按NB/T 47013、采购技术文件规定验收。对射线检测，逐张对底片进行确认。重要部位的表面无损检测和超声检测，应到现场检查。

4.3 采用衍射时差法超声检测（TOFD）代替射线检测应根据设计文件规定。

审查制造商按NB/T 47013.10衍射时差法超声检测编制的无损检测工艺，包括表面盲区和横向裂纹的检测措施。

4.4 审查以下材料无损检测报告。

4.4.1 所有承压锻件粗加工后的超声检测。

4.4.2 所有承压锻件（含接管、法兰）精加工后的磁粉检测。

4.4.3 所有承压板材的超声检测。

4.4.4 Cr-Mo钢焊接坡口的磁粉检测，必要时进行现场见证。

4.4.5 封头或瓜瓣、顶圆成形后母材超声检测、磁粉检测（全表面）。

4.5 审查承最终热处理前的焊缝无损检测报告。

4.5.1 所有A、B、D类焊缝焊后的磁粉检测。

4.5.2 所有A、B、D类焊缝焊后的超声检测。

4.5.3 所有A、B类焊缝焊后的射线检测或衍射时差法检测（TOFD）。

4.5.4 斜插管与筒体连接焊缝焊后的超声检测、磁粉检测。

4.5.5 复合板覆层焊缝焊后的渗透检测。

4.5.6 不锈钢堆焊过渡层、覆层焊后的渗透检测。

4.5.7 不锈钢堆焊层焊后的超声检测。

4.5.8 法兰堆焊密封面加工后的渗透检测。

4.5.9 内部平台、爬梯、连接管、支撑环板、支撑架等内部附件和外部附件与壳体焊缝焊后的磁粉检测。

4.5.10 其余焊接接头焊后的无损检测，其检测方法、检测比例、验收级别按采购技术文件的规定。

4.6 审查最终热处理后的无损检测报告。

4.6.1 所有A、B、D类焊缝最终热处理后的磁粉检测。

4.6.2 所有A、B、D类焊缝最终热处理后的超声检测。

4.6.3 内部平台、爬梯、连接管、支撑环板、支撑架等内部附件和外部附件与壳体热处理后磁粉检测。

4.6.4 其余焊接接头热处理后的无损检测，其检测方法、检测比例、验收级别按采购技术文件的规定。

4.7 审查水压试验后的无损检测报告。

4.7.1 所有A、B、D类焊缝水压后的磁粉检测。

4.7.2 所有A、B、D类焊缝水压后的超声检测。

5 几何尺寸与外观

5.1 采用适当方式检查外观质量，对主要尺寸、接管方位尺寸、几何形状进行复测，按采购技术文件验收，并审核以下检验记录。

5.1.1 设备外形尺寸偏差应按 NB/T 47041 和采购技术文件规定验收。

5.1.2 筒体下料长、宽及对角线尺寸。

5.1.3 筒体（含锥体、虾米腰筒体）加工或校圆后的外圆周长、圆度、棱角度。

5.1.4 封头冲压后的几何形状、尺寸，如采用分瓣冷压成形，成形后的各瓜瓣及顶圆预装检查；

5.1.5 管口的开孔划线尺寸及方位。

5.1.6 管口的方位（纵向、横向）、伸出高度偏差及标高。

5.1.7 壳体的直线度与同轴度、容器长度尺寸。

5.1.8 基准线到部件端部的距离、到管口的距离、到人孔的距离、到外部附件的距离、到内部附件的距离（含与受热面连接的及与受热面不连接的内部附件的距离）。

5.1.9 外部和内部附件的方位及偏差（含与受热面连接的及与受热面不连接的内部附件方位）。

5.1.10 容器中心线到管口法兰面的距离（含人孔法兰面）和容器中心线与裙座基础环螺栓孔之间的位置。

5.1.11 接管与接管之间的中心距和接管与人孔之间的距离。

5.1.12 支撑件位置及支撑件之间的距离、接管法兰面和人孔法兰面的倾斜度。

5.1.13 裙座基础环的水平面；裙座基础环螺栓孔中心圆直径、裙座基础环到封头切线的距离。

5.1.14 基准面与壳体轴线的垂直度，基准面在壳体内、外的永久性标记并移植到分段设备的内外表面。

5.1.15 补强管的加工尺寸、法兰密封面的加工尺寸及粗糙度。

5.2 见证设备分段交货出厂前的整体预组装，组装尺寸应符合采购技术文件规定。

5.3 见证气化炉内件出厂前的预组装，组装尺寸按采购技术文件的规定。

6 热处理及产品试件

6.1 按 NB/T 47041 及 JB/T 10175 的要求，检查热处理设备及热工仪表的适用性、有效性。

6.2 最终热处理前应检查。

6.2.1 所有的焊接件和预焊件完成焊接。

6.2.2 内外表面的外观检查，工装焊接件清除干净。

6.2.3 母材试件、焊接试件（含现场合拢缝的模拟试件）齐全。

6.2.4 产品最终热处理前的各项检验已完成。

6.2.5 壳体分段热处理进炉前分段处的端面防变形工装。

6.3 应核查热处理的执行与工艺文件的一致性，检查热电偶的数量、布置及固定，保温温度、保温时间及升降温速度符合采购技术文件的规定。审查以下热处理报告（包括自动测温仪表记录的热处理曲线）。

6.3.1 封头热冲压成形后的恢复性能热处理（正火＋回火）。

6.3.2 中间消除应力热处理或消氢热处理。

6.3.3 气体返向室、气化炉外壳、废热锅炉、导管壳体的分段设备最终热处理。

6.3.4 现场合拢缝的最终热处理。

6.4 产品试件。

6.4.1 应审查产品试件（焊接试件、母材热处理试件）力学性能检验报告。

6.4.2 母材试件的力学性能应符合采购技术文件关于材料的相关规定。

6.4.3 焊接试件的数量、检验项目、力学性能试验结果应符合采购技术文件和 NB/T 47016 的规定。

7 耐压及泄漏试验

7.1 设备分段交货出厂前应对各段进行水压试验，试压封头及连接焊缝应满足安全的要求。

7.2 现场见证试验过程，审核水压试验报告，按采购技术文件的规定。

7.3 设备水压试验，应检查下列内容。

7.3.1 计量器具的精度、量程、有效期，容器壁温、升压和降压速率、试验压力、保压时间、试验用水氯离子含量、渗漏或泄漏、变形或响声。

7.3.2 水压后应检查设备内部清理、试验液体的排干、有无异物。

8 涂装与发运

8.1 复合板衬里酸洗、钝化应符合采购技术文件规定。

8.2 检查壳体外表面应喷砂除锈，表面处理应达到 GB/T 8923 中 Sa2.5 级的规定。

8.3 现场焊坡口 100mm 宽范围内外侧表面涂保护层以防氧化。

8.4 检查壳体外表面油漆质量，按采购技术文件规定。

8.5 装箱前备件型号、数量清点，应与清单一致并符合采购技术文件规定。

8.6 应检查所有接管法兰密封面保护。

8.7 现场组焊的环缝坡口、尺寸及防护应符合采购技术文件规定。

8.8 分段壳体的加固支撑应能防止运输变形及确保现场环缝的组对焊接。

8.9 装箱及出厂文件检查。

9 主要外购外协件检验要求

9.1 主要外购外协件供应商应符合采购技术文件要求。

9.2 外购外协件进厂后，应进行尺寸、外观、标识及文件资料核查。

9.3 主要外协件应按采购技术文件要求,采取过程控制(如关键点访问监造)。

10 其它要求

10.1 材料代用及图纸变更应取得设计单位或买方的书面同意。

10.2 其它特殊要求按采购技术文件执行。

10.3 螺栓的螺纹加工应采用滚压成型。

11 粉煤气化炉驻厂监造主要质量控制点

11.1 文件见证点(R):由监造人员对设备材料制造过程有关文件、记录或报告进行见证而预先设定的监造质量控制点。

11.2 现场见证点(W):由监造人员对设备材料制造过程、工序、节点或结果进行现场见证而预先设定的监造质量控制点,且应包括相关文件见证点(R)质量控制内容。

11.3 停止点(H):由监造人员见证并签认后才可转入下一个过程、工序或节点而预先设定的监造质量控制点,应包括相关现场见证点(W)和文件见证点(R)质量控制内容。

序号	零部件名称	监造内容	文件见证点(R)	现场见证点(W)	停止点(H)
1	气体返向室、气化炉壳体、废热锅炉、导管壳体的筒节、变径段(锥体)、虾米腰筒体、斜插管	1. 材料质量证明书审查	R		
		2. 化学成分(熔炼分析、产品分析,含J系数及碳当量)	R		
		3. 力学性能(常温、高温)	R		
		4. 超声检测	R		
		5. 外观检查(表面质量、标记)		W	
		6. 下料尺寸(长、宽和对角线)及坡口尺寸		W	
		7. 坡口MT检测		W	
		8. 滚圆、纵缝焊接、中间热处理		W	
		9. 筒体校圆、几何形状(圆度、棱角度、锥体同心度)检查		W	
		10. 变径段、虾米腰筒体成型后几何形状(尺寸、厚度)检查		W	
		11. 纵缝无损检测(RT、UT、MT)		W	
		12. 外观检查		W	
		13. 堆焊镍基材料		W	
		14. 堆焊层厚度、铁素体数、无损检测PT	R		
		15. 筒体环缝坡口加工尺寸检查		W	

（续表）

序号	零部件名称	监造内容	文件见证点（R）	现场见证点（W）	停止点（H）
2	封头	1. 材料质量证明书审查	R		
		2. 化学成分（熔炼分析、产品分析，含J系数及碳当量）	R		
		3. 力学性能（常温、高温）	R		
		4. 晶间腐蚀试验（覆层）	R		
		5. 超声检测	R		
		6. 冲压成型及正火+回火热处理	R		
		7. 瓜瓣及顶圆冷压成形并预装		W	
		8. 几何形状、尺寸（圆度、直径、厚度）		W	
		9. 冲压后无损检测（UT、MT）	R		
		10. 性能热处理母材试件力学性能	R		
		11. 精加工后尺寸及瓜瓣、顶圆坡口尺寸检查		W	
		12. 焊接坡口 MT、PT	R		
		13. 组焊瓜瓣、顶圆拼接焊缝		W	
		14. 拼缝中间消除应力热处理		W	
		15. 拼缝无损检验 RT、UT、MT	R		
		16. 堆焊镍基材料		W	
		17. 堆焊层厚度、铁素体数、无损检测 PT 及错边量检查		W	
		18. 管口划线、开孔、尺寸、方位及封头环缝坡口尺寸、形状		W	
		19. 焊接坡口 MT、PT	R		
		20. 外观检查（表面质量）		W	
3	人孔法兰、人孔法兰盖、接管法兰、接管	1. 材料质量证明书审查	R		
		2. 化学成分（熔炼分析、产品分析）	R		
		3. 回火脆性敏感性系数 J	R		
		4. 力学性能（常温、高温）	R		
		5. 晶粒度（锻件）	R		
		6. 非金属夹杂物（锻件）	R		
		7. 超声检测	R		
		8. 精加工后尺寸检查	R		
		9. 加工面及待堆焊面无损检测（MT）	R		
		10. 堆焊镍基材料		W	

（续表）

序号	零部件名称	监造内容	文件见证点（R）	现场见证点（W）	停止点（H）
3	人孔法兰、人孔法兰盖、接管法兰、接管	11. 堆焊层熔敷金属化学成分	R		
		12. 堆焊层熔敷金属铁素体数	R		
		13. 堆焊层厚度、无损检测（PT）	R		
4	M36及以上螺栓	1. 材料质量证明书审查：化学成分、力学性能、硬度检查	R		
		2. 无损检测（UT、MT）	R		
		3. 尺寸及精度检查		W	
5	M36及以上螺母	1. 材料质量证明书审查：化学成分、硬度检查	R		
		2. 尺寸及精度检查		W	
		3. 精加工后磁粉检测	R		
6	裙座	1. Cr-Mo钢筒节材料质量证明书检查	R		
		2. 裙座筒节纵、环焊缝焊后MT、UT、RT	R		
		3. 裙座与壳体连接焊缝焊后UT、MT	R		
7	总装	1. 分段设备环缝端部加装防变形工装		W	
		2. 承压焊缝坡口无损检测（MT）	R		
		3. 组焊筒体、封头、变径段、锥体间环焊缝		W	
		4. 中间热处理		W	
		5. 壳体A/B/D类焊缝无损检测（RT、UT、MT）		W	
		6. 覆层焊缝无损检测（PT）	R		
		7. 覆层焊缝铁素体数检查	R		
		8. 筒体直线度及环缝错边量检查		W	
		9. 壳体横向、纵向管口划线、开孔、尺寸、方位			H
		10. 接管与壳体、接管与封头组焊及定位工装和防变形措施检查		W	
		11. 中间热处理	R		
		12. 无损检测（RT、UT、MT）	R		
		13. 覆层焊缝无损检测（PT）	R		
		14. 覆层焊缝铁素体数检查	R		
		15. 接管管口方位、间距、周向位置、伸出高度、法兰面倾斜度及标高检查		W	
		16. 基准线与顶部切线间距检查		W	

（续表）

序号	零部件名称	监造内容	文件见证点（R）	现场见证点（W）	停止点（H）
7	总装	17. 裙座底面到基准线的间距检查		W	
		18. 设备内、外表面外观检查		W	
		19. 垫板与壳体外壁组焊尺寸、方位检查及无损检测（MT）		W	
		20. 基准线与壳体轴线的垂直度及基准线平面度检查		W	
		21. 裙座基础环螺栓孔中心圆直径		W	
		22. 外部附件与壳体组焊方位、距离、外观检查		W	
8	热处理	1. A/B/D类焊缝中间热处理	R		
		2. 分段最终热处理的防变形工装		W	
		3. 分段最终热处理		W	
		4. 现场合拢焊缝最终热处理		W	
		5. 壳体A/B/D类焊缝最终热处理后硬度测试		W	
		6. 壳体A/B/D类焊缝最终热处理后无损检测（MT、UT）	R		
		7. 裙座与封头连接焊缝最终热处理后MT、UT	R		
		8. 临时连接物去除部位最终热处理后MT	R		
9	产品试件	1. 母材性能热处理试件检查	R		
		2. 焊接试件检查：熔敷金属化学成分（Cr-Mo钢、镍基材料）、铁素体数、力学性能、硬度等	R		
10	内件组装前准备	1. 壳体内壁组焊龟甲网及隔热耐火衬里检查		W	
		2. 附件的位置尺寸		W	
		3. 与内件相连的接管位置、尺寸		W	
11	内件组装	1. 按采购技术文件要求		W	
		2. 内部附件与壳体组焊方位、距离、外观检查		W	
		3. 内件接管焊缝无损检测（RT、UT、MT）	R		
		4. 内件接管焊缝局部热处理	R		
		5. 内件预组装		W	
12	出厂检验	1. 气化炉分段壳体水压试验			H
		2. 设备分段出厂前整体预组装		W	
		3. 分段出厂壳体连接坡口尺寸及防护检查		W	
		4. 分段壳体环缝预组装标记检查		W	

（续表）

序号	零部件名称	监造内容	文件见证点（R）	现场见证点（W）	停止点（H）
12	出厂检验	5. 法兰密封面外观检查		W	
		6. 喷砂除锈、油漆检查		W	
		7. 酸洗、钝化		W	
		8. 管口保护及包装检查		W	
		9. 标记检查		W	

水煤浆气化炉

监造大纲

目 录

前　言	097
1　总则	098
2　原材料	100
3　焊接	101
4　无损检测	102
5　外观与尺寸检查	103
6　热处理及产品试件	104
7　耐压试验	104
8　涂敷包装和发运	105
9　主要外购外协件检验要求	105
10　其它要求	105
11　水煤浆气化炉驻厂监造主要质量控制点	105

前　言

《水煤浆气化炉监造大纲》参照 GB/T 1.1—2009《标准化工作导则　第 1 部分：标准的结构和编写》给出的规则起草。

本大纲由中国石油化工集团有限公司物资装备部提出。

本大纲为首次发布。

本大纲起草单位：南京三方化工设备监造有限公司。

本大纲起草人：赵清万、李辉、易锋、王常青、陈琳。

水煤浆气化炉监造大纲

1 总则

1.1 内容和适用范围。

1.1.1 本大纲主要规定了采购单位（或使用单位）对煤气化装置用水煤浆气化炉制造过程监造的基本内容及要求，是委托驻厂监造的主要依据。

1.1.2 本大纲适用于石油化工工业使用的煤气化装置水煤浆气化炉制造过程监造，同类设备可参照使用。

1.1.3 本大纲中具体技术要求如与采购技术文件不一致时，原则上应以采购技术文件为准。

1.2 监造工作的基本要求。

1.2.1 监造人员要求。

1.2.1.1 监造人员应与所在监造单位有正式劳动合同关系。

1.2.1.2 监造人员应严格依据监造委托合同，履行监造职责，完成监造任务。

1.2.1.3 监造人员应持有不低于中国设备监理协会颁发的专业设备监理师资格证书，监造人员有二年（或以上）的监造业务经验，在相应专业岗位工作三年以上。

1.2.1.4 监造人员应熟悉监造物资的制造工艺，掌握制造过程中的质量技术要求和检验试验关键控制点。

1.2.1.5 监造人员在监造活动过程中应遵守有关保密约定和规定。

1.2.1.6 监造人员应遵守制造厂HSSE或安全生产管理制度的相关规定，严格执行劳保着装和安全防护要求。

1.2.2 监造工作程序。

1.2.2.1 监造人员在开始监造的10个工作日内，对制造厂的人员资质、生产工艺、装备能力和质保体系运行情况进行检查和评估，并向委托方提供质量风险评估报告，明确风险等级（高、中、低、无）。

1.2.2.2 监造单位在收到采购技术文件后，10个工作日内编制完成《监造大纲》。

1.2.2.3 监造单位在获得设计相关图纸、制造工艺、质量控制计划、生产进度计划后，15日内编制完成《监造实施细则》。

1.2.2.4 监造人员应配备必要的用于平行检查且检定合格的检测器具。

1.2.2.5 监造人员应按委托方的通知或有关要求参加或组织召开预检验会议，与

制造厂对接确定检验试验计划和质量控制点，并经委托方确认。

1.2.2.6 监造人员应组织制造厂质量、技术、生产及经营（项目管理）等相关部门召开监理周例会，通报监造工作情况，协调解决质量进度问题，结合生产进度计划安排后续监造工作，并形成会议纪要。

1.2.2.7 监造人员在监造实施过程中，如发现质量隐患、质量问题以及可能影响交货期的重大因素时，应及时报委托方，并以书面形式通知制造厂，要求制造厂采取有效措施予以整改，若制造厂延误或拒绝整改时，可责令其停工。

1.2.2.8 对于原材料、外购件以及外协加工、外协检测和外协检验试验等过程，监造人员应重点审查质量证明文件、外协单位资质、人员资质、工艺文件和检验试验报告等。并依据监造实施细则和检验试验计划中设置的监造访问点，实施质量控制。

1.2.2.9 实施监造的物资经现场监造人员确认符合标准规范和订单约定后按发货批次开具监造放行单，并报委托方。

1.2.2.10 全部监造工作完成后，应于30日内完成监造总结报告交付委托方。

1.3 监造单位应提交的文件资料。

1.3.1 目录（含页码）（必须）。

1.3.2 产品质量监造报告书（必须）。

1.3.3 监造工作总结（必须）。

1.3.4 监造大纲（必须）。

1.3.5 监造实施细则（必须）。

1.3.6 监造周报（必须）。

1.3.7 设计变更通知及往来函件（如有）。

1.3.8 监造工作联系单（如有）。

1.3.9 监造工程师通知单（如有）。

1.3.10 会议纪要（如有）。

1.3.11 监造放行单（必须）。

1.4 主要编制依据。

1.4.1 TSG 21—2016 固定式压力容器安全技术监察规程。

1.4.2 GB/T 26429 设备工程监造规范。

1.4.3 GB/T 150 压力容器。

1.4.4 GB/T 30583 承压设备焊后热处理规程。

1.4.5 GB/T 713 锅炉和压力容器用钢板。

1.4.6 NB/T 47014 承压设备焊接工艺评定。

1.4.7 NB/T 47015 压力容器焊接规程。

1.4.8 NB/T 47013-1～13 承压设备无损检测。

1.4.9 NB/T 47016 承压设备焊接试件的力学性能检验。

1.4.10　NB/T 47018 承压设备用焊接材料订货技术条件。

1.4.11　NB/T 47008 碳素钢和合金钢锻件。

1.4.12　JB/T 4711 压力容器涂敷与运输包装。

1.4.13　JB 4732—1995 钢制压力容器–分析设计标准（2005年确认）。

1.4.14　ASME BPVC—2015 SECTION Ⅱ MATERIALS 锅炉及压力容器规范 第Ⅱ卷材料。

1.4.15　采购技术文件。

2　原材料

2.1　基本要求。

2.1.1　设备使用的材料应是未使用过的新材料，供应商应符合采购技术文件要求。耐高温铬钼钢应采用电炉冶炼，炉外精炼并真空脱氧处理。

2.1.2　耐高温铬钼钢板材应符合GB/T 713或ASME要求，并满足采购技术文件要求。

2.1.3　耐高温铬钼钢钢管应符合相应标准要求，并满足采购技术文件的规定。

2.1.4　耐高温铬钼钢锻件应符合NB/T 47008或ASME的要求，并满足采购技术文件的规定。

2.1.5　上述耐高温铬钼钢材料质保书中的供货状态、化学成分、碳当量、回火敏感性系数、常温力学性能、高温力学性能、夏比冲击试验、晶粒度、非金属夹杂物（锻件）、硬度、锻造比（锻件）、无损检测、试件数量及取样位置、模拟热处理温度及时间应符合采购技术文件的相关要求。

2.1.6　M36及以上螺栓螺母等紧固件材料，质保书中的供货状态、化学成分、力学性能、无损检测以及材料硬度应符合采购技术文件要求。

2.1.7　焊接材料应符合NB/T 47018或ASME的要求，同时需满足采购技术文件的规定。

2.1.8　对于内件及堆焊所用的镍基材料以及奥氏体不锈钢，质保书中的供货状态、化学成分、力学性能、无损检测以及晶间腐蚀试验需符合相应采购技术文件要求。

2.1.9　受压元件应进行外观、材料标识、移植标记检查，材料标识应与质量证明文件相符。

2.1.10　设备的非受压元件材料必须具有出厂合格证和质量证明文件，其化学成分、力学性能和其他采购技术文件应符合相应的国家标准和行业标准的规定。

2.2　检验与试验要求。

2.2.1　制造厂在制造前按采购技术文件要求对原材料进行复验。复验试样的取样位置以及热处理状态均应符合相关标准、采购技术文件要求。复验项目监造工程师应现场见证。

2.2.2　所有材料入厂后，应按标准、采购技术文件要求对原材料外观以及尺寸进行检查。

2.2.3　跟踪焊条按批次进行的复验，并审查检验报告，复验所用的检验方法应符合标准、采购技术文件要求。复验项目监造工程师应现场见证。

2.3　其他。

2.3.1　制造过程中如改变主体受压材料的供货状态，应根据标准、采购技术文件审查该受压件改善或恢复材料性能热处理报告，同时审查热处理后的材料性能试验报告，结果应符合采购技术文件要求。

3　焊接

3.1　焊前准备。

3.1.1　焊工作业必须持有相应类别的有效焊接资格证书，按照相关安全技术规范的规定考核合格，取得相应项目的《特种设备作业人员证》后，方能在有效期间内担任合格项目范围内的焊接工作，并按照焊接工艺规程进行焊接。

3.1.2　设备施焊前，审查焊接工艺文件：受压元件焊缝、与受压元件相焊的焊缝、熔入永久焊缝内的定位焊缝、受压元件母材表面堆焊与补焊，以及上述焊缝的返修焊缝，应按NB/T 47014进行焊接工艺评定或具有经过评定合格的焊接工艺规程支持。

3.1.3　审查制造厂排版图以及组装工艺；组装过程中受压元件不得强力组装。

3.1.4　审查焊接工艺，所有A、B类焊接接头均应采用全焊透对接接头型式，对无法进行双面焊的对接接头，应采用氩弧焊打底的单面坡口全焊透结构。

3.2　焊接要求。

3.2.1　焊接过程中检查焊接参数，焊接参数需严格遵守经审批合格的焊接工艺规程。

3.2.2　铬钼钢焊接需严格控制预热温度、层间温度以及焊后消氢。

3.2.3　焊接返修前审查是否具有经过审批的焊接返修方案，且焊接工艺是否具有焊接工艺评定支持，返修后应按原方法重新检验。

3.2.4　喷嘴组对和焊接过程中应采取有效的工艺措施，对于侧喷结构，确保喷嘴接管的平面度及平面与设备中心线的垂直度。对于顶喷结构，确保喷嘴凸缘与设备中心线的同轴度及其密封面与设备中心线的垂直度符合采购技术文件要求。

3.2.5　水冷壁盘管的对接焊缝的焊接顺序应满足所有对接焊缝均能够进行100%射线检测。螺柱焊接后应用木槌敲击，不得出现脱落现象。

3.2.6　对于待堆焊表面，母材区域内如有超标缺陷，按采购技术文件处理。焊接区域内，包括对接接头和角接接头的表面，不得有裂纹、气孔和咬边等缺陷。不应有急剧的形状变化，圆滑过渡。

3.2.7　设备热处理后如进行焊接返修，需征得用户同意，返修后还需对返修部位重新热处理。

3.2.8 筒体、封头、接管镍基/不锈钢堆焊层应搭接均匀，不平度符合采购技术文件的相关要求。堆焊层最小厚度应满足采购技术文件要求。

3.2.9 堆焊层堆焊后焊缝铁素体以及化学成分的检测方法及结果应符合采购技术文件要求。

3.2.10 铬钼钢承压主体焊缝化学成分的检测方法及结果应符合采购技术文件要求。

4 无损检测

4.1 基本要求。

4.1.1 审查无损检测人员是否具有相应资格，无损检测前，审查制造厂无损检测工艺，应符合 NB/T 47013 标准要求。

4.1.2 所有铬钼钢焊接接头无损检测至少应在焊接完成 24h 之后进行，或按采购技术文件要求。

4.2 射线及超声检测。

4.2.1 所有主体受压铬钼钢锻件在粗加工后应按标准、采购技术文件要求进行 100% 超声检测。

4.2.2 封头压制成型后按标准、采购技术文件要求进行 100% 超声检测。

4.2.3 所有 A、B 类焊接接头焊后应按采购技术文件要求进行 100% 射线或 TOFD 检测。

4.2.4 所有 A、B、D 类焊接接头焊后、热处理后和耐压试验后应按标准、采购技术文件进行 100% 超声检查。

4.2.5 过渡层及面层堆焊后按标准、采购技术文件进行 100% 超声检测。

4.2.6 水冷壁盘管对接焊缝应按照标准、采购技术文件进行 100% 射线检测。

4.2.7 接管与接管、接管法兰环缝的无损检测按标准、采购技术文件规定执行。

4.3 表面检测。

4.3.1 所有主要受压铬钼钢锻件在精加工后按采购技术文件要求进行 100% 磁粉检测，NB/T 47013 Ⅰ级合格。

4.3.2 待堆焊面应进行 100% 磁粉检测，NB/T 47013 Ⅰ级合格。

4.3.3 封头压制成型后应进行 100% 磁粉检测，NB/T 47013 Ⅰ级合格。

4.3.4 所有承压焊缝坡口应进行 100% 磁粉或 100% 渗透检测，NB/T 47013 Ⅰ级合格。

4.3.5 所有 A、B、C、D、E 类焊接接头焊后、热处理后、耐压试验后应按标准、采购技术文件要求进行 100% 磁粉检测或 100% 渗透检测，NB/T 47013 Ⅰ级合格。

4.3.6 过渡层及面层堆焊后应按标准、采购技术文件要求分别进行 100% 渗透检测，NB/T 47013 Ⅰ级合格。

4.3.7 水冷壁盘管对接焊缝及盘管之间的密封焊应按照标准、采购技术文件要求进行100%渗透检测，NB/T 47013 Ⅰ级合格。

4.3.8 设备的缺陷修磨或补焊处表面，拆除卡具、拉筋等临时附件割除后的割痕表面应进行100%磁粉或渗透检测，NB/T 47013 Ⅰ级合格。

5 外观与尺寸检查

5.1 外观检查。

5.1.1 设备表面不允许存在划伤、疤痕、刻痕及弧坑，不允许敲打、刻制材料标记及焊工钢印。如有应按采购技术文件要求修磨。

5.1.2 焊接区域内，包括对接接头和角接接头的表面，不得有裂纹、气孔和咬边等缺陷。不应有急剧的形状变化，圆滑过渡。

5.1.3 角焊缝焊脚尺寸应符合采购技术文件要求，所有角焊缝应凹形圆滑过渡。

5.2 尺寸检查。

5.2.1 检查筒体成型后直径、圆度、棱角度等尺寸。

5.2.2 检查封头/锥体压制后最小厚度及成型尺寸。

5.2.3 检查各类焊缝组对尺寸。

5.2.4 检查托砖盘的水平度。

5.2.5 检查激冷环与下降管间隙尺寸。

5.2.6 检查下降管直线度尺寸。

5.2.7 检查顶喷嘴结构气化炉：顶喷嘴、燃烧室、激冷室中心线同轴度。

5.2.8 检查对置多喷嘴结构气化炉：对置喷嘴的平面度检查，对置喷嘴平面与设备中心线垂直度。

5.2.9 检查设备整体外形尺寸，包括接管方位标高/伸出长度等尺寸、法兰跨中情况检查、支座螺栓孔尺寸等。

5.2.10 检查壳体与水冷壁组装后整体成型尺寸。

5.2.11 检查法兰密封面加工尺寸及粗糙度。

5.2.12 检查水冷壁盘管壁厚。

5.2.13 检查水冷壁盘管对接焊缝组对尺寸。

5.2.14 检查水冷壁盘管组焊后直径、圆度、同轴度、高度、水通道出入口方位等成型尺寸。

5.2.15 以上尺寸偏差按照相应的标准、采购技术文件要求执行。未注尺寸公差值的机械加工表面和非机械加工表面线性尺寸和角度的极限偏差，应分别符合GB/T 1804中m级和c级的规定。未注形状和位置公差值的机械加工表面和非机械加工表面的形位极限偏差，应分别符合GB/T 1184中K级和L级的规定。

6 热处理及产品试件

6.1 热处理。

6.1.1 封头热压成型后如若改变材料的供货状态应按相应标准进行改善或恢复性能热处理（同时制备母材试板）。

6.1.2 设备应按GB/T 30583、采购技术文件要求进行焊后消除应力处理。

6.1.3 最终热处理PWHT前应检查：

a）所有焊接工作已经完成；

b）所有内外表面以及焊缝已通过外观检查；

c）所有无损检测（包含临时工装去除后的部位）已全部合格；

d）所有其他应在PWHT前完成的检验已全部合格；

e）试板（含母材试板）的数量、规格满足标准及采购技术文件要求；

f）设备壳体下方应设置鞍座式支撑工装。盘管内部设置筒形支撑工装；对法兰密封面应采取保护措施以防止法兰密封面氧化和变形。

6.1.4 见证热处理工艺用热电偶的数量及布置，热处理温度及保温时间均应满足相应标准、采购技术文件及热处理工艺要求，并记录热处理曲线。

6.1.5 热处理后审查热处理曲线，热处理温度、保温时间、升降温速率均应满足相应标准、采购技术文件及热处理工艺要求。

6.1.6 热处理后应进行焊缝、热影响区及母材的硬度检测，检测结果应符合采购技术文件的相关要求。

6.1.7 热处理后不得直接在受压部件上施焊。

6.2 试件。

6.2.1 设备应根据GB/T 150、采购技术文件要求制备产品试件。

6.2.2 试件所用母材及焊材应与实际产品相一致，应采用与所代表焊缝相同的工艺焊接。

6.2.3 试件尺寸、热处理状态、检验项目以及性能试验结果应符合NB/T 47016、采购技术文件的规定。

7 耐压试验

7.1 见证设备制造完毕后的耐压试验，试验压力按采购技术文件的规定。

7.2 见证水冷壁盘管应在制造完成后、与壳体组装后按标准、采购技术文件要求分别进行的耐压试验。

7.3 耐压试验压力、保压时间、氯离子含量、介质温度、压力表要求等均应符合标准、采购技术文件要求。

7.4 耐压试验后应把内部清理干净，如采用液压试验应当用压缩空气将设备内部吹干。

8 涂敷包装和发运

8.1 制造完毕后设备表面应按标准、采购技术文件要求的规定予以清理和除锈。

8.2 油漆的种类、颜色，以及漆膜厚度应符合标准、采购技术文件的相关要求。

8.3 所有敞口接管法兰应按采购技术文件及 JB/T 4711 要求进行密封保护。法兰密封面及紧固件不应涂漆，应涂防锈油脂。

8.4 内陆运输过程中应保持设备内部干燥，避免因潮湿引起设备内部表面产生锈蚀。海上运输时，应将设备内部充氮保护。采购技术文件有明确规定充氮保护后运输的，需按要求执行。

8.5 设备本体上应按采购技术文件要求标准重心以及方位标识。

8.6 备品备件装箱前进行核对检查，数量和规格应与装箱清单一致，同时符合采购技术文件的相关要求。

8.7 设备铭牌应符合采购技术文件要求。

9 主要外购外协件检验要求

9.1 主要外购外协件供应商应符合采购技术文件要求。

9.2 外购外协件进厂后，应进行尺寸、外观、标识及文件资料核查。

9.3 主要外协件应按采购技术文件要求，采取过程控制（如关键点访问监造）。

9.4 外协封头检验。

9.4.1 封头成型与热处理工艺需符合采购技术文件的规定。热处理过程需符合热处理工艺要求。

9.4.2 封头成型与热处理过程需符合采购技术文件的规定。

9.4.3 封头成型尺寸应符合标准及采购技术文件的规定。

9.4.4 封头成型后需进行100%超声检测与100%磁粉检测。

10 其它要求

10.4.1 水冷壁盘管成型、拼焊后应按采购技术文件要求进行通球检查。

10.4.2 材料代用及制造单位提出的其它变更应取得设计和业主单位的书面同意。

10.4.3 受压元件不允许敲打、刻制材料标记及焊工钢印。

10.4.4 其他特殊检验项按采购技术文件执行。

11 水煤浆气化炉驻厂监造主要质量控制点

11.1 文件见证点（R）：由监造人员对设备材料制造过程有关文件、记录或报告进行见证而预先设定的监造质量控制点。

11.2 现场见证点（W）：由监造人员对设备材料制造过程、工序、节点或结果进行现场见证而预先设定的监造质量控制点，且应包括相关文件见证点（R）质量控制内容。

11.3 停止点（H）：由监造人员见证并签认后才可转入下一个过程、工序或节点而预先设定的监造质量控制点，应包括相关现场见证点（W）和文件见证点（R）质量控制内容。

序号	零部件及工序名称	监造内容	文件见证点（R）	现场见证点（W）	停止点（H）
1	资质审查	1. 制造单位设计、制造资质审查	R		
		2. 质量保证体系审查	R		
		3. 焊工资格审查	R		
		4. 无损检测人员资质审查	R		
		5. 其它人员资质审查	R		
		6. 对该产品制造所需装备能力及完好性检查		W	
2	工艺文件	1. 生产进度计划	R		
		2. 质量计划（检验计划）	R		
		3. 焊接排版图	R		
		4. 焊接工艺评定和焊接工艺规程	R		
		5. 制造工艺过程文件	R		
		6. 无损检测工艺	R		
		7. 热处理工艺	R		
		8. 耐压、气密试验程序	R		
		9. 喷砂油漆程序	R		
		10. 包装方案	R		
3	原材料检查	1. 主体板材			
		1）材料证书与实物标记核对		W	
		2）外观以及尺寸检查		W	
		3）性能检验报告（包括供货状态、化学成分、碳当量、回火敏感性系数、常温力学性能、高温力学性能、夏比冲击试验、晶粒度等）	R		
		4）无损检测	R		
		5）材料复验		W	
		2. 接管法兰锻件以及Y型锻件			
		1）材料证书与标记核查		W	
		2）外观及尺寸检查		W	

（续表）

序号	零部件及工序名称	监造内容	文件见证点（R）	现场见证点（W）	停止点（H）
3	原材料检查	3）性能检验报告（包括供货状态、化学成分、碳当量、回火敏感性系数、常温力学性能、高温力学性能、夏比冲击试验、晶粒度、锻造比、非金属夹杂物等）	R		
		4）无损检测	R		
		5）材料复验		W	
		3. 内件N08825/316L			
		1）材料证书与实物标记核对		W	
		2）板面以及尺寸检查		W	
		3）性能检验报告（包括供货状态、化学成分、力学性能、耐腐蚀性能等）	R		
		4）无损检测	R		
		4. 盘管材料			
		1）材料证书与实物标记核对		W	
		2）管子尺寸及外观检查		W	
		3）质量证明书审查（包括供货状态、化学成分、力学性能、压扁、扩口、耐压等）	R		
		4）无损检测	R		
		5）材料复验		W	
		5. M36及以上螺栓螺母紧固件			
		1）质量证明书审查（化学成分、力学性能、硬度）	R		
		2）无损检测	R		
		3）尺寸与外观		W	
		6. 焊材			
		1）牌号及规格		W	
		2）复检		W	
4	冷、热加工	1. 成型及制造公差		W	
		2. 坡口尺寸		W	
		3. 各段筒体/锥体加工尺寸		W	
		4. 错边量、圆度、直线度		W	
		5. 锻件加工尺寸		W	
		6. 封头检查			

（续表）

序号	零部件及工序名称	监造内容	文件见证点（R）	现场见证点（W）	停止点（H）
4	冷、热加工	1）热压及改善或恢复性能热处理	R		
		2）外观标识及尺寸检查		W	
		3）尺寸检验报告	R		
		4）无损检测报告审查	R		
		7. 外购件检查			
		1）供应商符合性检查	R		
		2）尺寸、外观、标识检查		W	
		3）资料审查	R		
5	母材试件	1. 试件数量		W	
		2. 受热史		W	
		3. 力学性能		W	
6	焊接	1. 焊接工艺检查	R		
		2. 焊接材料		W	
		3. 焊前预热及焊后热处理		W	
		4. 焊接工艺执行		W	
		5. 焊缝外观检查		W	
		6. 焊后尺寸检查		W	
		7. 焊缝返修检查		W	
7	无损检测	1. 无损检测人员资质审查	R		
		2. RT片（报告）或TOFD报告审查	R		
		3. UT报告审查	R		
		4. MT报告审查	R		
		5. PT报告审查	R		
8	方位尺寸及外观检查	1. 管口开孔划线检查			H
		2. 管口方位、伸出长度及标高			H
		3. 外形总体尺寸			H
		4. 同轴度、垂直度检查			H
		5. 法兰尺寸及密封面粗糙度		W	
		6. 支座/鞍座/裙座螺栓孔尺寸（裙座需在热处理后复查）			H
		7. 内部和外部附件方位及偏差			H

（续表）

序号	零部件及工序名称	监造内容	文件见证点（R）	现场见证点（W）	停止点（H）
8	方位尺寸及外观检查	8.设备整体外观检查			H
9	热处理	1.热电偶数量布置、设备外观、试件等热处理前检查			H
		2.热处理曲线审查	R		
		3.热处理后硬度检查		W	
10	产品焊接试件	1.试件焊接		W	
		2.试件数量	R		
		3.受热史（同产品）	R		
		4.力学性能	R		
11	耐压试验	1.壳体耐压试验			H
		2.盘管组件制作完成后耐压试验及与壳体组装后耐压试验			H
		3.耐压后内部清理与吹干		W	
12	通球检验	盘管组件制作完成后内部通球检验			H
13	出厂检验	1.法兰密封面检查		W	
		2.喷砂、油漆检查		W	
		3.敞口接管法兰密封保护以及包装检查		W	
		4.铭牌、备品备件检查		W	
		5.充氮保护检查		W	
		6.标识标记的检查		W	
		7.随机资料审查	R		

聚丙烯环管反应器
监造大纲

目 录

前　言 ··· 113
1　总则 ·· 114
2　原材料 ··· 115
3　焊接 ·· 116
4　无损检测 ·· 117
5　几何尺寸及外观 ··· 117
6　热处理及产品试件 ·· 117
7　耐压试验 ·· 118
8　涂装与发运 ··· 118
9　主要外购外协件检验要求 ··· 118
10　其它要求 ·· 119
11　聚丙烯环管反应器驻厂监造主要质量控制点 ··· 119

前 言

《聚丙烯环管反应器监造大纲》参照 GB/T 1.1—2009《标准化工作导则 第1部分：标准的结构和编写》给出的规则起草。

本大纲由中国石油化工集团有限公司物资装备部提出。

本大纲2010年7月第一次发布，本次为修订升版。

本大纲起草单位：上海众深科技股份有限公司。

本大纲起草人：华伟、方寿奇、时晓峰、贺立新。

聚丙烯环管反应器监造大纲

1 总则

1.1 内容和适用范围。

1.1.1 本大纲主要规定了采购单位（或使用单位）对聚丙烯环管反应器制造过程进行质量监造的基本内容及要求，是委托驻厂监造的主要依据。

1.1.2 本大纲适用于石油化工工业使用的聚丙烯装置环管式聚合反应器制造过程监造，同类设备可参照使用。

1.1.3 本大纲中具体技术要求如与采购技术文件不一致时，原则上应以采购技术文件为准。

1.2 监造工作的基本要求。

1.2.1 监造人员要求。

1.2.1.1 监造人员应与所在监造单位有正式劳动合同关系。

1.2.1.2 监造人员应严格依据监造委托合同，履行监造职责，完成监造任务。

1.2.1.3 监造人员应持有不低于中国设备监理协会颁发的专业设备监理师资格证书，监造人员有二年（或以上）的监造业务经验，在相应专业岗位工作三年以上。

1.2.1.4 监造人员应熟悉监造物资的制造工艺，掌握制造过程中的质量技术要求和检验试验关键控制点。

1.2.1.5 监造人员在监造活动过程中应遵守有关保密约定和规定。

1.2.1.6 监造人员应遵守制造厂HSSE或安全生产管理制度的相关规定，严格执行劳保着装和安全防护要求。

1.2.2 监造工作程序。

1.2.2.1 监造人员在开始监造的10个工作日内，对制造厂的人员资质、生产工艺、装备能力和质保体系运行情况进行检查和评估，并向委托方提供质量风险评估报告，明确风险等级（高、中、低、无）。

1.2.2.2 监造单位在收到采购技术文件后，10个工作日内编制完成《监造大纲》。

1.2.2.3 监造单位在获得设计相关图纸、制造工艺、质量控制计划、生产进度计划后，15日内编制完成《监造实施细则》。

1.2.2.4 监造人员应配备必要的用于平行检查且检定合格的检测器具。

1.2.2.5 监造人员应按委托方的通知或有关要求参加或组织召开预检验会议，与

制造厂对接确定检验试验计划和质量控制点,并经委托方确认。

1.2.2.6 监造人员应组织制造厂质量、技术、生产及经营(项目管理)等相关部门召开监理周例会,通报监造工作情况,协调解决质量进度问题,结合生产进度计划安排后续监造工作,并形成会议纪要。

1.2.2.7 监造人员在监造实施过程中,如发现质量隐患、质量问题以及可能影响交货期的重大因素时,应及时报委托方,并以书面形式通知制造厂,要求制造厂采取有效措施予以整改,若制造厂延误或拒绝整改时,可责令其停工。

1.2.2.8 对于原材料、外购件以及外协加工、外协检测和外协检验试验等过程,监造人员应重点审查质量证明文件、外协单位资质、人员资质、工艺文件和检验试验报告等。并依据监造实施细则和检验试验计划中设置的监造访问点,实施质量控制。

1.2.2.9 实施监造的物资经现场监造人员确认符合标准规范和订单约定后,按发货批次开具监造放行单,并报委托方。

1.2.2.10 全部监造工作完成后,应于30日内完成监造总结报告交付委托方。

1.3 监造单位应提交的文件资料。

1.3.1 目录(含页码)(必须)。

1.3.2 产品质量监造报告书(必须)。

1.3.3 监造工作总结(必须)。

1.3.4 监造大纲(必须)。

1.3.5 监造实施细则(必须)。

1.3.6 监造周报(必须)。

1.3.7 设计变更通知及往来函件(如有)。

1.3.8 监造工作联系单(如有)。

1.3.9 监理工程师通知单(如有)。

1.3.10 会议纪要(如有)。

1.3.11 监造放行单(必须)。

1.4 主要编制依据。

1.4.1 TSG 21 固定式压力容器安全技术监察规程。

1.4.2 GB/T 150 压力容器。

1.4.3 GB/T 26429 设备工程监理规范。

1.4.4 NB/T 47013 承压设备无损检测。

1.4.5 ASME 规范。

1.4.6 采购技术文件。

2 原材料

2.1 内直管及弯头材料,主法兰及凸缘锻件材料,夹套及膨胀节材料等应与采购技术文件规定一致。

2.2 审核主体材料（含焊材）质量证明书，材料牌号及规格、锻件级别、数量、供货商等应与采购技术文件规定一致。

2.3 主体材料应进行外观、热处理状态、材料标记检查。

2.4 内直管、弯头、主法兰、内管、膨胀节、夹套等主要承压件的化学成分、力学性能、低温冲击试验（焊接钢管还应包括焊缝及热影响区）、无损检测、尺寸及精度、厚度、热处理状态等应与采购技术文件规定一致。材料复验按采购技术文件规定执行，监理工程师应现场见证。

2.5 焊接材料牌号、供货商及检验项目应与采购技术文件一致。

2.6 M36及以上螺栓、螺母、垫片等材料应与采购技术文件规定一致。

3 焊接

3.1 焊工作业必须持有相应类别的有效焊接资格证书。

3.2 产品施焊前，应根据采购技术文件及NB/T47014的规定完成焊接工艺评定。

3.3 根据评定合格的焊接工艺制订焊接工艺指导书。

3.4 焊接作业应严格遵守焊接工艺纪律。

3.5 药芯焊丝CO_2气体保护焊用于承压焊缝时，应有买方和工程设计单位的书面认可。

3.6 内管、弯头上的对接焊缝应为全焊透结构。

3.7 应采取有效措施防止内管筒体组焊变形。

3.8 焊前应预热、焊后应及时进行消氢或消除应力处理，且不得使用氧乙炔预热。

3.9 低温材料焊接时，应采用小线能量、小规范、多焊道焊接，严格控制层间温度。

3.10 焊接返修次数应符合采购技术文件规定，所有的返修均应有返修工艺评定支持。

3.11 焊缝检查。

3.11.1 所有焊缝表面不允许存在咬边、裂纹、未焊透、气孔、弧坑、夹渣、飞溅等缺陷，焊缝上的熔渣和两侧的飞溅物应打磨和清除干净。

3.11.2 内管内表面的焊缝应打磨至与母材平齐；接管和凸缘的内壁尖角处应打磨至圆滑过渡。

3.11.3 内管焊缝（含热影响区、母材）最终热处理后应逐条进行硬度检测。

3.11.4 角焊缝焊脚高度应符合图样规定并圆滑过渡。

3.12 内筒体试压合格后方可组焊夹套筒体。

4 无损检测

4.1 无损作业人员应持有相应类（级）别的有效资格证书。

4.2 与丙烯物料接触部件上的所有对接焊缝应进行100%射线检测，按NB/T 47013.2 Ⅱ级验收。

4.3 夹套上的所有A、B类焊缝应进行射线检测，其探伤比例、评定级别按采购技术文件规定。

4.4 最终热处理后内管对接焊缝应进行100%磁粉检测和100%超声检测，按NB/T 47013 Ⅰ级验收。

4.5 临时焊件去除后，表面应进行磁粉检测，按NB/T 47013.4 Ⅰ级验收。

4.6 内管焊有内外构件部位的100mm范围内应进行超声检测，按NB/T 47013.3 Ⅲ级验收。

4.7 所有附件与内管相焊的焊缝应进行100%磁粉检测，按NB/T 47013.4 Ⅰ级验收。

4.8 内管（或弯头）与凸缘焊缝应进行100%磁粉检测，按NB/T 47013.4 Ⅰ级验收。

5 几何尺寸及外观

5.1 与介质相接触的部位均需进行抛光，粗糙度按采购技术文件规定执行。

5.2 内管筒体组焊后应进行直线度和总长尺寸检查。

5.3 膨胀节几何形状、尺寸、厚度及外观应进行检查。

5.4 筒体两端法兰密封面与轴线的垂直度应进行检查。

5.5 支座底板与筒体轴线的垂直度应进行检查。

5.6 支座底板下表面距筒体下部法兰密封面的距离偏差应进行检查。

5.7 弯头几何尺寸、厚度及中心距偏差应进行检查。

5.8 180°弯头两端法兰组焊热处理后，两法兰密封面应一次加工完成，并应测量共面性允差。

5.9 整体尺寸及管口方位应进行检查。

5.10 分段交货出厂前各反应器应进行预组装（卧置）。

5.11 预组装时应进行几何尺寸检查，不允许强力组装。预组装后应进行装配标记检查。

5.12 夹套连接管和连接梁长度配制应进行检查。

6 热处理及产品试件

6.1 焊后热处理采用电加热、红外线或炉内加热方法。

6.2 内管和弯头上的焊缝及与其相焊的焊缝均应进行焊后热处理，热处理温度及时间按采购技术文件规定执行。

6.3 分段热处理前应进行下列检查：

6.3.1 所有的焊接件和相关附件应完成焊接。

6.3.2 各段内筒应进行外观检查，工装焊接件应清除干净，热处理前的检验应已完成。

6.3.3 热处理装备、热电偶布置、热处理温度及时间等应进行检查。

6.4 内筒合拢焊缝及弯头与法兰环缝的局部最终热处理，其热处理装备、热电偶布置、热处理温度及时间等按采购技术文件规定执行。

6.5 制造过程中的焊缝消氢或局部后热处理不能代替产品最终热处理。

6.6 产品焊接试件的数量、检验项目及验收应符合采购技术文件和NB/T 47016的规定。

7 耐压试验

7.1 预组装完成后应进行整体水压试验。

7.2 弯头、短管及夹套连接管应进行单独水压试验。

7.3 水压试验压力、保压时间、水温、氯离子含量等应按采购技术文件规定。

7.4 水压试验后反应器内筒内表面应精抛光，并涂凡士林润滑脂保护。

8 涂装与发运

8.1 反应器内部应充氮或填装干燥剂。

8.2 壳体外表面应喷砂除锈，达到GB 8923中Sa2.5级的规定要求。

8.3 壳体外表面油漆应按采购技术文件规定执行。

8.4 膨胀节应设置有效保护罩。

8.5 所有开口应用盲板和垫片密封，保证运输中不进水和杂物。

8.6 反应器直管、弯头、连接梁等应分别进行包装。装箱备件型号、数量应与清单一致，并符合采购技术文件规定。

8.7 筒体运输时应安置在多个鞍式支座上；应标明重心和起吊位置。

8.8 运输过程中应采取有效措施避免磕碰等损伤。

8.9 装箱及出厂文件检查。

9 主要外购外协件检验要求

9.1 主要外购外协件供应商应符合采购技术文件要求。

9.2 外购外协件进厂后，应进行尺寸、外观、标识及文件资料核查。

9.3 主要外协件应按采购技术文件要求，采取过程控制（如关键点访问监造）。

10 其它要求

10.1 材料代用、供货商变更及图样改动应取得设计单位或买方的书面同意。

10.2 其它特殊要求按采购技术文件规定。

11 聚丙烯环管反应器驻厂监造主要质量控制点

11.1 文件见证点（R）：由监造人员对设备材料制造过程有关文件、记录或报告进行见证而预先设定的监造质量控制点。

11.2 现场见证点（W）：由监造人员对设备材料制造过程、工序、节点或结果进行现场见证而预先设定的监造质量控制点，且应包括相关文件见证点（R）质量控制内容。

11.3 停止点（H）：由监造人员见证并签认后才可转入下一个过程、工序或节点而面预先设定的监造质量控制点，应包括相关现场见证点（W）和文件见证点（R）质量控制内容。

序号	零部件及工序名称	监造内容	文件见证点（R）	现场见证（W）	停止点（H）
1	内管	1. 材料质量证明书审查： 化学成分、力学性能、低温冲击试验（母材、焊缝、热影响区）、硬度、无损检测、尺寸精度（包括壁厚）、热处理状态等	R		
		2. 材料复验： 化学成分、力学性能、低温冲击试验（母材、焊缝、热影响区）、硬度、尺寸精度（包括壁厚）等	R		
		3. 无损检测复验RT、UT、MT	R		
		4. 内管组焊环缝		W	
		5. 焊缝外观		W	
		6. 消应力热处理	R		
		7. 环缝无损检测RT、UT、MT	R		
		8. 直线度		W	
		9. 焊缝硬度	R		
		10. 内壁焊缝磨平及粗抛光		W	
2	弯头	1. 材料质量证明书审查： 化学成分、力学性能、低温冲击试验（母材、焊缝、热影响区）、硬度、无损检测、几何形状与尺寸、热处理状态等	R		
		2. 材料复验： 化学成分、力学性能、低温冲击试验（母材、焊缝、热影响区）、硬度	R		

（续表）

序号	零部件及工序名称	监造内容	文件见证点（R）	现场见证（W）	停止点（H）
2	弯头	3. 无损检测 RT、UT、MT	R		
		4. 几何形状、尺寸、壁厚、圆度		W	
		5. 内壁抛光		W	
3	主法兰、凸缘	1. 材料质量证明书审查：化学成分、力学性能、低温冲击试验、硬度、超声波检测、热处理状态等	R		
		2. 材料复验：化学成分、力学性能、低温冲击试验、硬度、超声波检测等	R		
		3. 加工尺寸		W	
		4. 内壁抛光		W	
4	膨胀节	1. 材料质量证明书审查：化学成分、力学性能、无损检测（RT）、压力试验、热处理状态	R		
		2. 焊缝无损检测 RT、PT	R		
		3. 几何形状、尺寸、厚度		W	
		4. 外观、表面质量		W	
5	夹套	1. 材料质量证明书审查：化学成分、力学性能	R		
		2. 纵、环缝焊接、无损检测 RT		W	
		3. 几何尺寸及外观		W	
6	M36及以上螺栓	1. 材料质量证明书审查：化学成分、力学性能、硬度	R		
		2. 材料复验	R		
		3. 加工尺寸及精度		W	
		4. 精加工后磁粉检测	R		
7	M36及以上螺母	1. 材料质量证明书审查：化学成分、硬度	R		
		2. 加工尺寸及精度		W	
8	管法兰、接管、封板	1. 材料质量证明书审查	R		
		2. 尺寸和外观		W	
9	总装	1. 筒体与主法兰及筒体间合拢环焊缝无损检测 RT	R		
		2. 弯头与短节与主法兰环焊缝无损检测 RT	R		
		3. 焊缝外观		W	
		4. 内筒上内外部构件焊接部位 100mm 范围内 UT	R		

（续表）

序号	零部件及工序名称	监造内容	文件见证点（R）	现场见证（W）	停止点（H）
9	总装	5. 弯头中心距		W	
		6. 180°弯头两端法兰密封面的共面性		W	
		7. 筒体长度		W	
		8. 筒体直线度及环缝错边量		W	
		9. 筒体两端法兰密封面与轴线的垂直度		W	
		10. 支座底面与轴线的垂直度		W	
		11. 管口方位及尺寸		W	
		12. 设备内外表面外观		W	
		13. 附件与壳体组焊方位、尺寸、外观		W	
		14. 附件与壳体组焊角缝MT、PT检测		W	
		15. 夹套组装尺寸		W	
10	热处理	1. 分段整体消除应力热处理		W	
		2. 合拢缝局部消除应力热处理		W	
		3. 内筒焊缝最终热处理后硬度		W	
		4. 内筒对接焊缝最终热处理后UT		W	
		5. 内筒角焊缝最终热处理后MT		W	
11	产品试件	焊接试件		W	
12	压力试验	1. 内筒水压试验			H
		2. 夹套水压试验			H
		3. 内筒内表面抛光		W	
13	出厂检验及包装	1. 分段出厂前预组装		W	
		2. 分段出厂几何尺寸、装配标记检查		W	
		3. 法兰密封面外观		W	
		4. 喷砂除锈、油漆		W	
		5. 内筒内表面抛光后涂凡士林脂保护		W	
		6. 管口包装、防护		W	
		7. 膨胀节的保护装置		W	
		8. 标记		W	
		9. 充氮或填充干燥剂保护		W	
		10. 随机文件检查		W	

聚酯立式盘管反应器监造大纲

目 录

前　言 ··· 125
1　总则 ·· 126
2　原材料 ··· 128
3　焊接 ·· 128
4　无损检测 ·· 129
5　几何尺寸与外观 ··· 129
6　耐压及泄漏试验 ··· 130
7　涂装与发运 ··· 130
8　主要外购外协件检验要求 ··· 130
9　其它要求 ·· 131
10　聚酯立式盘管反应器驻厂监造主要质量控制点 ·· 131

前　言

《聚酯立式盘管反应器监造大纲》参照 GB/T 1.1—2009《标准化工作导则　第1部分：标准的结构和编写》给出的规则起草。

本大纲由中国石油化工集团有限公司物资装备部提出。

本大纲 2010 年 7 月第一次发布，本次为修订升版。

本大纲起草单位：上海众深科技股份有限公司。

本大纲起草人：时晓峰、方寿奇、华伟、贺立新。

聚酯立式盘管反应器监造大纲

1 总则

1.1 内容和适用范围。

1.1.1 本大纲主要规定了采购单位(或使用单位)对聚酯立式盘管反应器制造过程监造的基本内容及要求,是委托驻厂监造的主要依据。

1.1.2 本大纲适用于石油化工工业使用的聚酯立式盘管反应器制造过程监造,同类设备可参照使用。

1.1.3 本大纲中具体技术要求如与采购技术文件不一致时,原则上应以采购技术文件为准。

1.2 监造工作的基本要求。

1.2.1 监造人员要求。

1.2.1.1 监造人员应与所在监造单位有正式劳动合同关系。

1.2.1.2 监造人员应严格依据监造委托合同,履行监造职责,完成监造任务。

1.2.1.3 监造人员应持有不低于中国设备监理协会颁发的专业设备监理师资格证书,监造人员有二年(或以上)的监造业务经验,在相应专业岗位工作三年以上。

1.2.1.4 监造人员应熟悉监造物资的制造工艺,掌握制造过程中的质量技术要求和检验试验关键控制点。

1.2.1.5 监造人员在监造活动过程中应遵守有关保密约定和规定。

1.2.1.6 监造人员应遵守制造厂HSSE或安全生产管理制度的相关规定,严格执行劳保着装和安全防护要求。

1.2.2 监造工作程序。

1.2.2.1 监造人员在开始监造的10个工作日内,对制造厂的人员资质、生产工艺、装备能力和质保体系运行情况进行检查和评估,并向委托方提供质量风险评估报告,明确风险等级(高、中、低、无)。

1.2.2.2 监造单位在收到采购技术文件后,10个工作日内编制完成《监造大纲》。

1.2.2.3 监造单位在获得设计相关图纸、制造工艺、质量控制计划、生产进度计划后,15日内编制完成《监造实施细则》。

1.2.2.4 监造人员应配备必要的用于平行检查且检定合格的检测器具。

1.2.2.5 监造人员应按委托方的通知或有关要求参加或组织召开预检验会议,与制造厂对接确定检验试验计划和质量控制点，并经委托方确认。

1.2.2.6 监造人员应组织制造厂质量、技术、生产及经营（项目管理）等相关部门召开监理周例会，通报监造工作情况，协调解决质量进度问题，结合生产进度计划安排后续监造工作，并形成会议纪要。

1.2.2.7 监造人员在监造实施过程中，如发现质量隐患、质量问题以及可能影响交货期的重大因素时，应及时报委托方，并以书面形式通知制造厂，要求制造厂采取有效措施予以整改，若制造厂延误或拒绝整改时，可责令其停工。

1.2.2.8 对于原材料、外购件以及外协加工、外协检测和外协检验试验等过程，监造人员应重点审查质量证明文件、外协单位资质、人员资质、工艺文件和检验试验报告等。并依据监造实施细则和检验试验计划中设置的监造访问点，实施质量控制。

1.2.2.9 实施监造的物资经现场监造人员确认符合标准规范和订单约定后，按发货批次开具监造放行单，并报委托方。

1.2.2.10 全部监造工作完成后，应于30日内完成监造总结报告交付委托方。

1.3 监造单位应提交的文件资料。

1.3.1 目录（含页码）（必须）。

1.3.2 产品质量监造报告书（必须）。

1.3.3 监造工作总结（必须）。

1.3.4 监造大纲（必须）。

1.3.5 监造实施细则（必须）。

1.3.6 监造周报（必须）。

1.3.7 设计变更通知及往来函件（如有）。

1.3.8 监造工作联系单（如有）。

1.3.9 监理工程师通知单（如有）。

1.3.10 会议纪要（如有）。

1.3.11 监造放行单（必须）。

1.4 主要编制依据。

1.4.1 TSG 21 固定式压力容器安全技术监察规程。

1.4.2 GB/T 150 压力容器。

1.4.3 GB/T 26429 设备工程监理规范。

1.4.4 NB/T 47002.1 压力容器用爆破焊接复合板第1部分：不锈钢–钢复合板。

1.4.5 NB/T 47013 承压设备无损检测。

1.4.6 ASME 规范。

1.4.7 采购技术文件。

2 原材料

2.1 应审查主要承压件的材料质量证明文件，包括化学成分、力学性能、压扁、贴合率、剪切强度、无损检测、水压、热处理状态、特种设备制造许可证等，质量证明文件应为原件或加盖材料供应单位检验公章和经办人章的复印件（压力容器专用钢板除外）。

注：主要受压件材料为板材，Q345、Q345+304、304，管材S30403，锻件304，16Mn等。

2.2 应审查板材、盘管、锻件、封头等材料供应商，供应商应符合采购技术文件指定要求。

2.3 应审查反应器中不锈钢复合板的贴合率及剪切强度，贴合率及剪切强度应符合采购技术文件。

2.4 应检查进厂盘管外观标识、壁厚、圆度等，盘管超声检查、涡流探伤、水压试验、化学成分、力学性能复验应符合采购技术文件，监理工程师应现场见证。

2.5 $DN \geqslant 500$ 的锻件级别应不低于Ⅲ级。

2.6 应审查搅拌轴、转动部件等外购件的质量证明文件，检查几何尺寸精度、形位公差，尺寸及质量证明书应符合采购技术文件规定。

3 焊接

3.1 应检查焊接作业人员资格，焊工作业必须持有相应类别的有效焊接资格证书。

3.2 应在产品施焊前，根据采购技术文件及NB/T 47014的规定审查焊接工艺评定和产品焊接工艺规程。

注：主要焊接工艺评定至少覆盖基体焊接工艺评定、堆焊工艺评定、异种钢焊接工艺评定三类；产品焊接工艺规程应根据评定合格的焊接工艺制订。

3.3 焊接作业过程应抽查焊工焊接工艺纪律执行情况，焊接参数及焊接方法必须符合产品焊接工艺规程。

3.4 导流筒焊接应采用防变形措施，完成后应检查导流筒椭圆度，椭圆度应符合采购技术文件要求。

3.5 焊接完成后应检查焊缝外观，不允许存在咬边、裂纹、未焊透、气孔、弧坑等缺陷。

3.6 角焊缝焊接完成后应对焊缝进行检查，角焊缝必须连续焊，焊脚高度不得小于两焊接件中较薄者，并应符合图样规定及圆滑过渡。

3.7 应审查产品焊接及母材试板报告，试板的数量、检验项目、性能结果应符合采购技术文件和NB/T 47016的规定。

4 无损检测

4.1 应检查无损检测人员资格及无损检测设备的有效性。

4.2 审查被监理单位的无损检测检测报告。对射线检测，逐张对底片进行确认。重要部位的表面无损检测和超声检测，应到现场检查。

4.3 依据采购技术文件要求，审查以下材料无损检测报告。

4.3.1 复合钢板超声检测。

4.3.2 Ⅲ级及Ⅲ级以上锻件超声检测。

4.3.3 盘管的超声检测。

4.4 依据采购技术文件要求，审查以下焊缝无损检测报告。

4.4.1 对接焊缝射线及表面检测。

4.4.2 复合板对接焊缝基层焊后射线检测。

4.4.3 复合板焊缝过渡层及盖面层渗透检测。

4.4.4 盘管对接焊缝渗透检测。

4.4.5 接管角焊缝、圆环形夹套焊缝、L形夹套角焊缝、内部支撑件、裙座与筒体焊缝磁粉或渗透检测。

5 几何尺寸与外观

5.1 采用适当方式检查形状尺寸及预组装，对主要尺寸、几何形状复测。审查以下检验试验记录。

5.1.1 内筒体外圆周长、椭圆度、环焊缝错边量。

5.1.2 内外封头的曲率应保持一致性。

5.1.3 封头同心圆环夹套机加工后的几何形状及尺寸。

5.1.4 夹套成形后形状和尺寸。

5.1.5 反应器上夹套与夹套间的搭接间隙，不得采用填塞垫板、焊条或其他填充物的方式填充较大间隙。

5.1.6 盘管内件支持板方位及尺寸。

5.1.7 机座组合件、釜底法兰结合件、导流筒及搅拌器底座的同轴度。

5.1.8 液位计套管装配尺寸。

5.2 盘管制作过程应对盘管进行检查，盘管应采用整管以减少焊接接头，其成形尺寸及直径公差应满足图样要求，弯管表面质量不得有裂纹，弯曲处不得有皱折。

5.3 设备总装后应检查各相关尺寸、管口方位应符合图样要求。

5.4 反应器内壁表面（包括焊缝表面）、内部构件表面（包括焊缝表面）抛光完成后，应对表面粗糙度进行检查，表面粗糙度应符合采购技术文件规定。

5.5 反应器内壁完成后，应对焊缝进行检查，所有焊缝应与母材平齐，不得有咬边、凹坑等缺陷。

5.6 盘管制作完成后，检查盘管外表面（包括焊缝表面）质量，粗糙度应符合采购技术文件规定。

5.7 不锈钢表面酸洗钝化后，检查酸性钝化效果。

6 耐压及泄漏试验

6.1 气压试验。

应按采购技术文件规定，现场见证筒体部件、上封头部件、下封头部件及盘管部件及设备整体组装气压试验，检查升压和降压速率、试验压力、保压时间等。

6.2 气密试验。

应按采购技术文件规定，现场见证温度计液位计套管气密试验。

6.3 氨渗漏试验。

应按采购技术文件规定，现场见证筒体部件、上封头部件、下封头部件及盘管部件及设备整体组装后氨渗漏试验，检查试验压力、氨浓度、保压时间等。

6.4 氦检漏试验。

应按采购技术文件规定，现场见证筒体部件、上封头部件、下封头部件的内表面焊缝及盘管部件对接焊缝冷态氦检漏试验。

6.5 热态试验。

6.5.1 设备应模拟实际工况进行热态试验，检查热冲击次数及热态试验要求应符合采购技术文件规定。

6.5.2 热态试验后，应对内、外表面及焊缝的热媒渗漏进行检查。

7 涂装与发运

7.1 设备发运前，检查设备内部清理、不得有液体，不得有杂物。

7.2 检查设备外表面喷砂除锈，表面处理应达到 GB/T 8923 中 Sa2.5 级。

7.3 检查油漆质量，壳体外表面应采购技术文件规定涂刷耐高温的防锈漆。

7.4 检查管口封闭，所有管口应用防水材料遮盖密封。

7.5 装箱及出厂文件检查。

8 主要外购外协件检验要求

8.1 主要外购外协件供应商应符合采购技术文件要求。

8.2 外购外协件进厂后，应进行尺寸、外观、标识及文件资料核查。

8.3 主要外协件应按采购技术文件要求，采取过程控制（如关键点访问监造）。

9 其它要求

9.1 材料代用及图纸变更应取得设计单位或买方的书面同意。

9.2 其它特殊要求按采购技术文件执行。

10 聚酯立式盘管反应器驻厂监造主要质量控制点

10.1 文件见证点（R）：由监造人员对设备材料制造过程有关文件、记录或报告进行见证而预先设定的监造质量控制点。

10.2 现场见证点（W）：由监造人员对设备材料制造过程、工序、节点或结果进行现场见证而预先设定的监造质量控制点，且应包括相关文件见证点（R）质量控制内容。

10.3 停止点（H）：由监造人员见证并签认后才可转入下一个过程、工序或节点而预先设定的监造质量控制点，应包括相关现场见证点（W）和文件见证点（R）质量控制内容。

序号	零部件名称	监造内容	文件见证点（R）	现场见证点（W）	停止点（H）
1	主要受压件复合钢	1. 材料质量证明书审查	R		
		2. 超声检测（UT）	R		
		3. 剪切强度	R		
2	加热盘管	1. 材料质量证明书	R		
		2. 超声检测（UT）	R		
		3. 气压试验	R		
3	主要受压件的夹套板、锻件、接管	1. 材料质量证明书	R		
		2. 标记及外观		W	
4	主轴外购件	材料质量证明书及尺寸精度		W	
5	筒体部件	1. 内筒拼接、卷圆、组对		W	
		2. 焊接、校圆（椭圆度、棱角度）		W	
		3. 纵缝无损检测（RT、PT、MT）	R		
		4. 环缝组焊（错边量）		W	
		5. 环焊缝无损检测（RT、PT、MT）	R		
		6. 夹套成型、焊接（错边量、外形尺寸）		W	
		7. 夹套无损检测（RT）	R		
		8. 夹套、接管、封板与筒体组焊尺寸、方位		W	
		9. 夹套、接管、封板与筒体焊缝（PT、MT）	R		
		10. 内壁抛光		W	

(续表)

序号	零部件名称	监造内容	文件见证点（R）	现场见证点（W）	停止点（H）
5	筒体部件	11. 气压试验			H
		12. 氨渗漏试验			H
		13. 氦检漏试验			H
6	上、下封头部件	1. 封头压制后的尺寸		W	
		2. 内封头拼缝的无损检测（RT、PT、MT）	R		
		3. 夹套封头拼缝的无损检测（RT、MT）	R		
		4. 夹套成形及尺寸		W	
		5. 组焊封头夹套、内封头、封板，接管、法兰与封头部件尺寸、方位		W	
		6. 组焊封头夹套、内封头、封板，接管、法兰与封头部件无损检测（PT、MT）	R		
		7. 管口方位		W	
		8. 内壁抛光检查		W	
		9. 气压试验			H
		10. 氨渗漏试验			H
		11. 氦检漏试验			H
7	盘管部件	1. 盘管拼接焊缝外观、余高、错边量		W	
		2. 盘管拼缝无损检测（RT、PT）		W	
		3. 盘管成型后尺寸、形状		W	
		4. 外表面抛光		W	
		5. 气压试验			H
		6. 氨渗漏试验			H
		7. 氦检漏试验			H
8	人孔盖、机座组合件、釜底法兰部件等	1. 组焊接管、法兰盖、隔板、底板、尺寸方位检查		W	
		2. 接管、法兰盖、隔板、底板焊缝PT		W	
		3. 内壁抛光		W	
		4. 气压试验			H
		5. 氨渗漏试验			H
		6. 氦检漏试验			H
9	总装	1. 组焊筒体部件与下封头部件尺寸、方位		W	
		2. 无损检测（RT、PT）	R		

（续表）

序号	零部件名称	监造内容	文件见证点（R）	现场见证点（W）	停止点（H）
9	总装	3. 组装导流筒的尺寸、方位及同轴度		W	
		4. 组装盘管的尺寸、方位		W	
		5. 液位计、盘管引出接管与筒体套管之间的角焊缝PT	R		
		6. 组焊筒体部件与上封头部件		W	
		7. 几何尺寸及外观检查		W	
		8. 无损检测（RT、PT）	R		
		9. 设备整体尺寸、方位检查		W	
		10. 设备内部粗糙度		W	
		11. 所有C、D类焊缝PT	R		
10	压力试验及性能试验	1. 整体气压试验			H
		2. 热态试验			H
		3. 整体氦渗漏试验			H
11	出厂及包装	1. 清理内外表面，内部酸洗		W	
		2. 喷砂除锈、油漆		W	
		3. 管口包装		W	
		4. 随机文件		W	

聚酯卧式反应器监造大纲

目 录

前 言 ·· 137
1 总则 ·· 138
2 原材料 ·· 140
3 焊接 ·· 140
4 无损检测 ·· 140
5 几何尺寸与外观 ··· 141
6 热处理及产品试件 ··· 142
7 耐压、泄漏及运转试验 ··· 142
8 涂装与发运 ·· 143
9 主要外购外协件检验要求 ··· 143
10 聚酯卧式反应器驻厂监造主要质量控制点 ······························· 143

前 言

《聚酯卧式反应器监造大纲》参照GB/T 1.1—2009《标准化工作导则 第1部分：标准的结构和编写》给出的规则起草。

本大纲由中国石油化工集团有限公司物资装备部提出。

本大纲2010年7月第一次发布，本次为修订升版。

本大纲起草单位：上海众深科技股份有限公司。

本大纲起草人：时晓峰、华伟、方寿奇、贺立新。

聚酯卧式反应器监造大纲

1 总则

1.1 内容和适用范围。

1.1.1 本大纲主要规定了采购单位（或使用单位）对聚酯卧式反应器制造过程监造的基本内容及要求，是委托驻厂监造的主要依据。

1.1.2 本大纲适用于石油化工工业使用的聚酯卧式反应器制造过程监造，同类设备可参照使用。

1.1.3 本大纲中具体技术要求如与采购技术文件不一致时，原则上应以采购技术文件为准。

1.2 监造工作的基本要求。

1.2.1 监造人员要求。

1.2.1.1 监造人员应与所在监造单位有正式劳动合同关系。

1.2.1.2 监造人员应严格依据监造委托合同，履行监造职责，完成监造任务。

1.2.1.3 监造人员应持有不低于中国设备监理协会颁发的专业设备监理师资格证书，监造人员有二年（或以上）的监造业务经验，在相应专业岗位工作三年以上。

1.2.1.4 监造人员应熟悉监造物资的制造工艺，掌握制造过程中的质量技术要求和检验试验关键控制点。

1.2.1.5 监造人员在监造活动过程中应遵守有关保密约定和规定。

1.2.1.6 监造人员应遵守制造厂 HSSE 或安全生产管理制度的相关规定，严格执行劳保着装和安全防护要求。

1.2.2 监造工作程序。

1.2.2.1 监造人员在开始监造的 10 个工作日内，对制造厂的人员资质、生产工艺、装备能力和质保体系运行情况进行检查和评估，并向委托方提供质量风险评估报告，明确风险等级（高、中、低、无）。

1.2.2.2 监造单位在收到采购技术文件后，10 个工作日内编制完成《监造大纲》。

1.2.2.3 监造单位在获得设计相关图纸、制造工艺、质量控制计划、生产进度计划后，15 日内编制完成《监造实施细则》。

1.2.2.4 监造人员应配备必要的用于平行检查且检定合格的检测器具。

1.2.2.5 监造人员应按委托方的通知或有关要求参加或组织召开预检验会议，与

制造厂对接确定检验试验计划和质量控制点，并经委托方确认。

1.2.2.6 监造人员应组织制造厂质量、技术、生产及经营（项目管理）等相关部门召开监理周例会，通报监造工作情况，协调解决质量进度问题，结合生产进度计划安排后续监造工作，并形成会议纪要。

1.2.2.7 监造人员在监造实施过程中，如发现质量隐患、质量问题以及可能影响交货期的重大因素时，应及时报委托方，并以书面形式通知制造厂，要求制造厂采取有效措施予以整改，若制造厂延误或拒绝整改时，可责令其停工。

1.2.2.8 对于原材料、外购件以及外协加工、外协检测和外协检验试验等过程，监造人员应重点审查质量证明文件、外协单位资质、人员资质、工艺文件和检验试验报告等。并依据监造实施细则和检验试验计划中设置的监造访问点，实施质量控制。

1.2.2.9 实施监造的物资经现场监造人员确认符合标准规范和订单约定后，按发货批次开具监造放行单，并报委托方。

1.2.2.10 全部监造工作完成后，应于30日内完成监造总结报告交付委托方。

1.3 监造单位应提交的文件资料。

1.3.1 目录（含页码）（必须）。

1.3.2 产品质量监造报告书（必须）。

1.3.3 监造工作总结（必须）。

1.3.4 监造大纲（必须）。

1.3.5 监造实施细则（必须）。

1.3.6 监造周报（必须）。

1.3.7 设计变更通知及往来函件（如有）。

1.3.8 监造工作联系单（如有）。

1.3.9 监理工程师通知单（如有）。

1.3.10 会议纪要（如有）。

1.3.11 监造放行单（必须）。

1.4 主要编制依据。

1.4.1 TSG 21 固定式压力容器安全技术监察规程。

1.4.2 GB/T 150 压力容器。

1.4.3 GB/T 26429 设备工程监理规范。

1.4.4 NB/T 47002.1 压力容器用爆破焊接复合板第1部分：不锈钢–钢复合板。

1.4.5 NB/T 47013 承压设备无损检测。

1.4.6 DIN 相关标准。

1.4.7 采购技术文件。

2 原材料

2.1 应审查主要承压件的材料质量证明文件，包括化学成分、力学性能、压扁、贴合率、剪切强度、无损检测、水压、热处理状态、特种设备制造许可证等，质量证明文件应为原件或加盖材料供应单位检验公章和经办人章的复印件（压力容器专用钢板除外）。

注：主要受压件材料为板材，Q345R、Q345R+304、304，管材S30403，锻件304，16Mn。

2.2 应审查板材、主轴、锻件、封头等材料供应商，供应商应符合采购技术文件指定要求。

2.3 应审查反应器中不锈钢复合板的贴合率及剪切强度，贴合率及剪切强度应符合采购技术文件。

2.4 $DN \geqslant 500$ 的锻件级别应不低于Ⅲ级。

2.5 应依据采购技术文件，审查主轴、主轴轴套材质证明书，材料应为调质态，其化学成分、机械性能、硬度、金相、无损检测等应满足采购技术文件要求。

3 焊接

3.1 应检查焊接作业人员资格，焊工作业必须持有相应类别的有效焊接资格证书。

3.2 应在产品施焊前，根据采购技术文件及NB/T 47014的规定审查焊接工艺评定和产品焊接工艺规程。

注：主要焊接工艺评定至少覆盖基体焊接工艺评定、堆焊工艺评定、异种钢焊接工艺评定三类；产品焊接工艺规程应根据评定合格的焊接工艺制订。

3.3 焊接作业过程应抽查焊工焊接工艺纪律执行情况，焊接参数及焊接方法必须符合产品焊接工艺规程。

3.4 导流筒焊接应采用防变形措施，完成后应检查导流筒椭圆度，椭圆度应符合采购技术文件要求。

3.5 焊接完成后应检查焊缝外观，不允许存在咬边、裂纹、未焊透、气孔、弧坑等缺陷。

3.6 角焊缝焊接完成后应对焊缝进行检查，角焊缝必须连续焊，焊脚高度不得小于两焊接件中较薄者，并应符合图样规定及圆滑过渡。

4 无损检测

4.1 应检查无损检测人员资格及无损检测设备的有效性。

4.2 审查被监理单位的无损检测报告。对射线检测，逐张对底片进行确认。重要部位的表面无损检测和超声检测，应到现场检查。

4.3 依据采购技术文件要求，审查以下材料无损检测报告。

4.3.1 复合钢板超声检测。

4.3.2 Ⅲ级及Ⅲ级以上锻件超声检测。

4.3.3 加热盘管的超声检测。

4.3.4 主轴的超声检测。

4.4 依据采购技术文件要求，审查以下焊缝无损检测报告。

4.4.1 反应器对接焊缝射线检测及表面检测。

4.4.2 反应器复合板对接焊缝基层焊后射线检测。

4.4.3 复合板焊缝过渡层及盖面层渗透检测。

4.4.4 盘管对接焊缝射线检测。

4.4.5 接管角焊缝、L形夹套角焊缝及加热隔板的角焊缝，打底及盖面层焊缝渗透检测。

4.4.6 所有C、D类焊缝渗透检测。

4.4.7 不锈钢堆焊的待堆焊面及堆焊层渗透检测。

5 几何尺寸与外观

5.1 采用适当方式检查形状尺寸及预组装，对主要尺寸、几何形状复测。审查以下检验试验记录。

5.1.1 加工面及非加工面未注线性尺寸公差和形位公差。

5.1.2 内筒体外圆周长、椭圆度、环焊缝错边量。

5.1.3 端盖部件组焊热处理后加工尺寸、平面度。

5.1.4 夹套成形后形状和尺寸应符合图样公差要求。

5.1.5 反应器上夹套与夹套间的搭接间隙，不得采用填塞垫板、焊条或其他填充物的方式填充较大间隙。

5.1.6 所有开孔、内隔板定位槽及隔板连接板应为同一基准，并与轴系的定位基准一致。

5.1.7 圆盘与轮辐焊接位置。

5.1.8 主轴的尺寸公差、形位公差及自然状态下的挠度。

5.1.9 圆盘的辐条和环板焊接后平面度。

5.2 圆盘和主轴预组装后，应按采购技术文件要求检查径向跳动、端面跳动、盘间距、挠度。

5.3 审查主轴轴套表面氮化处理报告。

5.4 设备总装后应检查各相关尺寸、管口方位应符合图样要求。

5.5 检查反应器内壁所有焊缝，焊缝应与母材平齐，不得有咬边、凹坑等缺陷。

5.6 反应器内壁表面（包括焊缝表面）、内部构件表面（包括焊缝表面）抛光后，检查表面粗糙度，表面粗糙度应符合采购技术文件规定。

5.7 盘管制作完成后，检查盘管（包括焊缝）外表面质量，粗糙度应符合采购技术文件规定。

5.8 圆盘上的辐条、环板、孔板，内部构件中间支撑、连接板、隔板等抛光完成，检查表面粗糙度，粗糙度应符合采购技术文件规定，端面不得有毛刺。

5.9 不锈钢表面酸洗钝化后，检查酸洗钝化效果。

5.10 应根据图样要求现场见证以下尺寸测量过程，对主要尺寸、几何形状复测。

5.10.1 主轴的几何尺寸、形位公差检查。

5.10.2 轴系在装入设备前需预组装，轴系挠度值、动盘组合件环板轴向间距偏差、环板外径圆跳动公差。

5.10.3 端盖中心轴孔与密封箱体的轴线、与筒体的轴线、与轴系的轴线同轴度。

5.10.4 调整底板、轴承支架及中间轴承座装配尺寸。

5.10.5 组装后圆盘与隔板间距检查。

5.10.6 中间轴承座上下隔板与筒体轴线垂直度。

5.10.7 反应器壳体与隔板部件中连接板尺寸、位置。

6 热处理及产品试件

6.1 审查以下热处理报告（包括曲线），核实热处理执行与工艺文件一致性。

6.1.1 主轴粗加工后热处理。

6.1.2 端盖焊后消除应力处理。

6.2 应审查产品焊接及母材试板报告，试板的数量、检验项目、性能结果应符合采购技术文件和NB/T 47016的规定。

7 耐压、泄漏及运转试验

7.1 气压试验。应按采购技术文件规定，现场见证筒体部件、进料端盖部件、出料端盖部件、加热隔板、人孔部件、汽包及盘管部件、设备整体组装后气压试验，检查升压和降压速率、试验压力、保压时间等。

7.2 气密试验。应按采购技术文件规定，现场见证轴封部件及润滑系统组装前后气密试验，检查试验压力、保压时间等，轴封气密需按腔体单独进行。

7.3 氦渗漏试验。应按采购技术文件规定，现场见证筒体部件、进料端盖部件、出料端盖部件、加热隔板、人孔部件、汽包及盘管部件、温度计液位计套管及设备整体组装后氦渗漏试验，检查试验压力、氦浓度、保压时间等。

7.4 氦检漏试验。应按采购技术文件规定，现场见证筒体部件、进料端盖部件、出料端盖部件、加热隔板部件内表面焊缝冷态氦检漏，检查试验标准和泄漏等。

7.5 轴封运转试验。轴封在安装前应根据采购技术文件规定，现场见证轴封动态运转试验，检查运转过程是否存在油压不稳及渗漏。

7.6 动态真空试验。设备制造完成后，应根据采购技术文件规定，现场见证设备动态真空试验过程，真空试验主要包括冷态真空试验和热态真空试验。

7.6.1 冷态真空保压试验时，应检查保压初始真空度，中间盘车间频率及每次盘车圈数，保压结束后计算泄漏率。

7.6.2 热态真空保压试验时，应检查在要求温度下保压初始真空度，中间盘车间频率及每次盘车圈数，保压结束后计算泄漏率。

7.7 热态试验。应根据采购技术文件规定，现场见证设备模拟实际工况进行热态试验过程并审查记录，检查热冲击次数及热态试验要求。热态试验后应检查内外表面及焊缝是否有热媒渗漏。

8 涂装与发运

8.1 设备发运前，检查设备内部清理、不得有液体、不得有杂物。

8.2 检查设备外表面喷砂除锈，表面处理应达到 GB 8923 中 Sa2.5 级。

8.3 检查油漆质量，壳体外表面应采购技术文件规定涂刷耐高温的防锈漆。

8.4 检查轴封等外露表面，应涂防锈油脂。

8.5 清点装箱前备件型号、数量，应与清单一致。

8.6 装箱及出厂文件检查。

9 主要外购外协件检验要求

9.1 主要外购外协件供应商应符合采购技术文件要求。

9.2 外购外协件进厂后，应进行尺寸、外观、标识及文件资料核查。

9.3 主要外协件应按采购技术文件要求，采取过程控制（如关键点访问监造）。

10 聚酯卧式反应器驻厂监造主要质量控制点

10.1 文件见证点（R）：由监造人员对设备材料制造过程有关文件、记录或报告进行见证而预先设定的监造质量控制点。

10.2 现场见证点（W）：由监造人员对设备材料制造过程、工序、节点或结果进行现场见证而预先设定的监造质量控制点，且应包括相关文件见证点（R）质量控制内容。

10.3 停止点（H）：由监造人员见证并签认后才可转入下一个过程、工序或节点而预先设定的监造质量控制点，应包括相关现场见证点（W）和文件见证点（R）质量控制内容。

序号	零部件及工序名称	监造内容	文件见证点（R）	现场见证（W）	停止点（H）
1	主要受压件复合钢板	1. 材料质量证明书	R		
		2. 超声检测（UT）	R		
		3. 剪切强度	R		
2	主轴及轴套	1. 材料质量证明书、复验报告	R		
		2. 超声检测（UT）	R		
		3. 加工尺寸及精度		W	
3	加热盘管	1. 材料质量证明书	R		
		2. 超声检测（UT）	R		
		3. 气压试验	R		
4	夹套板、结构件的钢板、锻件、接管	1. 材料质量证明书	R		
		2. 标记及外观		W	
5	筒体部件	1. 卷圆、组对（错边量）		W	
		2. 焊接、校圆（椭圆度、棱角度）		W	
		3. 纵缝无损检测（RT、PT、MT）	R		
		4. 环缝组对（错边量）		W	
		5. 环焊缝无损检测（RT、PT、MT）	R		
		6. 夹套卷焊（错边量、外形尺寸）		W	
		7. 夹套无损检测（RT）	R		
		8. 夹套、接管、法兰环、筒体组焊尺寸、方位		W	
		9. 夹套、接管、法兰环、筒体焊缝、筒体法兰外圆堆焊面及待堆焊面（PT、MT）	R		
		10. 筒体与夹套焊接试板	R		
		11. 抛光检查		W	
		12. 气压试验			H
		13. 氨渗漏试验			H
		14. 氦检漏试验			H
6	进、出料端盖部件	1. 人孔函体结合件焊缝无损检测（RT、PT、MT）		W	
		2. 内平板拼缝的无损检测（RT、PT、MT）	R		
		3. 内平板、法兰、连接环焊缝的无损检测（PT、MT）	R		

（续表）

序号	零部件及工序名称	监造内容	文件见证点（R）	现场见证（W）	停止点（H）
6	进、出料端盖部件	4.筋板、支撑管与内平板、连接环、函体、顶板、接管、支撑管焊缝，法兰环堆焊面及待堆焊面无损检测（PT、MT）	R		
		5.部件尺寸、管口方位、端盖平面度检查		W	
		6.热处理检查	R		
		7.抛光检查		W	
		8.气压试验			H
		9.氨渗漏试验			H
		10.氦检漏试验			H
7	盘管部件	1.盘管拼接焊缝外观、余高错边量检查		W	
		2.盘管拼缝无损检测（RT、PT）		W	
		3.盘管成型后尺寸、形状检查		W	
		4.抛光检查		W	
		5.气压试验			H
		6.氨渗漏试验			H
		7.氦检漏试验			H
8	人孔盖、汽包组件加热隔板	1.A、B类对接焊缝无损检测（RT、PT、MT）		W	
		2.C、D类焊缝无损检测（PT、MT）		W	
		3.抛光检查		W	
		4.气压试验			H
		5.氨渗漏试验			H
		6.氦检漏试验			H
9	轴封部件	1.几何尺寸形位偏差符合图样要求		W	
		2.气密性试验			H
		3.动态运转			H
10	轴系部件	1.主轴、轴套几何尺寸形位偏差及主轴挠度符合图样要求		W	
		2.圆盘平面度，径向跳动、端面跳动、动盘轴向间距偏差		W	
		3.轴系挠度、径向跳动、端面跳动		W	
		4.抛光检查、表面不得有毛刺		W	

（续表）

序号	零部件及工序名称	监造内容	文件见证点（R）	现场见证（W）	停止点（H）
11	总装	1. 组焊各部件尺寸、方位		W	
		2. 焊缝无损检测（RT、PT）		W	
		3. 筒体与端盖唇封封焊无损检测（PT）		W	
		4. 中间轴承座上下隔板与筒体轴线垂直度		W	
		5. 反应器壳体与隔板连接板尺寸、位置		W	
		6. 端盖与轴承支架同轴度		W	
		7. 组装轴系部件的尺寸		W	
		8. 设备内部粗糙度检		W	
		9. 设备整体尺寸、方位		W	
12	压力试验、性能试验	1. 整体气压试验			H
		2. 氨渗漏试验			H
		3. 氦检漏试验			H
		4. 真空试验			H
		5. 热态试验			H
		6. 热态下氦检漏试验			H
		7. 热态下真空试验			H
		8. 热态后检查			H
13	出厂及包装	1. 清理内外表面，内部酸洗		W	
		2. 喷砂除锈、油漆检查		W	
		3. 轴封等外露部件油脂防锈		W	
		4. 管口包装检查		W	
		5. 随机文件检查		W	

甲醇合成塔

监造大纲

目 录

前　言 ·· 149
1　总则 ·· 150
2　原材料 ··· 152
3　焊接 ·· 152
4　无损检测 ·· 153
5　几何尺寸及外观 ·· 154
6　热处理及产品试件 ··· 154
7　耐压及泄漏试验 ·· 155
8　涂装与发运 ··· 155
9　主要外购外协件检验要求 ··· 155
10　其它要求 ·· 155
11　甲醇合成塔驻厂监造主要质量控制点 ························· 155

前 言

《甲醇合成塔监造大纲》参照 GB/T 1.1—2009《标准化工作导则 第1部分：标准的结构和编写》给出的规则起草。

本大纲由中国石油化工集团有限公司物资装备部提出。

本大纲2010年7月第一次发布，本次为修订升版。

本大纲起草单位：上海众深科技股份有限公司。

本大纲起草人：方寿奇、华伟、贺立新、时晓峰。

甲醇合成塔监造大纲

1 总则

1.1 内容和适用范围。

1.1.1 本大纲主要规定了采购单位（或使用单位）对甲醇合成塔制造过程监造的基本内容及要求，是委托驻厂监造的主要依据。

1.1.2 本大纲适用于石油化工工业使用的甲醇合成装置甲醇合成塔制造过程监造，同类设备可参照使用。

1.1.3 本大纲中具体技术要求如与采购技术文件不一致时，原则上应以采购技术文件为准。

1.2 监造工作的基本要求。

1.2.1 监造人员要求。

1.2.1.1 监造人员应与所在监造单位有正式劳动合同关系。

1.2.1.2 监造人员应严格依据监造委托合同，履行监造职责，完成监造任务。

1.2.1.3 监造人员应持有不低于中国设备监理协会颁发的专业设备监理师资格证书，监造人员有二年（或以上）的监造业务经验，在相应专业岗位工作三年以上。

1.2.1.4 监造人员应熟悉监造物资的制造工艺，掌握制造过程中的质量技术要求和检验试验关键控制点。

1.2.1.5 监造人员在监造活动过程中应遵守有关保密约定和规定。

1.2.1.6 监造人员应遵守制造厂HSSE或安全生产管理制度的相关规定，严格执行劳保着装和安全防护要求。

1.2.2 监造工作程序。

1.2.2.1 监造人员在开始监造的10个工作日内，对制造厂的人员资质、生产工艺、装备能力和质保体系运行情况进行检查和评估，并向委托方提供质量风险评估报告，明确风险等级（高、中、低、无）。

1.2.2.2 监造单位在收到采购技术文件后，10个工作日内编制完成《监造大纲》。

1.2.2.3 监造单位在获得设计相关图纸、制造工艺、质量控制计划、生产进度计划后，15日内编制完成《监造实施细则》。

1.2.2.4 监造人员应配备必要的用于平行检查且检定合格的检测器具。

1.2.2.5 监造人员应按委托方的通知或有关要求参加或组织召开预检验会议，与

制造厂对接确定检验试验计划和质量控制点，并经委托方确认。

1.2.2.6　监造人员应组织制造厂质量、技术、生产及经营（项目管理）等相关部门召开监理周例会，通报监造工作情况，协调解决质量进度问题，结合生产进度计划安排后续监造工作，并形成会议纪要。

1.2.2.7　监造人员在监造实施过程中，如发现质量隐患、质量问题以及可能影响交货期的重大因素时，应及时报委托方，并以书面形式通知制造厂，要求制造厂采取有效措施予以整改，若制造厂延误或拒绝整改时，可责令其停工。

1.2.2.8　对于原材料、外购件以及外协加工、外协检测和外协检验试验等过程，监造人员应重点审查质量证明文件、外协单位资质、人员资质、工艺文件和检验试验报告等。并依据监造实施细则和检验试验计划中设置的监造访问点，实施质量控制。

1.2.2.9　实施监造的物资经现场监造人员确认符合标准规范和订单约定后，按发货批次开具监造放行单，并报委托方。

1.2.2.10　全部监造工作完成后，应于30日内完成监造总结报告交付委托方。

1.3　监造单位应提交的文件资料。

1.3.1　目录（含页码）（必须）。

1.3.2　产品质量监造报告书（必须）。

1.3.3　监造工作总结（必须）。

1.3.4　监造大纲（必须）。

1.3.5　监造实施细则（必须）。

1.3.6　监造周报（必须）。

1.3.7　设计变更通知及往来函件（如有）。

1.3.8　监造工作联系单（如有）。

1.3.9　监理工程师通知单（如有）。

1.3.10　会议纪要（如有）。

1.3.11　监造放行单（必须）。

1.4　主要编制依据。

1.4.1　TSG 21　固定式压力容器安全技术监察规程。

1.4.2　GB/T 150　压力容器。

1.4.3　GB/T 151　热交换器。

1.4.4　GB/T 26429　设备工程监理规范。

1.4.5　HG/T 20584　钢制化工容器制造技术要求。

1.4.6　NB/T 47041　塔式容器。

1.4.7　DIN　相关标准。

1.4.8　ASME　规范。

1.4.9　Q/SHCG 11001—2016　Q345R（HIC）钢制压力容器采购技术规范。

1.4.10　Q/SHCG 11003—2016 14Cr1MoR（H）/15CrMoR（H）制临氢压力容器采购技术规范。

1.4.11　国家及行业相关材料及无损检测标准。

1.4.12　采购技术文件。

2　原材料

2.1　主要钢种为 13MnNiMoR、15CrMoR、20MnMoNi55、SA387GR11CL2、SA516GR70、15CrMo、20MnMo，SA336GRF11CL3等，冶炼工艺按采购技术文件规定执行。

2.2　换热管应为冷拔无缝管，材料为SA789、S31803、S31500，交货状态应按采购技术文件规定执行。

2.3　依据设计采购技术文件审核主体材料（含焊材）质量证明书，材料牌号及规格、锻件级别、数量、热处理状态、供货商等应符合及采购技术文件规定。

2.4　主体材料应检查外观质量、热处理状态、材料标记。

2.5　筒体、封头、加强短节、管板等主要承压件的化学成分（含碳当量）、回火脆性敏感系数、力学性能、高温力学性能、0℃夏比冲击试验、弹性模量及热膨胀系数、晶粒度及非金属夹杂物、无损检验结果、取样部位及试样数量、模拟热处理状态等应符合采购技术文件规定。材料复验按 TSG 21《固定式压力容器安全技术监察规程》和设计图样规定执行，监理工程师应现场见证。

2.6　换热管不允许拼接。换热管的化学成分、力学性能、高温力学性能、扩口试验、金相组织（奥氏体铁素体含量）、弹性模量及热膨胀系数、水压试验、尺寸精度、涡流检测等应符合采购技术文件规定。材料复验按采购技术文件规定执行，监理工程师应现场见证。

2.7　法兰及法兰盖、加强管、接管、弯头的化学成分（含碳当量）、力学性能、无损检验结果等应符合采购技术文件规定。

2.8　M36及以上螺栓、螺母材料检验应符合采购技术文件规定。

2.9　基材焊接材料、双相钢焊材和堆焊材料检验应符合采购技术文件规定。

2.10　在制造过程中改变热处理状态的承压元件，应重新进行恢复性能热处理，其机械性能结果应符合母材相关规定。

3　焊接

3.1　焊工作业必须持有相应类别的有效焊接资格证书。

3.2　制造厂应在产品施焊前，根据采购技术文件及NB/T 47014的规定完成焊接工艺评定。

3.3　主要焊接工艺评定至少覆盖基体焊接工艺评定、堆焊工艺评定、异种钢焊接工艺评定、管子与管板焊接工艺评定四大类。

3.4 应根据评定合格的焊接工艺制订焊接工艺指导书。

3.5 焊接作业应严格遵守焊接工艺纪律。

3.6 Cr-Mo钢焊前应预热、焊后应及时进行消除应力或消氢处理。

3.7 所有对接接头和接管与壳体、封头的焊接接头均为全焊透型式，所有角接接头应圆滑过渡。

3.8 管板、加强短节等堆焊材料及堆焊厚度按采购技术文件规定。

3.9 焊接返修次数应符合采购技术文件规定，所有的返修均应有返修工艺评定支持。

3.10 换热管与管板间采用强度焊+贴胀，焊接采用自动氩弧焊；胀接应采用液压胀，胀管前应进行换热管与管板的胀接试验，应采用胀管控制仪控制胀管率。

3.11 焊缝检查。

3.11.1 承压焊缝（含热影响区、母材）最终热处理后应逐条进行硬度检测，按采购技术文件验收。

3.11.2 接管角焊缝应尽量在平焊位置进行焊接，并应检查焊脚高度及圆滑过渡情况。

3.11.3 焊缝外观不允许存在咬边、裂纹、气孔、弧坑、夹渣、飞溅等缺陷。

3.11.4 堆焊层应进行化学成分分析，取样部位、数量按采购技术文件规定执行。

3.11.5 堆焊层外观应进行检查，焊道搭接应平整，不得有凹坑、咬边、缺肉等缺陷。

4 无损检测

4.1 无损作业人员应持有相应类（级）别的有效资格证书。

4.2 所有锻件粗加工后应100%UT检测，精加工后应100%MT检测。

4.3 换热管应逐根进行超声波检测复验，并符合 ASME E231 规定。

4.4 13MnNiMoR、15CrMoR、20MnMoNi55、SA387GR11CL2、SA516GR70钢板应逐张进行100%超声波检测，按采购技术文件规定验收。

4.5 承压焊缝的无损检测：

4.5.1 所有A、B类焊缝焊后应进行100%射线检测，按采购技术文件规定验收。

4.5.2 所有A、B类焊缝和公称直径$DN \geqslant 200$接管的D类焊缝，焊后、热处理后均应进行100%超声检测，按采购技术文件规定验收。

4.5.3 所有A、B、D类焊接接头，其焊后、热处理后、水压试验后均应进行100%磁粉或100%渗透检测，按采购技术文件规定验收。

4.5.4 换热管与管板焊缝应进行100%渗透检测，按NB/T 47013.4 Ⅰ级验收。

4.5.5 下封头与裙座组合件连接接头焊后应进行100%磁粉检测，按NB/T 47013.4 Ⅰ级验收。

4.6 堆焊层无损检验。

4.6.1 待堆焊表面应进行100%磁粉检测，按NB/T 47013.4 Ⅰ级验收。

4.6.2 堆焊层应逐层进行100%渗透检测，按NB/T 47013.5 Ⅰ级验收。

5 几何尺寸及外观

5.1 筒体成形及校圆后应进行几何形状检查。

5.2 封头冲压后应进行几何形状检查。

5.3 管板加工防变形工装及堆焊层厚度应进行检查。

5.4 管板加工精度及平面度应进行检查。

5.5 管板表面与壳体轴线垂直度应进行检查；

5.6 管束组装尺寸应进行检查。

5.7 所有堆焊层厚度应进行检查。

5.8 换热管与管板的液压胀管及胀管率应进行检查。

5.9 整体几何尺寸、管口方位、伸出高度及标高应进行检查。

6 热处理及产品试件

6.1 封头热冲压后必须进行恢复性能热处理（正火+回火）并带母材试件。

6.2 中间热处理形式按采购技术文件规定执行。

6.3 壳程筒体组合件、上下封头组合件、管板组合件应进行整体热处理，按采购技术文件规定执行。

6.4 封头组件与管程短节合拢环缝及壳体与壳程短节合拢环缝的局部热处理，按采购技术文件规定执行。

6.5 最终热处理前检查。

6.5.1 所有的焊接件和预焊件应焊接完毕。

6.5.2 设备内、外表面外观质量应进行检查，工装焊接件应清除干净。

6.5.3 各连接部位应圆滑过渡，不得有棱角、突变等。

6.5.4 母材试件和焊接试件应齐全。

6.5.5 产品最终热处理前的各项检验应全部完成。

6.6 设备最终热处理。

6.6.1 热电偶的数量及布置，热处理温度、保温时间及升降温速度等按采购技术文件的规定执行。

6.7 产品试件。

6.7.1 母材试件的性能应符合采购技术文件中材料的相关规定。

6.7.2 焊接试件的数量、检验项目、性能结果应符合采购技术文件和NB/T 47016的相关规定。

7 耐压及泄漏试验

7.1 管程壳程水压试验压力、保压时间、水温、氯离子含量等应按采购技术文件规定。水压试验后应用干燥空气吹干设备。

7.2 水压试验后管程的气密性试验，按采购技术文件规定执行。

7.3 水压试验后壳程应按 HG/T 20584 附录 A 中 C 法进行氨渗漏检查。

7.4 换热管与管板的焊接接头在胀前及热处理后应分别以 0.5MPa 干燥空气进行气密性试验，用肥皂水检漏。

8 涂装与发运

8.1 管程与介质接触表面（双相钢）酸洗后应进行蓝点检查，按采购技术文件规定验收。

8.2 壳体外表面应进行喷砂除锈，并按 GB 8923 中 Sa2.5 级的规定验收。

8.3 壳体外表面油漆及漆膜厚度按采购技术文件规定执行。

8.4 所有外部构件和接管均应进行加固支撑，防止吊运时被损坏。

8.5 所有接口应用钢制盲板封闭。

8.6 装箱前备件型号、数量进行清点，应与清单一致。

8.7 壳体内应进行充氮保护。

8.8 装箱及出厂文件检查。

9 主要外购外协件检验要求

9.1 主要外购外协件供应商应符合采购技术文件要求。

9.2 外购外协件进厂后，应进行尺寸、外观、标识及文件资料核查。

9.3 主要外协件应按采购技术文件要求，采取过程控制（如关键点访问监造）。

10 其它要求

10.1 材料代用及设计图样改动应取得设计单位或买方的书面同意。

10.2 管板孔应采用数控钻床加工。

10.3 其它特殊要求按采购技术文件规定。

11 甲醇合成塔驻厂监造主要质量控制点

11.1 文件见证点（R）：由监造人员对设备材料制造过程有关文件、记录或报告进行见证而预先设定的监造质量控制点。

11.2 现场见证点（W）：由监造人员对设备材料制造过程、工序、节点或结果进行现场见证而预先设定的监造质量控制点，且应包括相关文件见证点（R）质量控制内容。

11.3 停止点（H）：由监造人员见证并签认后才可转入下一个过程、工序或节点而预先设定的监造质量控制点，应包括相关现场见证点（W）和文件见证点（R）质量控制内容。

序号	零部件及工序名称	监造内容	文件见证点（R）	现场见证（W）	停止点（H）
1	封头	1. 材料质量证明书：化学成分（含碳当量）、力学性能、超声检测、金相	R		
		2. 拼接焊缝无损检测 UT、MT		W	
		3. 冲压后性能热处理及母材试板力学性能		W	
		4. 冲压后形状尺寸（圆度、直径、厚度）	R		
		5. 冲压后无损检测（UT、MT、RT）	R		
		6. 开孔、环缝坡口尺寸及磁粉检查		W	
2	壳程筒体	1. 材料质量证明书：化学成分（含碳当量）、力学性能、超声检测	R		
		2. 拼接焊缝、纵焊缝几何形状（椭圆度、棱角度）检查、外观及无损检测（RT、UT、MT）		W	
		3. 环缝坡口磁粉检验、外观、错边量检查		W	
		4. 环缝无损检测（RT、UT、MT）	R		
		5. 壳程筒体直线度、长度等尺寸检查		W	
		6. 管口开孔、方位、尺寸、坡口磁粉检测		W	
3	管板	1. 材料质量证明书：化学成分（含回火脆性敏感性系数、碳当量）、力学性能、金相、超声检验	R		
		2. 待堆焊面磁粉检测		W	
		3. 两管板相叠外圆固定检查及防变形措施		W	
		4. 过渡层堆焊、消应力热处理、渗透检测		W	
		5. 面层堆焊及外观、渗透检验、超声波检测		W	
		6. 堆焊层厚度、化学成分		W	
		7. 钻孔及几何尺寸检查		W	
4	管、壳程加强短节	1. 材料质量证明书：化学成分（含碳当量、回火脆性敏感性系数）、力学性能、金相（适用锻件）、超声检测	R		
		2. 纵焊缝几何形状（椭圆度、棱角度）检查		W	
		3. 纵缝外观、无损检测（RT、UT、MT）		W	
		4. 过渡层堆焊、渗透检测		W	

（续表）

序号	零部件及工序名称	监造内容	文件见证点（R）	现场见证（W）	停止点（H）
4	管、壳程加强短节	5. 面层堆焊、外观、超声波、渗透检测		W	
		6. 堆焊层厚度、化学成分		W	
5	换热管	1. 材料质量证明书：化学成分、力学性能、金相组织（双相钢奥氏体、铁素体比例）、扩口试验、涡流检测、超声检测、水压试验、（含弹性模量、膨胀系数）	R		
		2. 外观及几何尺寸精度检查		W	
6	补强管、人孔法兰、法兰盖	1. 材料质量证明书：化学成分（回火脆性敏感性系数、碳当量）、力学性能、金相（适用锻件）、超声检测	R		
		2. 机加工后形状及几何尺寸检查、磁粉检测		W	
7	弯头	1. 材料质量证明书：化学成分、力学性能	R		
		2. 弯头热成型、性能处理、形状及几何尺寸		W	
		3. 母材试板检验	R		
8	螺柱、螺母	1. 材料质量证明书：化学成分、力学性能及硬度检查	R		
		2. 几何尺寸及加工精度检查		W	
9	壳程筒体组件	1. 壳体与加强管或接管组焊、方位、消应力处理检查		W	
		2. 无损检测UT、MT、标高及外观检查		W	
		3. DN<250接管与长颈法兰的对接接头MT	R		
		4. 预焊件组焊、保温圈、无损检测MT		W	
		5. 壳程筒体整体热处理		W	
		6. A、B、D类焊缝UT、MT；C类焊缝MT或PT		W	
		7. 承压焊缝（含热影响区、母材）最终热处理后硬度检测		W	
10	封头组件	1. 接管与法兰对接接头RT、UT、MT检测		W	
		2. 人孔、补强管、接管、保温圈、预焊件、气体分布器、填料支撑垫板、裙座等与封头的组焊及中间消除应力处理		W	
		3. UT、MT、PT检验及标高、外观质量检查		W	
		4. 封头组件整体热处理		W	
		5. D类焊缝UT、MT检测；C类焊缝MT或PT检验		W	

（续表）

序号	零部件及工序名称	监造内容	文件见证点（R）	现场见证（W）	停止点（H）
10	封头组件	6. 承压焊缝（含热影响区、母材）最终热处理后硬度检测		W	
11	管板组合件	1. 管板与管程加强短节与壳程加强短节环缝组焊及消除应力处理		W	
		2. RT、UT、MT检测及错边量检查		W	
		3. 环缝过渡层、面层PT检测及消除应力处理		W	
		4. 加强短节与接管组焊、方位、消除应力处理		W	
		5. UT、MT检测及标高、外观检查	R		
		6. 管板与加强短节组合件整体热处理		W	
		7. $DN \geq 250$ 的 D 类焊缝UT、MT检测，其余MT		W	
		8. 承压焊缝（含热影响区、母材）最终热处理后硬度检测		W	
		9. 管板平面度检查、管孔清理		W	
12	总装	1. 换热管管头伸出管板高度检查		W	
		2. 上、下管板组合件与壳程筒体组合件合拢环缝组焊、方位、消除应力处理		W	
		3. RT、UT、MT检测及错边量、外观检查		W	
		4. 合拢环缝局部最终消应力热处理及UT、MT、硬度（含热影响区、母材）检验		W	
		5. 换热管与管板连接焊缝PT检测、胀接及胀管率抽查		W	
		6. 管程与介质接触表面酸洗并蓝点法检查		W	
		7. 壳程水压试验			H
		8. 壳程氦渗漏			H
		9. 封头与管板组合件合拢环缝组焊、方位及错边量检查、RT、UT、MT无损检测		W	
		10. 合拢焊缝局部消应力热处理及硬度测试（含热影响区、母材）、UT、MT无损检测		W	
		11. 裙座底面到基准线的间距偏差检查		W	
		12. 设备外观、管口方位、标高及几何尺寸检查		W	
13	产品试件	1. 封头母材性能热处理及拼缝试件检查	R		
		2. 焊接试件检查	R		

（续表）

序号	零部件及 工序名称	监造内容	文件见 证点 （R）	现场 见证 （W）	停止点 （H）
14	压力试验	1. 管程水压试验			H
		2. 管程气密性试验			H
		3. 水压后 A、B类焊缝UT检验	R		
		4. 水压后 A、B、C、D类焊缝MT或PT检测	R		
		5. 水压后裙座与壳体连接焊缝MT、UT检测	R		
		6. 外观及内部水渍清除		W	
15	出厂检验	1. 法兰密封面外观		W	
		2. 喷砂除锈、油漆		W	
		3. 管口包装		W	
		4. 标记		W	
		5. 充氮保护		W	
		6. 备件装箱		W	
		7. 随机文件检查		W	

氯乙烯聚合反应釜监造大纲

目 录

前 言 ··· 163
1 总则 ··· 164
2 原材料 ··· 166
3 焊接 ··· 167
4 无损检测 ··· 168
5 几何尺寸及外观 ··· 169
6 热处理及产品试件 ··· 170
7 耐压试验及泄漏试验 ··· 170
8 运转试验 ··· 171
9 外协外购件检验 ··· 171
10 其它检查 ··· 171
11 涂敷包装和发运 ·· 172
12 氯乙烯聚合反应釜驻厂监造主要质量控制点 ······························ 172

前　言

《氯乙烯聚合反应釜监造大纲》参照 GB/T 1.1—2009《标准化工作导则　第 1 部分：标准的结构和编写》给出的规则起草。

本大纲由中国石油化工集团有限公司物资装备部提出。

本大纲为首次发布。

本大纲起草单位：南京三方化工设备监理有限公司。

本大纲起草人：赵清万、易锋、李辉、王常青、杨运李。

氯乙烯聚合反应釜监造大纲

1 总则

1.1 内容和适用范围。

1.1.1 本大纲主要规定了采购单位（或使用单位）对氯乙烯聚合反应釜制造过程监造的基本内容及要求，是委托驻厂监造的主要依据。

1.1.2 本大纲适用于石油化工工业中使用的氯乙烯聚合反应釜（以下简称聚合釜）制造过程监造，同类设备可参照使用。

1.1.3 本大纲中具体技术要求如与采购技术文件不一致时，原则上应以采购技术文件为准。

1.2 监造的基本要求。

1.2.1 监造人员要求。

1.2.1.1 监造人员应与所在监造单位有正式劳动合同关系。

1.2.1.2 监造人员应严格依据监造委托合同，履行监造职责，完成监造任务。

1.2.1.3 监造人员应持有不低于中国设备监理协会颁发的专业设备监理师资格证书，监造人员有二年（或以上）的监造业务经验，在相应专业岗位工作三年以上。

1.2.1.4 监造人员应熟悉监造物资的制造工艺，掌握制造过程中的质量技术要求和检验试验关键控制点。

1.2.1.5 监造人员在监造活动过程中应遵守有关保密约定和规定。

1.2.1.6 监造人员应遵守制造厂HSSE或安全生产管理制度的相关规定，严格执行劳保着装和安全防护要求。

1.2.2 监造工作程序。

1.2.2.1 监造人员在开始监造的10个工作日内，对制造厂的人员资质、生产工艺、装备能力和质保体系运行情况进行检查和评估，并向委托方提供质量风险评估报告，明确风险等级（高、中、低、无）。

1.2.2.2 监造单位在收到采购技术文件后，10个工作日内编制完成《监造大纲》。

1.2.2.3 监造单位在获得设计相关图纸、制造工艺、质量控制计划、生产进度计划后，15日内编制完成《监造实施细则》。

1.2.2.4 监造人员应配备必要的用于平行检查且检定合格的检测器具。

1.2.2.5 监造人员应按委托方的通知或有关要求参加或组织召开预检验会议，与

制造厂对接确定检验试验计划和质量控制点，并经委托方确认。

1.2.2.6　监造人员应组织制造厂质量、技术、生产及经营（项目管理）等相关部门召开监理周例会，通报监造工作情况，协调解决质量进度问题，结合生产进度计划安排后续监造工作，并形成会议纪要。

1.2.2.7　监造人员在监造实施过程中，如发现质量隐患、质量问题以及可能影响交货期的重大因素时，应及时报委托方，并以书面形式通知制造厂，要求制造厂采取有效措施予以整改，若制造厂延误或拒绝整改时，可责令其停工。

1.2.2.8　对于原材料、外购件以及外协加工、外协检测和外协检验试验等过程，监造人员应重点审查质量证明文件、外协单位资质、人员资质、工艺文件和检验试验报告等。并依据监造实施细则和检验试验计划中设置的监造访问点，实施质量控制。

1.2.2.9　实施监造的物资经现场监造人员确认符合标准规范和订单约定后按发货批次开具监造放行单，并报委托方。

1.2.2.10　全部监造工作完成后，应于30日内完成监造总结报告交付委托方。

1.3　监造单位应提交的文件资料。

1.3.1　目录（含页码）（必须）。

1.3.2　产品质量监造报告书（必须）。

1.3.3　监造工作总结（必须）。

1.3.4　监造大纲（必须）。

1.3.5　监造实施细则（必须）。

1.3.6　监造周报（必须）。

1.3.7　设计变更通知及往来函件（如有）。

1.3.8　监造工作联系单（如有）。

1.3.9　监理工程师通知单（如有）。

1.3.10　会议纪要（如有）。

1.3.11　监造放行单（必须）。

1.4　主要编制依据。

1.4.1　TSG 21—2016 固定式压力容器安全技术监察规程。

1.4.2　GB/T 26429 设备工程监理规范。

1.4.3　GB/T 150 压力容器。

1.4.4　GB/T 151 热交换器。

1.4.5　GB/T 713 锅炉和压力容器用钢板。

1.4.6　GB/T 24511 承压设备用不锈钢板及钢带。

1.4.7　GB/T 1804 一般公差 未注公差的线性和角度尺寸公差。

1.4.8　GB/T 1184 形状和位置公差未注公差值。

1.4.9　NB/T 47002.1 压力容器用爆炸焊接复合板 第1部分：不锈钢–钢复合板。

1.4.10　NB/T 47013.1～NB/T 47013.13　承压设备无损检测。
1.4.11　NB/T 47014　承压设备焊接工艺评定。
1.4.12　NB/T 47015　压力容器焊接规程。
1.4.13　NB/T 47016　承压设备产品焊接试件的力学性能检验。
1.4.14　NB/T 47018　承压设备用焊接材料订货技术条件。
1.4.15　HG/T 20569　机械搅拌设备。
1.4.16　HG 2367　氯乙烯聚合反应釜技术条件。
1.4.17　JB/T 4711　压力容器涂敷与运输包装。
1.4.18　采购技术文件。

2　原材料

2.1　基本要求。

2.1.1　釜体材料应选用不锈钢或不锈钢－钢复合板，其他与介质接触的材料应选用不锈钢；供应商应符合采购技术文件要求。

2.1.2　依据采购技术文件审核设备所用主体材料（含焊材）的质量证明文件，比如材料牌号及规格、热处理状态、锻件级别、供货商等。

2.1.3　依据采购技术文件审核M36及以上螺栓、螺母等紧固件材料的质量证明文件，比如材料牌号及规格、热处理状态、供货商等。

2.1.4　设备的非受压元件材料必须具有出厂合格证和质量证明文件，其化学成分、力学性能和其他技术要求应符合相应的国家标准和行业标准的规定。

2.1.5　主体材料应进行外观、材料标识、移植标记检查，材料标识应与质量证明文件相符。

2.2　检验与试验要求。

2.2.1　钢板到货后应具有钢厂的质量证明书。复合钢板应采用B1级。制造厂在制造前按采购技术文件要求对钢板进行检验与复验。

2.2.2　锻件到货后应具有锻件厂的质量证明书。制造厂在制造前按采购技术文件要求对锻件进行检验与复验。

2.2.3　内冷管管材、釜体外夹套管材、体外冷凝器换热管等到货后应具有钢管厂的质量证明书。制造厂在制造前按采购技术文件要求对管材进行检验与复验。

2.2.4　搅拌轴应符合采购技术文件要求。

2.2.5　M36及以上螺栓、螺母等紧固件，应符合采购技术文件要求。

2.2.6　制造过程中如改变受压元件的供货状态，应根据标准、采购技术文件审查该受压元件改善或恢复材料力学性能热处理报告，同时审查热处理后的材料性能试验报告，结果应符合采购技术文件要求。

3 焊接

3.1 焊前准备。

3.1.1 焊工作业必须持有相应类别的有效焊接资格证书,按照相关安全技术规范的规定考核合格,取得相应项目的《特种设备作业人员证》后,方能在有效期间内担任合格项目范围内的焊接工作,并按照焊接工艺规程进行焊接。

3.1.2 设备施焊前,审查焊接工艺文件:受压元件焊接接头、与受压元件相焊的焊接接头、熔入永久焊接接头内的定位焊接接头、受压元件母材表面堆焊与补焊,以及上述焊接接头的返修焊接接头,应按NB/T 47014进行焊接工艺评定或具有经过评定合格的焊接工艺规程支持。

3.1.3 审查制造厂排版图以及组装工艺;组装过程中受压元件不得强力组装。

3.1.4 焊接坡口在施焊前应进行机械加工,对于火焰切割制备的焊接坡口表面应彻底清除淬硬层并露出金属光泽,并进行磁粉或渗透检测。

3.1.5 复合板坡口制备时,应对坡口边缘的覆层进行剥离处理,剥离宽度及深度按制造厂工艺文件要求,通常深度比覆层厚度多出1mm,必要时检测剥离面不锈钢残留,以避免焊接过程中基层和覆层的元素迁移现象。

3.1.6 审查焊接工艺,所有承压焊接接头应采用全焊透结构,对无法进行双面焊的对接接头,应采用氩弧焊打底的单面坡口全焊透结构。

3.2 焊接要求。

3.2.1 焊接工作应满足NB/T 47015的规定。要做好焊接记录,保证焊接接头具有可追溯性。

3.2.2 焊接返修前审查是否具有经过审批的焊接返修方案,且焊接工艺是否具有焊接工艺评定支持,返修后应按原方法重新检验。

3.2.3 复合板对接接头组对时,严格控制组对错边量,以覆层为基准,按制造工艺、采购技术文件要求执行。

3.2.4 复合板对接接头组对时,严禁在覆层上焊接工卡具,工卡具只能焊在基层一侧,同时注意对覆层表面的保护,以避免碳钢(特别是飞溅物)污染覆层,基层碳钢与覆层不锈钢的打磨砂轮应注意区分,不可混用。

3.2.5 当复合板的基层焊接需要预热时,基层焊接应按基层要求进行预热,但预热的厚度参数应按复合钢板的总厚度考虑;当基层需要预热时,施焊过渡层焊缝也必须进行预热,按焊接工艺、采购技术文件要求执行。

3.2.6 复合板焊接时,应遵循先焊基层,再焊接过渡层,最后焊接覆层的焊接顺序;基层焊接时,应严防基层焊缝熔化到覆层;在不锈钢一侧的基层焊缝焊接尽量采用无飞溅的焊接方法(如埋弧焊等),同时应在坡口两侧覆层表面至少100mm方位内涂刷防飞溅涂料。

3.2.7 复合板过渡层焊接材料的选择，应能有效补偿由于稀释所引起的合金元素（如铬、镍等）的降低，使覆层焊缝的合金成分保持应有的水平；过渡层焊接过程中，要在保证熔合良好的前提下，尽量减少基材金属的熔入量，即降低熔合比，选用小直径的焊条、焊丝或较小的焊接线能量输入。

3.2.8 复合板基层焊接结束后、过渡层及覆层焊接前，应先对基层进行无损检测，合格后再依次进行过渡层和覆层的焊接，并分别进行无损检测。

3.2.9 冷凝器的换热管与管板焊接道数、接头位置、焊缝每次焊接长度、焊角高度以及换热管伸出管板高度，按焊接工艺、采购技术文件要求执行。

3.2.10 设备内件和釜体焊接的焊缝应尽量避开设备A、B类焊接接头。

4 无损检测

4.1 基本要求。

4.1.1 审查无损检测人员是否具有相应资格，无损检测前，审查制造厂无损检测工艺，应符合NB/T 47013标准要求。

4.2 射线及超声检测。

4.2.1 A、B类焊接接头、垫板、补强圈覆盖的焊缝应进行100%射线检测，Ⅱ级合格，检测技术等级不低于AB级，或TOFD检测。

4.2.2 夹套封头拼接焊缝、封闭件对接焊缝、内冷管对接焊缝进行100%射线检测，Ⅱ级合格，检测技术等级不低于AB级，或TOFD检测。

4.2.3 加强圈拼接焊缝应进行100%超声检测，Ⅱ级合格。

4.2.4 体外冷凝器壳程A、B类焊接接头应进行≥20%射线检测，每条焊缝的检测长度不小于250mm，Ⅲ级合格，检测技术等级不低于AB级。

4.2.5 体外冷凝器管程A、B类焊接接头应进行100%射线检测，Ⅱ级合格，检测技术等级不低于AB级。

4.3 表面检测。

4.3.1 下列焊接接头在焊后应进行100%磁粉检测，Ⅰ级合格。

4.3.1.1 C、D类焊接接头。

4.3.1.2 釜体与物料接触焊缝表面。

4.3.1.3 夹套封闭件与釜体的焊接接头。

4.3.1.4 加强圈与釜体、夹套的焊接接头。

4.3.1.5 支座与本体的焊接接头。

4.3.1.6 吊耳、垫板、釜体的焊接接头。

4.3.1.7 釜体半管夹套焊接接头。

4.3.2 下列焊接接头表面在PWHT前应进行100%渗透检测，Ⅰ级合格。

4.3.2.1 复合板的覆层焊接接头在打磨抛光后。

4.3.2.2 内件与釜体的焊接接头。
4.3.2.3 体外冷凝器的C、D类焊接接头。
4.3.2.4 体外冷凝器吊耳与壳体间焊接接头。
4.3.2.5 聚合釜及体外冷凝器壳体母材上的返修部位表面。
4.3.2.6 非受压部件与受压部件连接焊接接头。
4.3.3 无法实现磁粉检测的部位，允许用渗透检测替代磁粉检测。

5 几何尺寸及外观

5.1 几何尺寸。
5.1.1 设备外形尺寸偏差按照相应的执行标准、采购技术文件验收。
5.1.2 检查聚合釜筒体、冷凝器筒体校圆后的几何形状（外圆周长、圆度、错边量、棱角度等）。
5.1.3 检查聚合釜及冷凝器的封头成型后的几何尺寸、厚度。
5.1.4 检查聚合釜夹套成型后的几何形状、尺寸公差等。釜体半管夹套间的搭接间隙应符合采购技术文件要求，不得采用填塞垫板、焊条或其它填充物的方式进行填充。
5.1.5 检查外部管口方位、伸出长度及标高。
5.1.6 检查内部和外部附件方位及偏差。
5.1.7 凸缘与封头组焊后应二次加工，保证凸缘与筒体的同轴度及凸缘密封面与轴线垂直度。
5.1.8 机座组合件、凸缘、搅拌轴、搅拌桨叶等组装方位、尺寸等均应进行透光同轴度检查，按采购技术文件验收。
5.1.9 检查冷凝器管板钻孔后，孔径、孔桥、垂直度、粗糙度等尺寸数据。
5.1.10 法兰密封面加工尺寸及粗糙度检查。
5.1.11 以上尺寸偏差按照相应的标准、采购技术文件要求执行。未注尺寸公差值的机械加工表面和非机械加工表面线性尺寸和角度的极限偏差，应分别符合GB/T 1804中m级和c级的规定。未注形状和位置公差值的机械加工表面和非机械加工表面的形位极限偏差，应分别符合GB/T 1184中K级和L级的规定。

5.2 外观。
5.2.1 见证釜体内部与物料接触的表面抛光处理，抛光后的表面粗糙度应符合采购技术文件要求。
5.2.2 见证釜体上接管、人孔、内件等与物料接触的表面抛光处理，抛光后的表面粗糙度应符合采购技术文件要求。
5.2.3 釜体焊缝抛光前需打磨处理，并进行渗透检测合格后方可抛光。
5.2.4 见证体外冷凝器管箱、换热管、管板不锈钢表面及管程接管的内表面等与物料接触的表面抛光处理，抛光后的表面粗糙度应符合采购技术文件要求。

5.2.5 各部件在抛光、检测合格后，不锈钢表面应贴膜保护，并在制造和转运过程中，加强对贴膜后不锈钢表面的保护，防止磕碰划伤、贴膜破坏、铁离子污染等。如有影响耐腐蚀及强度性能的缺陷时必须修磨，修磨部位应圆滑过渡，修磨深度不得超过0.3mm。用于打磨不锈钢表面的砂轮片应为纯氧化物材料或橡胶、尼龙掺和氧化铝。

5.2.6 检测抛光表面粗糙度可采用表面粗糙度检测仪和样块对比法方法。检测仪和样块必须经过计量检定。

5.2.7 在制造过程中所有法兰密封面应加以保护，防止磕碰划伤，否则必须修补并重新加工。

5.2.8 在制造过程中，应采取防护措施，避免外夹套损伤。

5.2.9 焊接接头的表面质量要求如下：

5.2.9.1 形状、尺寸以及外观应符合采购技术文件要求；

5.2.9.2 焊接区域内，包括对接接头和角接接头的表面，不得有裂纹、气孔和咬边等缺陷。不应有急剧的形状变化，圆滑过渡，焊缝上的熔渣和两侧的飞溅物必须打磨清除干净；

5.2.9.3 A、B类焊接接头对口错边量应符合GB/T 150、采购技术文件的规定。

6 热处理及产品试件

6.1 热处理。

6.1.1 一般不进行热处理，除非设计图样另有规定。如需进行热处理，则按相应热处理工艺执行。

6.2 产品试件。

6.2.1 如需制备焊接试件，则试件制备、取样要求及检验项等均须满足采购技术文件要求和NB/T 47016中相关规定。

7 耐压试验及泄漏试验

7.1 见证釜体制造完毕后的单独耐压试验、气密性试验。该试验进行时，轴封处加装盲板。

7.2 聚合釜釜体耐压试验合格后，再行焊接夹套组件，并见证单独对夹套进行的耐压试验、气密性试验。

7.3 见证聚合釜内冷管耐压试验。

7.4 见证体外冷凝器壳程、管程耐压试验和气密性试验。

7.5 耐压试验过程，升压和降压速率、试验压力、保压时间、壳程和管程水压试验温度、氯离子含量等应按采购技术文件的要求。

7.6 气密性试验过程，升压和降压速率、试验压力、保压时间等均应按采购技术文件的要求。

8 运转试验

8.1 制造厂应提供聚合釜《试车规程》，并经由设计和业主方认可后方可进行总装试车。

8.2 按图纸要求及《试车规程》，组装聚合反应釜、体外冷凝器、搅拌系统（主电机、减速机、机架、传动轴与搅拌轴、搅拌器、机械密封、联轴器等）及配套件等，并对组装尺寸公差、同轴度、跳动公差等进行检测。

8.3 总装完成后，清除釜内杂物，试车前应检查各部连接是否牢靠稳固，搅拌轴转向是否符合图样要求，机械密封供油状况是否正常等。

8.4 根据采购技术文件及聚合釜《试车规程》，对聚合釜进行整体试车试验，按空载试车、釜内加水加压负荷试车的顺序进行。

8.5 试车过程中，釜体应无明显震动，传动系统无异常声响。现场监测各部连接状况、机械密封泄漏量、综合噪声（距主机1m处）、搅拌轴组装后端部径向跳动量、密封箱体下部轴跳动量、机架处最大振动值等数值，检测结果均应采购技术文件和相应标准要求。

9 外协外购件检验

9.1 供应商应符合采购技术文件要求。

9.2 外协、外购件进厂后，应进行尺寸、外观、标识及文件资料核查。

9.3 主要外协件应按采购技术文件要求，采取过程控制（如关键点访问监造）。

9.4 电机、减速机、机架、机械密封、联轴器等传动装置，其参数和性能应符合采购技术文件及相应标准的要求。供应商应为采购技术文件指定供应商。

10 其它检查

10.1 不锈钢生产制造专用场地检验要求。

10.1.1 不锈钢零部件的制造，应当有专用的制造车间或专用的工装和场地，不得与碳钢制品或者其他产品混杂制造，工作场所要保持清洁、干燥，严格控制灰尘。

10.2 其他制造要求。

10.2.1 材料代用及制造单位提出的其它变更应取得原设计单位的书面同意。

10.2.2 设备制作及转运过程中，应对法兰密封面进行保护。

10.2.3 加工成形、焊接过程中使用的设备，应当能满足不锈钢的要求，并且严格控制表面机械接触损伤和飞溅物。

10.2.4 其它特殊检验项按采购采购技术文件要求执行。

11 涂敷包装和发运

11.1 聚合釜制造完毕后应彻底除锈，涂漆前钢材表面的除锈等级应不低于GB/T 8923.1规定的Sa2.5级要求。

11.2 聚合釜及冷凝器不锈钢非加工表面，应进行酸洗钝化处理，无蓝点为合格。合格后进行漂洗、干燥处理。

11.3 聚合釜外表面的油漆应符合JB/T 4711、采购技术文件要求。油漆干燥后进行漆膜厚度测量。

11.4 聚合釜制造完成后，所有加工表面（法兰密封面）应涂上防锈油脂或其它经确认的防蚀剂。

11.5 反应器的运输包装应符合JB/T 4711的规定，且应符合下列要求。

11.5.1 试车结束后，应将液体排尽，用压缩空气将内部吹干，清理干净后，方可进行包装运输。

11.5.2 搅拌传动装置与釜体整体发运时，需拆下减速机和电机，并将搅拌轴牢固地支撑固定在釜体上，防止运输过程中轴变形及机械密封损坏；如若分装发运时，除釜体、支柱裸装发运外，其余零部件均装箱包装发运。

11.5.3 各接管法兰等敞口以适当方式予以封闭。

11.5.4 设备应有包装运输图，并注明起吊位置及重心点。

11.5.5 聚合釜内部如需充氮保护，则应在釜体外表面醒目位置喷涂"注意内有氮气，防止窒息"。

11.6 备品备件装箱前进行核对检查，数量和规格应与装箱清单一致，同时符合采购技术文件的相关要求。

11.7 设备铭牌应符合采购技术文件要求。

12 氯乙烯聚合反应釜驻厂监造主要质量控制点

12.1 文件见证点（R）：由监造人员对设备材料制造过程有关文件、记录或报告进行见证而预先设定的监造质量控制点。

12.2 现场见证点（W）：由监造人员对设备材料制造过程、工序、节点或结果进行现场见证而预先设定的监造质量控制点，且应包括相关文件见证点（R）质量控制内容。

12.3 停止点（H）：由监造人员见证并签认后才可转入下一个过程、工序或节点而预先设定的监造质量控制点，应包括相关现场见证点（W）和文件见证点（R）质量控制内容。

序号	零部件及工序名称	监造内容	文件见证点（R）	现场见证点（W）	停止点（H）
1	资质审查	1. 制造单位设计、制造资质审查	R		
		2. 质量保证体系审查	R		
		3. 焊工资格审查	R		
		4. 无损检测人员资质审查	R		
		5. 其它人员资质审查	R		
		6. 对该产品制造所需装备能力及完好性检查		W	
		7. 对不锈钢产品生产专用场地的检查		W	
2	工艺文件	1. 生产进度计划	R		
		2. 质量计划（检验计划）	R		
		3. 焊接排版图	R		
		4. 焊接工艺评定和焊接工艺指导书	R		
		5. 制造工艺过程文件	R		
		6. 无损检测工艺	R		
		7. 热处理工艺（如有）	R		
		8. 耐压试验、气密性试验程序	R		
		9. 总装试车程序	R		
		10. 喷砂油漆程序	R		
		11. 包装运输方案	R		
3	材料	1. 板材（含封头板）			
		1）化学成分	R		
		2）力学性能（含工艺性能，复合板注意剪切强度）	R		
		3）无损检测（如有）	R		
		4）供货状态	R		
		5）复验（化学成分、力学性能等）		W	
		6）外观、尺寸及材料标识		W	
		2. 锻件			
		1）化学成分	R		
		2）力学性能（含工艺性能）	R		
		3）金相（晶粒度、非金属夹杂物等）	R		
		4）无损检测（如有）	R		
		5）供货状态	R		

（续表）

序号	零部件及工序名称	监造内容	文件见证点（R）	现场见证点（W）	停止点（H）
3	材料	6）锻造比（锻件）	R		
		7）锻件热处理（锻件）	R		
		8）复验（化学成分、力学性能等）		W	
		I外观、尺寸及材料标识		W	
		3.封头			
		1）外观、标识检查		W	
		2）形状尺寸	R		
		3）热处理	R		
		4）无损检测	R		
		4.换热管			
		1）化学成分	R		
		2）力学性能（含工艺性能）	R		
		3）无损检测（如有）	R		
		4）供货状态	R		
		5）复验（化学成分、力学性能等）		W	
		6）外观、尺寸及材料标识		W	
		5.焊材			
		1）质量证明书	R		
		2）复验		W	
		6.外协外购件检验			
		1）合格证等文件资料	R		
		2）外观、尺寸、标识		W	
4	冷、热加工	1.成型及制造公差		W	
		2.坡口尺寸		W	
		3.各段筒体加工尺寸		W	
		4.错边量、圆度		W	
5	焊接	1.焊接工艺检查	R		
		2.焊工资格	R		
		3.焊接材料		W	
		4.焊接工艺执行（注意复合板焊接接头）		W	
		5.焊缝外观检查		W	

（续表）

序号	零部件及工序名称	监造内容	文件见证点（R）	现场见证点（W）	停止点（H）
5	焊接	6. 焊后尺寸检查		W	
		7. 焊缝返修检查		W	
6	无损检测	1. 无损检测人员资质	R		
		2. RT检测或TOFD报告审查	R		
		3. MT检测	R		
		4. PT检测	R		
7	方位尺寸	1. 外形总体尺寸			H
		2. 管口方位、伸出长度及标高			H
		3. 法兰密封面尺寸及粗糙度			H
		4. 内部和外部附件方位及偏差			H
		5. 凸缘与筒体的同轴度及凸缘密封面与轴线垂直度检查			H
		6. 聚合釜夹套成型后的几何形状检查			H
		7. 机座组合件、凸缘、搅拌轴、搅拌桨叶等组装方位、尺寸等均应进行透光同轴度检查			H
		8. 检查冷凝器管板钻孔后，孔径、孔桥、垂直度、粗糙度等尺寸数据。			H
8	热处理（如有）	1. 热处理准备工作			H
		2. 热处理过程参数检查		W	
		3. 热处理报告及曲线	R		
		4. 热处理后硬度检测	R		
9	产品试件（如有）	1. 试件数量		W	
		2. 力学性能	R		
10	耐压试验及泄漏试验	1. 聚合釜釜体耐压试验			H
		2. 聚合釜釜体气密性试验			H
		3. 聚合釜夹套耐压试验			H
		4. 聚合釜夹套气密性试验			H
		5. 聚合釜内冷管耐压试验			H
		6. 冷凝器壳程耐压试验			H
		7. 冷凝器壳程气密性试验			H
		8. 冷凝器管程耐压试验			H
		9. 冷凝器管程气密性试验			H

（续表）

序号	零部件及工序名称	监造内容	文件见证点（R）	现场见证点（W）	停止点（H）
11	总装试车	以水代料，按聚合釜《试车规程》进行整体负荷试车试验			H
12	其他检查	1. 主要外购件（电机、减速机、机架、机械密封、联轴器等传动装置）	R		
		2. 材料代用及设计变更	R		
		3. 法兰密封面的保护		W	
13	出厂检验	1. 喷砂除锈、油漆检查		W	
		2. 聚合釜釜体内部及冷凝器管程内部清理		W	
		3. 法兰密封面检查		W	
		4. 管口包装检查		W	
		5. 内部充氮检查（如有）		W	
		6. 方位、重心、铭牌等标识检查		W	
		7. 出厂资料、报告	R		
		8. 备品、备件装箱清点检查		W	
		9. 运输工装、装车发运		W	

（高压聚乙烯、EVA）釜式反应器监造大纲

目 录

前　言 ··· 179
1　总则 ··· 180
2　原材料 ··· 182
3　制造 ··· 183
4　无损检测 ··· 184
5　几何尺寸及外观 ··· 185
6　耐压试验 ··· 185
7　试车 ··· 186
8　涂敷包装 ··· 186
9　主要外购外协件检验要求 ··· 186
10　其他要求 ··· 186
11　（高压聚乙烯、EVA）釜式反应器驻厂监造主要质量控制点 ··· 186

前　言

《（高压聚乙烯、EVA）釜式反应器监造大纲》参照 GB/T 1.1—2009《标准化工作导则　第1部分：标准的结构和编写》给出的规则起草。

本大纲由中国石油化工集团有限公司物资装备部提出。

本大纲为首次发布。

本大纲起草单位：南京三方化工设备监理有限公司。

本大纲起草人：赵清万、易锋、王常青、陈琳、康建强。

（高压聚乙烯、EVA）釜式反应器监造大纲

1 总则

1.1 内容和适用范围。

1.1.1 本大纲主要规定了采购单位（或使用单位）对高压聚乙烯、EVA装置釜式反应器制造过程监造的基本内容及要求，是委托驻厂监造的主要依据。

1.1.2 本大纲适用于石油化工工业中高压聚乙烯、EVA装置釜式反应器制造过程监造，同类设备可参照使用。

1.1.3 本大纲中具体技术要求如与采购技术文件不一致时，原则上应以采购技术文件为准。

1.2 监造工作的基本要求。

1.2.1 监造人员要求。

1.2.1.1 监造人员应与所在监造单位有正式劳动合同关系。

1.2.1.2 监造人员应严格依据监造委托合同，履行监造职责，完成监造任务。

1.2.1.3 监造人员应持有不低于中国设备监理协会颁发的专业设备监理师资格证书，监造人员有二年（或以上）的监造业务经验，在相应专业岗位工作三年以上。

1.2.1.4 监造人员应熟悉监造物资的制造工艺，掌握制造过程中的质量技术要求和检验试验关键控制点。

1.2.1.5 监造人员在监造活动过程中应遵守有关保密约定和规定。

1.2.1.6 监造人员应遵守制造厂HSSE或安全生产管理制度的相关规定，严格执行劳保着装和安全防护要求。

1.2.2 监造工作程序。

1.2.2.1 监造人员在开始监造的10个工作日内，对制造厂的人员资质、生产工艺、装备能力和质保体系运行情况进行检查和评估，并向委托方提供质量风险评估报告，明确风险等级（高、中、低、无）。

1.2.2.2 监造单位在收到采购技术文件后，10个工作日内编制完成《监造大纲》。

1.2.2.3 监造单位在获得设计相关图纸、制造工艺、质量控制计划、生产进度计划后，15日内编制完成《监造实施细则》。

1.2.2.4 监造人员应配备必要的用于平行检查且检定合格的检测器具。

1.2.2.5 监造人员应按委托方的通知或有关要求参加或组织召开预检验会议，与

制造厂对接确定检验试验计划和质量控制点,并经委托方确认。

1.2.2.6 监造人员应组织制造厂质量、技术、生产及经营(项目管理)等相关部门召开监理周例会,通报监造工作情况,协调解决质量进度问题,结合生产进度计划安排后续监造工作,并形成会议纪要。

1.2.2.7 监造人员在监造实施过程中,如发现质量隐患、质量问题以及可能影响交货期的重大因素时,应及时报委托方,并以书面形式通知制造厂,要求制造厂采取有效措施予以整改,若制造厂延误或拒绝整改时,可责令其停工。

1.2.2.8 对于原材料、外购件以及外协加工、外协检测和外协检验试验等过程,监造人员应重点审查质量证明文件、外协单位资质、人员资质、工艺文件和检验试验报告等。并依据监造实施细则和检验试验计划中设置的监造访问点,实施质量控制。

1.2.2.9 实施监造的物资经现场监造人员确认符合标准规范和订单约定后,按发货批次开具监造放行单,并报委托方。

1.2.2.10 全部监造工作完成后,应于30日内完成监造总结报告交付委托方。

1.3 监造单位应提交的文件资料。

1.3.1 目录(含页码)(必须)。

1.3.2 产品质量监造报告书(必须)。

1.3.3 监造工作总结(必须)。

1.3.4 监造大纲(必须)。

1.3.5 监造实施细则(必须)。

1.3.6 监造周报(必须)。

1.3.7 设计变更通知及往来函件(如有)。

1.3.8 监造工作联系单(如有)。

1.3.9 监造工程师通知单(如有)。

1.3.10 会议纪要(如有)。

1.3.11 监造放行单(必须)。

1.4 主要编制依据。

1.4.1 TSG 21—2016 固定式压力容器安全技术监察规程。

1.4.2 GB/T 34019—2017 超高压容器。

1.4.3 GB/T 226 钢的低倍组织及缺陷酸蚀检验法。

1.4.4 GB/T 1184 形状和位置公差未注公差值。

1.4.5 GB/T 1804 一般公差 未注公差的线性和角度尺寸公差。

1.4.6 GB/T 1979 结构钢低倍组织缺陷评级图。

1.4.7 GB/T 6394 金属平均晶粒度测定方法。

1.4.8 GB/T 10561 T钢中非金属夹杂物含量的测定。

1.4.9 GB/T 26429 设备工程监理规范。

1.4.10　GB/T 30583　承压设备焊后热处理规程。
1.4.11　NB/T 47013.1～NB/T 47013.13　承压设备无损检测。
1.4.12　JB/T 4711　压力容器涂敷与运输包装。
1.4.13　ASME Ⅷ（3）—2015　ASME高压容器建造规则。
1.4.14　采购技术文件。

2　原材料

2.1　基本要求。

2.1.1　检查原材料，制造超高压釜体材料的技术要求、试验方法和检验规则应符合国家标准或行业标准规定，设备使用的材料应是未使用过的新材料，供应商应符合采购技术文件要求；所有材料的实物标识以及标记移植内容应与质量证明文件相符。

2.1.2　制造超高压釜体的锻件用钢应采用电炉或转炉冶炼的镇静钢，并应经炉外精炼（含真空处理）或电渣重熔。也可采用其它更先进的冶炼方法。锻件成品钢材的化学成分中硫含量应小于等于0.005%，磷含量应小于等于0.012%，并严格控制钢中的气体（如氢、氧、氮等）、有害杂质（如铜、钛等）及有害痕量元素（如砷、锡、锑、铅、铋等）的含量。

2.1.3　制造超高压釜体的锻件的锻造比应不小于3，对于经电渣重熔冶炼的钢锭，其锻造比可不小于2。锻件应进行正火加淬火加回火的性能热处理，应提供热处理曲线，热处理后应按照NB/T 47013.3进行超声检测，合格级别Ⅰ级。

2.1.4　制造超高压釜体主要受压元件的锻件，应由锻件生产单位提供常温力学性能和硬度，包括屈服强度、抗拉强度、伸长率、断面收缩率、夏比（V形缺口）冲击力、断裂韧性和50%纤维断口转变温度（$FATT$）。要求伸长率（A）大于等于16%；断面收缩率（Z）大于等于45%；夏比（V形缺口，-40℃）冲击功大于等于47 J；侧向膨胀量（LE）大于等于0.53mm。当设计温度超过250℃时，还应提供设计温度下的屈服强度、拉伸强度、伸长率、断面收缩率。力学性能的试样应取自经性能热处理后的锻件的冒口端，端部应切除至少2/3壁厚的余料，试样取样位置为试样中心线距表面1/2壁厚处。取样方向应为横向。对于无法取横向试样的，可用纵向试样数据代之，但应乘以该材料横向和纵向数据的比值。

2.1.5　制造超高压釜体主要受压元件的锻件应按GB/T 226进行低倍组织检查，不允许存在裂纹、白点、气孔、夹渣等缺陷，并按GB/T 1979评级，要求一般疏松不超过2级，偏析（锭型偏析和点状偏析）不超过2级。

2.1.6　锻件晶粒度按GB/T 6394检验应为6.0级以上。非金属夹杂物按GB/T 10561检验，其中A、B、C、D各类夹杂物的粗系级别和细系级别应分别不大于2.0级，DS类夹杂物应不大于2.0级；A、B、C、D各类夹杂物粗系级别之和应不大于3.5级；A、B、C、D各类夹杂物细系级别之和应不大于3.5级。

2.1.7　制造超高压釜体的锻件的粗加工应在退火热处理后按图纸进行。锻件表面的缺陷允许打磨，打磨的深度不得超过精加工余量的1/3，打磨后不允许有肉眼可见的夹杂和裂纹等缺陷。粗加工后应逐件按照NB/T 47013.4进行磁粉检测，合格级别Ⅰ级。

2.1.8　制造超高压釜体的锻件应按要求打印标识。

2.1.9　所选用的材料应是超高压釜体用钢，其使用范围及各项性能应不低于采购技术文件的规定，同时应附有质量证明书。

2.1.10　对于采用境外材料制造单位制造的材料以及境内材料制造单位制造的境外牌号材料，制造厂应对材料的化学成分和力学性能进行验证性复验，符合相关要求后方可投料使用。

2.1.11　焊接材料应符合NB/T 47018的要求，同时需满足采购技术文件的要求。

2.1.12　夹套及夹套接管法兰应符合相关标准的要求，且不低于采购技术文件要求。

2.1.13　M36及以上螺栓螺母等紧固件材料，应符合采购技术文件要求。

2.1.14　设备制造所用的非受压元件材料必须具有出厂合格证和质量证明书，其化学成分、力学性能和其他技术要求应符合相应的国家标准和行业标准的规定。

2.1.15　所有材料的实物标识应与质量证明文件相符。

2.2　检验与试验要求。

2.2.1　检查制造厂在制造前是否已按标准、采购技术文件要求对设备用材料进行了相关复验。

2.2.2　制造超高压釜体主要受压元件的锻件发现存在缺陷时不允许补焊。

2.2.3　主要受压原件材料代用时，审查制造厂是否具有原设计单位的书面批准，且应在竣工图上做详细记录。

2.2.4　制造过程中如改变主体受压材料的供货状态，应根据标准、采购技术文件审查该受压件恢复材料力学性能热处理报告，同时审查热处理后的材料性能试验报告，结果应符合采购技术文件要求。

3　制造

3.1　制造要求。

3.1.1　超高压釜体制造单位必须持有制造许可证，并按批准的品种范围制造。

3.1.2　超高压釜体主要受压元件和密封件应当按照规定程序批准的产品图样和工艺规程进行加工。

3.1.3　超高压釜体精加工后内、外壁表面及密封面粗糙度Ra应符合采购技术文件的规定。

3.1.4　筒体内孔加工完后，用光学窥膛仪检查，不应有裂纹及其它缺陷存在。

3.1.5　管螺纹用5～10倍放大镜进行外观检查。

3.1.6 密封件尺寸检查，尤其是厚度检查。

3.1.7 密封件应进行正火热处理和硬度检查，硬度不得高于规定值。

3.1.8 超高压釜体只能采用冷分割方法，并做好材料标记移植。

3.1.9 超高压釜体热成型后应进行退火热处理。

3.1.10 筒体热处理后，应在筒体外壁上均布划出5个与筒体轴线相垂直的环线，在每个环线上均布取4点，做硬度检测，硬度值应符合采购技术文件的规定。

3.1.11 夹套的合拢焊缝采取单面焊双面成形的焊接工艺，氩弧焊打底保证根部焊透，且无焊瘤、内凹等缺陷。

3.2 自增强处理。

3.2.1 自增强处理前应对元件材料的性能报告进行核查。

3.2.2 制造单位应当制定书面的自增强工艺规程，按照工艺规程进行自增强处理。

3.2.3 自增强处理过程中，应当采用合适的方法控制筒体内壁的残余环向应变量，在内控表面由自增强处理产生的永久环向应变应符合采购技术文件的规定。

3.2.4 满足采购技术文件的要求时，自增强容器可免作液压试验。

4 无损检测

4.1 基本要求。

4.1.1 无损检测人员应具有相应资格，其中UT检测报告签发人员应取得Ⅲ级资格证书。

4.1.2 无损检测前，应编制相应的无损检测工艺。

4.1.3 制造单位应认真做好无损检测的原始记录，准确详细填发报告，有关报告和资料保存期限不应少于7年。

4.2 射线及超声检测。

4.2.1 超高压釜式反应器的釜体（含顶底盖）在制造期间，至少应做三次100%的超声检测（性能热处理前、后及自增强处理后），性能热处理后和自增强处理后筒体须分别同时做直探头纵、斜探头纵波/横波检测；性能热处理并机加工后其它主要受压元件应做一次100%的直探头纵波超声检测。密封件粗加工后应进行100%的超声检测。夹套的合拢焊缝的射线检测应采用双壁透射的方法，同时应按采购技术文件要求进行超声检测。轴粗加工后应进行超声检查。

4.3 表面检测。

4.3.1 优先选用磁粉检测，无法进行磁粉检测时才能选用渗透检测。

4.3.2 直径大于等于500mm的筒体在性能热处理前、性能热处理并机加工后及自增强处理后内、外表面均应分别进行100%表面检测（直径小于500mm只做外表面），其它主要受压元件应做一次100%表面检测。

4.3.3 管螺纹、所有机加工面（顶盖、底盖、端面、波形环接触面等）、螺栓、叶片和轮毂焊缝、轴精加工后应全部进行磁粉或者渗透试验。

4.3.4 所有磁粉（或渗透）检测应符合采购技术文件规定。

5 几何尺寸及外观

5.1 几何尺寸。

5.1.1 检查退刀槽圆角尺寸。

5.1.2 检查组合卡箍三瓣间隙。

5.1.3 检查法兰螺纹尺寸。

5.1.4 检查釜体直线度、长度、内外直径和表面质量。

5.1.5 检查密封件的硬度、尺寸。

5.1.6 搅拌轴直线度及圆度检查。

5.1.7 叶片尺寸及安装尺寸检查。

5.1.8 检查中间轴承的轴向间隙。

5.1.9 检查轴与釜体同轴度。

5.1.10 检查釜体上端面水平度。

5.1.11 检查整体组装尺寸。

5.1.12 以上尺寸偏差按照相应的标准、采购技术文件要求执行。未注尺寸公差值的机械加工表面和非机械加工表面线性尺寸和角度的极限偏差，应分别符合GB/T 1804中m级和c级的规定。未注形状和位置公差值的机械加工表面和非机械加工表面的形位极限偏差，应分别符合GB/T 1184中K级和L级的规定。

5.2 外观。

5.2.1 外观检查内表面无肉眼可见缺陷存在，外表面不得有深度超出采购技术文件规定的缺陷存在。

5.2.2 所有密封面不得有碰伤、划伤、毛刺和其他影响密封的缺陷存在。

5.2.3 所有附件数量齐全，正确。

6 耐压试验

6.1 按照采购技术文件要求进行耐压试验、变形测量及无损检测。

6.2 试验一般可采用水或煤油和变压器油混合液作为试验介质或采用设计图样要求的试验介质。试验场地附近不得有火，且应配备适用消防器材。

6.3 试验时容器壁温和耐压试验用介质温度应为不致引起压力容器发生脆性破坏的温度，一般不低于15℃。

6.4 合格标准：试验过程中，无渗漏，无可见变形和异常响声。

6.5 耐压试验后应将内部清理干净。

7 试车

7.1 试车准备。审查试车方案,检查现场准备情况。

7.2 试车。

7.2.1 进行气密性试验,检查泄漏。

7.2.2 机械运转试验检查。

8 涂敷包装

8.1 设备制造完毕后容器外表面应按采购技术文件要求的规定予以清理和除锈。

8.2 油漆的种类、颜色,以及漆膜厚度应符合采购技术文件要求。

8.3 内陆运输过程中应保持设备内部干燥,避免因潮湿引起设备内部表面产生锈蚀。采购技术文件有明确规定充氮保护后运输的,需按要求执行。

8.4 设备本体上应按采购技术文件要求标准重心以及方位标识。

8.5 备品备件装箱前进行核对检查,数量和规格应与装箱清单一致,同时符合采购技术文件的相关要求。

8.6 设备铭牌应符合采购技术文件要求。

8.7 反应釜出厂时,必须配备爆破片(帽)装置及其使用说明书。

9 主要外购外协件检验要求

9.1 主要外购外协件供应商应符合采购技术文件要求。

9.2 外购外协件进厂后,应进行尺寸、外观、标识及文件资料核查。

9.3 主要外协件应按采购技术文件要求,采取过程控制(如关键点访问监造)。

10 其他要求

10.1 制造单位对原设计的修改以及对受压元件的材料代用,应当事先取得原设计单位的书面批准,并在竣工图上做记录。

11 (高压聚乙烯、EVA)釜式反应器驻厂监造主要质量控制点

11.1 文件见证点(R):由监造人员对设备材料制造过程有关文件、记录或报告进行见证而预先设定的监造质量控制点。

11.2 现场见证点(W):由监造人员对设备材料制造过程、工序、节点或结果进行现场见证而预先设定的监造质量控制点,且应包括相关文件见证点(R)质量控制内容。

11.3 停止点(H):由监造人员见证并签认后才可转入下一个过程、工序或节点而预先设定的监造质量控制点,应包括相关现场见证点(W)和文件见证点(R)质量控制内容。

序号	零部件及工序名称	监造内容	文件见证点（R）	现场见证点（W）	停止点（H）
1	资质审查	1. 制造单位设计、制造资质审查	R		
		2. 制造厂质保体系审查		W	
		3. 焊工资格审查	R		
		4. 无损检测人员资质审查	R		
		5. 其它人员（如理化）资质审查	R		
		6. 对该产品制造所需装备能力及完好性检查		W	
2	工艺文件	1. 审查焊接工艺评定	R		
		2. 审查焊接工艺规程	R		
		3. 审查无损检测工艺文件	R		
		4. 审查热处理工艺文件	R		
		5. 审查制造厂检验计划	R		
		6. 审查自增强程序文件	R		
		7. 审查试车方案	R		
		8. 审查涂装工艺	R		
		9. 审查包装运输方案	R		
3	材料	1. 材料质量证明书审查	R		
		1）化学成分分析（熔炼分析、产品分析）	R		
		2）力学性能（含断裂韧性和50%纤维断口转变温度（FATT））	R		
		3）超声检测	R		
		4）晶粒度	R		
		5）低倍组织检查、非金属夹杂物	R		
		2. 材料复验		W	
		3. 外购外协件检查		W	
4	加工	1. 釜体加工公差		W	
		2. 粗糙度检查		W	
		3. 精加工后尺寸（重点为搅拌口）		W	
		4. 搅拌轴加工公差		W	
		5. 磁粉检测		W	
		6. 夹套尺寸检查		W	
5	自增强试验	按照自增强工艺规程执行			H
6	夹套焊接	焊接工艺检查		W	

（续表）

序号	零部件及工序名称	监造内容	文件见证点（R）	现场见证点（W）	停止点（H）
7	无损检测	1. 性能热处理前后、自增强处理、超声检测	R		
		2. 性能热处理前后、自增强处理后表面检测	R		
		3. 夹套合拢缝射线检测	R		
8	方位尺寸	1. 检查退刀槽圆角尺寸			H
		2. 检查组合卡箍三瓣间隙		W	
		3. 检查法兰螺纹尺寸		W	
		4. 检查釜体直线度、长度、内外直径和表面质量			H
		5. 检查密封件的硬度、尺寸		W	
		6. 搅拌轴直线度及圆度检查		W	
		7. 叶片尺寸及安装尺寸检查		W	
		8. 检查中间轴承的轴向间		W	
		9. 检查轴与釜体同轴度			H
		10. 检查釜体上端面水平度		W	
		11. 检查整体组装尺寸		W	
9	外观	外观质量和附件		W	
10	耐压试验	试验部位：按照采购技术文件要求进行试验、变形测量及无损检测			H
11	试车	1. 试车准备检查		W	
		2. 试车			H
12	除锈油漆	1. 外观检查		W	
		2. 最小漆膜厚度检查		W	
13	出厂检验	1. 法兰密封面外观检查		W	
		2. 接管法兰面保护及包装检查		W	
		3. 标记检查		W	
		4. 充氮保护检查		W	
		5. 必须配备爆破片（帽）装置及其说明。		W	
		6. 随机文件检查	R		

（高压聚乙烯、EVA）管式反应器

监造大纲

目 录

前 言 ·· 191
1 总则 ·· 192
2 原材料 ·· 194
3 制造 ·· 195
4 无损检测 ·· 196
5 几何尺寸及外观 ·· 196
6 自增强处理 ··· 197
7 涂敷包装 ·· 197
8 主要外购外协件检验要求 ··· 197
9 （高压聚乙烯、EVA）管式反应器驻厂监造主要质量控制点 ······· 197

前　言

《（高压聚乙烯、EVA）管式反应器监造大纲》参照 GB/T 1.1—2009《标准化工作导则　第1部分：标准的结构和编写》给出的规则起草。

本大纲由中国石油化工集团有限公司物资装备部提出。

本大纲为首次发布。

本大纲起草单位：南京三方化工设备监理有限公司。

本大纲起草人：赵清万、李辉、王常青、陈琳、康建强。

（高压聚乙烯、EVA）管式反应器监造大纲

1 总则

1.1 内容和适用范围。

1.1.1 本大纲主要规定了采购单位（或使用单位）对高压聚乙烯、EVA装置管式反应器制造过程监造的基本内容及要求，是委托驻厂监造的主要依据。

1.1.2 本大纲适用于石油化工工业中高压聚乙烯、EVA装置管式反应器制造过程监造，同类设备可参照使用。

1.1.3 本大纲中具体技术要求如与采购技术文件不一致时，原则上应以采购技术文件为准。

1.2 监造工作的基本要求。

1.2.1 监造人员要求。

1.2.1.1 监造人员应与所在监造单位有正式劳动合同关系。

1.2.1.2 监造人员应严格依据监造委托合同，履行监造职责，完成监造任务。

1.2.1.3 监造人员应持有不低于中国设备监理协会颁发的专业设备监理师资格证书，监造人员有二年（或以上）的监造业务经验，在相应专业岗位工作三年以上。

1.2.1.4 监造人员应熟悉监造物资的制造工艺，掌握制造过程中的质量技术要求和检验试验关键控制点。

1.2.1.5 监造人员在监造活动过程中应遵守有关保密约定和规定。

1.2.1.6 监造人员应遵守制造厂HSSE或安全生产管理制度的相关规定，严格执行劳保着装和安全防护要求。

1.2.2 监造工作程序。

1.2.2.1 监造人员在开始监造的10个工作日内，对制造厂的人员资质、生产工艺、装备能力和质保体系运行情况进行检查和评估，并向委托方提供质量风险评估报告，明确风险等级（高、中、低、无）。

1.2.2.2 监造单位在收到采购技术文件后，10个工作日内编制完成《监造大纲》。

1.2.2.3 监造单位在获得设计相关图纸、制造工艺、质量控制计划、生产进度计划后，15日内编制完成《监造实施细则》。

1.2.2.4 监造人员应配备必要的用于平行检查且检定合格的检测器具。

1.2.2.5 监造人员应按委托方的通知或有关要求参加或组织召开预检验会议，与

制造厂对接确定检验试验计划和质量控制点,并经委托方确认。

1.2.2.6 监造人员应组织制造厂质量、技术、生产及经营(项目管理)等相关部门召开监理周例会,通报监造工作情况,协调解决质量进度问题,结合生产进度计划安排后续监造工作,并形成会议纪要。

1.2.2.7 监造人员在监造实施过程中,如发现质量隐患、质量问题以及可能影响交货期的重大因素时,应及时报委托方,并以书面形式通知制造厂,要求制造厂采取有效措施予以整改,若制造厂延误或拒绝整改时,可责令其停工。

1.2.2.8 对于原材料、外购件以及外协加工、外协检测和外协检验试验等过程,监造人员应重点审查质量证明文件、外协单位资质、人员资质、工艺文件和检验试验报告等。并依据监造实施细则和检验试验计划中设置的监造访问点,实施质量控制。

1.2.2.9 实施监造的物资经现场监造人员确认符合标准规范和订单约定后,按发货批次开具监造放行单,并报委托方。

1.2.2.10 全部监造工作完成后,应于30日内完成监造总结报告交付委托方。

1.3 监造单位应提交的文件资料。

1.3.1 目录(含页码)(必须)。

1.3.2 产品质量监造报告书(必须)。

1.3.3 监造工作总结(必须)。

1.3.4 监造大纲(必须)。

1.3.5 监造实施细则(必须)。

1.3.6 监造周报(必须)。

1.3.7 设计变更通知及往来函件(如有)。

1.3.8 监造工作联系单(如有)。

1.3.9 监理工程师通知单(如有)。

1.3.10 会议纪要(如有)。

1.3.11 监造放行单(必须)。

1.4 主要编制依据。

1.4.1 TSG 21—2016 固定式压力容器安全技术监察规程。

1.4.2 GB/T 34019—2017 超高压容器。

1.4.3 GB/T 226 钢的低倍组织及缺陷酸蚀检验法。

1.4.4 GB/T 1184 形状和位置公差未注公差值。

1.4.5 GB/T 1804 一般公差 未注公差的线性和角度尺寸公差。

1.4.6 GB/T 1979 结构钢低倍组织缺陷评级图。

1.4.7 GB/T 6394 金属平均晶粒度测定方法。

1.4.8 GB/T 10561 T钢中非金属夹杂物含量的测定。

1.4.9 GB/T 26429 设备工程监理规范。

1.4.10　GB/T 30583　承压设备焊后热处理规程。
1.4.11　NB/T 47013.1～NB/T 47013.13　承压设备无损检测。
1.4.12　JB/T 4711　压力容器涂敷与运输包装。
1.4.13　ASME Ⅷ（3）—2015　ASME高压容器建造规则。
1.4.14　采购技术文件。

2　原材料

2.1　基本要求。

2.1.1　检查原材料，制造超高压管式反应器材料的技术要求、试验方法和检验规则应符合国家标准或行业标准规定，设备使用的材料应是未使用过的新材料，供应商应符合采购技术文件要求；所有材料的实物标识以及标记移植内容应与质量证明文件相符。

2.1.2　制造超高压管式反应器的锻件用钢应采用电炉或转炉冶炼的镇静钢，并应经炉外精炼（含真空处理）或电渣重熔。锻件成品钢材的化学成分中硫含量应小于等于0.005%，磷含量应小于0.012%，并严格控制钢中的气体（如氢、氧、氮等）、有害杂质（如铜、钛等）及有害痕量元素（如砷、锡、锑、铅、铋等）的含量。

2.1.3　制造超高压管式反应器主要受压元件的锻件，应由锻件生产单位提供常温力学性能和硬度，包括屈服强度、抗拉强度、伸长率、断面收缩率、夏比（V形缺口）冲击力、断裂韧性和50%纤维断口转变温度（$FATT$）。要求伸长率（A）大于等于16%；断面收缩率（Z）大于等于45%；夏比（V形缺口，-40℃）冲击功大于等于47 J；侧向膨胀量（LE）大于等于0.53mm。力学性能的试样应取自经性能热处理后的锻件的冒口端，端部应切除至少2/3厚的余料，试样取样位置为试样中心线距表面1/2壁厚处。取样方向应为横向。对于无法取横向试样的，可用纵向试样数据代之，但应乘以该材料横向和纵向数据的比值。

2.1.4　制造超高压管式反应器主要受压元件的锻件应按GB/T 226进行低倍组织检查，不允许存在裂纹、白点、气孔、夹渣等缺陷，并按GB/T 1979评级，要求一般疏松不超过2级，偏析不超过2级。

2.1.5　制造超高压管式反应器主要受压元件锻件的锻造比应不小于3，对于经电渣重熔冶炼的钢锭，其锻造比可不小于2。锻件性能热处理（正火、淬火和回火）后应进行力学性能检验、硬度测定、晶粒度及非金属夹杂物检查。锻件晶粒度按GB/T 6394检验应为5级或5级以上。非金属夹杂物按GB/T 10561检验，硫化物类小于等于2级，氧化物类小于等于2级，二者之和小于等于3.5级。

2.1.6　所选用的材料应是超高压管式反应器用钢，其使用范围及各项性能应不低于固定式压力容器容器安全技术监察规程规定且应符合国外相应标准的规定，同时应附有质量证明书，并向锅炉压力容器安全监察机构备案。

2.1.7 对于采用境外材料制造单位制造的材料以及境内材料制造单位制造的境外牌号材料，制造厂应对材料的化学成分和力学性能进行验证性复验，符合相关要求后方可投料使用。

2.1.8 夹套及夹套接管法兰应符合相关标准的要求，且不低于采购技术文件要求。

2.1.9 焊接材料应符合 NB/T 47018 的要求，同时需满足采购技术文件的要求。

2.1.10 M36 及以上螺栓螺母等紧固件材料，应符合采购技术文件要求。

2.1.11 设备制造所用的非受压元件材料必须具有出厂合格证和质量证明书，其化学成分、力学性能和其他技术要求应符合相应的国家标准和行业标准的规定。

2.1.12 所有材料的实物标识应与质量证明文件相符。

2.2 检验与试验要求。

2.2.1 检查制造厂在制造前是否已按标准、采购技术文件要求对设备用材料进行了相关复验。制造单位对外协的筒体锻件，应逐件进行复验。复验的项目包括：化学成分、力学性能、硬度、低倍金相（组织、晶粒度、夹杂物）和无损检测（超声、磁粉或渗透）。对外协的其它主要受压元件锻件应有齐全的材料质量证明书和检验报告。

2.2.2 主要受压元件的锻件发现存在缺陷时不允许补焊。

2.2.3 主要受压原件材料代用时，审查制造厂是否具有原设计单位的书面批准，且应在竣工图上做详细记录。

2.2.4 制造过程中如改变受压元件的供货状态，应根据标准、采购技术文件审查该受压元件恢复材料力学性能热处理报告，同时审查热处理后的材料性能试验报告，结果应符合采购技术文件要求。

2.2.5 对于复验的项目，监造人员应现场见证。

3 制造

3.1 制造要求。

3.1.1 超高压容器制造单位必须持有制造许可证，并按批准的品种范围制造。

3.1.2 筒体热处理后，应在外壁上均布划出 5 个与筒体轴线相垂直的环线，在每个环线上均布取 4 点，做硬度检查。硬度值应符合采购技术文件的规定。

3.1.3 筒体内表面抛光，抛光精加工后内壁表面及密封面粗糙度应符合采购技术文件的规定。

3.1.4 管螺纹用 5~10 倍放大镜进行外观检查。

3.1.5 弯管宜采用冷弯成型，弯制前应进行弯曲试验，弯制后不得进行回弯；弯制后必须进行消除应力处理。

3.1.6 三通等管件严格按照采购技术文件要求制造，交叉部位的棱角和毛刺必须去除。

3.1.7 超高压螺栓应做好标识，螺纹的加工方法应符合采购技术文件的规定。

4 无损检测

4.1 基本要求。

4.1.1 无损检测人员应具有相应资格,其中UT检测报告签发人员应取得Ⅲ级资格证书,且所有检测均应按NB/T 47013执行。

4.1.2 无损检测前,应根据NB/T 47013编制相应的无损检测工艺。

4.1.3 制造单位应认真做好无损检测的原始记录,准确详细填发报告,有关报告和资料保存期限不应少于7年。

4.2 超声检测。

4.2.1 筒体在制造期间,至少应做三次100%的超声检测(性能热处理前、性能热处理并及加工后和自增强处理后),其中一次须同时做纵、横波检测。其它主要受压元件应做一次100%的超声检测。密封件粗加工后应进行100%的超声检测。

4.2.2 超声检测验收按采购技术文件的要求。

4.3 表面检测。

4.3.1 优先选用磁粉检测,无法进行磁粉检测时才能选用渗透检测。

4.3.2 筒体在性能热处理前、性能热处理并机加工后、自增强处理后内外表面均应进行100%表面检测,其它主要受压元件应做一次100%表面检测。

4.3.3 管螺纹、所有机加工面、螺栓应全部进行磁粉(或渗透)检测。

4.3.4 所有磁粉(或渗透)检测验收按采购技术文件的要求。

5 几何尺寸及外观

5.1 几何尺寸。

5.1.1 筒体成型及机加工后对内径、圆度、直线度、壁厚等尺寸检查。

5.1.2 筒体应有足够的厚度余量以满足精加工的要求。

5.1.3 弯管的放样检查,包括弯管角度、圆度、平面度、局部形状偏差,同时应检查弯管的最小厚度。

5.1.4 管端螺纹、透镜垫、定位槽及收缩环等密封面机加工检查。

5.1.5 管线预装尺寸偏差检查。

5.1.6 检查法兰螺纹尺寸。

5.1.7 以上尺寸偏差按照相应的标准、采购技术文件要求执行。未注尺寸公差值的机械加工表面和非机械加工表面线性尺寸和角度的极限偏差,应分别符合GB/T 1804中m级和c级的规定。未注形状和位置公差值的机械加工表面和非机械加工表面的形位极限偏差,应分别符合GB/T 1184中K级和L级的规定。

5.2 外观。

5.2.1 外观检查内表面无肉眼可见缺陷存在,外表面不得有深度大于0.25mm的缺陷存在。

5.2.2 所有密封面不得有碰伤、划伤、毛刺和其他影响密封的缺陷存在。

5.2.3 所有附件数量齐全，正确。

6 自增强处理

6.1 自增强处理前应对元件材料的性能报告进行核查。

6.2 制造单位应当制定书面的自增强工艺规程，按照工艺规程进行自增强处理。

6.3 自增强处理过程中，应当采用合适的方法控制筒体内壁的残余环向应变量，在内控表面由自增强处理产生的永久环向应变不得超过2%。

7 涂敷包装

7.1 设备制造完毕后容器外表面应按采购技术文件要求的规定予以清理和除锈。

7.2 油漆的种类、颜色，以及漆膜厚度应符合采购技术文件要求。

7.3 内陆运输过程中应保持设备内部干燥，避免因潮湿引起设备内部表面产生锈蚀。采购技术文件有明确规定充氮保护后运输的，需按要求执行。

7.4 设备本体上应按采购技术文件要求标准重心以及方位标识。

7.5 备品备件装箱前进行核对检查，数量和规格应与装箱清单一致，同时符合采购技术文件的相关要求。

7.6 设备铭牌应符合采购技术文件要求。

7.7 超高压管式反应器出厂时，必须配备爆破片（帽）装置及其使用说明书。

8 主要外购外协件检验要求

8.1 主要外购外协件供应商应符合采购技术文件要求。

8.2 外购外协件进厂后，应进行尺寸、外观、标识及文件资料核查。

8.3 主要外协件应按采购技术文件要求，采取过程控制（如关键点访问监造）。

9 （高压聚乙烯、EVA）管式反应器驻厂监造主要质量控制点

9.1 文件见证点（R）：由监造人员对设备材料制造过程有关文件、记录或报告进行见证而预先设定的监造质量控制点。

9.2 现场见证点（W）：由监造人员对设备材料制造过程、工序、节点或结果进行现场见证而预先设定的监造质量控制点，且应包括相关文件见证点（R）质量控制内容。

9.3 停止点（H）：由监造人员见证并签认后才可转入下一个过程、工序或节点而预先设定的监造质量控制点，应包括相关现场见证点（W）和文件见证点（R）质量控制内容。

序号	零部件及工序名称	监造内容	文件见证（R）	现场见证（W）	停止点（H）
1	资质审查	1. 制造单位设计、制造资质审查	R		
		2. 制造厂质保体系审查		W	
		3. 焊工资格审查	R		
		4. 无损检测人员资质审查	R		
		5. 其它人员（如理化）资质审查	R		
		6. 对该产品制造所需装备能力及完好性检查		W	
2	工艺文件审查	1. 审查焊接工艺评定和焊接工艺规程	R		
		2. 审查无损检测工艺文件	R		
		3. 审查热处理工艺文件	R		
		4. 审查制造厂检验计划	R		
		5. 审查自增强程序文件	R		
		6. 审查涂敷工艺	R		
		7. 审查包装运输方案	R		
3	钢管	1. 材料质量证明书审查	R		
		1）化学成分分析（熔炼分析、产品分析）	R		
		2）力学性能［含断裂韧性和50%纤维断口转变温度（FATT）］	R		
		3）超声检测	R		
		4）晶粒度	R		
		5）低倍组织检查、非金属夹杂物	R		
		2. 复验		W	
4	弯管	1. 弯制后尺寸（角度、圆度、直径、厚度）		W	
		2. 弯制后性能热处理及母材试板力学性能	R		
		3. 弯制后无损检验（UT、MT）	R		
5	锻件	1. 材料质量证明书审查	R		
		1）化学成分（熔炼分析、产品分析）	R		
		2）力学性能（常温、低温）	R		
		3）超声检测	R		
		4）晶粒度	R		
		5）非金属夹杂物	R		
		6）精加工后尺寸及磁粉检测		W	
		2. 复验		W	

（续表）

序号	零部件及工序名称	监造内容	文件见证（R）	现场见证（W）	停止点（H）
6	主螺栓	1. 材料质量证明书审查	R		
		2. 化学成分	R		
		3. 力学性能	R		
		4. 无损检验（UT、MT）	R		
		5. 尺寸及精度检查		W	
7	冷加工	1. 超高压管成型后内径、圆度、壁厚等尺寸检查		W	
		2. 超高压管应有足够的厚度余量以满足精加工的要求		W	
		3. 管端螺纹、透镜垫及收缩环等密封面机加工检查		W	
		4. 机加工粗糙度检查		W	
8	无损检测	1. UT检测	R		
		2. MT或PT检测	R		
9	自增强处理	按照自增强处理工艺规程执行			H
10	尺寸检查	1. 超高压管段直线度、总长检查			H
		2. 法兰尺寸及密封面粗糙度		W	
11	除锈油漆	1. 外观检查		W	
		2. 漆膜厚度检查		W	
12	出厂检验	1. 法兰密封面外观检查		W	
		2. 接管法兰面保护及包装检查		W	
		3. 标记检查		W	
		4. 充氮保护检查		W	
		5. 必须配备爆破片（帽）装置及其使用说明书		W	
		6. 按采购技术文件规定进行随机文件检查	R		

（高压聚乙烯、EVA）高压、超高压套管监造大纲

目 录

前 言 ·· 203
1 总则 ·· 204
2 原材料 ·· 206
3 内管制作 ·· 207
4 套管制作 ·· 207
5 无损检测 ·· 208
6 外观与尺寸检查 ·· 209
7 自增强处理 ·· 209
8 耐压试验 ·· 209
9 涂敷包装 ·· 209
10 主要外购外协件检验要求 ·· 210
11 （高压聚乙烯、EVA）高压、超高压套管驻厂监造主要质量控制点 ········ 210

前　言

《（高压聚乙烯、EVA）高压、超高压套管监造大纲》参照 GB/T 1.1—2009《标准化工作导则　第1部分：标准的结构和编写》给出的规则起草。

本大纲由中国石油化工集团有限公司物资装备部提出。

本大纲为首次发布。

本大纲起草单位：南京三方化工设备监理有限公司。

本大纲起草人：赵清万、李辉、易锋、吴晓俣、吴挺。

（高压聚乙烯、EVA）高压、超高压套管监造大纲

1 总则

1.1 内容和适用范围。

1.1.1 本大纲主要规定了采购单位（或使用单位）对高压聚乙烯、EVA装置高压、超高压套管制造过程监造的基本内容及要求，是委托驻厂监造的主要依据。

1.1.2 本大纲适用于石油化工工业中高压聚乙烯、EVA装置高压、超高压套管制造过程监造，同类设备可参照使用。

1.1.3 本大纲中具体技术要求如与采购技术文件不一致时，原则上应以采购技术文件为准。

1.2 监造工作的基本要求。

1.2.1 监造人员要求。

1.2.1.1 监造人员应与所在监造单位有正式劳动合同关系。

1.2.1.2 监造人员应严格依据监造委托合同，履行监造职责，完成监造任务。

1.2.1.3 监造人员应持有不低于中国设备监理协会颁发的专业设备监理师资格证书，监造人员有二年（或以上）的监造业务经验，在相应专业岗位工作三年以上。

1.2.1.4 监造人员应熟悉监造物资的制造工艺，掌握制造过程中的质量技术要求和检验试验关键控制点。

1.2.1.5 监造人员在监造活动过程中应遵守有关保密约定和规定。

1.2.1.6 监造人员应遵守制造厂HSSE或安全生产管理制度的相关规定，严格执行劳保着装和安全防护要求。

1.2.2 监造工作程序。

1.2.2.1 监造人员在开始监造的10个工作日内，对制造厂的人员资质、生产工艺、装备能力和质保体系运行情况进行检查和评估，并向委托方提供质量风险评估报告，明确风险等级（高、中、低、无）。

1.2.2.2 监造单位在收到采购技术文件后，10个工作日内编制完成《监造大纲》。

1.2.2.3 监造单位在获得设计相关图样、制造工艺、质量控制计划、生产进度计划后，15日内编制完成《监造实施细则》。

1.2.2.4 监造人员应配备必要的用于平行检查且检定合格的检测器具。

1.2.2.5 监造人员应按委托方的通知或有关要求参加或组织召开预检验会议，与

制造厂对接确定检验试验计划和质量控制点，并经委托方确认。

1.2.2.6 监造人员应组织制造厂质量、技术、生产及经营（项目管理）等相关部门召开监理周例会，通报监造工作情况，协调解决质量进度问题，结合生产进度计划安排后续监造工作，并形成会议纪要。

1.2.2.7 监造人员在监造实施过程中，如发现质量隐患、质量问题以及可能影响交货期的重大因素时，应及时报委托方，并以书面形式通知制造厂，要求制造厂采取有效措施予以整改，若制造厂延误或拒绝整改时，可责令其停工。

1.2.2.8 对于原材料、外购件以及外协加工、外协检测和外协检验试验等过程，监造人员应重点审查质量证明文件、外协单位资质、人员资质、工艺文件和检验试验报告等。并依据监造实施细则和检验试验计划中设置的监造访问点，实施质量控制。

1.2.2.9 实施监造的物资经现场监造人员确认符合标准规范和订单约定后按发货批次开具监造放行单，并报委托方。

1.2.2.10 全部监造工作完成后，应于30日内完成监造总结报告交付委托方。

1.3 监造单位应提交的文件资料。

1.3.1 目录（含页码）（必须）。

1.3.2 产品质量监造报告书（必须）。

1.3.3 监造工作总结（必须）。

1.3.4 监造大纲（必须）。

1.3.5 监造实施细则（必须）。

1.3.6 监造周报（必须）。

1.3.7 设计变更通知及往来函件（如有）。

1.3.8 监造工作联系单（如有）。

1.3.9 监造工程师通知单（如有）。

1.3.10 会议纪要（如有）。

1.3.11 监造放行单（必须）。

1.4 主要编制依据。

1.4.1 TSG 21—2016 固定式压力容器安全技术监察规程。

1.4.2 GB/T 34019—2017 超高压容器。

1.4.3 GB/T 26429 设备工程监理规范。

1.4.4 GB/T 30583 承压设备焊后热处理规程。

1.4.5 NB/T 47008 承压设备用碳素钢和合金钢锻件。

1.4.6 NB/T 47013.1～NB/T 47013.13 承压设备无损检测。

1.4.7 NB/T 47014 承压设备焊接工艺评定。

1.4.8 NB/T 47015 压力容器焊接规程。

1.4.9 NB/T 47018 承压设备用焊接材料订货技术条件。

1.4.10　JB/T 4711　压力容器涂敷与运输包装。

1.4.11　ASME Ⅷ（3）—2015　ASME高压容器建造规则。

1.4.12　采购技术文件。

2　原材料

2.1　基本要求。

2.1.1　检查原材料，设备使用的材料供应商应符合采购技术文件要求。材料生产单位必须保证材料质量，并按规定提供由质量检验部门盖章确认的质量证明书（原件）。材料生产单位应在材料指定部位或其他明显的部位作出清晰、牢固的材料标记。所有材料的实物标识以及标记移植内容应与质量证明文件相符。

2.1.2　高压、超高压套管内管材料的技术要求、试验方法和检验规则应符合国家标准或行业标准规定。内管材料应当采用炉外精炼工艺冶炼且经真空处理，材料中化学成分中磷含量（熔炼分析，下同）应小于或等于0.012%、硫含量均应小于或等于0.005%，并严格限定钢中的气体（如氢、氧、氮等）、及有害痕量元素（如砷、锡、锑、铅、铋等）的含量。

2.1.3　高压、超高压套管内管材料应由材料生产单位提供常温力学性能，包括屈服强度、抗拉强度、断后伸长率、断面收缩率、夏比（V形缺口）冲击力、和测膨胀值，以及设计温度下材料的屈服强度、抗拉强度、断后伸长率、断面收缩率。

2.1.4　高压、超高压套管内管主要受压元件的锻件应按GB/T 226《钢的低倍组织缺陷及酸蚀试验法》进行低倍组织检查，不允许存在裂纹、白点、气孔、夹渣等缺陷，并按GB/T 1979《结构钢低倍组织缺陷评级图》评级，要求一般疏松不超过2级，偏析不超过2级。

2.1.5　高压、超高压套管内管主要受压元件的锻件的锻造比应不小于3，对于经电渣重熔冶炼的钢锭，其锻造比可不小于2。锻件性能热处理后应进行力学性能检验、硬度测定、晶粒度及非金属夹杂物检查。锻件晶粒度按GB/T 6394《金属平均晶粒度测定法》检验应为6级或6级以上。非金属夹杂物按GB/T 10561《钢中非金属夹杂物显微评定法》检验，其A、B、C、D各类夹杂物的粗细级别和细系级别应分别不大于2.0级，DS类夹杂物应不大于2.0级；A、B、C、D各类夹杂物的粗细级别之和应不大于3.5级，A、B、C、D各类夹杂物的细系级别之和不大于3.5级。

2.1.6　所选用的高压、超高压套管内管材料应是高压、超高压用钢，其使用范围及各项性能应不低于超高压容器安全技术监察规程规定且应符合国外相应标准的规定，同时应附有质量证明书以供审核，并向锅炉压力容器安全监察机构备案。

2.1.7　对于采用境外材料制造单位制造的材料以及境内材料制造单位制造的境外牌号材料，制造厂应对材料的化学成分分析和力学性能进行验证性复验，符合相关要求后方可投料使用。

2.1.8 对套管管材及套管接管法兰审查材料质量证明书,应符合采购技术文件要求。

2.1.9 审查M36及以上螺栓螺母等紧固件材料质量证明书,应符合采购技术文件要求。

2.1.10 审查焊接材料质量证明书,焊接材料应符合采购技术文件的要求。

2.2 检验与试验要求。

2.2.1 检查制造厂在制造前是否已按标准、采购技术文件要求对设备用材料进行了相关复验,并且对于需要复验项目,监理工程师应现场见证。

2.2.2 所有材料入厂后,应按采购技术文件要求对原材料外观以及尺寸进行检查。

2.2.3 主要受压原件材料代用时,审查制造厂是否具有原设计单位的书面批准,且应在竣工图上做详细记录。

2.2.4 制造过程中如改变主体受压材料的供货状态,应根据标准、采购技术文件审查该受压件恢复材料力学性能热处理报告,同时审查热处理后的材料力学性能试验报告,结果应符合采购技术文件要求。

3 内管制作

3.1 高压、超高压内管制造单位必须持有制造许可证,并按批准的品种范围制造。

3.2 高压、超高压内管主要受压元件和密封件应当按照规定程序批准的产品图样和工艺规程进行加工。

3.3 高压、超高压内管主要受压元件和密封件按图纸及工艺要求进行机加工成型,并且精加工后内壁表面及密封面粗糙度应符合采购技术文件的规定。

3.4 高压、超高压内管外表面不允许有大于0.25mm的缺陷存在。

3.5 高压、超高压内管内孔加工完毕后,用光学窥膛仪检查,不应有裂纹及其它缺陷存在。

3.6 高压、超高压内管主要元件及密封件的密封面不应有磕碰、划伤、毛刺和其他影响密封性能的缺陷存在。

4 套管制作

4.1 套管组件组焊前准备。

4.1.1 审查焊接工艺文件,受压元件焊缝、与受压元件相焊的焊缝、熔入永久焊缝内的定位焊缝、受压元件母材表面补焊,以及上述焊缝的返修焊缝,应按NB/T 47014进行焊接工艺评定或具有经过评定合格的焊接工艺规程支持。

4.1.2 审查制造厂排版图以及组装工艺,套管组件组装位置尺寸应符合图纸要求,且组装过程中受压元件不得进行强力组装。

4.1.3 审查焊接工艺，所有 A、B、D 类焊接接头均应采用全焊透接头型式，对无法进行双面焊的接头，应采用氩弧焊打底的单面坡口全焊透结构。

4.2 套管焊接检验。

4.2.1 焊接过程中检查焊接参数，焊接参数需严格遵守经审批合格的焊接工艺规程。控制线能量及层间温度，在工艺评定确认范围内，应选用较小的线能量，采用多层多道焊。

4.2.2 焊接返修前审查是否具有经过审批的焊接返修方案，且焊接工艺是否具有焊接工艺评定支持。

4.2.3 套管组件消除应力处理后如进行焊接返修，需审查是否具有用户的书面同意，返修后还需对返修部位重新进行消除应力热处理。

5 无损检测

5.1 基本要求。

5.1.1 审查无损检测人员是否具有相应资格，无损检测前，审查制造厂无损检测工艺，应符合 NB/T 47013 标准要求。

5.2 射线及超声检测。

5.2.1 套管侧焊缝无损检查依据标准、采购技术文件对射线和超声检测报告进行审查，包含如下内容：①A、B 类焊接接头应按采购技术文件要求进行射线检测，同时应按采购技术文件要求进行超声检测复检；②$DN \geq 250mm$ 的接管与接管、接管法兰环缝应按标准、采购技术文件要求进行射线检测；③接管与筒体的 D 类焊接接头应按采购技术文件要求进行超声检测。合格等级应符合标准、采购技术文件要求。

5.2.2 高压、超高压内管在性能热处理前后，应分别进行一次 100% 的超声检测（性能热处理后必须同时做直探头和斜探头超声检测），其它主要受压元件应当至少进行一次 100% 的超声检测。

5.2.3 高压、超高压内管在自增强处理后，应当进行 100% 的超声检测。

5.3 表面检测。

5.3.1 依据标准、采购技术文件对表面检测报告进行审查。

5.3.2 套管组件 A、B、D、E 类焊接接头应进行 100% 磁粉或渗透检测（优先选用磁粉检测）；2）设备的缺陷修磨或补焊处表面，拆除卡具、拉筋等临时附件割除后的割痕表面应进行 100% 磁粉或渗透检测（优先选用磁粉检测），NB/T 47013.4 或 NB/T 47013.5 Ⅰ级合格。

5.3.3 高压、超高压内管组件表面检测（磁粉检测/渗透检测）不允许有裂纹、白点和气孔等缺陷存在。

5.3.4 管螺纹、机加工面全部进行磁粉或渗透检测。

6 外观与尺寸检查

6.1 外观检查。

6.1.1 检查设备套管组件内外表面，不允许存在划伤、疤痕、刻痕及弧坑等缺陷。

6.1.2 检查设备套管组件所有焊接区域，包括对接接头和角接接头的表面，不得有裂纹、气孔和咬边等缺陷，不应有急剧的形状变化，应圆滑过度。

6.1.3 套管组件依据标准、图样要求检查角焊缝焊脚尺寸，所有角焊缝应凹形圆滑过渡。

6.1.4 不得对高压、超高压容器的内管组件进行施焊。

6.2 尺寸检查。

6.2.1 高压、超高压内管成型后内径、圆度、壁厚、直线度等尺寸检查，其结果应符合图样要求。

6.2.2 高压、超高压内管管端螺纹、透镜垫、定位槽及收缩环等密封面机加工检查，应符合图纸要求。

6.2.3 高压、超高压内管组件组装后直线度、总长进行检查，应符合采购技术文件的要求。

6.2.4 套管组件检查整体外形尺寸，包括接管方位、标高、伸出长度等尺寸及法兰跨中情况检查，应符合采购技术文件的要求。

6.2.5 内管组件与夹套管组件组装后直线度、总长、接管方位、标高、伸出长度等尺寸及法兰跨中情况检查，应符合采购技术文件的要求。

7 自增强处理

7.1 高压、超高压内管组件自增强处理。

7.2 高压、超高压内管自增强处理应根据自增强程序进行。

7.3 高压、超高压内管自增强处理过程中，应当采用合适的方法控制筒体内壁的残余环向应变量，在内孔表面由自增强处理产生的永久环向应变不得超过2%。

8 耐压试验

8.1 夹套组件制作完毕后，应进行耐压试验见证，试验方法及检验要求应符合采购技术文件要求。

8.2 耐压试验后应检查夹套内部清洁情况。

9 涂敷包装

9.1 设备制造完毕后容器外表面应按采购技术文件要求的规定予以清理和除锈。

9.2 油漆的种类、颜色，以及漆膜厚度应符合采购技术文件要求。

9.3 内陆运输过程中应保持设备内部干燥,避免因潮湿引起设备内部表面产生锈蚀。采购技术文件有明确规定充氮保护后运输的,需按要求执行。

9.4 设备本体上应按采购技术文件要求标准重心以及方位标识。

9.5 备品备件装箱前进行核对检查,数量和规格应与装箱清单一致,同时符合采购技术文件的相关要求。

9.6 设备铭牌应符合采购技术文件要求。

9.7 检查设备铭牌,应符合采购技术文件要求。

9.8 超高压设备出厂时,必须配备安全泄放装置及其使用说明书。

10 主要外购外协件检验要求

10.1 主要外购外协件供应商应符合采购技术文件要求。

10.2 外购外协件进厂后,应进行尺寸、外观、标识及文件资料核查。

10.3 主要外协件应按采购技术文件要求,采取过程控制(如关键点访问监造)。

11 (高压聚乙烯、EVA)高压、超高压套管驻厂监造主要质量控制点

11.1 文件见证点(R):由监造人员对设备材料制造过程有关文件、记录或报告进行见证而预先设定的监造质量控制点。

11.2 现场见证点(W):由监造人员对设备材料制造过程、工序、节点或结果进行现场见证而预先设定的监造质量控制点,且应包括相关文件见证点(R)质量控制内容。

11.3 停止点(H):由监造人员见证并签认后才可转入下一个过程、工序或节点而预先设定的监造质量控制点,应包括相关现场见证点(W)和文件见证点(R)质量控制内容。

序号	零部件及工序名称	监造内容	文件见证点(R)	现场见证点(W)	停止点(H)
1	资质审查	1.制造单位设计、制造资质审查	R		
		2.制造厂质保体系的审查		W	
		3.焊工资格审查	R		
		4.无损检测人员资质审查	R		
		5.其它人员(如理化)资质审查	R		
		6.装备能力及完好性检查		W	
2	工艺文件	1.生产进度计划	R		
		2.质量计划(检验计划)	R		
		3.制造与组装工艺	R		

（续表）

序号	零部件及工序名称	监造内容	文件见证点（R）	现场见证点（W）	停止点（H）
2	工艺文件	4. 焊接工艺评定和焊接工艺指导书	R		
		5. 制造工艺过程文件	R		
		6. 无损探伤工艺	R		
		7. 自增强处理程序	R		
		8. 耐压试验程序	R		
		9. 喷砂油漆程序	R		
		10. 包装方案	R		
3	内管组件材料	1. 锻件			
		1）材料质量证明书审查	R		
		A 化学成分（熔炼分析、产品分析）	R		
		B 力学性能（常温、低温）	R		
		C 超声波检测	R		
		D 晶粒度	R		
		E 非金属夹杂物	R		
		F 精加工后尺寸及磁粉检测		W	
		2）材料复验		W	
		2. M36 及以上螺栓螺母紧固件			
		1）质量证明书（化学成分、力学性能、低温冲击、硬度）	R		
		2）无损检测	R		
		3）尺寸与外观		W	
		4）材料复验		W	
		3. 外购外协件			
		1）材料质量证明书审查	R		
		2）尺寸、外观、标识检查		W	
		3）供货商符合性检查	R		
		4）材料复验		W	
4	夹套组件材料	1. 钢管			
		1）材料质量证明书审查	R		
		A 化学成分（熔炼分析、产品分析）	R		
		B 力学性能（常温、低温）	R		

（续表）

序号	零部件及工序名称	监造内容	文件见证点（R）	现场见证点（W）	停止点（H）
4	夹套组件材料	C 超声波检测	R		
		2）材料复验（如有）		W	
		2. 锻件			
		1）材料质量证明书审查	R		
		A 化学成分（熔炼分析、产品分析）	R		
		B 力学性能（常温、低温）	R		
		C 超声波检测	R		
		D 晶粒度	R		
		E 非金属夹杂物	R		
		F 精加工后尺寸及磁粉检测	R		
		2）材料复验（如有）		W	
		3. 焊材			
		1）牌号及规格		W	
		2）材料质量证明书审查	R		
		3）材料复验（如有）		W	
		4. 外购外协件			
		1）材料质量证明书审查	R		
		2）尺寸、外观、标识检查		W	
		3）供货商符合性检查	R		
		4）材料复验（如有）		W	
5	冷加工	1. 内管零部件机加工			
		1）超高压管成型后内径、圆度、壁厚等、直线度尺寸检查		W	
		2）超高压管应有足够的厚度余量以满足精加工的要求		W	
		3）管端螺纹、透镜垫及收缩环等密封面机加工检查		W	
		4）机加工粗糙度检查		W	
		2. 套管零部件机加工			
		1）成型及制造公差		W	
		2）坡口尺寸		W	

（续表）

序号	零部件及工序名称	监造内容	文件见证点（R）	现场见证点（W）	停止点（H）
6	套管组件焊接	1. 焊接工艺检查	R		
		2. 套管上接管孔开孔划线			H
		3. 焊前预热及焊后热处理		W	
		4. 焊接材料		W	
		5. 焊接工艺执行		W	
		6. 焊缝外观检查		W	
		7. 焊后尺寸检查		W	
		8. 焊缝返修检查		W	
7	无损检测	1. 射线检测	R		
		2. 超声检测	R		
		3. 磁粉、渗透检测	R		
8	方位尺寸	1. 夹套组件			
		1）管方位、伸出长度及标高			H
		2）外形总体尺寸			H
		3）法兰尺寸及密封面粗糙度		W	
		4）整体外观检查			H
		2. 内管组件			
		1）超高压内管组件组装后应对直线度、总长进行检查			H
		2）法兰尺寸及密封面粗糙度		W	
		3. 夹套与内管组装检查			
		1）接管方位、位置尺寸检查			H
		2）整体外观检查			H
9	自增强处理及耐压试验	1. 内管自增强处理			H
		2. 内管自增强处理后无损检测	R		
		3. 套管组件耐压试验			
		1）耐压试验			H
		2）耐压试验后内部清理		W	
10	出厂检验	1. 法兰密封面检查		W	
		2. 喷砂油漆、外观检查		W	
		3. 敞口接管法兰密封保护以及包装检查		W	

（续表）

序号	零部件及工序名称	监造内容	文件见证点（R）	现场见证点（W）	停止点（H）
10	出厂检验	4.铭牌、备品备件检查		W	
		5.充氮保护检查		W	
		6.标识标记的检查		W	
		7.随机资料审查	R		

(高压聚乙烯、EVA)高压、超高压套管式换热器监造大纲

目 录

前 言 …………………………………………………………………… 217
1 总则 …………………………………………………………………… 218
2 原材料 ………………………………………………………………… 220
3 内管及弯头制作 ……………………………………………………… 221
4 套管制作 ……………………………………………………………… 222
5 无损检测 ……………………………………………………………… 222
6 外观与尺寸检查 ……………………………………………………… 223
7 耐压试验 ……………………………………………………………… 224
8 涂敷包装 ……………………………………………………………… 224
9 主要外购外协件检验要求 …………………………………………… 224
10 （高压聚乙烯、EVA）高压、超高压套管式换热器驻厂监造主要质量控制点 … 225

前　言

《（高压聚乙烯、EVA）高压、超高压套管式换热器监造大纲》参照GB/T 1.1—2009《标准化工作导则 第1部分：标准的结构和编写》给出的规则起草。

本大纲由中国石油化工集团有限公司物资装备部提出。

本大纲为首次发布。

本大纲起草单位：南京三方化工设备监理有限公司。

本大纲起草人：赵清万、李辉、易锋、王常青、吴晓俣。

（高压聚乙烯、EVA）高压、超高压套管式换热器监造大纲

1 总则

1.1 内容和适用范围。

1.1.1 本大纲主要规定了采购单位（或使用单位）对高压聚乙烯、EVA装置高压、超高压套管式换热器制造过程监造的基本内容及要求，是委托驻厂监造的主要依据。

1.1.2 本大纲适用于石油化工工业中高压聚乙烯、EVA装置高压、超高压套管式换热器制造过程监造，同类设备可参照使用。

1.1.3 本大纲中具体技术要求如与采购技术文件不一致时，原则上应以采购技术文件为准。

1.2 监造工作的基本要求。

1.2.1 监造人员要求。

1.2.1.1 监造人员应与所在监造单位有正式劳动关系。

1.2.1.2 监造人员应严格依据监造委托合同，履行监造职责，完成监造任务。

1.2.1.3 监造人员应持有不低于中国设备监理协会颁发的专业设备监理师资格证书，监造人员有二年（或以上）的监造业务经验，在相应专业岗位工作三年以上。

1.2.1.4 监造人员应熟悉监造物资的制造工艺，掌握制造过程中的质量技术要求和检验试验关键控制点。

1.2.1.5 监造人员在监造活动过程中应遵守有关保密约定和规定。

1.2.1.6 监造人员应遵守制造厂HSSE或安全生产管理制度的相关规定，严格执行劳保着装和安全防护要求。

1.2.2 监造工作程序。

1.2.2.1 监造人员在开始监造的10个工作日内，对制造厂的人员资质、生产工艺、装备能力和质保体系运行情况进行检查和评估，并向委托方提供质量风险评估报告，明确风险等级（高、中、低、无）。

1.2.2.2 监造单位在收到采购技术文件后，10个工作日内编制完成《监造大纲》。

1.2.2.3 监造单位在获得设计相关图样、制造工艺、质量控制计划、生产进度计划后，15日内编制完成《监造实施细则》。

1.2.2.4　监造人员应配备必要的用于平行检查且检定合格的检测器具。

1.2.2.5　监造人员应按委托方的通知或有关要求参加或组织召开预检验会议，与制造厂对接确定检验试验计划和质量控制点，并经委托方确认。

1.2.2.6　监造人员应组织制造厂质量、技术、生产及经营（项目管理）等相关部门召开监理周例会，通报监造工作情况，协调解决质量进度问题，结合生产进度计划安排后续监造工作，并形成会议纪要。

1.2.2.7　监造人员在监造实施过程中，如发现质量隐患、质量问题以及可能影响交货期的重大因素时，应及时报委托方，并以书面形式通知制造厂，要求制造厂采取有效措施予以整改，若制造厂延误或拒绝整改时，可责令其停工。

1.2.2.8　实施监造的物资经现场监造人员确认符合标准规范和订单约定后按发货批次开具监造放行单，并报委托方。

1.2.2.9　全部监造工作完成后，应于30日内完成监造总结报告交付委托方。

1.3　监造单位应提交的文件资料。

1.3.1　目录（含页码）（必须）。

1.3.2　产品质量监造报告书（必须）。

1.3.3　监造工作总结（必须）。

1.3.4　监造大纲（必须）。

1.3.5　监造实施细则（必须）。

1.3.6　监造周报（必须）。

1.3.7　设计变更通知及往来函件（如有）。

1.3.8　监造工作联系单（如有）。

1.3.9　监理工程师通知单（如有）。

1.3.10　会议纪要（如有）。

1.3.11　监造放行单（必须）。

1.4　主要编制依据。

1.4.1　TSG 21—2016 固定式压力容器安全技术监察规程。

1.4.2　GB/T 34019 超高压容器。

1.4.3　GB/T 1184 形状和位置公差未注公差值。

1.4.4　GB/T 1804 一般公差 未注公差的线性和角度尺寸公差。

1.4.5　GB/T 26429 设备工程监理规范。

1.4.6　GB/T 30583 承压设备焊后热处理规程。

1.4.7　NB/T 47008 承压设备用碳素钢和合金钢锻件。

1.4.8　NB/T 47013.1～NB/T 47013.13 承压设备无损检测。

1.4.9　NB/T 47014 承压设备焊接工艺评定。

1.4.10　NB/T 47015 压力容器焊接规程。

1.4.11　NB/T 47018 承压设备用焊接材料订货技术条件。
1.4.12　JB/T 4711 压力容器涂敷与运输包装。
1.4.13　SH/T 3119—2016 石油化工钢制套管换热器技术规范。
1.4.14　ASME Ⅷ（3）—2015 ASME高压容器建造规则。
1.4.15　采购技术文件。

2　原材料

2.1　基本要求。

2.1.1　检查原材料，设备使用的材料供应商应符合采购技术文件要求。材料生产单位必须保证材料质量，并按规定提供由质量检验部门盖章确认的质量证明书（原件）。材料生产单位应在材料指定部位或其他明显的部位作出清晰、牢固的材料标记。所有材料的实物标识以及标记移植内容应与质量证明文件相符。

2.1.2　高压、超高压套管式换热器内管等主要受压元件的锻件的技术要求、试验方法和检验规则应符合国家标准或行业标准规定。内管材料应当采用炉外精炼工艺冶炼且经真空处理，材料中化学成分中磷含量（熔炼分析，下同）应小于或等于0.012%、硫含量均应小于等于0.005%，并严格限定钢中的气体（如氢、氧、氮等）、及有害痕量元素（如砷、锡、锑、铅、铋等）的含量。

2.1.3　高压、超高压套管式换热器内管等主要受压元件的锻件制造单位提供常温力学性能，包括屈服强度、抗拉强度、断后伸长率、断面收缩率、夏比（V形缺口）冲击力、和测膨胀值，以及设计温度下材料的屈服强度、抗拉强度、断后伸长率、断面收缩率。

2.1.4　高压、超高压套管式换热器内管等主要受压元件的锻件应按GB/T 226《钢的低倍组织缺陷及酸蚀试验法》进行低倍组织检查，不允许存在裂纹、白点、气孔、夹渣等缺陷，并按GB/T 1979《结构钢低倍组织缺陷评级图》评级，要求一般疏松不超过2级，偏析不超过2级。

2.1.5　高压、超高压套管式换热器内管等主要受压元件的锻件的锻造比应不小于3，对于经电渣重熔冶炼的钢锭，其锻造比可不小于2。锻件性能热处理后应进行力学性能检验、硬度测定、晶粒度及非金属夹杂物检查。锻件晶粒度按GB 6394《金属平均晶粒度测定法》检验应为6级或6级以上。非金属夹杂物按GB 10561《钢中非金属夹杂物显微评定法》检验，其A、B、C、D各类夹杂物的粗细级别和细系级别应分别不大于2.0级，DS类夹杂物应不大于2.0级；A、B、C、D各类夹杂物的粗细级别之和应不大于3.5级，A、B、C、D各类夹杂物的细系级别之和不大于3.5级。

2.1.6　所选用的高压、超高压套管式换热器内管等主要受压元件的锻件材料应是高压、超高压用钢，其使用范围及各项性能应不低于超高压容器安全技术监察规程规定且应符合国外相应标准的规定，同时应附有质量证明书，并向锅炉压力容器安全监察机构备案。

2.1.7 对于采用境外材料制造单位制造的材料以及境内材料制造单位制造的境外牌号材料，制造厂应对材料的化学成分和力学性能进行验证性复验，符合相关要求后方可投料使用。

2.1.8 对套管管材及套管接管法兰审查材料质量证明书，应符合采购技术文件要求。

2.1.9 审查M36及以上螺栓螺母等紧固件材料质量证明书，应符合采购技术文件要求。

2.1.10 审查焊接材料质量证明书，焊接材料应符合采购技术文件的要求。

2.2 检验与试验要求。

2.2.1 检查制造厂在制造前是否已按标准、采购技术文件要求对设备用材料进行了相关复验，并且对于需要复验项目，监理工程师应现场见证。

2.2.2 审查焊条复验报告，焊材应按批进行药皮含水量或熔敷金属扩散氢含量的复验，其检验方法应按标准、采购技术文件要求。

2.2.3 所有材料入厂后，应按采购技术文件要求对原材料外观以及尺寸进行检查。

2.2.4 主要受压原件材料代用时，审查制造厂是否具有原设计单位的书面批准，且应在竣工图上做详细记录。

2.2.5 制造过程中如改变主体受压材料的供货状态，应根据标准、采购技术文件审查该受压件恢复材料力学性能热处理报告，同时审查热处理后的材料性能试验报告，结果应符合采购技术文件要求。

3 内管及弯头制作

3.2.1 高压、超高压套管式换热器制造单位必须持有制造许可证，并按批准的品种范围制造。

3.2.2 高压、超高压套管式换热器主要受压元件和密封件应当按照规定程序批准的产品图样和工艺规程进行加工。

3.2.3 高压、超高压套管式换热器内管、弯头等主要受压元件和密封件按图纸及工艺要求进行机加工成型，并且精加工后内壁表面及密封面粗糙度应符合采购技术文件要求。

3.2.4 高压、超高压套管式换热器内管、弯头主要受压元件外表面不允许有大于0.25mm的缺陷存在。

3.2.5 高压、超高压套管式换热器内管、弯头内孔加工完毕后，用光学窥腔仪检查，不应有裂纹及其他缺陷存在。

3.2.6 高压、超高压套管式换热器内管、弯头等主要元件及密封件的密封面不应有磕碰、划伤、毛刺和其他影响密封性能的缺陷存在。

4 套管制作

4.1 套管组件组焊前准备。

4.1.1 审查焊接工艺文件，受压元件焊缝、与受压元件相焊的焊缝、熔入永久焊缝内的定位焊缝、受压元件母材表面补焊，以及上述焊缝的返修焊缝，应按NB/T 47014进行焊接工艺评定或具有经过评定合格的焊接工艺规程支持。

4.1.2 审查制造厂排版图以及组装工艺，套管组件组装位置尺寸应符合图纸要求，且组装过程中受压元件不得进行强力组装。

4.1.3 审查焊接工艺，所有B、D类焊接接头均应采用全焊透接头型式，对无法进行双面焊的接头，应采用氩弧焊打底的单面坡口全焊透结构。

4.2 焊接检验。

4.2.1 套管和法兰焊接过程中检查焊接参数，焊接参数需严格遵守经审批合格的焊接工艺规程。控制线能量及层间温度，在工艺评定确认范围内，应选用较小的线能量，采用多层多道焊。

4.2.2 焊接返修前审查是否具有经过审批的焊接返修方案，且焊接工艺是否具有焊接工艺评定支持。

4.2.3 套管组件消除应力热处理后如进行焊接返修，需审查是否具有用户的书面同意，返修后还需对返修部位重新进行消除应力处理。

5 无损检测

5.1 基本要求。

5.1.1 审查无损检测人员是否具有相应资格，无损检测前，审查制造厂无损检测工艺，应符合NB/T 47013标准要求。

5.2 射线及超声检测。

5.2.1 套管侧焊缝无损检查依据标准、采购技术文件对射线和超声检测报告进行审查，包含如下内容：①A、B类焊接接头应按采购技术文件要求进行射线检测，同时应按采购技术文件要求进行超声检测复检；②$DN \geqslant 250$ mm的接管与接管、接管法兰环缝应按标准、采购技术文件要求进行射线检测；③接管与筒体的D类焊接接头应按采购技术文件要求进行超声检测。合格等级应符合标准、采购技术文件要求。

5.2.2 高压、超高压内管及弯头在性能热处理前后，应分别进行一次100%的超声检测（性能热处理后必须同时做直探头和斜探头超声检测），其它主要受压元件应当至少进行一次100%的超声检测。

5.3 表面检测。

5.3.1 依据标准、采购技术文件对表面检测报告进行审查。

5.3.2 套管组件A、B、D、E类焊接接头应进行100%磁粉或渗透检测（优先选用磁粉检测）；设备的缺陷修磨或补焊处表面，拆除卡具、拉筋等临时附件割除后的割痕表面应进行100%磁粉或渗透检测（优先选用磁粉检测），NB/T 47013.4或NB/T 47013.5 Ⅰ级合格。

5.3.3 高压、超高压内管组件表面检测（磁粉检测/渗透检测）不允许有裂纹、白点和气孔等缺陷存在。

5.3.4 管螺纹、机加工面全部进行磁粉或者渗透试验。

5.3.5 高压、超高压套管式换热器内管组件在耐压试验完毕后，应进行100%表面检测和不少于20%斜探头超声检测（内径小于500mm只进行表面检测）。

6 外观与尺寸检查

6.1 外观检查。

6.1.1 检查设备套管组件内外表面，不允许存在划伤、疤痕、刻痕及弧坑等缺陷。

6.1.2 检查设备套管组件所有焊接区域，包括对接接头和角接接头的表面，不得有裂纹、气孔和咬边等缺陷，不应有急剧的形状变化，应圆滑过度。

6.1.3 套管组件依据标准、图样要求检查角焊缝焊脚尺寸，所有角焊缝应凹形圆滑过渡。

6.1.4 高压、超高压套管式换热器内管主要元件及密封件的密封面不应有磕碰、划伤、毛刺和其他影响密封性能的缺陷存在。

6.1.5 不得对高压、超高压容器的内管组件进行施焊。

6.2 尺寸检查。

6.2.1 高压、超高压内管成型后内径、圆度、壁厚、直线度等尺寸检查，壁厚偏差10%以内。

6.2.2 高压、超高压内管组件直管段直线度、总长进行检查，任意1m范围内弯曲量不大于1.5mm。

6.2.3 弯管的放样检查，包括弯管角度、圆度、平面度、局部形状偏差，同时应检查弯管的最小厚度。

6.2.4 管端螺纹、透镜垫、定位槽及收缩环等密封面机加工检查。

6.2.5 夹套管组件检查整体外形尺寸，包括直线度、接管方位、标高、伸出长度等尺寸及法兰跨中情况检查，应符合采购技术文件的要求。

6.2.6 内管直管与弯头组装完毕后，内管组件组件检查整体外形尺寸，包括直线度、总长、位置尺寸检查，应符合采购技术文件的要求。

6.2.7 套管式换热器内管组件、套管管组件组装后，对套管式换热器组件检查整体外形尺寸，包括直线度、接管方位、标高、伸出长度等尺寸及法兰跨中情况检查，应符合采购技术文件的要求。

7 耐压试验

7.1 高压、超高压内管组件压力试验。

7.1.1 耐压试验压力、保压时间、介质温度、压表要求等均应符合采购技术文件及标准要求。

7.1.2 耐压试验一般可采用煤油和变压器油混合液作为试验介质或采用设计图样要求的试验介质。试验场地附近不得有火，且应配备适用消防器材。

7.1.3 试验时容器壁温和耐压试验用介质温度应为不致引起压力容器发生脆性破坏的温度，一般不低于15℃。

7.1.4 耐压试验后应将把内部清理干净。

7.1.5 耐压试验后必须对套管式换热器内管组件进行复核性无损检测：100%超声和100%磁粉（内径小于500mm只进行表面检测）。

7.2 夹套组件耐压试验。

7.2.1 夹套组件组装完毕后，应进行耐压试验见证，试验方法及检验要求应符合采购技术文件要求。

7.2.2 耐压试验后应检查夹套内部清洁情况。

8 涂敷包装

8.1 设备制造完毕后容器外表面应按采购技术文件要求的规定予以清理和除锈。

8.2 油漆的种类、颜色，以及漆膜厚度应符合采购技术文件要求。

8.3 内陆运输过程中应保持设备内部干燥，避免因潮湿引起设备内部表面产生锈蚀。采购技术文件有明确规定充氮保护后运输的，需按要求执行。

8.4 设备本体上应按采购技术文件要求标准重心以及方位标识。

8.5 备品备件装箱前进行核对检查，数量和规格应与装箱清单一致，同时符合采购技术文件的相关要求。

8.6 设备铭牌应符合采购技术文件要求。

8.7 检查设备铭牌，应符合采购技术文件要求。

8.8 超高压设备出厂时，必须配备安全泄放装置及其使用说明书。

9 主要外购外协件检验要求

9.1 主要外购外协件供应商应符合采购技术文件要求。

9.2 外购外协件进厂后，应进行尺寸、外观、标识及文件资料核查。

9.3 主要外协件应按采购技术文件要求，采取过程控制（如关键点访问监造）。

10 （高压聚乙烯、EVA）高压、超高压套管式换热器驻厂监造主要质量控制点

10.1 文件见证点（R）：由监造人员对设备材料制造过程有关文件、记录或报告进行见证而预先设定的监造质量控制点。

10.2 现场见证点（W）：由监造人员对设备材料制造过程、工序、节点或结果进行现场见证而预先设定的监造质量控制点，且应包括相关文件见证点（R）质量控制内容。

10.3 停止点（H）：由监造人员见证并签认后才可转入下一个过程、工序或节点而预先设定的监造质量控制点，应包括相关现场见证点（W）和文件见证点（R）质量控制内容。

序号	零部件及工序名称	监造内容	文件见证点（R）	现场见证点（W）	停止点（H）
1	资质审查	1. 制造单位设计、制造资质审查	R		
		2. 制造厂质保体系的审查		W	
		3. 焊工资格审查	R		
		4. 无损检测人员资质审查	R		
		5. 其它人员（如理化）资质审查	R		
		6. 装备能力及完好性检查		W	
2	工艺文件	1. 审查焊接工艺评定和焊接工艺规程	R		
		2. 审查无损检测工艺文件	R		
		3. 审查热处理工艺文件（如有）	R		
		4. 审查制造厂检验计划	R		
		5. 审查耐压试验程序文件	R		
		6. 审查涂敷工艺	R		
		7. 审查包装方案	R		
3	内管组件材料	1. 锻件			
		1）材料质量证明书审查	R		
		A. 化学成分（熔炼分析、产品分析）	R		
		B. 力学性能（常温、低温）	R		
		C. 超声检测	R		
		D. 晶粒度	R		
		E. 非金属夹杂物	R		
		F. 精加工后尺寸及磁粉检测		W	
		2）材料复验		W	

（续表）

序号	零部件及工序名称	监造内容	文件见证点（R）	现场见证点（W）	停止点（H）
3	内管组件材料	2. M36及以上螺栓螺母紧固件			
		1）质量证明书审查（化学成分、力学性能、低温冲击、硬度）	R		
		2）无损检测	R		
		3）尺寸与外观		W	
		4）材料复验		W	
		3. 外购外协件			
		1）材料质量证明书审查	R		
		2）尺寸、外观、标识检查		W	
		3）供货商符合性检查	R		
		4）材料复验		W	
4	夹套组件材料	1. 钢管			
		1）材料质量证明书审查	R		
		A. 化学成分（熔炼分析、产品分析）	R		
		B. 力学性能（常温、低温）	R		
		C. 超声检测	R		
		2）材料复验（如有）		W	
		2. 锻件			
		1）材料质量证明书审查	R		
		A. 化学成分（熔炼分析、产品分析）	R		
		B. 力学性能（常温、低温）	R		
		C. 超声检测	R		
		D. 晶粒度	R		
		E. 非金属夹杂物	R		
		F. 精加工后尺寸及磁粉检测	R		
		2）材料复验（如有）		W	
		3. 焊材			
		1）牌号及规格		W	
		2）材料质量证明书审查	R		
		3）材料复验（如有）		W	
		4. 外购外协件			

（续表）

序号	零部件及工序名称	监造内容	文件见证点（R）	现场见证点（W）	停止点（H）
4	夹套组件材料	1）材料质量证明书审查	R		
		2）尺寸、外观、标识检查		W	
		3）供货商符合性检查	R		
		4）材料复验（如有）		W	
5	冷加工	1. 内管、弯头零部件机加工			
		1）超高压管成型后内径、圆度、壁厚等尺寸检查		W	
		2）超高压管应有足够的厚度余量以满足精加工的要求		W	
		3）管端螺纹、透镜垫及收缩环等密封面机加工检查		W	
		4）机加工粗糙度检查		W	
		2. 套管零部件机加工			
		1）成型及制造公差		W	
		2）坡口尺寸		W	
6	套管组件制作	1. 焊接工艺检查	R		
		2. 套管上接管孔开孔划线			H
		3. 焊前预热及焊后热处理		W	
		4. 焊接材料		W	
		5. 焊接工艺执行		W	
		6. 焊缝外观检查		W	
		7. 焊后尺寸检查		W	
		8. 焊缝返修检查		W	
7	无损检测	1. 射线检测	R		
		2. 超声检测	R		
		3. 磁粉、渗透检测	R		
8	方位尺寸	1. 夹套组件			
		1）管方位、伸出长度及标高			H
		2）外形总体尺寸			H
		3）法兰尺寸及密封面粗糙度		W	
		4）整体外观检查			H
		2. 内管组件			
		1）超高压内管组件组装后应对直线度、总长进行检查			H
		2）法兰尺寸及密封面粗糙度		W	

（续表）

序号	零部件及工序名称	监造内容	文件见证点（R）	现场见证点（W）	停止点（H）
8	方位尺寸	3. 夹套与内管组装检查			
		1）管口方位、位置尺寸检查			H
		2）整体外观检查			H
		4. 弯头与内管组装检查			
		1）管口方位、位置尺寸检查			H
		2）整体外观检查			H
9	耐压试验	1. 内管、弯头、端部组装后耐压试验			
		1）油和变压器油混合液作为试验介质			H
		2）耐压试验压力、保压时间、水温、压力表要求等均应符合采购技术文件及标准要求。			H
		3）耐压试验后清理			H
		4）100%超声和100%磁粉检测	R		
		2. 套管组件耐压试验			
		1）耐压试验			H
		2）耐压后内部清理		W	
10	出厂检验	1. 法兰密封面检查		W	
		2. 喷砂油漆、外观检查		W	
		3. 敞口接管法兰密封保护以及包装检查		W	
		4. 铭牌、备品备件检查		W	
		5. 充氮保护检查		W	
		6. 标识标记的检查		W	
		7. 随机资料审查	R		

高压容器监造大纲

目 录

前 言 ………………………………………………………………………… 231
1　总则 ……………………………………………………………………… 232
2　原材料 …………………………………………………………………… 234
3　焊接 ……………………………………………………………………… 235
4　无损检测 ………………………………………………………………… 235
5　外观与尺寸检查 ………………………………………………………… 236
6　热处理及试件 …………………………………………………………… 236
7　耐压试验 ………………………………………………………………… 237
8　涂敷包装 ………………………………………………………………… 237
9　主要外购外协件检验要求 ……………………………………………… 238
10　高压容器（单层）驻厂监造主要质量控制点 ………………………… 238

前　言

《高压容器监造大纲》参照 GB/T 1.1—2009《标准化工作导则　第 1 部分：标准的结构和编写》给出的规则起草。

本大纲由中国石油化工集团有限公司物资装备部提出。

本大纲为首次发布。

本大纲起草单位：南京三方化工设备监理有限公司。

本大纲起草人：赵清万、王常青、陈琳、易锋、吴晓俣。

高压容器监造大纲

1 总则

1.1 内容和适用范围。

1.1.1 本大纲主要规定了采购单位（或使用单位）对高压容器制造过程监造的基本内容及要求，是委托驻厂监造的主要依据。

1.1.2 本大纲适用于石油化工工业中使用的高压容器制造过程监造，同类设备可参照使用。

1.1.3 本大纲中具体技术要求如与采购技术文件不一致时，原则上应以采购技术文件为准。

1.2 监造工作的基本要求。

1.2.1 监造人员要求。

1.2.1.1 监造人员应与所在监造单位有正式劳动合同关系。

1.2.1.2 监造人员应严格依据监造委托合同，履行监造职责，完成监造任务。

1.2.1.3 监造人员应持有不低于中国设备监理协会颁发的专业设备监理师资格证书，监造人员有二年（或以上）的监造业务经验，在相应专业岗位工作三年以上。

1.2.1.4 监造人员应熟悉监造物资的制造工艺，掌握制造过程中的质量技术要求和检验试验关键控制点。

1.2.1.5 监造人员在监造活动过程中应遵守有关保密约定和规定。

1.2.1.6 监造人员应遵守制造厂 HSSE 或安全生产管理制度的相关规定，严格执行劳保着装和安全防护要求。

1.2.2 监造工作程序。

1.2.2.1 监造人员在开始监造的 10 个工作日内，对制造厂的人员资质、生产工艺、装备能力和质保体系运行情况进行检查和评估，并向委托方提供质量风险评估报告，明确风险等级（高、中、低、无）。

1.2.2.2 监造单位在收到采购技术文件后，10 个工作日内编制完成《监造大纲》。

1.2.2.3 监造单位在获得设计相关图样、制造工艺、质量控制计划、生产进度计划后，15 日内编制完成《监造实施细则》。

1.2.2.4 监造人员应配备必要的用于平行检查且检定合格的检测器具。

1.2.2.5 监造人员应按委托方的通知或有关要求参加或组织召开预检验会议，与

制造厂对接确定检验试验计划和质量控制点，并经委托方确认。

1.2.2.6 监造人员应组织制造厂质量、技术、生产及经营（项目管理）等相关部门召开监理周例会，通报监造工作情况，协调解决质量进度问题，结合生产进度计划安排后续监造工作，并形成会议纪要。

1.2.2.7 监造人员在监造实施过程中，如发现质量隐患、质量问题以及可能影响交货期的重大因素时，应及时报委托方，并以书面形式通知制造厂，要求制造厂采取有效措施予以整改，若制造厂延误或拒绝整改时，可责令其停工。

1.2.2.8 对于原材料、外购件以及外协加工、外协检测和外协检验试验等过程，监造人员应重点审查质量证明文件、外协单位资质、人员资质、工艺文件和检验试验报告等。并依据监造实施细则和检验试验计划中设置的监造访问点，实施质量控制。

1.2.2.9 实施监造的物资经现场监造人员确认符合标准规范和订单约定后按发货批次开具监造放行单，并报委托方。

1.2.2.10 全部监造工作完成后，应于30日内完成监造总结报告交付委托方。

1.3 监造单位应提交的文件资料。

1.3.1 目录（含页码）（必须）。

1.3.2 产品质量监造报告书（必须）。

1.3.3 监造工作总结（必须）。

1.3.4 监造大纲（必须）。

1.3.5 监造实施细则（必须）。

1.3.6 监造周报（必须）。

1.3.7 设计变更通知及往来函件（如有）。

1.3.8 监造工作联系单（如有）。

1.3.9 监理工程师通知单（如有）。

1.3.10 会议纪要（如有）。

1.3.11 监造放行单（必须）。

1.4 主要编制依据。

1.4.1 TSG 21—2016 固定式压力容器安全技术监察规程。

1.4.2 GB/T 150 压力容器。

1.4.3 GB/T 713 锅炉和压力容器用钢板。

1.4.4 GB/T 26429 设备工程监理规范。

1.4.5 GB/T 30583 承压设备焊后热处理规程。

1.4.6 NB/T 47008 承压设备用碳素钢和合金钢锻件。

1.4.7 NB/T 47013.1 ~ NB/T 47013.13 承压设备无损检测。

1.4.8 NB/T 47014 承压设备焊接工艺评定。

1.4.9　NB/T 47015　压力容器焊接规程。
1.4.10　NB/T47016　承压设备产品焊接试件的力学性能检验。
1.4.11　NB/T 47018　承压设备用焊接材料订货技术条件。
1.4.12　JB 4732—1995　钢制压力容器–分析设计标准（2005年确认）。
1.4.13　JB/T 4711　压力容器涂敷与运输包装。
1.4.14　采购技术文件。

2　原材料

2.1　基本要求。

2.1.1　设备使用的材料应是未使用过的新材料，供应商应符合采购技术文件要求。

2.1.2　用于制造高压容器受压元件的材料必须具有钢材生产单位的钢材质量证明书，且应符合采购技术文件要求。

2.1.3　封头、筒体用板材应符合GB/T 713要求，且不低于采购技术文件要求。钢板需逐张按NB/T 47013.3的规定进行超声检测，钢板质量等级应符合采购技术文件的要求。

2.1.4　锻件应符合NB/T 47008或NB/T 47010要求，且不低于采购技术文件要求。

2.1.5　无缝钢管应符合采购技术文件的规定。

2.1.6　审查M36及以上螺栓螺母等紧固件材料质量证明书，应符合采购技术文件要求。

2.1.7　审查焊接材料质量证明书，焊接材料应符合NB/T 47018的要求，且不低于采购技术文件的要求。

2.1.8　审查非受压元件材料质量证明书，其化学成分、力学性能和其他技术要求应符合相应的国家标准和行业标准的规定。

2.1.9　所有材料的实物标识应与质量证明文件相符。

2.2　检验与试验要求。

2.2.1　检查制造厂在制造前是否已按标准、采购技术文件要求对设备用材料进行了相关复验，监理工程师应现场见证。

2.2.2　对于Ⅳ级锻件，以及不能确定质量证明书的真实性或者对性能和化学成分有怀疑的主要受压元件材料，制造厂应进行复验，符合要求后方可投料使用。

2.2.3　采用境外牌号材料时，制造厂应对材料的化学成分和力学性能进行验证性复验合格后方可投料使用。

2.2.4　所有材料入厂后，应按采购技术文件要求对原材料外观以及尺寸进行检查。

2.2.5　主要受压原件材料代用时，审查制造厂是否具有原设计单位的书面批准，且应在竣工图上做详细记录。

3 焊接

3.1 焊前准备。

3.1.1 焊工作业必须持有相应类别的有效焊接资格证书。

3.1.2 审查焊接工艺文件，受压元件焊缝、与受压元件相焊的焊缝、熔入永久焊缝内的定位焊缝、受压元件母材表面补焊，以及上述焊缝的返修焊缝，应按NB/T 47014进行焊接工艺评定或具有经过评定合格的焊接工艺规程支持。

3.1.3 审查制造厂排版图以及组装工艺，避免出现十字焊缝；组装过程中受压元件不得进行强力组装。

3.1.4 审查焊接工艺，所有A、B类焊接接头均应采用全焊透对接接头型式，对无法进行双面焊的对接接头，应采用氩弧焊打底的单面坡口全焊透结构。所有接管、凸缘与壳体的承压焊缝均应采用全焊透结构。E类焊接接头除结构要求外不允许间断焊。

3.2 焊接检验。

3.2.1 焊接过程中检查焊接参数，焊接参数需严格遵守经审批合格的焊接工艺规程。

3.2.2 焊接过程需严格控制预热温度、层间温度、焊后消氢及中间热处理。

3.2.3 焊接返修前审查是否具有经过审批的焊接返修方案，且焊接工艺是否具有焊接工艺评定支持。

4 无损检测

4.1 基本要求。

4.1.1 审查无损检测人员是否具有相应资格，无损检测前，审查制造厂无损检测工艺，应符合NB/T 47013标准要求。

4.1.2 无损检测前，应根据NB/T 47013编制相应的无损检测工艺。

4.1.3 所有焊缝无损检测时机应按采购技术文件要求执行。

4.2 射线及超声检测。

4.2.1 依据标准、采购技术文件对射线和超声检测报告进行审查，包含如下内容：①A、B类焊接接头应按采购技术文件要求进行射线或TOFD检测，同时应按采购技术文件要求进行超声复验；②$DN \geqslant 250$mm的接管与接管、接管法兰环缝应按标准、采购技术文件要求进行射线检测；③先拼焊后成形的凸形封头，成形后所有拼接焊缝应按采购技术文件要求进行100％射线或TOFD检测；④接管与壳体的D类焊接接头应按采购技术文件要求进行超声检测。合格等级应符合采购技术文件要求。

4.3 表面检测。

4.3.1 依据标准、采购技术文件对表面检测报告进行审查，应包含如下内容：

①A、B、C、D、E类焊接接头应进行100%磁粉或渗透检测（优先选用磁粉检测）；②设备的缺陷修磨或补焊处表面，拆除卡具、拉筋等临时附件割除（附图记录位置）的割痕表面应进行100%磁粉或渗透检测（优先选用磁粉检测），NB/T 47013.4或NB/T 47013.5 Ⅰ级合格。

5 外观与尺寸检查

5.1 外观检查。

5.1.1 检查设备内外表面，不允许存在划伤、疤痕、刻痕及弧坑等缺陷。

5.1.2 检查所有焊接区域，包括对接接头和角接接头的表面，不得有裂纹、气孔和咬边等缺陷，不应有急剧的形状变化，应圆滑过度。

5.1.3 依据标准、图样要求检查角焊缝焊脚尺寸，所有角焊缝应凹形圆滑过渡。

5.1.4 接管端部内口应按采购技术文件要求进行机加工。

5.2 尺寸检查。

5.2.1 检查设备整体外形尺寸，包括接管方位、标高、伸出长度等尺寸及法兰跨中情况检查。液位计两接管距离允差、通过两接管中心垂线的间距以及法兰面的垂直度公差应符合标准、采购技术文件的要求。

5.2.2 筒体成型后直径、圆度、棱角度等尺寸检查。

5.2.3 封头/锥体压制后最小厚度及成型尺寸检查。

5.2.4 焊缝组对尺寸检查。

5.2.5 支座或裙座螺栓孔尺寸检查，热处理后还需对裙座变形情况复查。

5.2.6 法兰密封面加工尺寸及粗糙度检查。

5.2.7 以上尺寸偏差按照相应的标准、采购技术文件要求执行。未注尺寸公差值的机械加工表面和非机械加工表面线性尺寸和角度的极限偏差，应分别符合GB/T 1804中m级和c级的规定。未注形状和位置公差值的机械加工表面和非机械加工表面的形位极限偏差，应分别符合GB/T 1184中K级和L级的规定。

6 热处理及试件

6.1 热处理。

6.1.1 依据GB/T 30583和GB 150对设备的消除应力热处理进行检查：

6.1.2 热处理前应检查以下内容。

6.1.2.1 所有的焊接工作已完成。

6.1.2.2 对内外表面进行外观检查，工装焊接件已去除。

6.1.2.3 进炉前应加装防变形工装，对法兰密封面应采取保护措施以防止法兰密封面氧化和变形。

6.1.2.4 所有无损检测（包含临时工装去除后的部位）已全部合格。

6.1.2.5　热处理工艺用热电偶的数量及布置应符合热处理工艺要求。

6.1.2.6　所有其他应在 PWHT 前完成的检验已全部合格。

6.1.2.7　试件（含母材试件）的数量、摆放位置满足标准、采购技术文件要求。

6.1.3　热处理后审查热处理曲线，热处理温度、保温时间、升降温速率均应满足相应标准、采购技术文件及热处理工艺要求。

6.1.4　热处理后应进行焊缝、热影响区及母材的硬度检测见证，检测结果应符合采购技术文件的相关要求。

6.1.5　热处理后不得直接在受压部件上施焊。

6.2　试件。

6.2.1　依据 GB 150、采购技术文件要求检查母材、产品焊接试件。

6.2.2　焊接试板所用母材及焊材应与实际产品相一致，应采用与所代表焊缝相同的工艺焊接。

6.2.3　见证试件的制备和性能检验，应符合 NB/T 47016、采购技术文件要求。

7　耐压试验

7.1　设备制造完毕后，应进行耐压试验见证，试验方法及检验要求应符合采购技术文件要求。

7.2　耐压试验后应检查内部清洁情况。

8　涂敷包装

8.1　制造完毕后，对设备外表面进行检查，设备外观及除锈应符合标准、采购技术文件要求。

8.2　对油漆的种类、颜色，以及漆膜厚度进行检查，所有参数应符合采购技术文件要求。

8.3　所有敞口接管法兰应按采购技术文件及 JB/T 4711 要求进行密封保护。法兰密封面及紧固件不应涂漆，应涂防锈油脂。

8.4　内陆运输过程中应保持设备内部干燥，避免因潮湿引起设备内部表面产生锈蚀。海上运输及采购技术文件有明确规定充氮保护后运输的，应对设备内部充氮保护进行检查。

8.5　设备标准重心以及方位标识检查，应符合采购技术文件要求。

8.6　备品备件装箱前进行核对检查，数量和规格应与装箱清单一致，同时符合采购技术文件的要求。

8.7　检查设备铭牌，应符合采购技术文件要求。

9 主要外购外协件检验要求

9.1 主要外购外协件供应商应符合采购技术文件要求。

9.2 外购外协件进厂后,应进行尺寸、外观、标识及文件资料核查。

9.3 主要外协件应按采购技术文件要求,采取过程控制(如关键点访问监造)。

10 高压容器(单层)驻厂监造主要质量控制点

10.1 文件见证点(R):由监造人员对设备材料制造过程有关文件、记录或报告进行见证而预先设定的监造质量控制点。

10.2 现场见证点(W):由监造人员对设备材料制造过程、工序、节点或结果进行现场见证而预先设定的监造质量控制点,且应包括相关文件见证点(R)质量控制内容。

10.3 停止点(H):由监造人员见证并签认后才可转入下一个过程、工序或节点而预先设定的监造质量控制点,应包括相关现场见证点(W)和文件见证点(R)质量控制内容。

序号	零部件及工序名称	监造内容	文件见证点(R)	现场见证点(W)	停止点(H)
1	资质审查	1. 制造单位设计、制造资质审查	R		
		2. 制造厂质保体系的审查		W	
		3. 焊工资格审查	R		
		4. 无损检测人员资质审查	R		
		5. 其它人员(如理化)资质审查	R		
		6. 装备能力及完好性检查		W	
2	工艺文件	1. 生产进度计划	R		
		2. 质量计划(检验计划)	R		
		3. 施工图纸及其他设计文件	R		
		4. 制造与组装工艺	R		
		5. 焊接工艺评定	R		
		6. 焊接工艺规程	R		
		7. 热处理工艺	R		
		8. 无损检测工艺	R		
		9. 耐压试验程序	R		
		10. 喷砂油漆程序	R		
		11. 包装方案	R		

（续表）

序号	零部件及工序名称	监造内容	文件见证点（R）	现场见证点（W）	停止点（H）
3	材料	1. 板材、锻件			
		1）质量证明书			
		A. 化学成分	R		
		B. 力学性能（含工艺性能）	R		
		C. 无损检测	R		
		D. 供货状态	R		
		E. 锻造比（锻件）	R		
		F. 锻件热处理（锻件）	R		
		G. 外观、尺寸及材料标识		W	
		2）复验		W	
		2. 管件			
		1）质量证明书	R		
		2）尺寸及外观		W	
		3. 焊材			
		1）质量证明书	R		
		2）规格、型号		W	
		3）复验		W	
		4. 外购件			
		1）质量证明书	R		
		2）外观、尺寸		W	
		5. 外协件			
		1）加工记录或报告	R		
		2）外观、尺寸		W	
4	冷、热加工	1. 成型及制造公差		W	
		2. 坡口尺寸		W	
		3. 各段筒体/锥体加工尺寸		W	
		4. 错边量、圆度、直线度		W	
		5. 封头检查：外观标识及尺寸		W	
5	母材试件	1. 试件数量		W	
		2. 受热史	R		
		3. 力学性能		W	
6	焊接	1. 焊接工艺检查	R		

（续表）

序号	零部件及工序名称	监造内容	文件见证点（R）	现场见证点（W）	停止点（H）
6	焊接	2. 焊前预热及焊后热处理		W	
		3. 焊接材料		W	
		4. 焊接工艺执行		W	
		5. 焊缝外观检查		W	
		6. 焊后尺寸检查		W	
		7. 焊缝返修检查		W	
7	无损检测	1. RT 片或 TOFD 报告审查	R		
		2. UT 检测报告	R		
		3. MT、PT 检测报告	R		
8	方位尺寸	1. 管方位、伸出长度及标高			H
		2. 外形总体尺寸			H
		3. 法兰尺寸及密封面粗糙度		W	
		4. 支座/鞍座/裙座螺栓孔尺寸（裙座需在热处理后复查）			H
		5. 内部和外部附件方位及偏差			H
		6. 设备整体外观检查			H
9	热处理	1. 热电偶数量布置、设备防护、试件数量等热处理前检查			H
		2. 热处理报告及曲线审查	R		
10	硬度检测	热处理后焊接接头硬度检测		W	
11	产品焊接试件	1. 受热史（同产品）	R		
		2. 力学性能		W	
12	耐压与泄漏试验	1. 耐压试验			H
		2. 泄漏试验（如有）			H
		3. 耐压试验后内部清理		W	
13	出厂检验	1. 法兰密封面检查		W	
		2. 喷砂油漆、外观检查		W	
		3. 敞口接管法兰密封保护以及包装检查		W	
		4. 铭牌、备品备件检查		W	
		5. 充氮保护检查		W	
		6. 标识标记的检查		W	
		7. 随机资料审查	R		

高压容器(多层包扎)监造大纲

目 录

前 言 ··· 243
1　总则 ·· 244
2　原材料 ·· 246
3　焊接 ·· 247
4　无损检测 ·· 247
5　外观与尺寸检查 ·· 248
6　热处理及试件 ·· 249
7　耐压试验 ·· 250
8　涂敷包装 ·· 250
9　主要外购外协件检验要求 ·· 251
10　高压容器（多层包扎）驻厂监造主要质量控制点 ························ 251

前　言

《高压容器（多层包扎）监造大纲》参照 GB/T 1.1—2009《标准化工作导则　第1部分：标准的结构和编写》给出的规则起草。

本大纲由中国石油化工集团有限公司物资装备部提出。

本大纲为首次发布。

本大纲起草单位：南京三方化工设备监理有限公司。

本大纲起草人：赵清万、李辉、易锋、王常青、吴晓俣。

高压容器（多层包扎）监造大纲

1 总则

1.1 内容和适用范围。

1.1.1 本大纲主要规定了采购单位（或使用单位）对多层包扎高压容器制造过程监造的基本内容及要求，是委托驻厂监造的主要依据。

1.1.2 本大纲适用于石油化工工业中使用的多层筒节包扎和多层整体包扎高压容器制造过程监造，同类设备可参照使用。

1.1.3 本大纲中具体技术要求如与采购技术文件不一致时，原则上应以采购技术文件为准。

1.2 监造工作的基本要求。

1.2.1 监造人员要求。

1.2.1.1 监造人员应与所在监造单位有正式劳动合同关系。

1.2.1.2 监造人员应严格依据监造委托合同，履行监造职责，完成监造任务。

1.2.1.3 监造人员应持有不低于中国设备监理协会颁发的专业设备监理师资格证书，监造人员有二年（或以上）的监造业务经验，在相应专业岗位工作三年以上。

1.2.1.4 监造人员应熟悉监造物资的制造工艺，掌握制造过程中的质量技术要求和检验试验关键控制点。

1.2.1.5 监造人员在监造活动过程中应遵守有关保密约定和规定。

1.2.1.6 监造人员应遵守制造厂HSSE或安全生产管理制度的相关规定，严格执行劳保着装和安全防护要求。

1.2.2 监造工作程序。

1.2.2.1 监造人员在开始监造的10个工作日内，对制造厂的人员资质、生产工艺、装备能力和质保体系运行情况进行检查和评估，并向委托方提供质量风险评估报告，明确风险等级（高、中、低、无）。

1.2.2.2 监造单位在收到采购技术文件后，10个工作日内编制完成《监造大纲》。

1.2.2.3 监造单位在获得设计相关图样、制造工艺、质量控制计划、生产进度计划后，15日内编制完成《监造实施细则》。

1.2.2.4 监造人员应配备必要的用于平行检查且检定合格的检测器具。

1.2.2.5 监造人员应按委托方的通知或有关要求参加或组织召开预检验会议，与

制造厂对接确定检验试验计划和质量控制点，并经委托方确认。

1.2.2.6　监造人员应组织制造厂质量、技术、生产及经营（项目管理）等相关部门召开监理周例会，通报监造工作情况，协调解决质量进度问题，结合生产进度计划安排后续监造工作，并形成会议纪要。

1.2.2.7　监造人员在监造实施过程中，如发现质量隐患、质量问题以及可能影响交货期的重大因素时，应及时报委托方，并以书面形式通知制造厂，要求制造厂采取有效措施予以整改，若制造厂延误或拒绝整改时，可责令其停工。

1.2.2.8　对于原材料、外购件以及外协加工、外协检测和外协检验试验等过程，监造人员应重点审查质量证明文件、外协单位资质、人员资质、工艺文件和检验试验报告等。并依据监造实施细则和检验试验计划中设置的监造访问点，实施质量控制。

1.2.2.9　实施监造的物资经现场监造人员确认符合标准规范和订单约定后按发货批次开具监造放行单，并报委托方。

1.2.2.10　全部监造工作完成后，应于30日内完成监造总结报告交付委托方。

1.3　监造单位应提交的文件资料。

1.3.1　目录（含页码）（必须）。

1.3.2　产品质量监造报告书（必须）。

1.3.3　监造工作总结（必须）。

1.3.4　监造大纲（必须）。

1.3.5　监造实施细则（必须）。

1.3.6　监造周报（必须）。

1.3.7　设计变更通知及往来函件（如有）。

1.3.8　监造工作联系单（如有）。

1.3.9　监理工程师通知单（如有）。

1.3.10　会议纪要（如有）。

1.3.11　监造放行单（必须）。

1.4　主要编制依据。

1.4.1　TSG 21—2016 固定式压力容器安全技术监察规程。

1.4.2　GB/T 150 压力容器。

1.4.3　GB/T 713 锅炉和压力容器用钢板。

1.4.4　HG 3129—1998 整体多层夹紧式高压容器。

1.4.5　HG/T 20584 钢制化工容器制造技术要求。

1.4.6　GB/T 26429 设备工程监理规范。

1.4.7　GB/T 30583 承压设备焊后热处理规程。

1.4.8　NB/T 47008 承压设备用碳素钢和合金钢锻件。

1.4.9　NB/T 47013.1～NB/T 47013.13 承压设备无损检测。

1.4.10　NB/T 47014 承压设备焊接工艺评定。

1.4.11　NB/T 47015 压力容器焊接规程。

1.4.12　NB/T 47018 承压设备用焊接材料订货技术条件。

1.4.13　JB 4732—1995 钢制压力容器-分析设计标准（2005年确认）。

1.4.14　JB/T 4711 压力容器涂敷与运输包装。

1.4.15　采购技术文件。

2　原材料

2.1　基本要求。

2.1.1　检查原材料，设备使用的材料应是未使用过的新材料，供应商应符合采购技术文件要求；所有材料的实物标识以及标记移植内容应与质量证明文件相符。

2.1.2　审查板材质量证明书，封头、内筒用板材应符合 GB/T 713 要求，且不低于采购技术文件要求。钢板需逐张按 NB/T 47013.3 的规定进行超声检查，封头用钢板质量等级应不低于Ⅱ级，内筒用钢板质量等级应不低于Ⅰ级。用于内筒的 Q245R 和 Q345R 板材应在正火状态下使用。内筒钢板按每张热处理钢板进行拉伸和Ⅴ型缺口冲击试验。层板用板材应符合采购技术文件要求。

2.1.3　锻件应符合 NB/T 47008 或 NB/T 47010 要求，且不低于采购技术文件要求。

2.1.4　审查钢管质量证明书，设备所用钢管应符合采购技术文件的规。

2.1.5　螺栓（柱）、螺母材料应符合 GB/T 699、GB/T 3077 要求，且不低于采购技术文件要求。

2.1.6　焊接材料应符合 NB/T 47018 的要求，且不低于采购技术文件的要求。

2.1.7　审查非受压元件材料质量证明书，其化学成分、力学性能和其他技术要求应符合相应的国家标准和行业标准的规定。

2.1.8　所有材料的实物标识应与质量证明文件相符。

2.2　检验与试验要求。

2.2.1　检查制造厂在制造前是否已按标准、采购技术文件要求对设备用材料进行了相关复验，监理工程师应现场见证。

2.2.2　对于Ⅳ级锻件，以及不能确定质量证明书的真实性或者对性能和化学成分有怀疑的主要受压元件材料，制造厂应进行复验，符合要求后方可投料使用。

2.2.3　采用境外牌号材料时，制造厂应对材料的化学成分和力学性能进行验证性复验，符合固容规的要求后方可投料使用。

2.2.4　用于制造压力容器受压原件的材料在分割前应当进行标志移植。

2.2.5　所有材料入厂后，应按采购技术文件要求对原材料外观以及尺寸进行检查。

2.2.6　主要受压原件材料代用时，审查制造厂是否具有原设计单位的书面批准，且应在竣工图上做详细记录。

3 焊接

3.1 焊前准备。

3.1.1 焊工作业必须持有相应类别的有效焊接资格证书。

3.1.2 审查焊接工艺文件，受压元件焊缝、与受压元件相焊的焊缝、熔入永久焊缝内的定位焊缝、受压元件母材表面补焊，以及上述焊缝的返修焊缝，应按NB/T 47014进行焊接工艺评定或具有经过评定合格的焊接工艺规程支持。

3.1.3 审查制造厂排版图以及组装工艺，避免出现十字焊缝；组装过程中受压元件不得进行强力组装。

3.1.4 审查焊接工艺，所有A、B类焊接接头均应采用全焊透对接接头型式，对无法进行双面焊的对接接头，应采用氩弧焊打底的单面坡口全焊透结构。所有接管、凸缘与壳体的承压焊缝均应采用全焊透结构。E类焊接接头除结构要求外不允许间断焊。

3.2 焊接检验。

3.2.1 焊接过程中检查焊接参数，焊接参数需严格遵守经审批合格的焊接工艺规程。

3.2.2 焊接返修前审查是否具有经过审批的焊接返修方案，且焊接工艺是否具有焊接工艺评定支持。

3.2.3 设备热处理后如进行焊接返修，需审查是否具有用户的书面同意，返修后还需对返修部位重新热处理。

3.2.4 包扎前应清除内筒、已包扎和待包扎层板外表面的铁锈、油污和其他影响贴合的杂物。

3.2.5 层板的焊接接头修磨后不得存在裂纹、咬边和密集气孔。

3.2.6 包扎下一层层板前，应将前一层焊缝修磨平滑。

3.2.7 内筒纵向焊接接头与各层层板C类焊接接头应均匀错开；内筒环向焊接接头与各层层板环向焊接接头应相互错开，且相邻层板环向焊接接头间的最小距离应大于图样要求。所有焊缝应磨平。

3.2.8 各层层板与端部法兰或封头的连接，其对口错边量应符合采购技术条件要求。

3.2.9 层板松动面积按采购技术文件要求进行检查。

3.2.10 检查每个多层筒节层板上的加工排气孔。

4 无损检测

4.1 基本要求。

4.1.1 审查无损检测人员是否具有相应资格，无损检测前，审查制造厂无损检测工艺，应符合NB/T 47013标准要求。

4.1.2 无损检测前，应根据 NB/T 47013 编制相应的无损检测工艺。

4.2 射线及超声检测。

4.2.1 依据标准、采购技术文件对射线和超声检测报告进行审查，包含如下内容：①层板的拼接接头，整体包扎内筒的 A、B 类焊接接头，各层层板与端部法兰或封头的焊接接头及最外层层板的纵向和环向焊接接头；筒节包扎内筒的 A 类焊接接头，应进行全部 100% 射线或超声检测。② $DN \geqslant 250mm$ 的接管与接管、接管法兰环缝应按标准、采购技术文件要求进行射线检测；③先拼焊后成形的凸形封头，成形后所有拼接焊缝应按采购技术文件要求进行 100% 射线或 TOFD 检测；④接管与壳体的 D 类焊接接头应按采购技术文件要求进行超声检测。合格等级应符合采购技术文件要求。

4.3 表面检测。

4.3.1 依据标准、采购技术文件对表面检测报告进行审查，应包含如下内容：①A、B、C、D、E 类焊接接头应进行 100% 磁粉或渗透检测（优先选用磁粉检测）；②设备的缺陷修磨或补焊处表面，拆除卡具、拉筋等临时附件割除（附图记录位置）的割痕表面应进行 100% 磁粉或渗透检测（优先选用磁粉检测），NB/T 47013.4 或 NB/T 47013.5 Ⅰ级合格。

5 外观与尺寸检查

5.1 外观检查。

5.1.1 检查设备内外表面，不允许存在划伤、疤痕、刻痕及弧坑等缺陷。

5.1.2 检查所有焊接区域，包括对接接头和角接接头的表面，不得有裂纹、气孔和咬边等缺陷，不应有急剧的形状变化，应圆滑过渡。

5.1.3 依据标准、图样要求检查角焊缝焊脚尺寸，所有角焊缝应凹形圆滑过渡。

5.1.4 接管端部内口应按采购技术文件要求进行加工。

5.2 尺寸检查。

5.2.1 检查设备整体外形尺寸，包括接管方位、标高、伸出长度等尺寸及法兰跨中情况检查。液位计两接管距离允差、通过两接管中心垂线的间距以及法兰面的垂直度公差应符合标准、采购技术文件的要求。

5.2.2 筒体成型后直径、圆度、棱角度等尺寸检查。

5.2.3 封头/锥体压制后最小厚度及成型尺寸检查。

5.2.4 焊缝组对尺寸检查。

5.2.5 支座或裙座螺栓孔尺寸检查，热处理后还需对裙座变形情况复查。

5.2.6 法兰密封面加工尺寸及粗糙度检查。

5.2.7 层板包扎后应进行松动面积检查。

5.2.8 多层整体包扎设备要求。

5.2.8.1 内筒之间的B类焊接接头对口错边量应不大于1.5mm；内筒与端部法兰或封头的连接，其对口错边量应不大于1.0mm；

5.2.8.2 内筒或组装内筒A、B类焊接接头外表面应加工或修磨，使之与母材表面圆滑过渡；

5.2.8.3 内筒A、B类焊接接头处形成的棱角E不得大于1.5mm；

5.2.8.4 组装内筒的直线度允差不得大于筒体长度的0.1%，且不大于6mm；

5.2.8.5 内筒外圆周长允差小于或等于$0.3\%D_i$，且不大于3mm；

5.2.8.6 内筒筒节组对时，相邻筒节A类接头中心的距离或封头A类接头的端点与相邻筒节A类接头中心的距离应大于100mm；

5.2.8.7 筒体的长度允差，筒体长度不大于10m时，允差为±15mm；筒体长度大于10m时，允差为±20mm；

5.2.8.8 层板允许拼接时，拼接块数不多于3块，且最小拼接宽度不小于500mm，拼接接头两表面必须打磨与母材平齐；

5.2.8.9 层板周向尺寸应按所夹紧内筒筒体的实测周长下料。周长在考虑焊接接头间隙后，只允许负偏差，且数值不大于3mm；

5.2.8.10 层板筒节轴向长度应使每层层板的环向接头相互错开，且外层层板的环向接头与内层层板的环向接头错开的最小距离按图样的要求；

5.2.8.11 层板两对边的平行度及相邻两边的垂直度偏差按GB/T 1184中的L级要求；

5.2.8.12 每层层板的纵向接头应均匀错开，相邻层板的纵向接头夹角应不大于图样给出值；

5.2.8.13 层板纵向接头根部间隙的要求是6～14mm；层板环向接头根部间隙的要求是6～8mm。

5.2.9 多层筒节包扎设备要求。

5.2.9.1 筒节组对的错边量应按内筒厚度执行。

5.2.9.2 筒体的直线度允差偏差每6m长不得大于6mm，且累计偏差不得大于筒体长度的0.05%，且不大于15mm。

5.2.10 以上尺寸偏差按照相应的标准、采购技术文件要求执行。未注尺寸公差值的机械加工表面和非机械加工表面线性尺寸和角度的极限偏差，应分别符合GB/T 1804中m级和c级的规定。未注形状和位置公差值的机械加工表面和非机械加工表面的形位极限偏差，应分别符合GB/T 1184中K级和L级的规定。

6 热处理及试件

6.1 热处理。

6.1.1 依据GB/T 30583和GB/T 150对设备的消除应力热处理进行检查：①碳钢和低合金钢内筒的A类焊接接头应进行消除应力处理，内筒焊接试板应随炉热处理；

②内筒与端部法兰相连的B类焊接接头热处理要求按GB150规定；③球形封头与接管（或支撑圈）相连的焊接接头应进行焊后消除应力处理。

6.1.2 热处理前应检查以下内容。

6.1.2.1 所有的焊接工作已完成。

6.1.2.2 对内外表面进行外观检查，工装焊接件已去除。

6.1.2.3 进炉前应加装防变形工装，对法兰密封面应采取保护措施以防止法兰密封面氧化和变形。

6.1.2.4 所有无损检测（包含临时工装去除后的部位）已全部合格。

6.1.2.5 热处理工艺用热电偶的数量及布置应符合热处理工艺要求。

6.1.2.6 所有其他应在PWHT前完成的检验已全部合格。

6.1.2.7 试件（含母材试件）的数量、摆放位置满足标准、采购技术文件要求。

6.1.3 热处理后审查热处理曲线，热处理温度、保温时间、升降温速率均应满足相应标准、采购技术文件及热处理工艺要求。

6.1.4 热处理后应进行焊缝、热影响区及母材的硬度检测见证，检测结果应符合采购技术文件的相关要求。

6.1.5 热处理后不得直接在受压部件上施焊。

6.2 试件。

6.2.1 依据GB/T 150、采购技术文件要求检查母材、产品焊接试件。

6.2.2 对于多层整体包扎设备，内筒应制备产品焊接试板。

6.2.3 对于多层筒节包扎设备，应分别制备内筒和层板的焊接试板。

6.2.4 见证试件的制备和性能检验，应符合NB/T 47016、采购技术文件要求。

7 耐压试验

7.1 设备制造完毕后，应进行耐压试验见证，试验方法及检验要求应符合采购技术文件要求。

7.2 耐压试验后应检查内部清洁情况。

8 涂敷包装

8.1 制造完毕后，对设备外表面进行检查，设备外观及除锈应符合标准、采购技术文件要求。受压元件不允许敲打、刻制材料标记及焊工钢印。

8.2 对油漆的种类、颜色，以及漆膜厚度进行检查，所有参数应符合采购技术文件要求。

8.3 所有敞口接管法兰应按采购技术文件及JB/T 4711要求进行密封保护。法兰密封面及紧固件不应涂漆，应涂防锈油脂。

8.4 内陆运输过程中应保持设备内部干燥，避免因潮湿引起设备内部表面产生锈蚀。海上运输及采购技术文件有明确规定充氮保护后运输的，应对设备内部充氮保护进行检查。

8.5 设备标准重心以及方位标识检查，应符合采购技术文件要求。

8.6 备品备件装箱前进行核对检查，数量和规格应与装箱清单一致，同时符合采购技术文件的要求。

8.7 检查设备铭牌，应符合采购技术文件要求。

9 主要外购外协件检验要求

9.1 主要外购外协件供应商应符合采购技术文件要求。

9.2 外购外协件进厂后，应进行尺寸、外观、标识及文件资料核查。

9.3 主要外协件应按采购技术文件要求，采取过程控制（如关键点访问监造）。

10 高压容器（多层包扎）驻厂监造主要质量控制点

10.1 文件见证点（R）：由监造人员对设备材料制造过程有关文件、记录或报告进行见证而预先设定的监造质量控制点。

10.2 现场见证点（W）：由监造人员对设备材料制造过程、工序、节点或结果进行现场见证而预先设定的监造质量控制点，且应包括相关文件见证点（R）质量控制内容。

10.3 停止点（H）：由监造人员见证并签认后才可转入下一个过程、工序或节点而预先设定的监造质量控制点，应包括相关现场见证点（W）和文件见证点（R）质量控制内容。

序号	零部件及工序名称	监造内容	文件见证点（R）	现场见证点（W）	停止点（H）
1	资质审查	1. 制造单位设计、制造资质审查	R		
		2. 制造厂质保体系的审查		W	
		3. 焊工资格审查	R		
		4. 无损检测人员资质审查	R		
		5. 其它人员（如理化）资质审查	R		
		6. 装备能力及完好性检查		W	
2	工艺文件	1. 生产进度计划	R		
		2. 质量计划（检验计划）	R		
		3. 施工图纸及其他设计文件	R		
		4. 制造与组装工艺	R		
		5. 焊接工艺评定	R		

（续表）

序号	零部件及工序名称	监造内容	文件见证点（R）	现场见证点（W）	停止点（H）
2	工艺文件	6. 焊接工艺规程	R		
		7. 热处理工艺	R		
		8. 无损检测工艺	R		
		9. 耐压试验程序	R		
		10. 喷砂油漆程序	R		
		11. 包装方案	R		
3	原材料	1. 板材、锻件			
		1）质量证明书			
		A. 化学成分	R		
		B. 力学性能（含工艺性能）	R		
		C. 无损检测	R		
		D. 供货状态	R		
		E. 锻造比（锻件）	R		
		F. 锻件热处理（锻件）	R		
		G. 外观、尺寸及材料标识		W	
		2）复验		W	
		2. 封头			
		1）质量证明书	R		
		2）外观、尺寸及材料标识		W	
		3. 管件			
		1）质量证明书	R		
		2）外观、尺寸及材料标识		W	
		4. 焊材			
		1）质量证明书	R		
		2）复验		W	
		5. 外购件			
		1）质量证明书	R		
		2）外观、尺寸		W	
		6. 外协件			
		1）加工记录或报告	R		
		2）外观、尺寸		W	

（续表）

序号	零部件及工序名称	监造内容	文件见证点（R）	现场见证点（W）	停止点（H）
4	冷、热加工	1. 成型及制造公差		W	
		2. 坡口尺寸		W	
		3. 各段筒体/锥体加工尺寸		W	
		4. 错边量、圆度、直线度		W	
5	母材试件	1. 试件数量		W	
		2. 受热史		W	
		3. 力学性能		W	
6	焊接	1. 焊接工艺检查	R		
		2. 焊前预热及焊后热处理		W	
		3. 焊接材料		W	
		4. 焊接工艺执行		W	
		5. 焊缝外观检查		W	
		6. 焊后尺寸检查		W	
		7. 焊缝返修检查		W	
7	无损检测	1. RT 或 TOFD 检测报告	R		
		2. UT 检测报告	R		
		3. MT、PT 检测报告	R		
8	方位尺寸	1. 管方位、伸出长度及标高			H
		2. 外形总体尺寸			H
		3. 法兰尺寸及密封面粗糙度		W	
		4. 支座/鞍座/裙座螺栓孔尺寸（裙座需在热处理后复查）			H
		5. 内筒尺寸检查			H
		6. 层板组装尺寸检查			H
		7. 内部和外部附件方位及偏差			H
		8. 设备整体外观检查			H
9	热处理	1. 热电偶数量布置、设备防护、试件数量等热处理前检查			H
		2. 热处理报告及曲线审查	R		
10	硬度检测	热处理后焊接接头硬度检测		W	

（续表）

序号	零部件及工序名称	监造内容	文件见证点（R）	现场见证点（W）	停止点（H）
11	产品焊接试件	1. 受热史（同产品）	R		
		2. 力学性能		W	
12	耐压与泄漏试验	1. 耐压试验			H
		2. 泄漏试验（如有）			H
		3. 耐压后内部清理		W	
13	出厂检验	1. 法兰密封面检查		W	
		2. 喷砂油漆、外观检查		W	
		3. 敞口接管法兰密封保护以及包装检查		W	
		4. 铭牌、备品备件检查		W	
		5. 充氮保护检查		W	
		6. 标识标记的检查		W	
		7. 随机资料审查	R		

低温容器
监造大纲

目 录

前 言 ··· 257
1 总则 ··· 258
2 原材料 ·· 260
3 焊接 ··· 261
4 无损检测 ·· 261
5 外观与尺寸检查 ·· 262
6 热处理及试件 ·· 262
7 耐压试验 ·· 263
8 涂敷包装 ·· 263
9 主要外购外协件检验要求 ··· 264
10 低温容器驻厂监造主要质量控制点 ···································· 264

前　言

《低温容器监造大纲》参照 GB/T 1.1—2009《标准化工作导则　第1部分：标准的结构和编写》给出的规则起草。

本大纲由中国石油化工集团有限公司物资装备部提出。

本大纲为首次发布。

本大纲起草单位：南京三方化工设备监理有限公司。

本大纲起草人：赵清万、李辉、易锋、王常青、陈琳。

低温容器监造大纲

1 总则

1.1 内容和适用范围。

1.1.1 本大纲主要规定了采购单位(或使用单位)对设计温度在-20℃以下(低温低应力工况的除外)的低温容器制造过程监造的基本内容及要求,是委托驻厂监造的主要依据。

1.1.2 本大纲适用于石油化工工业中使用的设计温度在-20℃以下(低温低应力工况的除外)低温容器制造过程监造,同类设备可参照使用。

1.1.3 本大纲中具体技术要求如与采购技术文件不一致时,原则上应以采购技术文件为准。

1.2 监造工作的基本要求。

1.2.1 监造人员要求。

1.2.1.1 监造人员应与所在监造单位有正式劳动合同关系。

1.2.1.2 监造人员应严格依据监造委托合同,履行监造职责,完成监造任务。

1.2.1.3 监造人员应持有不低于中国设备监理协会颁发的专业设备监理师资格证书,监造人员有二年(或以上)的监造业务经验,在相应专业岗位工作三年以上。

1.2.1.4 监造人员应熟悉监造物资的制造工艺,掌握制造过程中的质量技术要求和检验试验关键控制点。

1.2.1.5 监造人员在监造活动过程中应遵守有关保密约定和规定。

1.2.1.6 监造人员应遵守制造厂HSSE或安全生产管理制度的相关规定,严格执行劳保着装和安全防护要求。

1.2.2 监造工作程序。

1.2.2.1 监造人员在开始监造的10个工作日内,对制造厂的人员资质、生产工艺、装备能力和质保体系运行情况进行检查和评估,并向委托方提供质量风险评估报告,明确风险等级(高、中、低、无)。

1.2.2.2 监造单位在收到采购技术文件后,10个工作日内编制完成《监造大纲》。

1.2.2.3 监造单位在获得设计相关图样、制造工艺、质量控制计划、生产进度计划后,15日内编制完成《监造实施细则》。

1.2.2.4 监造人员应配备必要的用于平行检查且检定合格的检测器具。

1.2.2.5 监造人员应按委托方的通知或有关要求参加或组织召开预检验会议，与制造厂对接确定检验试验计划和质量控制点，并经委托方确认。

1.2.2.6 监造人员应组织制造厂质量、技术、生产及经营（项目管理）等相关部门召开监理周例会，通报监造工作情况，协调解决质量进度问题，结合生产进度计划安排后续监造工作，并形成会议纪要。

1.2.2.7 监造人员在监造实施过程中，如发现质量隐患、质量问题以及可能影响交货期的重大因素时，应及时报委托方，并以书面形式通知制造厂，要求制造厂采取有效措施予以整改，若制造厂延误或拒绝整改时，可责令其停工。

1.2.2.8 对于原材料、外购件以及外协加工、外协检测和外协检验试验等过程，监造人员应重点审查质量证明文件、外协单位资质、人员资质、工艺文件和检验试验报告等。并依据监造实施细则和检验试验计划中设置的监造访问点，实施质量控制。

1.2.2.9 实施监造的物资经现场监造人员确认符合标准规范和订单约定后，按发货批次开具监造放行单，并报委托方。

1.2.2.10 全部监造工作完成后，应于30日内完成监造总结报告交付委托方。

1.3 监造单位应提交的文件资料。

1.3.1 目录（含页码）（必须）。

1.3.2 产品质量监造报告书（必须）。

1.3.3 监造工作总结（必须）。

1.3.4 监造大纲（必须）。

1.3.5 监造实施细则（必须）。

1.3.6 监造周报（必须）。

1.3.7 设计变更通知及往来函件（如有）。

1.3.8 监造工作联系单（如有）。

1.3.9 监造工程师通知单（如有）。

1.3.10 会议纪要（如有）。

1.3.11 监造放行单（必须）。

1.4 主要编制依据。

1.4.1 TSG 21—2016 固定式压力容器安全技术监察规程。

1.4.2 GB/T 150 压力容器。

1.4.3 GB/T 3531 低温压力容器用钢板。

1.4.4 GB/T 26429 设备工程监理规范。

1.4.5 GB/T 30583 承压设备焊后热处理规程。

1.4.6 NB/T 47009 低温承压设备用低合金钢锻件。

1.4.7 NB/T 47013.1 ~ NB/T 47013.13 承压设备无损检测。

1.4.8 NB/T 47014 承压设备焊接工艺评定。

1.4.9　NB/T 47015　压力容器焊接规程。
1.4.10　NB/T 47018　承压设备用焊接材料订货技术条件。
1.4.11　JB 4732—1995　钢制压力容器–分析设计标准（2005年确认）。
1.4.12　JB/T 4711　压力容器涂敷与运输包装。
1.4.13　采购技术文件。

2　原材料

2.1　基本要求。

2.1.1　检查原材料，设备使用的材料应是未使用过的新材料，供应商应符合采购技术文件要求；所有材料的实物标识以及标记移植内容应与质量证明文件相符。对于低温板和低温锻件，应采用炉外精炼工艺。所有材料的实物标识应与质量证明文件相符。

2.1.2　审查板材质量证明书，设备所用钢板应符合 GB/T 3531 或 ASME SEC Ⅱ 要求，且不低于采购技术文件的要求。

2.1.3　审查钢管质量证明书，设备所用钢管应符合图样规定所采用无缝钢管标准的要求，且不低于采购技术文件要求。

2.1.4　审查锻件质量证明书，锻件应符合 NB/T 47009 或 ASME SECII 的要求，且不低于采购技术文件要求。

2.1.5　审查 M36 及以上螺栓螺母等紧固件材料质量证明书，应符合标准、采购技术文件要求。

2.1.6　审查焊接材料质量证明书，焊接材料应符合 NB/T 47018 或 ASME SECII 的要求，且不低于采购技术文件的要求。

2.1.7　审查非受压元件材料质量证明书，必须具有出厂合格证和质量证明书，其化学成分、力学性能和其他技术要求应符合相应的国家标准和行业标准的规定。

2.2　检验与试验要求。

2.2.1　检查制造厂在制造前是否已按标准、采购技术文件要求对设备用材料进行了相关复验，监理工程师应现场见证。低温冲击的试件取样位置、缺口方向以及试验温度均应符合相应标准、采购技术文件的要求。

2.2.2　所有材料入厂后，应按采购技术文件要求对原材料外观以及尺寸进行检查。

2.2.3　主要受压原件材料代用时，审查制造厂是否具有原设计单位的书面批准，且应在竣工图上做详细记录。

2.2.4　制造过程中如改变受压元件的供货状态，应根据标准、采购技术文件审查该受压元件恢复材料力学性能热处理报告，同时审查热处理后的材料性能试验报告，结果应符合采购技术文件要求。

3 焊接

3.1 焊前准备。

3.1.1 焊工作业必须持有相应类别的有效焊接资格证书。

3.1.2 审查焊接工艺文件，受压元件焊缝、与受压元件相焊的焊缝、熔入永久焊缝内的定位焊缝、受压元件母材表面补焊，以及上述焊缝的返修焊缝，应按NB/T 47014进行焊接工艺评定或具有经过评定合格的焊接工艺规程支持。

3.1.3 审查制造厂排版图以及组装工艺，避免出现十字焊缝；组装过程中受压元件不得进行强力组装。

3.1.4 审查焊接工艺，所有A、B类焊接接头均应采用全焊透对接接头型式，对无法进行双面焊的对接接头，应采用氩弧焊打底的单面坡口全焊透结构。所有接管、凸缘与壳体的承压焊缝均应采用全焊透结构。E类焊接接头除结构要求外不允许间断焊。

3.2 焊接检验。

3.2.1 焊接过程中检查焊接参数，焊接参数需严格遵守经审批合格的焊接工艺规程。控制线能量及层间温度，在工艺评定确认范围内，应选用较小的线能量，采用多层多道焊。

3.2.2 焊接返修前审查是否具有经过审批的焊接返修方案，且焊接工艺是否具有焊接工艺评定支持。

3.2.3 设备热处理后如进行焊接返修，需审查是否具有用户的书面同意，返修后还需对返修部位重新热处理。

4 无损检测

4.1 基本要求。

4.1.1 审查无损检测人员是否具有相应资格，无损检测前，审查制造厂无损检测工艺，应符合NB/T 47013标准要求。

4.2 射线及超声检测。

4.2.1 依据标准、采购技术文件对射线和超声检测报告进行审查，包含如下内容：①A、B类焊接接头应按采购技术文件要求进行射线或TOFD检测，同时应按采购技术文件要求进行超声复验；②$DN \geqslant 250mm$的接管与接管、接管法兰环缝应按标准、采购技术文件要求进行射线检测；③先拼焊后成型的凸形封头，成形后所有拼接焊缝应按采购技术文件要求进行100%射线或TOFD检测；④接管与筒体的D类焊接接头应按采购技术文件要求进行UT检测。合格等级应符合标准、采购技术文件要求。

4.3 表面检测

4.3.1 依据标准、采购技术文件对表面检测报告进行审查，应包含如下内容：①A、B、C、D、E类焊接接头应进行100%磁粉或渗透检测（优先选用磁粉检测）；②设备的缺陷修磨或补焊处表面，拆除卡具、拉筋等临时附件割除（附图记录位置）的割痕表面应进行100%磁粉或渗透检测（优先选用磁粉检测），NB/T 47013 Ⅰ级合格。

5 外观与尺寸检查

5.1 外观检查。

5.1.1 检查设备内外表面，不允许存在划伤、疤痕、刻痕及弧坑等缺陷。

5.1.2 检查所有焊接区域，包括对接接头和角接接头的表面，不得有裂纹、气孔和咬边等缺陷，不应有急剧的形状变化，应圆滑过度。

5.1.3 依据标准、图样要求检查角焊缝焊脚尺寸，所有角焊缝应凹形圆滑过渡。

5.1.4 接管端部内口应按采购技术文件要求进行倒圆。

5.2 尺寸检查。

5.2.1 检查设备整体外形尺寸，包括接管方位、标高、伸出长度等尺寸及法兰跨中情况检查。液位计两接管距离允差、通过两接管中心垂线的间距以及法兰面的垂直度公差应符合标准、采购技术文件的要求。

5.2.2 筒体成型后直径、圆度、棱角度等尺寸检查。

5.2.3 封头/锥体压制后最小厚度及成型尺寸检查。

5.2.4 焊缝组对尺寸检查。

5.2.5 支座或裙座螺栓孔尺寸检查，热处理后还需对裙座变形情况复查。

5.2.6 法兰密封面加工尺寸及粗糙度检查。

5.2.7 以上尺寸偏差按照相应的标准、采购技术文件要求执行。未注尺寸公差值的机械加工表面和非机械加工表面线性尺寸和角度的极限偏差，应分别符合GB/T 1804中m级和c级的规定。未注形状和位置公差值的机械加工表面和非机械加工表面的形位极限偏差，应分别符合GB/T 1184中K级和L级的规定。

6 热处理及试件

6.1 热处理。

6.1.1 依据GB/T 30583和GB/T 150对设备的消除应力热处理进行检查：

6.1.2 热处理前应检查以下内容。

6.1.2.1 所有的焊接工作已完成。

6.1.2.2 对内外表面进行外观检查，工装焊接件已去除。

6.1.2.3 进炉前应加装防变形工装，对法兰密封面应采取保护措施以防止法兰密封面氧化和变形。

6.1.2.4 所有无损检测（包含临时工装去除后的部位）已全部合格；

6.1.2.5 热处理工艺用热电偶的数量及布置应符合热处理工艺要求；

6.1.2.6 所有其他应在PWHT前完成的检验已全部合格；

6.1.2.7 试件（含母材试件）的数量、摆放位置满足标准、采购技术文件要求。

6.1.3 热处理后审查热处理曲线，热处理温度、保温时间、升降温速率均应满足相应标准、采购技术文件及热处理工艺要求。

6.1.4 热处理后应进行焊缝、热影响区及母材的硬度检测见证，检测结果应符合采购技术文件的相关要求。

6.1.5 热处理后不得直接在受压部件上施焊。

6.2 试件。

6.2.1 依据GB/T 150、采购技术文件要求检查母材、产品焊接试件。

6.2.2 见证试件的制备和性能检验，应符合NB/T 47016、采购技术文件要求。

7 耐压试验

7.1 设备制造完毕后，应进行耐压试验见证，试验方法及检验要求应符合采购技术文件要求。

7.2 耐压试验后应检查内部清洁，如采用液压试验应当用压缩空气将设备内部吹干。

8 涂敷包装

8.1 制造完毕后，对设备外表面进行检查，设备外观及除锈应符合标准、采购技术文件要求。受压元件不允许敲打、刻制材料标记及焊工钢印。

8.2 对油漆的种类、颜色，以及漆膜厚度进行检查，所有参数应符合采购技术文件要求。

8.3 所有敞口接管法兰应按采购技术文件及JB/T 4711要求进行密封保护。法兰密封面及紧固件不应涂漆，应涂防锈油脂。

8.4 内陆运输过程中应保持设备内部干燥，避免因潮湿引起设备内部表面产生锈蚀。海上运输及采购技术文件有明确规定充氮保护后运输的，应对设备内部充氮保护进行检查。

8.5 设备标准重心以及方位标识检查，应符合采购技术文件要求。

8.6 备品备件装箱前进行核对检查，数量和规格应与装箱清单一致，同时符合采购技术文件的要求。

8.7 检查设备铭牌，应符合采购技术文件要求。

9 主要外购外协件检验要求

9.1 主要外购外协件供应商应符合采购技术文件要求。

9.2 外购外协件进厂后,应进行尺寸、外观、标识及文件资料核查。

9.3 主要外协件应按采购技术文件要求,采取过程控制(如关键点访问监造)。

10 低温容器驻厂监造主要质量控制点

10.1 文件见证点(R):由监造人员对设备材料制造过程有关文件、记录或报告进行见证而预先设定的监造质量控制点。

10.2 现场见证点(W):由监造人员对设备材料制造过程、工序、节点或结果进行现场见证而预先设定的监造质量控制点,且应包括相关文件见证点(R)质量控制内容。

10.3 停止点(H):由监造人员见证并签认后才可转入下一个过程、工序或节点而预先设定的监造质量控制点,应包括相关现场见证点(W)和文件见证点(R)质量控制内容。

序号	零部件及工序名称	监造内容	文件见证点(R)	现场见证点(W)	停止点(H)
1	资质审查	1. 制造单位设计、制造资质审查	R		
		2. 制造厂质保体系的审查		W	
		3. 焊工资格审查	R		
		4. 无损检测人员资质审查	R		
		5. 其它人员(如理化)资质审查	R		
		6. 装备能力及完好性检查		W	
2	工艺文件	1. 生产进度计划	R		
		2. 质量计划(检验计划)	R		
		3. 制造与组装工艺	R		
		4. 焊接工艺评定和焊接工艺指导书	R		
		5. 制造工艺过程文件	R		
		6. 无损检测工艺	R		
		7. 热处理工艺	R		
		8. 耐压试验程序	R		
		9. 喷砂油漆程序	R		
		10. 包装方案	R		
3	材料	1. 板材			
		1)材料证书与实物标记核对		W	

（续表）

序号	零部件及工序名称	监造内容	文件见证点（R）	现场见证点（W）	停止点（H）
3	材料	2）外观以及尺寸检查		W	
		3）性能检验报告：供货状态、化学成分、力学性能、低温冲击试验、晶粒度等	R		
		4）无损检测	R		
		5）材料复验		W	
		2. 锻件			
		1）材料证书与标记核查		W	
		2）外观及尺寸检查		W	
		3）性能检验报告：供货状态、化学成分、力学性能、低温冲击试验、晶粒度、锻造比等	R		
		4）无损检测	R		
		5）材料复验		W	
		3. 管材			
		1）材料证书与标记核查		W	
		2）外观及尺寸检查		W	
		3）性能检验报告：供货状态、化学成分、力学性能、低温冲击试验、压扁、扩口等	R		
		4）无损检测	R		
		5）耐压试验	R		
		6）材料复验		W	
		4. M36及以上螺栓螺母紧固件			
		1）材料证书与标记核查		W	
		2）无损检测	R		
		3）尺寸与外观		W	
		4）材料复验		W	
		5. 焊材			
		1）牌号与规格		W	
		2）复检（如果需要）			
4	冷、热加工	1. 成型及制造公差		W	
		2. 坡口尺寸		W	

（续表）

序号	零部件及工序名称	监造内容	文件见证点（R）	现场见证点（W）	停止点（H）
4	冷、热加工	3. 各段筒体/锥体加工尺寸		W	
		4. 错边量、圆度、直线度		W	
		5. 封头检查			
		1）质量证明书审查	R		
		2）外观标识及尺寸检查		W	
		3）尺寸检验报告	R		
5	母材试件	1. 试件数量		W	
		2. 受热史	R		
		3. 力学性能		W	
6	焊接	1. 焊接工艺检查	R		
		2. 焊前预热及焊后热处理		W	
		3. 焊接材料		W	
		4. 焊接工艺执行		W	
		5. 焊缝外观检查		W	
		6. 焊后尺寸检查		W	
		7. 焊缝返修检查		W	
7	无损检测	1. RT检测	R		
		2. UT检测	R		
		3. MT、PT检测	R		
8	方位尺寸	1. 管方位、伸出长度及标高			H
		2. 外形总体尺寸			H
		3. 法兰尺寸及密封面粗糙度		W	
		4. 支座/鞍座/裙座螺栓孔尺寸（裙座需在热处理后复查）			H
		5. 内部和外部附件方位及偏差			H
		6. 设备整体外观检查			H
9	热处理	1. 热电偶数量布置、设备防护、试件数量等热处理前检查			H
		2. 热处理报告及曲线审查	R		
10	硬度检测	热处理后硬度检测		W	

（续表）

序号	零部件及工序名称	监造内容	文件见证点（R）	现场见证点（W）	停止点（H）
11	产品焊接试件	1. 受热史（同产品）	R		
		2. 力学性能		W	
12	耐压与泄漏试验	1. 耐压试验			H
		2. 泄漏试验（如有）			H
		3. 耐压试验后内部清理与干燥		W	
13	外购件检查	按采购技术文件要求验收		W	
14	出厂检验	1. 法兰密封面检查		W	
		2. 喷砂油漆、外观检查		W	
		3. 敞口接管法兰密封保护以及包装检查		W	
		4. 铭牌、备品备件检查		W	
		5. 充氮保护检查		W	
		6. 标识标记的检查		W	
		7. 随机资料审查	R		

螺纹锁紧环换热器监造大纲

目 录

前 言 ·· 271
1　总则 ·· 272
2　原材料 ··· 274
3　焊接 ·· 274
4　无损检测 ··· 275
5　几何尺寸与外观 ·· 276
6　热处理及产品试件 ··· 277
7　耐压及泄漏试验 ·· 278
8　涂装与发运 ··· 278
9　主要外购外协件检验要求 ··· 278
10　其它要求 ·· 279
11　螺纹锁紧环换热器驻厂监造主要质量控制点 ······················· 279

前　言

《螺纹锁紧环换热器监造大纲》参照GB/T 1.1—2009《标准化工作导则　第1部分：标准的结构和编写》给出的规则起草。

本大纲由中国石油化工集团有限公司物资装备部提出。

本大纲2010年7月第一次发布，本次为修订升版。

本大纲起草单位：上海众深科技股份有限公司。

本大纲起草人：华伟、邵树伟、方寿奇、贺立新、时晓峰。

螺纹锁紧环换热器监造大纲

1 总则

1.1 内容和适用范围。

1.1.1 本大纲主要规定了采购单位（或使用单位）对螺纹锁紧环换热器制造过程监造的基本内容及要求，是驻厂监造的主要依据。

1.1.2 本大纲适用于石油化工工业使用的螺纹锁紧环换热器制造过程监造，同类设备可参照使用。

1.1.3 本大纲中具体技术要求如与采购技术文件不一致时，原则上应以采购技术文件为准。

1.2 监造工作的基本要求。

1.2.1 监造人员要求。

1.2.1.1 监造人员应与所在监造单位有正式劳动合同关系。

1.2.1.2 监造人员应严格依据监造委托合同，履行监造职责，完成监造任务。

1.2.1.3 监造人员应持有不低于中国设备监理协会颁发的专业设备监理师资格证书，监造人员有二年（或以上）的监造业务经验，在相应专业岗位工作三年以上。

1.2.1.4 监造人员应熟悉监造物资的制造工艺，掌握制造过程中的质量技术要求和检验试验关键控制点。

1.2.1.5 监造人员在监造活动过程中应遵守有关保密约定和规定。

1.2.1.6 监造人员应遵守制造厂HSSE或安全生产管理制度的相关规定，严格执行劳保着装和安全防护要求。

1.2.2 监造工作程序。

1.2.2.1 监造人员在开始监造的10个工作日内，对制造厂的人员资质、生产工艺、装备能力和质保体系运行情况进行检查和评估，并向委托方提供质量风险评估报告，明确风险等级（高、中、低、无）。

1.2.2.2 监造单位在收到采购技术文件后，10个工作日内编制完成《监造大纲》。

1.2.2.3 监造单位在获得设计相关图纸、制造工艺、质量控制计划、生产进度计划后，15日内编制完成《监造实施细则》。

1.2.2.4 监造人员应配备必要的用于平行检查且检定合格的检测器具。

1.2.2.5 监造人员应按委托方的通知或有关要求参加或组织召开预检验会议，与

制造厂对接确定检验试验计划和质量控制点，并经委托方确认。

1.2.2.6 监造人员应组织制造厂质量、技术、生产及经营（项目管理）等相关部门召开监理周例会，通报监造工作情况，协调解决质量进度问题，结合生产进度计划安排后续监造工作，并形成会议纪要。

1.2.2.7 监造人员在监造实施过程中，如发现质量隐患、质量问题以及可能影响交货期的重大因素时，应及时报委托方，并以书面形式通知制造厂，要求制造厂采取有效措施予以整改，若制造厂延误或拒绝整改时，可责令其停工。

1.2.2.8 对于原材料、外购件以及外协加工、外协检测和外协检验试验等过程，监造人员应重点审查质量证明文件、外协单位资质、人员资质、工艺文件和检验试验报告等。并依据监造实施细则和检验试验计划中设置的监造访问点，实施质量控制。

1.2.2.9 实施监造的物资经现场监造人员确认符合标准规范和订单约定后，按发货批次开具监造放行单，并报委托方。

1.2.2.10 全部监造工作完成后，应于30日内完成监造总结报告交付委托方。

1.3 监造单位应提交的文件资料。

1.3.1 目录（含页码）（必须）。

1.3.2 产品质量监造报告书（必须）。

1.3.3 监造工作总结（必须）。

1.3.4 监造大纲（必须）。

1.3.5 监造实施细则（必须）。

1.3.6 监造周报（必须）。

1.3.7 设计变更通知及往来函件（如有）。

1.3.8 监造工作联系单（如有）。

1.3.9 监理工程师通知单（如有）。

1.3.10 会议纪要（如有）。

1.3.11 监造放行单（必须）。

1.4 主要编制依据。

1.4.1 TSG 21 固定式压力容器安全技术监察规程。

1.4.2 GB/T 150 压力容器。

1.4.3 GB/T 151 热交换器。

1.4.4 GB/T 8923.1 涂覆涂料前钢材表面处理 表面清洁额度的目视评定 第一部分：未涂覆过的钢材表面和全面清除原有涂层后的钢材表面的锈蚀等级和处理等级。

1.4.5 GB/T 26429 设备工程监理规范。

1.4.6 GB/T 31183 炼油临氢高压设备制造监理技术要求。

1.4.7 JB/T 10175 热处理质量控制要求。

1.4.8 NB/T 47013 承压设备无损检测。

1.4.9　NB/T 47014 承压设备焊接工艺评定。

1.4.10　NB/T 47016 承压设备产品焊接试件力学性能试验。

1.4.11　Q/SHCG 0100—2014（SPTS-EQ02-Z001）螺纹锁紧环换热器采购技术规范。

1.4.12　Q/SHCG 11003—2016 14Cr1MoR（H）/15CrMoR（H）制临氢压力容器采购技术规范。

1.4.13　采购技术文件。

2　原材料

2.1　主要钢种为 2.25Cr-1Mo、1.25Cr-0.5Mo-Si、15CrMo，其冶炼工艺应采用电炉熔炼，精炼炉精炼。

2.2　换热管材料为 0Cr18Ni10Ti、316L、2205、Cr-Mo 钢时，其交货状态应按采购技术文件规定执行。

2.3　依据采购技术文件审核主体材料（含焊材）质量证明书，材料牌号及规格、锻件级别、数量、供货商等。核查材料与设计文件的符合性。

2.4　对主体材料应进行外观、热处理状态、材料标记检查。

2.5　管箱筒体、管箱压盖、螺纹承压环、壳体、封头、进出口法兰接管、管板、换热管等主要承压件的化学成分、回火脆性敏感系数、常温力学性能、高温力学性能、夏比冲击试验、晶粒度及非金属夹杂物（指锻件）、金相组织、硬度、回火脆化倾向评定、晶间腐蚀试验、无损检验结果及取样部位、试样数量、模拟热处理状态应与采购技术文件规定一致。材料复验应按《固定式压力容器安全技术监察规程》、采购技术文件规定执行，监理工程师应现场见证。

2.6　管程内套筒、内件、折流板等材料检验应与采购技术文件规定一致。

2.7　双头螺栓应逐件进行硬度检查，按采购技术文件验收。

2.8　$\phi \geqslant 50$ 棒料加工的螺栓粗加工后应进行超声检测，或按采购技术文件验收。

2.9　基材焊接材料和堆焊材料检验应与采购技术文件规定一致。

2.10　凡在制造过程中改变热处理状态的承压元件，应重新进行恢复性能热处理，其力学性能结果应符合母材的规定。

2.11　外密封垫圈、缠绕垫片、八角垫材料、管板管程侧的压缩盘根的牌号、性能、供货商、数量及加工精度应与采购技术文件规定一致。

3　焊接

3.1　应在产品施焊前，根据采购技术文件及 NB/T 47014 的规定，审查焊接工艺评定报告和产品焊接工艺规程。

3.2　主要焊接工艺评定至少覆盖基体焊接工艺评定、堆焊工艺评定、异种钢焊接工艺评定、管子与管板焊接工艺评定和返修焊补工艺评定五类。

3.3 焊接工艺评定报告应按采购技术文件规定报相关单位确认。

3.4 根据评定合格的焊接工艺核查焊接工艺规程。

3.5 应检查焊接作业人员资格。焊工作业必须持有相应类别的有效焊接资格证书。

3.6 堆焊前，制造商应按照 ASTM G146 的规定对每一种堆焊工艺进行剥离试验，或将以前评定过的剥离试验报告提交用户和设计确认。

3.7 焊接作业应严格遵守焊接工艺纪律。

3.8 抽查 Cr-Mo 钢的焊接、气刨前的预热温度，检查焊后及时消氢或在焊接后保持预热温度直至中间消除应力热处理（ISR）。

3.9 焊接返修次数不得超过采购技术文件规定，所有的返修均应有返修工艺评定支持。

3.10 制造厂在管箱接管焊接前，应制定合理的工艺措施，减少焊接变形。

3.11 焊缝检查。

3.11.1 应审查承压焊缝熔敷金属化学成分、X 系数报告，取样数量及分析结果按采购技术文件规定验收。

3.11.2 见证焊缝硬度测试部位及测试点数，审核最终热处理后的逐条承压焊缝和热影响区母材侧维氏硬度测试报告，按采购技术文件验收。

3.11.3 鞍放式接管与管箱筒体焊缝，应尽量在平焊位置进行焊接，并应检查焊脚高度及圆滑过渡情况。

3.11.4 应检查焊接接头及堆焊层外观、尺寸，不允许存在咬边、裂纹、气孔、弧坑、夹渣、飞溅等缺陷。

3.11.5 应检查管程内套筒的焊缝，应连续焊，坡口形式、焊脚高应符合设计图样规定。

3.11.6 应审查采用化学成分分析方法的不锈钢堆焊层化学成分检验报告。取样部位、数量按采购技术文件的规定。

3.11.7 见证产品不锈钢堆焊层取样及采用仪器测试的部位及测试点数，审核仪器测试和化学分析计算的不锈钢堆焊层的铁素体数检验报告，按采购技术文件验收。

3.11.8 堆焊层焊接材料、堆焊厚度应符合设计图样规定。

3.11.9 见证法兰密封面、管箱凸台密封面（包括密封盘密封面）堆焊层的硬度检查，审核其测试报告，按采购技术文件验收。

4 无损检测

4.1 应审查无损检测人员资格及无损检测设备的有效性。

4.2 审查制造单位的无损检测报告：检验标准、探伤比例、验收级别按采购技术文件规定验收。对射线检测，逐张对底片进行确认。重要部位的表面无损检测和超声检测，应到现场检查。

4.3 采用衍射时差法超声检测（TOFD）代替射线检测应根据设计文件规定。审查制造商按 NB/T 47013.10《衍射时差法超声检测》编制的无损检测工艺，包括表面盲区和横向裂纹的检测措施。

4.4 审查以下材料无损检测报告。

4.4.1 承压板材的超声检测。

4.4.2 承压锻件粗加工后的超声检测。

4.4.3 承压锻件精加工后表面、焊接坡口的磁粉或渗透检测，必要时进行见证。

4.4.4 换热管的超声或涡流检测。

4.4.5 待堆焊表面的磁粉检测。

4.4.6 靠近管板中心的3排U形管试压后弯制部分的渗透检测。

4.5 审查最终热处理前的焊缝无损检测报告。

4.5.1 A、B类焊缝的射线检测。

4.5.2 A、B、D类焊缝的超声检测。

4.5.3 A、B、D类焊缝的磁粉检测。

4.5.4 所有受压焊缝包括清根的磁粉检测。

4.5.5 接管与壳体焊缝的超声检测；超声仪器是否可记录的，按采购技术文件规定执行。

4.5.6 换热器管头焊缝的渗透检测。

4.5.7 不锈钢堆焊层的超声检测，其不贴合度、焊接缺陷、探测面等按采购技术文件验收。

4.5.8 不锈钢堆焊过渡层、覆层后的渗透检测。

4.5.9 不锈钢内件焊接接头及与管箱筒体焊接接头的渗透检测。

4.6 审查最终热处理后的无损检测报告。

4.6.1 A、B、D类焊缝的超声检测。

4.6.2 A、B、D类焊缝的磁粉检测。

4.7 审查水压试验后的无损检测报告。

4.7.1 A、B、D类焊缝的超声检测。

4.7.2 A、B、D类焊缝的磁粉检测。

5 几何尺寸与外观

5.1 采用适当方式检查试验过程及外观质量，对主要尺寸、几何形状复测，按采购技术文件验收。并审核以下检验试验记录。

5.1.1 壳程筒体机加工后或校圆后的几何形状。

5.1.2 壳程筒体堆焊后密封带两侧机加工尺寸。

5.1.3 封头冲压后的几何形状及厚度。

5.1.4 管束弯管拉伸侧壁厚及弯管段圆度。

5.1.5 U形管束弯制后的单管压力试验。

5.1.6 管板堆焊定位点及加工尺寸。

5.1.7 管板、折流板、支持板钻孔后加工精度、形位尺寸及外观。

5.1.8 管程内套筒、内压圈、外压圈、密封盘、压环、卡环等加工件的尺寸精度。

5.1.9 管箱端部内螺纹及螺纹承压环最终热处理后的精加工尺寸精度。

5.1.10 所有不锈钢堆焊层的厚度。

5.1.11 管板密封面的二次加工（换热管与管板焊接及贴账后），按采购技术文件规定执行。

5.1.12 壳体管程密封面最终热处理后的机加工尺寸。

5.1.13 检查换热器管头与管板连接形式为强度焊加贴胀，宜采用先焊后胀的顺序，检查管头伸出管板高度，见证管头第一层焊缝的气密性试验。

5.1.14 管箱整体热处理后应进行几何形状复查。

5.1.15 整体尺寸、管口方位及伸出高度应进行检查。

5.1.16 检查管板与管头胀接前的胀管工艺规程，见证或抽查其施胀过程。

5.2 见证双头螺柱的安装采用控制预紧力的专用工具（如带指示的液压螺栓上紧器）。

5.3 重叠式产品分段出厂时应进行预组对，应检查相连接管的对准及相配的接管法兰平行度，并做出清晰永久标志。

6 热处理及产品试件

6.1 按GB/T 150及JB/T 10175的要求，检查热处理设备及热工仪表的适用性、有效性。

6.2 应查看热处理工艺文件，核查热处理执行与工艺文件的一致性。

6.3 应查看超过下临界相变温度的铬钼钢热成型和热加工及重新正火处理的过程。不得采用热成型和热加工代替正火处理，并检查正火试件。

6.4 应审查以下热处理报告（包括自动测温仪表记录的热处理曲线）：

6.4.1 筒体热成型、封头热冲压后的性能热处理（正火+回火）；

6.4.2 不锈钢管束弯制部位及300mm直管段的固溶处理（如有特殊要求，按特殊要求处理）。

6.4.3 分程箱不锈钢焊接件的稳定化处理。

6.4.4 中间热处理和消氢热处理应按采购技术文件规定执行。

6.5 最终热处理前应检查。

6.5.1 所有的焊接件和预焊件完成焊接。

6.5.2 内外表面外观、工装焊接件清除干净。

6.5.3 产品最终热处理前的各项检验已完成。

6.5.4 母材试件、焊接试件齐全。

6.6 设备最终热处理。

6.6.1 热电偶的数量、布置及固定，热处理温度及时间等应按采购技术文件的规定，主体焊缝应逐条记录中间热处理和最终热处理的次数、保温温度、保温时间及升降温速度。

6.6.2 合拢缝的局部最终热处理，其热处理装备、热电偶数量、布置及固定、热处理温度及时间等应按采购技术文件规定。

6.7 产品试件。

6.7.1 应审查产品试件（焊接试件、母材热处理试件）化学成分（焊接试件）、力学性能检验报告。

6.7.2 母材试板的性能应符合采购技术文件中材料的规定。

6.7.3 焊接试件的数量、检验项目、性能结果应符合采购技术文件和 NB/T 47016 的规定。

7 耐压及泄漏试验

7.1 现场见证试验过程，审核水压试验和气密性试验报告，按采购技术文件的规定。

7.2 设备水压试验，应检查下列内容。

7.2.1 按压差设计的管程和壳程水压差试验方案及程序。

7.2.2 计量器具的精度、量程、有效期。

7.2.3 容器壁温、升压和降压速率、试验压力、保压时间、试验用水氯离子含量、渗漏或泄漏、变形或响声。

8 涂装与发运

8.1 壳体外表面应喷砂除锈，达到 GB 8923 中 Sa2.5 级的规定。

8.2 壳体外表面油漆应按采购技术文件规定。

8.3 装箱前备件型号、数量清点，应与装箱清单一致。

8.4 充氮保护应按采购技术文件规定。

8.5 装箱及出厂文件检查。

9 主要外购外协件检验要求

9.1 主要外购外协件供应商应符合采购技术文件要求。

9.2 外购外协件进厂后，应进行尺寸、外观、标识及文件资料核查。

9.3 主要外协件应按采购技术文件要求，采取过程控制（如关键点访问监造）。

10 其它要求

10.1 材料代用及图纸变更应取得业主或设计单位的书面同意。

10.2 主体承压锻件补焊应征得业主的书面同意。

10.3 换热管要求冷拔，正公差交货，不允许拼接。

10.4 锁紧环内外螺纹应采用数控中心加工。如在立车上加工，最后加工面应在数控中心完成。

10.5 管板孔应采用数控钻床加工。

10.6 承压螺栓的螺纹加工应采用滚压成型。

10.7 M36及以上螺母每种至少做一件的承载试验，或按采购技术文件规定。

10.8 其它特殊要求按采购技术文件执行。

11 螺纹锁紧环换热器驻厂监造主要质量控制点

11.1 文件见证点（R）：由监造人员对设备材料制造过程有关文件、记录或报告进行见证而预先设定的监造质量控制点。

11.2 现场见证点（W）：由监造人员对设备材料制造过程、工序、节点或结果进行现场见证而预先设定的监造质量控制点，且应包括相关文件见证点（R）质量控制内容。

11.3 停止点（H）：由监造人员见证并签认后才可转入下一个过程、工序或节点而预先设定的监造质量控制点，应包括相关现场见证点（W）和文件见证点（R）质量控制内容。

序号	零部件名称	监造内容	文件见证点（R）	现场见证（W）	停止点（H）
1	管箱筒体	1. 材料质量证明书审查	R		
		2. 化学成分（熔炼分析、产品分析）	R		
		3. 回火脆性敏感性系数 X, J	R		
		4. 力学性能（常温、高温）	R		
		5. 晶粒度	R		
		6. 非金属夹杂物	R		
		7. 回火脆化倾向评定	R		
		8. 超声检测	R		
		9. 机加工后形状尺寸、加工面磁粉检测		W	
		10. 内壁不锈钢堆焊层厚度、凸台堆焊层厚度（凸台相对尺寸）检测		W	

（续表）

序号	零部件名称	监造内容	文件见证点（R）	现场见证（W）	停止点（H）
1	管箱筒体	11. 堆焊层化学成分、铁素体数检查	R		
		12. 堆焊层外观检查		W	
		13. 镗孔方位尺寸检查、坡口磁粉检测		W	
2	壳程筒节	1. 材料质量证明书审查	R		
		2. 化学成分（熔炼分析、产品分析）	R		
		3. 回火脆性敏感性系数 X、J	R		
		4. 力学性能（常温、高温）	R		
		5. 回火脆化倾向评定	R		
		6. 超声检测	R		
		7. 坡口加工形状尺寸、加工面磁粉检测		W	
		8. 滚圆、纵缝焊接、中间热处理		W	
		9. 校圆、几何形状（圆度、棱角度）检查		W	
		10. 纵缝外观、无损检验（RT、UT、MT）		W	
		11. 纵缝熔敷金属化学成分分析	R		
		12. 待堆焊面无损检验（MT）	R		
		13. 不锈钢堆焊层厚度		W	
		14. 不锈钢堆焊层化学成分、铁素体数检查		W	
		15. 不锈钢堆焊层无损检验（UT、PT）		W	
		16. 堆焊层外观检查		W	
3	封头	1. 材料质量证明书审查	R		
		2. 化学成分（熔炼分析、产品分析）	R		
		3. 回火脆性敏感性系数 X、J	R		
		4. 力学性能（常温、高温）	R		
		5. 回火脆化倾向评定	R		
		6. 超声检测	R		
		7. 冲压后形状尺寸（圆度、直径、厚度）		W	
		8. 冲压后性能热处理及母材试板力学性能	R		
		9. 冲压后无损检验（UT、MT）		W	
		10. 精加工后尺寸检查		W	
		11. 不锈钢堆焊层厚度			
		12. 不锈钢堆焊层化学成分、铁素体数检查		W	

（续表）

序号	零部件名称	监造内容	文件见证点（R）	现场见证（W）	停止点（H）
3	封头	13. 不锈钢堆焊层无损检验（UT、PT）		W	
		14. 不锈钢堆焊层外观检查		W	
4	管程和壳程接管法兰、对应法兰、螺纹承压环、管板、压盖	1. 材料质量证明书审查	R		
		2. 化学成分（熔炼分析、产品分析）	R		
		3. 回火脆性敏感性系数 X,J	R		
		4. 力学性能（常温、高温）	R		
		5. 晶粒度	R		
		6. 非金属夹杂物	R		
		7. 回火脆化倾向评定	R		
		8. 超声检测	R		
		9. 螺纹加工精度及磁粉检测		W	
		10. 加工尺寸及加工面磁粉检测		W	
		11. 不锈钢堆焊层厚度（含 Inconel 堆焊材料）		W	
		12. 不锈钢堆焊层化学成分、铁素体数检查		W	
		13. 不锈钢堆焊层无损检验（UT、PT）		W	
		14. 法兰堆焊层密封面硬度测试		W	
		15. 管板折流板管孔加工尺寸、形位公差及外观检查		W	
5	管箱内套筒、内压圈、外压圈、密封盘、压环、卡环、支架、分程隔板、折流板、支持板	1. 材料质量证明书审查：化学成分、力学性能、晶间腐蚀	R		
		2. 焊缝无损检测（PT）	R		
		3. 几何尺寸及外观检查		W	
6	双头螺栓、内、外圈压紧螺栓	1. 材料质量证明书审查	R		
		2. 化学成分	R		
		3. 力学性能	R		
		4. 无损检验（UT、MT）	R		
		5. 尺寸及精度检查		W	
7	M36及以上螺母	1. 材料质量证明书审查	R		
		2. 化学成分	R		
		3. 硬度检查	R		
		4. 尺寸及精度检查		W	

（续表）

序号	零部件名称	监造内容	文件见证点（R）	现场见证（W）	停止点（H）
7	M36及以上螺母	5. 精加工后磁粉检测	R		
		6. 承载试验（按采购技术文件规定）	R		
8	总装	1. 承压焊缝坡口磁粉检测	R		
		2. 壳体A/B/D类焊缝焊后MT、UT、RT		W	
		3. 壳体A/B/D类焊缝熔敷金属化学成分	R		
		4. 壳体A/B/D类焊缝里口堆焊层PT、UT	R		
		5. 壳体A/B/D类焊缝里口堆焊层铁素体数测定	R		
		6. 壳体A/B/D类焊缝里口堆焊层化学成分	R		
		7. 壳程筒体直线度及环缝错边量检查		W	
		8. 管口方位及尺寸		W	
		9. 管箱凸台位置及尺寸		W	
		10. 设备内外表面外观检查		W	
		11. 内件与壳体组焊方位、尺寸、外观检查		W	
		12. 内件与壳体组焊角缝PT检测		W	
		13. 管头胀接工艺试验		W	
		14. 管头与管板焊缝外观及PT检测		W	
		15. 管箱内套筒部件、管束部件组装入壳体		W	
		16. 试压用封头及焊缝水压前检查		W	
9	热处理	1. A/B/D类焊缝中间热处理	R		
		2. 设备分段最终热处理及合拢缝最终热处理		W	
		3. 壳体A/B/D类焊缝最终热处理后硬度测试		W	
		4. 壳体A/B/D类焊缝最终热处理后MT、UT	R		
		5. 临时连接物去除部位最终热处理后MT	R		
		6. 堆焊层最终热处理后PT		W	
		7. 最终热处理后堆焊的法兰密封面耐蚀层铁素体数测定及PT、硬度检测		W	
		8. 最终热处理后加工管箱内螺纹及尺寸精度的检查		W	
10	产品试板	1. 母材性能热处理试件检查	R		
		2. 产品焊接试件检查	R		

(续表)

序号	零部件名称	监造内容	文件见证点（R）	现场见证（W）	停止点（H）
11	压力试验	1. 壳程水压试验			H
		2. 致密性试验		W	
		3. 壳程致密性试验（管头焊缝）		W	
		4. 管程、壳程水压差试验			H
		5. 外观及内部清洁度检查		W	
		6. 壳体A/B/D类焊缝水压后MT、UT		W	
12	出厂检验	1. 法兰密封面外观检查		W	
		2. 喷砂除锈、油漆检查		W	
		3. 管口包装检查		W	
		4. 标记检查		W	
		5. 充氮保护检查		W	

板壳式换热器监造大纲

目 录

前　言 …………………………………………………………………………… 287
1　总则 …………………………………………………………………………… 288
2　原材料 ………………………………………………………………………… 290
3　焊接 …………………………………………………………………………… 290
4　无损检测 ……………………………………………………………………… 291
5　几何尺寸与外观 ……………………………………………………………… 292
6　热处理及产品试件 …………………………………………………………… 293
7　耐压及泄漏试验 ……………………………………………………………… 293
8　涂装与发运 …………………………………………………………………… 294
9　主要外购外协件检验要求 …………………………………………………… 294
10　其它要求 ……………………………………………………………………… 294
11　板壳式换热器驻厂监造主要质量控制点 …………………………………… 294

前　言

《板壳式换热器监造大纲》参照 GB/T 1.1—2009《标准化工作导则　第 1 部分：标准的结构和编写》给出的规则起草。

本大纲由中国石油化工集团有限公司物资装备部提出。

本大纲 2010 年 7 月第一次发布，本次为修订升版。

本大纲起草单位：上海众深科技股份有限公司。

本大纲起草人：华伟、邵树伟、时晓峰、方寿奇、贺立新。

板壳式换热器监造大纲

1 总则

1.1 内容和适用范围。

1.1.1 本大纲主要规定了采购单位（或使用单位）对板壳式换热器制造过程监造的基本内容及要求，是驻厂监造的主要依据。

1.1.2 本大纲适用于石油化工工业使用的板壳式换热器制造过程的监造，同类设备可参照使用。

1.1.3 本大纲中具体技术要求如与采购技术文件不一致时，原则上应以采购技术文件为准。

1.2 监造工作的基本要求。

1.2.1 监造人员要求。

1.2.1.1 监造人员应与所在监造单位有正式劳动合同关系。

1.2.1.2 监造人员应严格依据监造委托合同，履行监造职责，完成监造任务。

1.2.1.3 监造人员应持有不低于中国设备监理协会颁发的专业设备监理师资格证书，监造人员有二年（或以上）的监造业务经验，在相应专业岗位工作三年以上。

1.2.1.4 监造人员应熟悉监造物资的制造工艺，掌握制造过程中的质量技术要求和检验试验关键控制点。

1.2.1.5 监造人员在监造活动过程中应遵守有关保密约定和规定。

1.2.1.6 监造人员应遵守制造厂HSSE或安全生产管理制度的相关规定，严格执行劳保着装和安全防护要求。

1.2.2 监造工作程序。

1.2.2.1 监造人员在开始监造的10个工作日内，对制造厂的人员资质、生产工艺、装备能力和质保体系运行情况进行检查和评估，并向委托方提供质量风险评估报告，明确风险等级（高、中、低、无）。

1.2.2.2 监造单位在收到采购技术文件后，10个工作日内编制完成《监造大纲》。

1.2.2.3 监造单位在获得设计相关图纸、制造工艺、质量控制计划、生产进度计划后，15日内编制完成《监造实施细则》。

1.2.2.4 监造人员应配备必要的用于平行检查且检定合格的检测器具。

1.2.2.5 监造人员应按委托方的通知或有关要求参加或组织召开预检验会议，与

制造厂对接确定检验试验计划和质量控制点，并经委托方确认。

1.2.2.6　监造人员应组织制造厂质量、技术、生产及经营（项目管理）等相关部门召开监理周例会，通报监造工作情况，协调解决质量进度问题，结合生产进度计划安排后续监造工作，并形成会议纪要。

1.2.2.7　监造人员在监造实施过程中，如发现质量隐患、质量问题以及可能影响交货期的重大因素时，应及时报委托方，并以书面形式通知制造厂，要求制造厂采取有效措施予以整改，若制造厂延误或拒绝整改时，可责令其停工。

1.2.2.8　对于原材料、外购件以及外协加工、外协检测和外协检验试验等过程，监造人员应重点审查质量证明文件、外协单位资质、人员资质、工艺文件和检验试验报告等。并依据监造实施细则和检验试验计划中设置的监造访问点，实施质量控制。

1.2.2.9　实施监造的物资经现场监造人员确认符合标准规范和订单约定后，按发货批次开具监造放行单，并报委托方。

1.2.2.10　全部监造工作完成后，应于30日内完成监造总结报告交付委托方。

1.3　监造单位应提交的文件资料。

1.3.1　目录（含页码）（必须）。

1.3.2　产品质量监造报告书（必须）。

1.3.3　监造工作总结（必须）。

1.3.4　监造大纲（必须）。

1.3.5　监造实施细则（必须）。

1.3.6　监造周报（必须）。

1.3.7　设计变更通知及往来函件（如有）。

1.3.8　监造工作联系单（如有）。

1.3.9　监理工程师通知单（如有）。

1.3.10　会议纪要（如有）。

1.3.11　监造放行单（必须）。

1.4　主要编制依据。

1.4.1　TSG 21　固定式压力容器安全技术监察规程。

1.4.2　GB/T 150　压力容器。

1.4.3　GB/T 151　热交换器。

1.4.4　GB 16409　板式换热器。

1.4.5　GB/T 16749　压力容器波形膨胀节。

1.4.6　GB/T 26429　设备工程监理规范。

1.4.7　GB/T 30583　承压设备焊后热处理规程。

1.4.8　NB/T 47013　承压设备无损检测。

1.4.9　NB/T 47014　承压设备用焊接工艺评定。

1.4.10 NB/T 47016 承压设备产品焊接试件力学性能试验。

1.4.11 Q/SHCG 0100—2014（SPTS-EQ02-T003）可拆卸板式热交换器采购技术规范。

1.4.12 采购技术文件。

2 原材料

2.1 壳体的主要钢种为 321、316L、Q345R、2.25Cr1Mo 和 1.25Cr0.5MoSi；板片的主要钢种 321、316L、TA2、2205。交货状态应按采购技术文件规定执行。

2.2 依据采购技术文件审核主体材料（含焊材）质量证明书，材料牌号及规格、锻件级别、数量、供货商等应与采购技术文件规定一致。

2.3 主体材料应进行外观、热处理状态、材料标记检查。

2.4 筒体、封头、设备法兰、人孔法兰及盖、进出口法兰及盖、法兰接管等主要承压件的化学成分、常温力学性能、高温力学性能、夏比冲击试验、晶粒度及非金属夹杂物（指锻件）、硬度、回火脆化倾向评定、晶间腐蚀试验、无损检验结果及取样部位、试样数量、模拟热处理状态应与采购技术文件规定一致。材料复验应按《固定式压力容器安全技术监察规程》、采购技术文件规定执行，监理工程师应现场见证。

2.5 板片化学成分、力学性能、晶间腐蚀试验、热处理状态应与采购技术文件规定一致。

2.6 波纹管材料牌号、规格、化学成分、力学性能等材料检验应与采购技术文件规定一致。

2.7 M36 及以上螺栓、螺母、支座等材料检验应与采购技术文件规定一致。

2.8 $\phi \geqslant 50mm$ 棒料加工的螺栓粗加工后应进行超声检测，按采购技术文件验收。

2.9 壳体焊接材料和不锈钢堆焊材料检验应与采购技术文件规定一致。

2.10 凡在制造过程中改变热处理状态的承压元件，应重新进行恢复性能热处理，其力学性能结果应符合母材的规定。

3 焊接

3.1 应在产品施焊前，根据采购技术文件及 NB/T 47014 的规定，审查焊接工艺评定报告和产品焊接工艺规程。

3.2 主要焊接工艺评定至少覆盖基体焊接工艺评定、堆焊工艺评定、异种钢焊接工艺评定、板管的焊接工艺评定、板管与管板焊接工艺评定和返修焊补工艺评定六类。

3.3 焊接工艺评定报告应按采购技术文件规定报相关单位确认。

3.4 根据评定合格的焊接工艺核查焊接工艺规程。

3.5 应检查焊接作业人员资格。焊工作业必须持有相应类别的有效焊接资格证书。

3.6 焊接作业应严格遵守焊接工艺纪律。

3.7 Cr-Mo钢焊前应预热，焊后应立即进行脱氢处理或在焊接后保持预热温度直至中间消除应力热处理（ISR）。

3.8 焊接返修次数不得超过采购技术文件规定，所有的返修均应有返修工艺评定支持。

3.9 焊缝检查。

3.9.1 Cr-Mo钢承压焊缝熔敷金属应进行化学成分检查、力学性能和回火脆化倾向性能试验，取样数量、试验状态及分析结果按采购技术文件验收。

3.9.2 见证焊缝硬度测试部位及测试点数，审核最终热处理后的焊缝（含热影响区、母材）硬度检测报告，按采购技术文件规定验收。

3.9.3 接管角焊缝应尽量在平焊位置进行焊接，并应检查焊角高度及圆滑过渡情况。

3.9.4 焊缝外观不允许存在咬边、裂纹、气孔、弧坑、夹渣、飞溅等缺陷。

3.9.5 检查、见证板束部件中板管长边的焊接、板管组叠、镶块与板管端部的焊接、镶块与板管长边的焊接、镶块与压紧板的焊接、板管端部的焊接、上下板管与压紧板的焊接等应符合图样和焊接工艺规定，应连续焊接，无烧穿、虚焊等缺陷。

3.9.6 见证板管长边部位焊接方式应为电阻焊和氩弧焊，板束其余部位应为氩弧焊。

3.9.7 见证、审查堆焊层应进行化学成分分析，取样部位、数量按采购技术文件验收。

3.9.8 审核仪器测试和化学成分分析计算的不锈钢堆焊层的铁素体数检验报告，测试方法、取样部位、数量按采购技术文件验收。

3.9.9 膨胀节波纹管应整体成型，不允许存在环焊缝，纵缝只允许一条。

3.9.10 审查法兰密封面堆焊层硬度检查报告，按采购技术文件验收。

4 无损检测

4.1 应审查无损检测人员资格及无损检测设备的有效性。

4.2 审查制造单位的无损检测报告：检验标准、探伤比例、验收级别按采购技术文件规定验收。对射线检测，逐张对底片进行确认。重要部位的表面无损检测和超声检测，应到现场检查。

4.3 采用衍射时差法超声检测（TOFD）代替射线检测应根据设计文件规定。审查制造商按NB/T 47013.10《衍射时差法超声检测》编制的无损检测工艺，包括表面盲区和横向裂纹的检测措施。

4.4 审查以下材料无损检测报告。

4.4.1 承压板材的超声检测。

4.4.2 承压锻件粗加工后的超声检测。

4.4.3 承压锻件精加工后表面、焊接坡口的磁粉或渗透检测，必要时进行见证。

4.5 审查、见证承压焊缝的无损检验。

4.5.1 审查壳体焊缝探伤方法、探伤比例、验收级别应符合采购技术文件规定。

4.5.2 审查、审阅Cr-Mo钢焊缝焊后应进行100%射线检测报告、底片，按NB/T 47013.2 Ⅱ级验收。

4.5.3 见证、审查Cr-Mo钢焊缝焊后、热处理后、水压后应进行100%超声检测报告，按NB/T47013.3 Ⅰ级验收。

4.5.4 审查Cr-Mo钢焊缝焊后、热处理后、水压后应进行100%磁粉检测报告，按NB/T47013.4 Ⅰ级验收。

4.5.5 审核其它钢种探伤方法、探伤比例、验收级别的检测报告，符合采购技术文件规定，其中$\delta \geq 38mm$的壳体A、B类焊缝焊后还应进行20%超声检测（如有特殊要求，按特殊要求执行），按NB/T 47013.3 Ⅰ级验收。

4.6 见证、审查壳体与支座的连接焊缝及支座筒体焊接接头无损检验报告，其探伤方法、探伤比例、验收级别应符合采购技术文件规定。

4.7 见证、审查壳体与裙座连接的堆焊段及接头、裙座上Cr-Mo钢接头、Cr-Mo钢与碳钢连接接头、碳钢焊接接头焊后、热处理后、水压后应进行无损检测报告，其检验方法、检验比例、验收级别应符合采购技术文件的规定。

4.8 审查波纹管纵缝100%射线检测报告，按GB/T 3323 Ⅱ级验收。

4.9 审查膨胀节所有焊缝的100%渗透检测报告，按NB/T47013.5 Ⅰ级验收。

4.10 审查、见证板束镶块与板管、镶块与侧板、压紧板与侧板所有焊缝的渗透检测报告，按NB/T 47013.5 Ⅰ级验收。

4.11 审查不锈钢堆焊层的超声检测，其不贴合度、焊接缺陷、探测面等按采购技术文件验收；

4.12 审查不锈钢堆焊过渡层、覆层后的渗透检测报告；按NB/T 47013.5 Ⅰ级验收。

5 几何尺寸与外观

5.1 筒体机加工后或校圆后应进行几何形状及尺寸检查。

5.2 封头冲压后应进行几何形状及尺寸检查。

5.3 接管加工后应进行尺寸检查。

5.4 所有堆焊层厚度应进行检查。

5.5 整体尺寸、管口方位及伸出高度应进行检查。

5.6 板束部件应检查。

5.6.1 板片压制后的波纹深度及板片尺寸。

5.6.2 板片压制后不应改变原材料金相组织、外观质量应无划痕、压痕。

5.6.3 板束与下壳体组装应使板束滑道跨中并正对下方承重，组装方位按图样。

5.6.4 旁档镶块不得与板片焊接。

5.6.5 支撑板、支持板、侧板与板束的垂直度。

5.6.6 板束制造、检验与验收应按有关采购技术文件，对镶块高出板片尺寸、低于板束端缝尺寸、镶块与板管的间隙应严格控制。

5.7 膨胀节的几何形状与尺寸应进行检查。

5.8 膨胀节与接管、壳体、板束同心度应进行检查。

5.9 分配器的分布板及分布管尺寸应符合图样要求，分布孔不得有毛刺或其它堵塞物。

6 热处理及产品试件

6.1 按 GB/T 150 及 GB/T 30583 的要求，检查热处理设备及热工仪表的适用性、有效性。

6.2 应查看热处理工艺文件，核查热处理执行与工艺文件的一致性。

6.3 应审查以下热处理报告（包括自动测温仪表记录的热处理曲线）：

6.3.1 筒体热成型、封头热成形后应进行恢复性能热处理并带母材试板。

6.3.2 波纹管成形热处理按有关标准及采购技术文件规定。

6.3.3 审查、见证 Cr-Mo 钢焊后的中间热处理和消氢热处理，按采购技术文件规定执行。

6.4 最终热处理前应检查见证。

6.4.1 所有的焊接件和预焊件应焊接完成。

6.4.2 内外表面外观检查，工装焊接件应清除干净。

6.4.3 母材试板、焊接试板齐全。

6.4.4 审查产品最终热处理前的各项检验报告合格，且已完成。

6.5 最终热处理。

6.5.1 审查、见证热电偶的数量、布置及固定、热处理温度及保温时间等应按采购技术文件规定，主体焊缝应逐条记录中间热处理和最终热处理的次数、保温温度、保温时间及升降温速度。

6.6 试板。

6.6.1 审查母材试板的力学性能报告，符合采购技术文件中对材料的规定。

6.6.2 审查焊接试板的数量、检验项目、力学性能报告，结果应符合采购技术文件和 NB/T 47016 的规定。

7 耐压及泄漏试验

7.1 审查、见证板程、壳程水压试验报告，试验压力、保压时间、水温、氯离子含量等应按采购技术文件规定。

7.2 审查、见证壳程气密试验报告，试验压力、保压时间、验收按相应标准或采购技术文件规定执行。

7.3 见证壳程、单个板管、板束叠装完成后的氦渗漏试验，其试验压力、介质浓度、保压时间、验收按相应标准规定执行。

7.4 见证板束叠装完成后的气密试验，其试验次数、试验压力、保压时间、验收按相应标准规定执行。

7.5 审查、见证膨胀节组焊前的水压试验，其试验压力、保压时间、水温、氯离子含量等应符合采购技术文件规定。

7.6 见证设备整体水压试验后的干燥处理。

8 涂装与发运

8.1 壳体外表面应喷砂除锈，达到 GB 8923 中 Sa2.5 级的规定。

8.2 壳体外表面油漆应符合采购技术文件规定。

8.3 不锈钢壳体表面酸洗钝化应符合采购技术文件规定。

8.4 所有接管至少应用防水材料遮盖密封。

8.5 装箱前实物检查应与清单一致。

8.6 壳体内应充氮保护，压力按采购技术文件规定。

8.7 装箱及出厂文件检查。

9 主要外购外协件检验要求

9.1 主要外购外协件供应商应符合采购技术文件要求。

9.2 外购外协件进厂后，应进行尺寸、外观、标识及文件资料核查。

9.3 主要外协件应按采购技术文件要求，采取过程控制（如关键点访问监造）。

10 其它要求

10.1 材料代用及图纸变更应取得设计单位或买方的书面同意。

10.2 其它特殊要求按采购技术文件执行。

10.3 主体承压锻件补焊应征得业主的书面同意。

11 板壳式换热器驻厂监造主要质量控制点

11.1 文件见证点（R）：由监造人员对设备材料制造过程有关文件、记录或报告进行见证而预先设定的监造质量控制点。

11.2 现场见证点（W）：由监造人员对设备材料制造过程、工序、节点或结果进行现场见证而预先设定的监造质量控制点，且应包括相关文件见证点（R）质量控制内容。

11.3 停止点（H）：由监造人员见证并签认后才可转入下一个过程、工序或节点而预先设定的监造质量控制点，应包括相关现场见证点（W）和文件见证点（R）质量控制内容。

序号	零部件名称	监造内容	文件见证点（R）	现场见证点（W）	停止点（H）
1	筒节	1. 材料质量证明书审查	R		
		2. 化学成分（熔炼分析、产品分析）	R		
		3. 回火脆性敏感性系数（指Cr-Mo钢）	R		
		4. 力学性能（常温、高温）	R		
		5. 晶间腐蚀试验（不锈钢材质）	R		
		6. 回火脆化倾向评定（2.25Cr1Mo材质）	R		
		7. 晶粒度（指锻件）	R		
		8. 非金属夹杂物（指锻件）	R		
		9. 超声检测	R		
		10. 坡口磁粉检测（指Cr-Mo钢）		W	
		11. 预弯处硬度（指Cr-Mo钢）、滚圆、纵缝焊接、中间热处理		W	
		12. 校圆、几何形状（圆度、棱角度）检查		W	
		13. 纵缝外观、无损检验（RT、UT、MT）		W	
		14. 纵缝熔敷金属化学成分分析（指Cr-Mo钢）	R		
2	封头	1. 材料质量证明书审查	R		
		2. 化学成分（熔炼分析、产品分析）	R		
		3. 回火脆性敏感性系数（指Cr-Mo钢）	R		
		4. 力学性能（常温、高温）	R		
		5. 晶间腐蚀试验（不锈钢材质）	R		
		6. 回火脆化倾向评定（2.25Cr1Mo材质）	R		
		7. 晶粒度（指锻件）	R		
		8. 非金属夹杂物（指锻件）	R		
		9. 超声检测	R		
		10. 坡口磁粉检测（指Cr-Mo钢）		W	
		11. 冲压后形状尺寸（圆度、直径、厚度）		W	
		12. 冲压后性能热处理及母材试板力学性能	R		
		13. 冲压后无损检验（UT、MT）	R		
		14. 精加工后尺寸检查		W	

（续表）

序号	零部件名称	监造内容	文件见证点（R）	现场见证点（W）	停止点（H）
3	设备法兰、支撑板、人孔法兰及盖、进口法兰、出口法兰	1. 材料质量证明书审查	R		
		2. 化学成分（熔炼分析、产品分析）	R		
		3. 回火脆性敏感性系数（指Cr-Mo钢）	R		
		4. 力学性能（常温、高温）	R		
		5. 晶间腐蚀试验（不锈钢材质）	R		
		6. 晶粒度（指锻件）	R		
		7. 非金属夹杂物（指锻件）	R		
		8. 回火脆化倾向评定（指Cr-Mo钢）	R		
		9. 超声检测	R		
		10. 精加工后尺寸检查		W	
		11. 加工面磁粉检测（指Cr-Mo钢）	R		
		12. 法兰不锈钢堆焊层厚度		W	
		13. 堆焊层无损检验（PT）	R		
		14. 堆焊层密封面硬度测试		W	
4	板束	1. 板片质量证明书审查：化学成分、力学性能、晶间腐蚀试验	R		
		2. 板片几何尺寸及外观检查		W	
		3. 板束装配尺寸及外观检查		W	
		4. 单板管氨渗漏试验		W	
		5. 氩弧焊端缝氨渗漏试验		W	
		6. 板束板程氨渗漏试验		W	
		7. 板束板程水压试验			H
5	分配器	尺寸及外观检查		W	
6	膨胀节	1. 材料质量证明书审查：化学成分、力学性能、焊缝无损检测（RT、PT）、热处理报告（如有要求）	R		
		2. 同心度及几何尺寸检查		W	
		3. 水压试验		W	
7	M36及以上螺栓	1. 材料质量证明书审查：化学成分、力学性能、无损检测（UT/MT）	R		
		2. 尺寸及精度检查		W	

（续表）

序号	零部件名称	监造内容	文件见证点（R）	现场见证点（W）	停止点（H）
8	M36及以上螺母	1. 材料质量证明书审查：化学成分、硬度检查	R		
		2. 尺寸及精度检查		W	
		3. 精加工后无损检测（MT）	R		
		4. 承载试验（按采购技术文件规定）	R		
9	支座	1. 材料质量证明书检查	R		
		2. Cr-Mo钢筒节纵、环焊缝MT、UT、RT	R		
		3. 碳钢筒节纵、环焊缝RT	R		
		4. 裙座与壳体连接堆焊部位的UT、MT检测	R		
10	总装	1. 壳体A/B类焊缝RT	R		
		2. 壳体A/B/D类焊缝MT/PT、UT	R		
		3. Cr-Mo钢A/B/D类焊缝熔敷金属化学成分	R		
		4. 堆焊层PT/MT	R		
		5. 堆焊层铁素体数测定（如有要求）	R		
		6. 堆焊层化学成分（如有要求）	R		
		7. 筒体直线度及环缝错边量检查		W	
		8. 管口方位及尺寸检查		W	
		9. 设备内外表面外观检查		W	
		10. 板束与膨胀节、筒体同心度检查		W	
		11. 分配器与全焊接板束、壳体装配尺寸检查		W	
		12. 支撑板与板束垂直度检查		W	
		13. 设备法兰与支撑板密封焊缝PT检查		W	
		14. 角焊缝焊角尺寸及外观检查		W	
		15. 支座与壳体连接焊缝焊后MT	R		
11	热处理	1. Cr-Mo钢A/B/D类焊缝中间热处理	R		
		2. 整体最终热处理或分段热处理		W	
		3. Cr-Mo钢A/B/D类焊缝最终热处理后硬度测试		W	
		4. Cr-Mo钢A/B/D类焊缝最终热处理后MT、UT	R		
		5. 支座与壳体连接焊缝、支座筒节对接焊缝最终热处理后MT、UT	R		
		6. 临时连接物去除部位最终热处理后MT/PT	R		
		7. 不锈管堆焊层最终热处理后PT		W	

（续表）

序号	零部件名称	监造内容	文件见证点（R）	现场见证点（W）	停止点（H）
12	试板	1. 母材性能热处理试板检查	R		
		2. 产品焊接试板检查	R		
13	压力试验	1. 板程气密试验		W	
		2. 壳程气密试验		W	
		3. 板程氨渗漏试验		W	
		4. 壳程氨渗漏试验		W	
		5. 板程水压试验			H
		6. 壳程水压试验			H
		7. 设备整体水压试验			H
		8. Cr-Mo钢A、B类焊缝水压后UT	R		
		9. Cr-Mo钢A、B、D类焊缝水压后MT	R		
		10. Cr-Mo钢支座与壳体连接焊缝水压后MT、UT	R		
		11. 外观及内部清洁度检查		W	
		12. 设备整体水压试验后应进行干燥处理		W	
14	其它外购件	1. 密封垫合格证检查	R		
		2. 密封垫几何尺寸及外观抽查		W	
15	出厂检验	1. 法兰密封面外观检查		W	
		2. 喷砂除锈、油漆检查		W	
		3. 不锈钢酸洗检查		W	
		4. 管口包装检查		W	
		5. 标记检查		W	
		6. 充氮保护检查		W	

管壳式换热器监造大纲

目 录

前 言 ⋯⋯⋯⋯⋯⋯⋯⋯⋯⋯⋯⋯⋯⋯⋯⋯⋯⋯⋯⋯⋯⋯⋯⋯⋯⋯⋯⋯⋯⋯⋯⋯⋯⋯⋯ 301
1　总则 ⋯⋯⋯⋯⋯⋯⋯⋯⋯⋯⋯⋯⋯⋯⋯⋯⋯⋯⋯⋯⋯⋯⋯⋯⋯⋯⋯⋯⋯⋯⋯⋯⋯⋯ 302
2　原材料 ⋯⋯⋯⋯⋯⋯⋯⋯⋯⋯⋯⋯⋯⋯⋯⋯⋯⋯⋯⋯⋯⋯⋯⋯⋯⋯⋯⋯⋯⋯⋯⋯⋯ 304
3　焊接 ⋯⋯⋯⋯⋯⋯⋯⋯⋯⋯⋯⋯⋯⋯⋯⋯⋯⋯⋯⋯⋯⋯⋯⋯⋯⋯⋯⋯⋯⋯⋯⋯⋯⋯ 304
4　无损检测 ⋯⋯⋯⋯⋯⋯⋯⋯⋯⋯⋯⋯⋯⋯⋯⋯⋯⋯⋯⋯⋯⋯⋯⋯⋯⋯⋯⋯⋯⋯⋯⋯ 305
5　几何尺寸及外观 ⋯⋯⋯⋯⋯⋯⋯⋯⋯⋯⋯⋯⋯⋯⋯⋯⋯⋯⋯⋯⋯⋯⋯⋯⋯⋯⋯⋯ 306
6　热处理及产品试件 ⋯⋯⋯⋯⋯⋯⋯⋯⋯⋯⋯⋯⋯⋯⋯⋯⋯⋯⋯⋯⋯⋯⋯⋯⋯⋯⋯ 307
7　耐压试验 ⋯⋯⋯⋯⋯⋯⋯⋯⋯⋯⋯⋯⋯⋯⋯⋯⋯⋯⋯⋯⋯⋯⋯⋯⋯⋯⋯⋯⋯⋯⋯ 308
8　涂装与发运 ⋯⋯⋯⋯⋯⋯⋯⋯⋯⋯⋯⋯⋯⋯⋯⋯⋯⋯⋯⋯⋯⋯⋯⋯⋯⋯⋯⋯⋯⋯ 308
9　主要外购外协件检验要求 ⋯⋯⋯⋯⋯⋯⋯⋯⋯⋯⋯⋯⋯⋯⋯⋯⋯⋯⋯⋯⋯⋯⋯ 309
10　其它要求 ⋯⋯⋯⋯⋯⋯⋯⋯⋯⋯⋯⋯⋯⋯⋯⋯⋯⋯⋯⋯⋯⋯⋯⋯⋯⋯⋯⋯⋯⋯⋯ 309
11　管壳式换热器驻厂监造主要质量控制点 ⋯⋯⋯⋯⋯⋯⋯⋯⋯⋯⋯⋯⋯⋯⋯ 309

前　言

《管壳式换热器监造大纲》参照 GB/T 1.1—2009《标准化工作导则　第1部分：标准的结构和编写》给出的规则起草。

本大纲由中国石油化工集团有限公司物资装备部提出。

本大纲2010年7月第一次发布，本次为修订升版。

本大纲起草单位：上海众深科技股份有限公司。

本大纲起草人：华伟、方寿奇、邵树伟、贺立新。

管壳式换热器监造大纲

1 总则

1.1 内容和适用范围。

1.1.1 本大纲主要规定了采购单位（或使用单位）对管壳式换热器制造过程监造的基本内容及要求，是委托驻厂监造的主要依据。

1.1.2 本大纲适用于石油化工工业使用的管壳式换热器制造过程监造，同类设备可参照使用。

1.1.3 本大纲中具体技术要求如与采购技术文件不一致时，原则上应以采购技术文件为准。

1.2 监造工作的基本要求。

1.2.1 监造人员要求。

1.2.1.1 监造人员应与所在监造单位有正式劳动合同关系。

1.2.1.2 监造人员应严格依据监造委托合同，履行监造职责，完成监造任务。

1.2.1.3 监造人员应持有不低于中国设备监理协会颁发的专业设备监理师资格证书，监造人员有二年（或以上）的监造业务经验，在相应专业岗位工作三年以上。

1.2.1.4 监造人员应熟悉监造物资的制造工艺，掌握制造过程中的质量技术要求和检验试验关键控制点。

1.2.1.5 监造人员在监造活动过程中应遵守有关保密约定和规定。

1.2.1.6 监造人员应遵守制造厂HSSE或安全生产管理制度的相关规定，严格执行劳保着装和安全防护要求。

1.2.2 监造工作程序。

1.2.2.1 监造人员在开始监造的10个工作日内，对制造厂的人员资质、生产工艺、装备能力和质保体系运行情况进行检查和评估，并向委托方提供质量风险评估报告，明确风险等级（高、中、低、无）。

1.2.2.2 监造单位在收到采购技术文件后，10个工作日内编制完成《监造大纲》。

1.2.2.3 监造单位在获得设计相关图纸、制造工艺、质量控制计划、生产进度计划后，15日内编制完成《监造实施细则》。

1.2.2.4 监造人员应配备必要的用于平行检查且检定合格的检测器具。

1.2.2.5 监造人员应按委托方的通知或有关要求参加或组织召开预检验会议，与

制造厂对接确定检验试验计划和质量控制点,并经委托方确认。

1.2.2.6 监造人员应组织制造厂质量、技术、生产及经营(项目管理)等相关部门召开监理周例会,通报监造工作情况,协调解决质量进度问题,结合生产进度计划安排后续监造工作,并形成会议纪要。

1.2.2.7 监造人员在监造实施过程中,如发现质量隐患、质量问题以及可能影响交货期的重大因素时,应及时报委托方,并以书面形式通知制造厂,要求制造厂采取有效措施予以整改,若制造厂延误或拒绝整改时,可责令其停工。

1.2.2.8 对于原材料、外购件以及外协加工、外协检测和外协检验试验等过程,监造人员应重点审查质量证明文件、外协单位资质、人员资质、工艺文件和检验试验报告等。并依据监造实施细则和检验试验计划中设置的监造访问点,实施质量控制。

1.2.2.9 实施监造的物资经现场监造人员确认符合标准规范和订单约定后,按发货批次开具监造放行单,并报委托方。

1.2.2.10 全部监造工作完成后,应于30日内完成监造总结报告交付委托方。

1.3 监造单位应提交的文件资料。

1.3.1 目录(含页码)(必须)。

1.3.2 产品质量监造报告书(必须)。

1.3.3 监造工作总结(必须)。

1.3.4 监造大纲(必须)。

1.3.5 监造实施细则(必须)。

1.3.6 监造周报(必须)。

1.3.7 设计变更通知及往来函件(如有)。

1.3.8 监造工作联系单(如有)。

1.3.9 监理工程师通知单(如有)。

1.3.10 会议纪要(如有)。

1.3.11 监造放行单(必须)。

1.4 主要编制依据。

1.4.1 TSG 21 固定式压力容器安全技术监察规程。

1.4.2 GB/T 150 压力容器。

1.4.3 GB/T 151 热交换器。

1.4.4 GB/T 25198 压力容器封头。

1.4.5 GB/T 26429 设备工程监理规范。

1.4.6 NB/T 47013 承压设备无损检测。

1.4.7 NB/T 47014 承压设备焊接工艺评定。

1.4.8 Q/SHCG 0100—2014(SPTS-EQ02-T001)管壳式换热器采购技术规范。

1.4.9 采购技术文件。

2 原材料

2.1 主要钢种为Cr-Mo钢、不锈钢、双相钢、低温用钢、低合金钢、碳素钢、不锈钢复合钢板等，其冶炼方法应按采购技术文件规定执行。

2.2 换热管材料主要钢种为不锈钢、双相钢、低合金钢、碳素钢等，管坯材料应按采购技术文件规定。

2.3 依据采购技术文件审核主体材料（含焊材）质量证明书，材料牌号及规格、热处理状态、锻件级别、数量、供货商等应与采购技术文件规定一致。

2.4 主体材料应进行外观、材料标记检查。低温钢及不锈钢材料不得使用硬印标记。

2.5 管壳程筒体、管壳程封头、进出口法兰、法兰接管、管板、换热管、设备法兰、浮头盖、浮头法兰、浮动管板、钩圈、外头盖法兰、球冠形封头等主要承压件的化学成分、常温力学性能、高温力学性能、夏比冲击试验（对于低温钢及按低温设计的产品应注意材料的低温冲击性能）、硬度、水压试验、无损检测结果、晶间腐蚀试验、金相组织等以及取样部位、试样数量、模拟热处理状态、定尺及精度等应与采购技术文件规定一致。钢管的工艺性能应符合使用时的加工工艺要求。材料复验应符合《固定式压力容器安全技术监察规程》和采购技术文件规定，监理工程师应现场见证。

2.6 M36及以上螺栓、螺母等材料检验应与采购技术文件规定一致。

2.7 有胀接要求的换热管其硬度值应低于管板的硬度值。

2.8 U形管的拼接及同一根管拼接数量、拼接部位应符合采购技术文件规定。

2.9 由$\phi \geqslant 50mm$棒料加工的螺栓，粗加工后应进行超声波检测，或按采购技术文件验收。

2.10 凡在制造过程中改变热处理状态的承压元件，应重新进行恢复性能热处理，其力学性能应符合相关规定。

2.11 膨胀节的材料、结构型式、规格、标记、供货商、热处理状态、质量证明文件、复验等应与采购技术文件规定一致。

2.12 密封垫圈、金属包覆垫片、缠绕垫片、金属垫片材料、管板管程侧压缩盘根的牌号、性能、供货商、数量及加工精度应与采购技术文件规定一致。

2.13 基材焊接材料和堆焊材料检验应与采购技术文件规定一致。

3 焊接

3.1 焊工作业必须持有相应类别的有效焊接资格证书。

3.2 制造厂应在产品施焊前，根据采购技术文件及NB/T 47014的规定完成焊接工艺评定。

3.3　主要焊接工艺评定至少覆盖基体焊接工艺评定、堆焊工艺评定、管子与管板焊接工艺评定、异种钢焊接工艺评定四大类。

3.4　根据评定合格的焊接工艺制订焊接工艺指导书。

3.5　焊接作业应严格遵守焊接工艺纪律。

3.6　低合金钢、碳素钢换热管管端外表面焊接前应除锈，清理长度不得小于管外径，且不小于25mm；有胀接要求的管端应呈现金属光泽，其长度不得小于两倍管板厚度。

3.7　低温材料焊接时，应采用小线能量、小规范、多焊道焊接，严格控制层间温度。

3.8　Cr-Mo钢、低温钢焊前应预热、焊后应及时进行消除应力处理。

3.9　焊接返修次数应与采购技术文件规定一致，所有的返修均应有返修工艺评定支持。

3.10　焊缝检查。

3.10.1　焊缝外观不允许存在裂纹、气孔、未熔合、未焊透、弧坑、飞溅等缺陷，不锈钢、低温钢、Cr-Mo钢、抗拉强度下限值$R_m \geqslant 540$MPa低合金钢、承受循环载荷、有应力腐蚀及焊接接头系数为1.0的产品不允许咬边。焊缝与母材应平滑过渡，焊缝余高应符合相关规定。

3.10.2　管座角焊缝的外形应当凹形圆滑过渡，其焊脚高度应符合图样的规定。

3.10.3　按疲劳分析设计的构件，应去除焊缝余高，与母材表面平齐。

3.10.4　承压焊缝（含热影响区、母材）最终热处理后的硬度检测按采购技术文件验收。

3.10.5　承压焊缝熔敷金属的化学成分分析、取样数量及分析结果按采购技术文件验收。

3.10.6　法兰密封面堆焊层应进行硬度检查，按采购技术文件验收。

4　无损检测

4.1　应检查无损检测人员资格及无损检测设备的有效性。

4.2　所有承压元件（锻件、板材、管材、棒料）的无损检测（UT、MT、ET），按采购技术文件规定验收。

4.3　封头热冲压后的无损检测（RT、UT、MT、PT），应符合采购技术文件的规定。

4.4　承压焊缝的无损检测。

4.4.1　设备承压部位的焊缝应按图样规定的方法、比例、标准、时机和验收级别进行检测。

4.4.2　对于要求进行100%检测的换热器，还应对规定的厚度增加不同的检测方法进行局部检测，该局部检测应包括所有的焊缝交叉部位。

4.4.3 对于要求局部无损检测的换热器，无损检测的部位应包括A、B类焊缝交叉处、被其它元件覆盖的焊缝、先拼板后成形凸形封头的所有拼接接头及不另行补强的接管，自开孔中心至设备表面的最短长度等于开孔直径范围内的焊接接头部分。

4.4.4 $DN \geq 250mm$ 的接管对接接头，其检测方法、比例、验收级别应与壳体主体焊接接头相同；$DN < 250mm$ 的接管对接接头，其检测方法、比例、验收级别应按采购技术文件的规定执行。

4.4.5 拼接的换热管应进行射线检测，其检测比例、验收级别应符合采购技术文件规定。

4.4.6 换热管与管板焊接接头、管座角焊缝、异种钢焊接接头、具有再热裂纹倾向或延迟裂纹倾向的焊接接头应进行表面无损检测，其检查标准、合格级别应符合采购技术文件规定。

4.4.7 外购膨胀节焊缝的复验，应符合采购技术文件的规定。

4.4.8 A、B、D、E类焊缝焊后、热处理后、水压试验后的磁粉检测，按采购技术文件规定执行。

4.4.9 A、B、D类焊缝焊后、热处理后、水压试验后的超声检测，按采购技术文件规定执行。

4.4.10 A、B、D类焊缝焊后的射线检测，按采购技术文件规定。

4.5 堆焊层无损检测。

4.5.1 基层待堆焊面应进行表面检测，检测标准、合格级别应符合采购技术文件规定。

4.5.2 堆焊层应进行外观检查，焊道搭接应平整，不得有凹坑、咬边、缺肉等缺陷。

4.5.3 堆焊层应进行超声和表面检测，其不贴合度、焊接缺陷等应按采购技术文件规定执行。

4.5.4 所有堆焊层的厚度应符合采购技术文件的规定。

4.5.5 管板堆焊后的平面度应符合采购技术文件的规定。

5 几何尺寸及外观

5.1 筒体校圆后应进行几何形状检查。

5.2 封头冲压后应进行几何形状检查。低温材料不得采用旋压封头。

5.3 复合板覆层与基层结合处的焊接坡口应采用阶梯结构型式。

5.4 复合板壳体应进行筒体外圆周长、圆度和对接接头覆层的错边量检查。

5.5 拼接的换热管应进行通球检查。

5.6 换热管弯制后应对弯曲部位几何形状及厚度进行检查。

5.7 管板钻孔后应对管孔直径、管桥宽度、管孔粗糙度、坡口尺寸、管板方位等进行检查，强度胀接还应检查胀管槽的深度；折流板形状尺寸、孔径、平面度和外观应进行检查；管板及折流板管孔的清洁度应进行检查。

5.8 管束部件装配后的尺寸、间距、方位应进行检查。

5.9 穿管时不应强行敲打，换热管表面不应出现凹瘪或划伤。穿管后应对管端及坡口进行清洁度检查，管头伸出管板高度应符合采购技术文件的规定。

5.10 管箱、壳程筒体组件、浮头、钩圈、外头盖、管束成品等组件的外观、尺寸、方位应进行检查。

5.11 壳体的直线度、圆度、焊缝错边量及整体尺寸、管口方位、伸出高度应进行检查。

5.12 管箱热处理后分程隔板及设备法兰密封面加工尺寸应进行检查。

5.13 管头胀接前应进行胀管工艺试验。

5.14 膨胀节几何形状、尺寸、厚度及外观应进行检查。

5.15 膨胀节与壳体组装时应检查内衬套方向。

5.16 重叠式产品分段出厂应进行预组对，并做出清晰永久标志。

6 热处理及产品试件

6.1 筒体热成型、封头热冲压及弯管后应进行性能热处理（正火+回火或调质），筒体、封头应带母材试件。热成型过程替代性能热处理应经设计单位或买方书面同意，并满足相关标准规定。

6.2 受压元件冷成形或温成形后进行的热处理应符合 GB/T 150.4 中第 8.1.1、第 8.1.3 条款规定。

6.3 换热器及受压元件焊后热处理应按 GB/T 150.4 中第 8.2.2 条款、采购技术文件规定进行。

6.4 有耐应力腐蚀要求或要求消除残余应力的碳钢和低合金钢 U 形管，弯管段及至少包括 150mm 的直管段应进行热处理。其他材料 U 形管弯管段的热处理由供需双方协商。

6.5 冷弯的低温换热器 U 形管，弯曲半径小于 10 倍管外径时应进行消应力热处理。对经过热处理的管材，在热弯或弯曲半径小于 10 倍管外径时的冷弯后，需重新进行与原热处理工艺相同的热处理。

6.6 碳钢、低合金钢制的焊有分程隔板的管箱和浮头盖以及开孔超过 1/3 圆筒内径的管箱，焊后应进行消除应力热处理。

6.7 消应力热处理应按 GB/T 150、采购技术文件规定验收。

6.8 最终热处理前检查。

6.8.1 所有的焊接件和预焊件应焊接完成。

6.8.2 换热器应进行内外表面外观检查，工装焊接件应清除干净。

6.8.3 垫板等与筒体连接部位的焊缝应圆滑过渡，不得有棱角、突变等。

6.8.4 母材试件、焊接试件应齐全。

6.8.5 最终热处理前的各项检验应已完成。

6.9 设备最终热处理。

6.9.1 热电偶的数量及布置，热处理温度及保温时间等应符合相关规定。

6.9.2 合拢缝局部最终热处理装备、热电偶布置、数量、热处理温度及时间等应符合相关规定。

6.10 产品试件。

6.10.1 母材试件的性能应符合采购技术文件材料规定。

6.10.2 焊接试件的数量、检验项目及验收应符合采购技术文件和NB/T 47016的规定。

7 耐压试验

7.1 拼接的换热管应逐根进行水压试验，试验压力为设计压力的2倍。

7.2 不锈钢换热管弯制固溶后应进行单管水压试验，试验压力按采购技术文件规定执行。

7.3 补强圈信号孔应在水压前通入压缩空气，角接接头不得有渗漏。

7.4 管子与管板连接接头、管程、壳程应进行压力试验，试验类型、压力、保压时间、水温、氯离子含量等应按采购技术文件规定。

7.5 外压和真空换热器以内压进行压力试验；按压差设计的换热器，其压力试验升、降压的具体要求应按图样规定执行；对于管程设计压力大于壳程设计压力的换热器，管子与管板连接接头的试验方法和试验压力应按施工图样规定。

7.6 压力试验前应对法兰密封面外观质量进行检查。

7.7 壳体压力试验前应制定完善的水压试验工艺，并在实际操作中严格执行。

7.8 水压前应对试压工装进行检查。膨胀节两端应固定，防止膨胀节轴向变形、横向偏移或周向偏转，并采取有效措施防止膨胀节承受附加推力和重量载荷。

7.9 水压试验完毕应立即放水吹干。

8 涂装与发运

8.1 壳体外表面应喷砂除锈，达到GB 8923中Sa2.5级的规定。

8.2 壳体外表面油漆应按采购技术文件规定。

8.3 所有接管应用防水材料遮盖密封。

8.4 膨胀节应设置保护罩。

8.5 装箱件型号、数量应与采购技术文件一致。

8.6 充氮保护应按采购技术文件规定。

8.7 装箱及出厂文件检查。

9 主要外购外协件检验要求

9.1 主要外购外协件供应商应采购技术文件要求。

9.2 外购外协件进厂后，应进行尺寸、外观、标识及文件资料核查。

9.3 主要外协件应按采购技术文件要求，采取过程控制（如关键点访问监造）。

10 其它要求

10.1 材料代用及图纸改动应取得设计单位或买方的书面同意。

10.2 其它特殊要求按采购技术文件执行。

11 管壳式换热器驻厂监造主要质量控制点

11.1 文件见证点（R）：由监造人员对设备材料制造过程有关文件、记录或报告进行见证而预先设定的监造质量控制点。

11.2 现场见证点（W）：由监造人员对设备材料制造过程、工序、节点或结果进行现场见证而预先设定的监造质量控制点，且应包括相关文件见证点（R）质量控制内容。

11.3 停止点（H）：由监造人员见证并签认后才可转入下一个过程、工序或节点而预先设定的监造质量控制点，应包括相关现场见证点（W）和文件见证点（R）质量控制内容。

序号	零部件及工序名称	监造内容	文件见证点（R）	现场见证（W）	停止点（H）
1	壳程筒体、管箱筒体、外头盖短节、卷制接管等	1. 材料质量证明书及复验报告审查：化学成分、力学性能（常温或低温）、晶间腐蚀试验、金相组织等	R		
		2. 坡口尺寸、滚圆、坡口MT（Cr-Mo钢、低温钢）	R		
		3. 纵缝焊接		W	
		4. 校圆、几何形状（圆度、外圆周长）检查		W	
		5. 消氢或消应力热处理（Cr-Mo钢）		W	
		6. 纵缝外观、无损检测RT、UT、MT、PT		W	
2	封头、浮头拱盖	1. 材料质量证明书及复验报告审查：化学成分、力学性能（常温或低温）、晶间腐蚀试验、金相组织等	R		
		2. 拼接焊缝及无损检测		W	
		3. 冲压后形状尺寸（圆度、直径、厚度）		W	

（续表）

序号	零部件及工序名称	监造内容	文件见证点（R）	现场见证（W）	停止点（H）
2	封头、浮头拱盖	4. 成型后的性能热处理（正火或固溶）		W	
		5. 坡口尺寸检查		W	
		6. 无损检测 RT、UT、MT、PT		W	
		7. 热处理母材试板的检验	R		
3	设备法兰、外头盖法兰、接管法兰、接管、弯管	1. 材料质量证明书及复验报告审查：化学成分、力学性能（常温、高温、低温）、晶间腐蚀试验、金相组织、无损检测等	R		
		2. 弯管冲压后几何形状（尺寸、厚度）		W	
		3. 弯管冲压后性能热处理		W	
		4. 精加工后尺寸检测		W	
		5. 无损检测 MT、PT		W	
		6. 法兰堆焊层厚度及无损检测（如果有）	R		
		7. 法兰堆焊层密封面硬度测试（如果有）		W	
4	管板、折流板、钩圈	1. 材料质量证明书审查：化学成分、力学性能（常温、高温、低温）、晶间腐蚀试验、金相组织、无损检测等	R		
		2. 堆焊层厚度（如果有）	R		
		3. 堆焊层无损检测 UT、PT（如果有）		W	
		4. 堆焊层热处理	R		
		5. 管板钻孔后的孔径、粗糙度、管桥尺寸、坡口、清洁度、胀管槽（如果有）检查		W	
5	换热管	1. 材料质量证明书审查：化学成分、力学性能、晶间腐蚀（如要求）、无损检测、水压试验、尺寸精度等	R		
		2. U形换热管拼接焊缝 RT、水压试验	R		
		3. U形管成形后热处理（消除应力或性能热处理）	R		
		4. U形管弯制后水压试验		W	
		5. 几何形状、尺寸、厚度及外观检查		W	
		6. 管端焊接部位及胀接部位打磨清理		W	
6	膨胀节	1. 质量证明书审查：化学成分、力学性能、无损检测、压力试验、热处理状态	R		
		2. 焊缝无损检测复查 RT/PT	R		
		3. 几何形状、尺寸、厚度		W	
		4. 外观、表面质量检查		W	

（续表）

序号	零部件及工序名称	监造内容	文件见证点（R）	现场见证（W）	停止点（H）
7	M36及以上螺栓、螺母	1. 材料质量证明书审查：化学成分、力学性能、无损检测、热处理状态等	R		
		2. 硬度检查	R		
		3. 尺寸及精度检查		W	
		4. 精加工后磁粉检测	R		
8	管束组件	1. 管笼支装、壳体与管板组焊及方位检查		W	
		2. 换热管穿装、换热管与管板伸出高度及管束总长检查		W	
		3. 壳体与管板焊缝无损检测 RT/UT/MT/PT		W	
		4. 管头的焊接及胀接检查（胀接在管头热处理后进行）		W	
		5. 管头角焊缝无损检测	R		
		6. 滑道旁路挡板等附件的组焊		W	
		7. 外观、尺寸检查		W	
9	外头盖组件（浮头换热器）	1. 部件组对错边量检查		W	
		2. 焊缝外观质量检查		W	
		3. 无损检测 RT、MT、PT	R		
		4. 方位、划线、开孔		W	
		5. 附件组焊检查		W	
		6. 成品尺寸及外观检查		W	
10	浮头盖组件（浮头换热器）	1. 法兰与拱盖部件组焊检查		W	
		2. 附件组焊检查		W	
		3. 无损检测 MT、PT	R		
		4. 热处理	R		
		5. 成品尺寸及外观检查		W	
11	管箱组件	1. 组对错边量检查		W	
		2. 焊缝外观质量检查		W	
		3. 无损检测 RT、MT、PT	R		
		4. 管口划线、开孔、方位检查		W	
		5. 附件组焊检查		W	
		6. 热处理、无损检测	R		
		7. 成品尺寸及外观检查		W	

（续表）

序号	零部件及工序名称	监造内容	文件见证点（R）	现场见证（W）	停止点（H）
12	壳体组件	1. 环缝坡口尺寸及无损检测		W	
		2. 筒体与封头或法兰或管板组焊环缝错边量检查		W	
		3. 筒体圆度、直线度、外观检查		W	
		4. 无损检测 RT/UT/MT/PT	R		
		5. 管口划线、开孔、方位检查		W	
		6. 接管与法兰、接管与筒体焊缝及附件组焊检查		W	
		7. 热处理（如果有）		W	
		8. 成品尺寸及外观检查		W	
		9. 焊缝硬度检测（如要求，含母材、热影响区）		W	
13	产品试件	1. 母材性能热处理试件检查		W	
		2. 焊接试件检查		W	
14	总装	1. 管口方位及尺寸		W	
		2. 支座底面到基准线的间距偏差检查		W	
		3. 设备内外表面外观检查	R		
		4. 壳体保温支持圈等附件组焊检查		W	
		5. 管板、壳体密封面检查		W	
		6. 管束与筒体组装		W	
		7. 补强圈气密试验检查		W	
15	压力试验	1. 管子与管板焊缝压力（水压/气密）试验			H
		2. 管程水压试验			H
		3. 壳程水压试验			H
		4. 外观、吹扫及清洁度检查		W	
16	其它外购件	1. 密封垫合格证审查	R		
		2. 密封垫几何尺寸检查		W	
17	出厂检验	1. 法兰密封面外观检查		W	
		2. 喷砂除锈、油漆检查		W	
		3. 管口包装检查		W	
		4. 膨胀节的保护装置		W	
		5. 标记检查		W	
		6. 充氮保护检查（按采购技术文件）		W	

绕管式换热器监造大纲

目 录

前　言 ··· 315
1　总则 ·· 316
2　原材料 ··· 318
3　焊接 ·· 318
4　无损检测 ··· 319
5　几何尺寸与外观 ··· 320
6　热处理及产品试件 ··· 321
7　耐压及泄漏试验 ··· 322
8　涂装与发运 ·· 322
9　主要外购外协件检验要求 ·· 322
10　其它要求 ··· 323
11　绕管式换热器驻厂监造主要质量控制点 ·· 323

前　言

《绕管式换热器监造大纲》参照 GB/T 1.1—2009《标准化工作导则　第1部分：标准的结构和编写》给出的规则起草。

本大纲由中国石油化工集团有限公司物资装备部提出。

本大纲为首次发布。

本大纲起草单位：上海众深科技股份有限公司。

本大纲起草人：时晓峰、华伟、方寿奇、贺立新。

绕管式换热器监造大纲

1 总则

1.1 内容和适用范围。

1.1.1 本大纲主要规定了采购单位（或使用单位）对绕管式换热器制造过程监造的基本内容及要求，是委托驻厂监造的主要依据。

1.1.2 本大纲适用于石油化工工业使用的绕管式换热器制造过程的监造，类似结构换热器可参照使用。

1.1.3 本大纲中具体技术要求如与采购技术文件不一致时，原则上应以采购技术文件为准。

1.2 监造工作的基本要求。

1.2.1 监造人员要求。

1.2.1.1 监造人员应与所在监造单位有正式劳动合同关系。

1.2.1.2 监造人员应严格依据监造委托合同，履行监造职责，完成监造任务。

1.2.1.3 监造人员应持有不低于中国设备监理协会颁发的专业设备监理师资格证书，监造人员有二年（或以上）的监造业务经验，在相应专业岗位工作三年以上。

1.2.1.4 监造人员应熟悉监造物资的制造工艺，掌握制造过程中的质量技术要求和检验试验关键控制点。

1.2.1.5 监造人员在监造活动过程中应遵守有关保密约定和规定。

1.2.1.6 监造人员应遵守制造厂HSSE或安全生产管理制度的相关规定，严格执行劳保着装和安全防护要求。

1.2.2 监造工作程序。

1.2.2.1 监造人员在开始监造的10个工作日内，对制造厂的人员资质、生产工艺、装备能力和质保体系运行情况进行检查和评估，并向委托方提供质量风险评估报告，明确风险等级（高、中、低、无）。

1.2.2.2 监造单位在收到采购技术文件后，10个工作日内编制完成《监造大纲》。

1.2.2.3 监造单位在获得设计相关图纸、制造工艺、质量控制计划、生产进度计划后，15日内编制完成《监造实施细则》。

1.2.2.4 监造人员应配备必要的用于平行检查且检定合格的检测器具。

1.2.2.5 监造人员应按委托方的通知或有关要求参加或组织召开预检验会议，与

制造厂对接确定检验试验计划和质量控制点,并经委托方确认。

1.2.2.6 监造人员应组织制造厂质量、技术、生产及经营(项目管理)等相关部门召开监理周例会,通报监造工作情况,协调解决质量进度问题,结合生产进度计划安排后续监造工作,并形成会议纪要。

1.2.2.7 监造人员在监造实施过程中,如发现质量隐患、质量问题以及可能影响交货期的重大因素时,应及时报委托方,并以书面形式通知制造厂,要求制造厂采取有效措施予以整改,若制造厂延误或拒绝整改时,可责令其停工。

1.2.2.8 对于原材料、外购件以及外协加工、外协检测和外协检验试验等过程,监造人员应重点审查质量证明文件、外协单位资质、人员资质、工艺文件和检验试验报告等。并依据监造实施细则和检验试验计划中设置的监造访问点,实施质量控制。

1.2.2.9 实施监造的物资经现场监造人员确认符合标准规范和订单约定后,按发货批次开具监造放行单,并报委托方。

1.2.2.10 全部监造工作完成后,应于30日内完成监造总结报告交付委托方。

1.3 监造单位应提交的文件资料。

1.3.1 目录(含页码)(必须)。

1.3.2 产品质量监造报告书(必须)。

1.3.3 监造工作总结(必须)。

1.3.4 监造大纲(必须)。

1.3.5 监造实施细则(必须)。

1.3.6 监造周报(必须)。

1.3.7 设计变更通知及往来函件(如有)。

1.3.8 监造工作联系单(如有)。

1.3.9 监理工程师通知单(如有)。

1.3.10 会议纪要(如有)。

1.3.11 监造放行单(必须)。

1.4 主要编制依据。

1.4.1 TSG 21 固定式压力容器安全技术监察规程。

1.4.2 GB/T 150 压力容器。

1.4.3 GB/T 151 热交换器。

1.4.4 GB/T 713 锅炉和压力容器用钢板。

1.4.5 GB/T 3531 低温压力容器用钢板。

1.4.6 GB/T 24511 承压设备用不锈钢和耐热钢钢板和钢带。

1.4.7 GB/T 26429 设备工程监理规范。

1.4.8 GB/T 30583 承压设备焊后热处理规程。

1.4.9 NB/T 47008~47010 承压设备用锻件。

1.4.10　NB/T 47013 承压设备无损检测。
1.4.11　NB/T 47018 承压设备焊接材料订货技术条件。
1.4.12　NB/T 47019 锅炉、热交换器用管订货技术条件。
1.4.13　Q/SHCG 11001—2016 Q345R（HIC）钢制压力容器采购技术规范。
1.4.14　采购技术文件。

2　原材料

2.1　主要钢种为Cr-Mo钢、不锈钢、双相钢、低温用钢、低合金钢、碳素钢、不锈钢复合钢板等。

2.2　换热管材料主要钢种为Cr-Mo钢、不锈钢、双相钢、低合金钢等，管坯材料应按采购技术文件规定。

2.3　依据采购技术文件审核主体材料及焊材质量证明书，材料牌号及规格、热处理状态、锻件级别、数量、供货商等应与采购技术文件规定一致。

2.4　主体材料应进行外观、材料标记检查。低温钢及不锈钢材料不得使用硬印标记。

2.5　管/壳程筒体、封头、进出口法兰、法兰接管、管板、换热管、设备法兰、短节等主要承压件的化学成分、常温力学性能、高温力学性能、夏比冲击试验（对于低温钢及按低温设计的产品应注意材料的低温冲击性能）、硬度、水压试验、无损检测结果、晶间腐蚀试验、金相组织等以及取样部位、试样数量、模拟热处理状态、定尺及精度等应与采购技术文件规定一致。钢管的工艺性能应符合使用时的加工工艺要求。材料复验应符合《固定式压力容器安全技术监察规程》和采购技术文件的规定，监理工程师应现场见证。

2.6　M36及以上螺栓、螺母等材料检验应与采购技术文件规定一致。

2.7　有胀接要求的换热管其硬度值应低于管板的硬度值。

2.8　换热管的拼接及同一根管拼接数量、拼接部位应符合采购技术文件规定。

2.9　对在制造过程中改变热处理状态的承压元件，应按GB/T 150标准见证重新进行恢复性能热处理，其力学性能应符合采购技术文件的规定。

2.10　密封垫圈、金属包覆垫片、缠绕垫片、金属垫片的牌号、性能、供货商、数量及加工精度应与采购技术文件规定一致。

2.11　基材焊接材料和堆焊材料检验应与采购技术文件及NB/T 47018规定一致。

3　焊接

3.1　焊工作业必须持有相应类别的有效焊接资格证书。

3.2　应在产品施焊前，根据采购技术文件及NB/T 47014的规定审查制造厂焊接工艺评定。

3.3 主要焊接工艺评定至少覆盖基体焊接工艺评定、堆焊工艺评定、管子与管板焊接工艺评定、异种钢焊接工艺评定四大类。

3.4 根据评定合格的焊接工艺制订焊接工艺指导书。

3.5 检查焊接作业应严格遵守焊接工艺规程。

3.6 低温材料焊接时，应采用小线能量、小规范、多焊道焊接，严格控制层间温度。

3.7 Cr-Mo钢、低温钢焊前应预热、焊后应及时进行消除应力处理。

3.8 焊接返修次数应与采购技术文件一致，所有的返修均应有返修方案。

3.9 焊缝检查。

3.9.1 焊缝外观不允许存在裂纹、气孔、未熔合、未焊透、弧坑、飞溅等缺陷，不锈钢、低温钢、Cr-Mo钢、抗拉强度下限值 $R_m \geqslant 540\text{MPa}$ 低合金钢、承受循环载荷、有应力腐蚀及焊接接头系数为1.0的产品不允许咬边。焊缝与母材应平滑过渡，焊缝余高应符合采购技术文件及GB/T 150标准的规定。

3.9.2 角焊缝的外形应当凹形圆滑过渡，其焊脚高度应符合图样及标准的规定。

3.9.3 按疲劳分析设计的构件，应去除焊缝余高，与母材表面平齐。

3.9.4 承压焊缝（含热影响区、母材）最终热处理后的硬度检测按采购技术文件验收。

3.9.5 承压焊缝熔敷金属的化学成分检查、取样数量及分析结果按采购技术文件验收。

3.9.6 法兰密封面堆焊层应进行硬度测试，按采购技术文件验收。

4 无损检测

4.1 无损作业人员应持有相应类（级）别的有效资格证书。

4.2 所有承压元件（锻件、板材、管材）的无损检测（UT、MT、ECT），按采购技术文件规定验收。

4.3 封头热冲压后的无损检测（RT、UT、MT、PT），应符合采购技术文件的规定。

4.4 承压焊缝的无损检测。

4.4.1 设备承压焊缝的检测应按图样规定的方法、比例、标准、时机和验收级别进行。

4.4.2 对于要求进行100%无损检测的换热器，还应对规定的厚度增加不同的检测方法进行局部检测，该局部检测应包括所有的焊缝交叉部位。

4.4.3 对于要求局部无损检测的换热器，无损检测的部位应包括A、B类焊缝交叉处、被其它元件覆盖的焊缝、先拼板后成形凸形封头的所有拼接接头及不另行补强的接管，自开孔中心至设备表面的最短长度等于开孔直径范围内的焊接接头部分。

4.4.4　$DN \geqslant 250mm$ 的接管对接接头，其检测方法、比例、验收级别应与壳体主体焊接接头相同；$DN < 250mm$ 的接管对接接头，其检测方法、比例、验收级别应按采购技术文件的规定。

4.4.5　拼接的换热管应进行射线检测，其检测比例、验收级别应符合采购技术文件规定。

4.4.6　换热管与管板焊接接头、角焊缝、异种钢焊接接头、具有再热裂纹倾向或延迟裂纹倾向的焊接接头应进行表面检测，其检测标准、合格级别应符合采购技术文件的规定。

4.4.7　外购膨胀节焊缝的复验，应符合采购技术文件的规定。

4.4.8　根据材料，A、B、D、E类焊缝焊后、热处理后、水压试验后的磁粉检测，A、B、D类焊缝焊后、热处理后、水压试验后的超声检测，A、B、D类焊缝焊后的射线检测，均应符合采购技术文件的规定。

4.5　堆焊层无损检测。

4.5.1　基层待堆焊面应进行表面检测，检测标准、合格级别应符合采购技术文件规定。

4.5.2　堆焊层应进行目视检查，焊道搭接应平整，不得有凹坑、咬边、缺肉等缺陷。

4.5.3　堆焊层进行超声和表面检测应符合采购技术文件规定。

4.5.4　所有堆焊层的厚度应符合采购技术文件的规定。

4.5.5　管板堆焊后的平面度应符合采购技术文件的规定。

5　几何尺寸与外观

5.1　筒体校圆后应进行几何形状检查。

5.2　封头成形后应进行几何尺寸检查。低温材料不得采用旋压封头。

5.3　复合板覆层与基层结合处的焊接坡口应采用阶梯隔离结构型式。

5.4　复合板壳体应进行筒体外圆周长、圆度和对接接头覆层的错边量检查。

5.5　拼接的换热管应进行通球检查。

5.6　上、下支承管、套管两端面加工平行度，上支承管与套管配合度公差应符合采购技术文件的规定。

5.7　管板钻孔后应对管孔直径、管桥宽度、管孔粗糙度、坡口尺寸、管板方位等进行检查，强度胀接还应检查胀管槽的深度；折流板形状尺寸、孔径、平面度和外观应进行检查；管板及折流板管孔的清洁度应进行检查。

5.8　组对下管板与下支承管及上管板与套管，应对下支承管和套管相对于上、下管板外径同心度、垂直度检查。

5.9　管束部件装配后的尺寸、间距、方位应进行检查。

5.10 绕管时不应强行敲打，绕管过程中应认真检查绕好的管子外表面，换热管表面不应出现裂纹、起皮、凹瘪或划痕。

5.11 同层管子绕完后应检查管子之间沿芯体径向的高度变化，检查高度差。

5.12 每层管子绕完后，在绕制下一层管子前，必须按图样要求对管子做通球检查。

5.13 绕管后应对管端及坡口进行清洁度检查，管头伸出管板高度应符合采购技术文件的规定。

5.14 管箱、壳程筒体组件、管束成品等组件的外观、尺寸、方位应进行检查。

5.15 壳体的直线度、圆度、焊缝错边量及整体尺寸、管口方位、接管伸出高度应进行检查。

5.16 热处理后法兰密封面加工尺寸应进行检查。

5.17 管头胀接前应进行胀管工艺试验。

6 热处理及产品试件

6.1 筒体热成型、封头热冲压及弯管后应进行恢复性能热处理，筒体、封头应带母材试件。热成型过程替代恢复性能热处理应经设计单位或买方书面同意，并满足相关标准规定。

6.2 受压元件冷成形或温成形后进行的热处理应符合GB/T 30583规定。

6.3 换热器及受压元件焊后热处理应按GB/T 30583、采购技术文件规定进行。

6.4 当采用15CrMo管子绕制时，需在绕管结束后，对过渡圆弧段进行热处理。

6.5 若用要求焊后热处理材料制造的绕管换热器筒体与芯体同材质（如15CrMo或Cr5Mo）时，筒体与芯体必须分开热处理，筒体先进行热处理的是除封筒焊缝及上封头焊缝以外焊缝，然后是与管子–管板焊缝、管箱短节焊缝、管板–筒体焊缝和上封头–筒体焊缝一起进行热处理。

6.6 消应力热处理应按GB/T 150、采购技术文件规定验收。

6.7 最终热处理前检查。

6.7.1 所有的焊接件和预焊件应焊接完成。

6.7.2 换热器应进行内外表面外观检查，工装焊接件应清除干净。

6.7.3 垫板等与筒体连接部位的焊缝应圆滑过渡，不得有棱角、突变等。

6.7.4 母材试件、焊接试件应齐全。

6.7.5 最终热处理前的各项检验应已完成。

6.8 设备最终热处理。

6.8.1 热电偶的数量及布置，热处理温度及保温时间等应符合相关规定。

6.8.2 局部最终热处理装备、热电偶布置、数量、热处理温度及时间等应符合相关规定。

6.9 产品试件。

6.9.1 母材试件的性能应符合采购技术文件材料规定。

6.9.2 焊接试件的数量、检验项目及验收应符合采购技术文件和 NB/T 47016 的规定。

7 耐压及泄漏试验

7.1 拼接的换热管应逐根进行水压试验，试验压力为设计压力的 2 倍。

7.2 每层管子绕完后，在绕制下一层管子前，必须按图样要求对管子做压力试验，在试验不合格的情况下，需按图样的比例进行加倍试验，同时更换不合格的管子。

7.3 补强圈信号孔应在水压前通入压缩空气，角接接头不得有渗漏。

7.4 管子与管板连接接头、管程、壳程应进行压力试验，试验类型、压力、保压时间、水温、氯离子含量等应按采购技术文件规定。

7.5 外压和真空换热器以内压进行压力试验；按压差设计的换热器，其压力试验升、降压的具体要求应按图样规定；对于管程设计压力大于壳程设计压力的换热器，管子与管板连接接头的试验方法和试验压力应按图样规定。

7.6 压力试验前应对法兰密封面外观质量进行检查。

7.7 壳体压力试验前应制定完善的水压试验工艺，并在实际操作中严格执行。

7.8 水压前应对试压工装进行检查。膨胀节两端应固定，防止膨胀节轴向变形、横向偏移或周向偏转，并采取有效措施防止膨胀节承受附加推力和重量载荷。

7.9 水压试验完毕，必须排净结水，并哄干管程内水分。若壳程设计及使用温度在 0℃ 以下，则壳体接管处也需烘干。

8 涂装与发运

8.1 壳体外表面应喷砂除锈，达到 GB 8923 中 Sa2.5 级的规定。

8.2 壳体外表面油漆应按采购技术文件规定。

8.3 所有接管应用防水材料遮盖密封。

8.4 装箱件型号、数量应与采购技术文件一致。

8.5 充氮保护应按采购技术文件规定。

8.6 装箱及出厂文件检查。

9 主要外购外协件检验要求

9.1 主要外购外协件供应商应符合采购技术文件要求。

9.2 外购外协件进厂后，应进行尺寸、外观、标识及文件资料核查。

9.3 主要外协件应按采购技术文件要求，采取过程控制（如关键点访问监造）。

10 其它要求

10.1 材料代用及图纸变更应取得设计单位或买方的书面同意。

10.2 其它特殊要求按采购技术文件执行。

11 绕管式换热器驻厂监造主要质量控制点

11.1 文件见证点（R）：由监造人员对设备材料制造过程有关文件、记录或报告进行见证而预先设定的监造质量控制点。

11.2 现场见证点（W）：由监造人员对设备材料制造过程、工序、节点或结果进行现场见证而预先设定的监造质量控制点，且应包括相关文件见证点（R）质量控制内容。

11.3 停止点（H）：由监造人员见证并签认后才可转入下一个过程、工序或节点而预先设定的监造质量控制点，应包括相关现场见证点（W）和文件见证点（R）质量控制内容。

序号	零部件名称	监造内容	文件见证点（R）	现场见证点（W）	停止点（H）
1	壳程筒体、管箱筒体、中心筒体、卷制接管等	1. 材料质量证明书及复验报告审查：化学成分、力学性能（常温或低温）、晶间腐蚀试验、金相组织等	R		
		2. 坡口尺寸、滚圆、坡口MT（Cr-Mo钢、低温钢）	R		
		3. 纵缝焊接		W	
		4. 校圆、几何形状（圆度、外圆周长）检查		W	
		5. 消氢或消除应力热处理（Cr-Mo钢）		W	
		6. 纵缝外观、无损检测RT、UT、MT、PT		W	
2	封头	1. 材料质量证明书及复验报告审查：化学成分、力学性能（常温或低温）、晶间腐蚀试验、金相组织等	R		
		2. 拼接焊缝及无损检测		W	
		3. 冲压后形状尺寸（圆度、直径、厚度）		W	
		4. 成型后的性能热处理（正火或固溶）		W	
		5. 坡口尺寸检查		W	
		6. 无损检测RT、UT、MT、PT		W	
		7. 热处理母材试板的检验	R		
3	进出口法兰、接管法兰、接管	1. 材料质量证明书及复验报告审查：化学成分、力学性能（常温、高温、低温）、晶间腐蚀试验、金相组织、无损检测等	R		

（续表）

序号	零部件名称	监造内容	文件见证点（R）	现场见证点（W）	停止点（H）
3	进出口法兰、接管法兰、接管	2. 精加工后尺寸检测		W	
		3. 无损检测 MT、PT		W	
		4. 法兰堆焊层厚度及无损检测（如果有）	R		
		5. 法兰堆焊层密封面硬度测试（如果有）		W	
4	管板	1. 材料质量证明书审查：化学成分、力学性能（常温、高温、低温）、晶间腐蚀试验、金相组织、无损检测等	R		
		2. 堆焊层厚度（如果有）	R		
		3. 堆焊层无损检测 UT、PT（如果有）		W	
		4. 堆焊层热处理	R		
		5. 管板钻孔后的孔径、粗糙度、管桥尺寸、坡口、清洁度、胀管槽（如果有）检查		W	
5	换热管	1. 材料质量证明书审查：化学成分、力学性能、晶间腐蚀（如要求）、无损检测、水压试验、尺寸精度等	R		
		2. 换热管拼接焊缝 RT、通球试验、水压试验		W	
		3. 绕管后热处理	R		
		4. 绕管后通球检查、水压试验		W	
		5. 几何形状、尺寸、厚度及外观检查		W	
		6. 管端焊接部位及胀接部位打磨清理		W	
6	膨胀节	1. 质量证明书审查：化学成分、力学性能、无损检测、压力试验、热处理状态	R		
		2. 焊缝无损检测复查 RT/PT	R		
		3. 几何形状、尺寸、厚度		W	
		4. 外观、表面质量检查		W	
7	M36及以上螺栓、螺母	1. 材料质量证明书审查：化学成分、力学性能、无损检测、热处理状态等	R		
		2. 硬度检查	R		
		3. 尺寸及精度检查		W	
		4. 精加工后磁粉检测	R		
8	中心筒体部件	1. 坡口尺寸检查		W	
		2. 纵、环缝焊接检查		W	

（续表）

序号	零部件名称	监造内容	文件见证点（R）	现场见证点（W）	停止点（H）
8	中心筒部件	3. 几何形状（圆度、外圆周长）检查		W	
		4. 焊缝错边量、棱角度		W	
		5. 中心筒直线度		W	
		6. 中心筒与管板同心度检查		W	
		7. 中心筒与管板角缝焊接检查		W	
		8. 消氢或消除应力热处理（如果有）	R		
		9. 无损检测 RT、UT、MT、PT		W	
9	管束组件	1. 壳体与管板组焊及方位检查		W	
		2. 换热管绕制、换热管与管板伸出高度及管束总长检查		W	
		3. 壳体与管板焊缝无损检测 RT/UT/MT/PT		W	
		4. 管头的焊接及胀接检查（胀接在管头热处理后进行）		W	
		5. 管头焊缝无损检测	R		
		6. 附件组焊		W	
		7. 外观、尺寸检查		W	
10	管箱组件	1. 组对错边量检查		W	
		2. 焊缝外观质量检查		W	
		3. 无损检测 RT/MT/PT	R		
		4. 管口划线、开孔、方位检查		W	
		5. 附件组焊检查		W	
		6. 热处理、无损检测	R		
		7. 成品尺寸及外观检查		W	
11	壳体组件	1. 坡口尺寸及无损检测		W	
		2. 纵缝焊接检查		W	
		3. 筒体与封头或法兰或管板组焊环缝错边量检查		W	
		4. 筒体圆度、直线度、外观检查		W	
		5. 无损检测 RT/UT/MT/PT	R		
		6. 管口划线、开孔、方位检查			H
		7. 接管与法兰、接管与筒体焊缝及附件组焊检查		W	
		8. 热处理（如果有）		W	

（续表）

序号	零部件名称	监造内容	文件见证点（R）	现场见证点（W）	停止点（H）
11	壳体组件	9. 成品尺寸及外观检查		W	
		10. 焊缝硬度检测（如要求，含母材、热影响区）		W	
12	产品试件	1. 母材性能热处理试件检查		W	
		2. 焊接试件检查		W	
13	总装	1. 管口方位及尺寸		W	
		2. 支座底面到基准线的间距偏差检查		W	
		3. 设备内外表面外观检查	R		
		4. 壳体保温支持圈等附件组焊检查		W	
		5. 管板、壳体密封面检查		W	
		6. 管束与筒体组装		W	
		7. 补强圈气密试验检查		W	
14	压力试验	1. 管子与管板焊缝压力（水压/气密）试验			H
		2. 管程水压试验			H
		3. 壳程水压试验			H
		4. 外观、吹扫及清洁度检查		W	
15	其它外购件	1. 密封垫合格证审查	R		
		2. 密封垫几何尺寸检查		W	
16	出厂检验	1. 法兰密封面外观检查		W	
		2. 喷砂除锈、油漆检查		W	
		3. 不锈钢酸洗钝化检查		W	
		4. 管口包装检查		W	
		5. 膨胀节的保护装置		W	
		6. 标记检查		W	
		7. 充氮保护检查（按采购技术文件）		W	

废热锅炉
监造大纲

目 录

前 言 ··· 329
1 总则 ·· 330
2 原材料 ··· 332
3 焊接 ·· 333
4 无损检测 ·· 333
5 外观与尺寸检查 ··· 334
6 热处理及产品焊接试件 ·· 335
7 耐压试验及泄漏试验 ··· 336
8 涂敷包装 ·· 336
9 主要外购外协件检验要求 ·· 337
10 其它检查 ·· 337
11 废热锅炉驻厂监造主要质量控制点 ······································· 337

前 言

《废热锅炉监造大纲》参照 GB/T 1.1—2009《标准化工作导则 第1部分：标准的结构和编写》给出的规则起草。

本大纲由中国石油化工集团有限公司物资装备部提出。

本大纲为首次发布。

本大纲起草单位：南京三方化工设备监理有限公司。

本大纲起草人：赵清万、李辉、易锋、陈琳、王常青。

废热锅炉监造大纲

1 总则

1.1 内容和适用范围。

1.1.1 本大纲主要规定了采购单位（或使用单位）对废热锅炉制造过程监造的基本内容及要求，是委托驻厂监造的主要依据。

1.1.2 本大纲适用于石油化工工业中使用的废热锅炉制造过程监造，同类设备可参照使用。

1.1.3 本大纲中具体技术要求如与采购技术文件不一致时，原则上应以采购技术文件为准。

1.2 监造工作的基本要求。

1.2.1 监造人员要求。

1.2.1.1 监造人员应与所在监造单位有正式劳动合同关系。

1.2.1.2 监造人员应严格依据监造委托合同，履行监造职责，完成监造任务。

1.2.1.3 监造人员应持有不低于中国设备监理协会颁发的专业设备监理师资格证书，监造人员有二年（或以上）的监造业务经验，在相应专业岗位工作三年以上。

1.2.1.4 监造人员应熟悉监造物资的制造工艺，掌握制造过程中的质量技术要求和检验试验关键控制点。

1.2.1.5 监造人员在监造活动过程中应遵守有关保密约定和规定。

1.2.1.6 监造人员应遵守制造厂 HSSE 或安全生产管理制度的相关规定，严格执行劳保着装和安全防护要求。

1.2.2 监造工作程序。

1.2.2.1 监造人员在开始监造的10个工作日内，对制造厂的人员资质、生产工艺、装备能力和质保体系运行情况进行检查和评估，并向委托方提供质量风险评估报告，明确风险等级（高、中、低、无）。

1.2.2.2 监造单位在收到采购技术文件后，10个工作日内编制完成《监造大纲》。

1.2.2.3 监造单位在获得设计相关图样、制造工艺、质量控制计划、生产进度计划后，15日内编制完成《监造实施细则》。

1.2.2.4 监造人员应配备必要的用于平行检查且检定合格的检测器具。

1.2.2.5 监造人员应按委托方的通知或有关要求参加或组织召开预检验会议，与

制造厂对接确定检验试验计划和质量控制点，并经委托方确认。

1.2.2.6 监造人员应组织制造厂质量、技术、生产及经营（项目管理）等相关部门召开监理周例会，通报监造工作情况，协调解决质量进度问题，结合生产进度计划安排后续监造工作，并形成会议纪要。

1.2.2.7 监造人员在监造实施过程中，如发现质量隐患、质量问题以及可能影响交货期的重大因素时，应及时报委托方，并以书面形式通知制造厂，要求制造厂采取有效措施予以整改，若制造厂延误或拒绝整改时，可责令其停工。

1.2.2.8 对于原材料、外购件以及外协加工、外协检测和外协检验试验等过程，监造人员应重点审查质量证明文件、外协单位资质、人员资质、工艺文件和检验试验报告等。并依据监造实施细则和检验试验计划中设置的监造访问点，实施质量控制。

1.2.2.9 实施监造的物资经现场监造人员确认符合标准规范和订单约定后，按发货批次开具监造放行单，并报委托方。

1.2.2.10 全部监造工作完成后，应于30日内完成监造总结报告交付委托方。

1.3 监造单位应提交的文件资料。

1.3.1 目录（含页码）（必须）。

1.3.2 产品质量监造报告书（必须）。

1.3.3 监造工作总结（必须）。

1.3.4 监造大纲（必须）。

1.3.5 监造实施细则（必须）。

1.3.6 监造周报（必须）。

1.3.7 设计变更通知及往来函件（如有）。

1.3.8 监造工作联系单（如有）。

1.3.9 监理工程师通知单（如有）。

1.3.10 会议纪要（如有）。

1.3.11 监造放行单（必须）。

1.4 主要编制依据。

1.4.1 TSG 21—2016 固定式压力容器安全技术监察规程。

1.4.2 GB/T 26429 设备工程监理规范。

1.4.3 GB/T 150 压力容器。

1.4.4 GB/T 151 热交换器。

1.4.5 GB/T 713 锅炉和压力容器用钢板。

1.4.6 GB/T 13296 锅炉、热交换器用不锈钢无缝钢管。

1.4.7 GB 5310 高压锅炉用无缝钢管。

1.4.8 GB 6479 高压化肥设备用无缝钢管。

1.4.9 GB 9948 石油裂化用无缝钢管。

1.4.10 GB/T 25198 压力容器封头。

1.4.11 GB/T 30583 承压设备焊后热处理规程。

1.4.12 NB/T 47008 承压设备用碳素钢和低合金钢锻件。

1.4.13 NB/T 47013.1～NB/T 47013.13 承压设备无损检测。

1.4.14 NB/T 47014 承压设备焊接工艺评定。

1.4.15 NB/T 47015 压力容器焊接规程。

1.4.16 NB/T 47016 承压设备产品焊接试件的力学性能检验。

1.4.17 NB/T 47018 承压设备用焊接材料订货技术条件。

1.4.18 JB/T 4711 压力容器涂敷与运输包装。

1.4.19 采购技术文件。

2 原材料

2.1 基本要求。

2.1.1 检查原材料，设备使用的材料应是未使用过的新材料，供应商应符合采购技术文件要求。

2.1.2 审查板材质保书，设备所用钢板的质量证明书、材料牌号及规格、热处理状态等应符合采购技术文件要求。

2.1.3 审查管材质保书，设备所用换热管的质量证明书、材料牌号及规格、热处理状态、水压试验、无损检测等应符合采购技术文件要求。

2.1.4 审查锻件质保书，设备所用管板等锻件的质量证明书、材料牌号及规格、热处理状态、锻件级别等应符合采购技术文件要求。

2.1.5 审查焊材质保书，焊接材料应符合采购技术文件要求。

2.1.6 审查非受压元件质保书，非受压元件材料必须具有出厂合格证和质量证明书，其化学成分、力学性能和其他技术要求应符合相应的国家标准和行业标准的规定。

2.1.7 所有材料的实物标识应与质量证明文件相符。

2.2 检验与试验要求。

2.2.1 检查制造厂在制造前是否按采购技术文件要求对原材料进行了复验，监理工程师应现场见证。

2.2.2 基材焊接材料和堆焊材料检验应符合采购技术文件要求。

2.2.3 所有材料入厂后，应按采购技术文件要求对原材料外观及尺寸进行检查。

2.2.4 换热管应选用冷拔无缝钢管，不得拼接。

2.2.5 制造过程中改变主体受压材料的供货状态，应重新进行恢复材料力学性能热处理，热处理后的材料性能符合采购技术文件要求。

3 焊接

3.1 焊前准备。

3.1.1 焊工作业必须持有相应类别的有效焊接资格证书。

3.1.2 产品施焊前,受压元件焊缝、与受压元件相焊的焊缝、熔入永久焊缝内的定位焊缝、受压元件母材表面堆焊与补焊,以及上述焊缝的返修焊缝,应按NB/T47014进行焊接工艺评定或具有经过评定合格的焊接工艺规程支持。

3.1.3 制造厂在管板堆焊前,应制定合理的工艺措施,以减少焊接变形。

3.1.4 所有Cr-Mo钢的焊接坡口宜采用机械方法加工,坡口表面不得有裂纹、分层、夹杂等影响焊接质量的缺陷,并进行磁粉或渗透检测。对采用火焰切割制作的焊接坡口,应去除淬硬层,打磨出金属光泽后,进行磁粉或渗透检测。

3.1.5 焊缝不允许存在裂纹、气孔、未熔合、未焊透、弧坑、飞溅等缺陷,Cr-Mo钢焊缝不允许存在咬边。焊缝与母材应平滑过渡,焊缝余高应符合相关规定。

3.1.6 焊后需进行消除应力热处理的部件,热处理前应将所有连接件焊于设备上,热处理后不得在设备本体上施焊。

3.2 焊接要求。

3.2.1 所有Cr-Mo钢之间、Cr-Mo钢与其它材料之间的焊接均应按焊接工艺规程要求进行焊前预热。

3.2.2 设备的内外预焊件与壳体焊接的焊缝不得与壳体的A、B类焊缝重叠。

3.2.3 设备上凡被补强圈、支座、垫板等覆盖的焊缝,均应打磨至与母材齐平。

3.2.4 换热管与管板的连接宜采用氩弧焊,且至少焊两道,第二道焊缝的起弧点与第一道焊缝的收弧点应错开;且在第一道打底焊缝焊接完毕后,对换热管与管板焊缝进行气密性试验,检测合格后,再进行第二道焊缝的焊接。

3.2.5 焊接返修前审查是否具有经过审批的焊接返修方案,且返修焊接工艺是否具有焊接工艺评定支持。

3.2.6 设备热处理后如进行焊接返修,需征得用户同意,返修后还需对返修部位重新热处理。

4 无损检测

4.1 基本要求。

4.1.1 审查无损检测人员是否具有相应资格,无损检测前,审查制造厂无损检测工艺,应符合NB/T 47013标准要求。

4.1.2 Cr-Mo钢的无损检测应在焊接完成24h后或按采购技术文件的要求进行。

4.2 射线及超声检测。依据标准、采购技术文件对射线和超声检测报告进行审查,包含如下内容。

4.2.1　A、B类焊接接头应按采购技术文件要求进行射线或TOFD检测，同时应按采购技术文件要求进行超声复验，合格级别应符合采购技术文件规定。

4.2.2　公称直径大于等于250mm的接管与接管、接管法兰环缝应按采购技术文件要求进行射线检测，合格级别应符合采购技术文件规定。

4.2.3　先拼焊后成形的凸形封头，成形后所有拼接焊缝应按采购技术文件要求进行100%射线或TOFD检测，合格级别应符合采购技术文件规定。

4.2.4　设备热处理后耐压试验前，以及耐压试验后，需对A、B、D类Cr-Mo钢焊接接头进100%超声检测，合格级别应符合采购技术文件规定。

4.2.5　对母材表面损伤的处理，按采购技术文件的要求执行。

4.3　表面检测。

依据标准、采购技术文件对表面检测报告进行审查，应包含如下内容：

4.3.1　Cr-Mo钢材料坡口加工后需进行100%磁粉或渗透检测（优先选用磁粉检测）。

4.3.2　A、B、C、D、E类焊接接头应进行100%磁粉或渗透检测（优先选用磁粉检测），检测标准、合格级别应符合采购技术文件规定。

4.3.3　堆焊层无损检测。

4.3.3.1　基层待堆焊面应进行磁粉检测，检测标准、合格级别应符合采购技术文件规定。

4.3.3.2　堆焊层应进行超声和表面检测，其贴合度、焊接缺陷等应按采购技术文件规定执行。

4.3.4　下列焊接接头表面应进行100%磁粉或渗透检测，Ⅰ级合格。

4.3.4.1　所有Cr-Mo钢焊接接头。

4.3.4.2　设备的缺陷修磨或补焊处表面，拆除卡具、拉筋等临时附件的焊痕表面。

4.3.4.3　Cr-Mo钢焊缝热处理及耐压试验后。

4.3.4.4　设备内外部预焊件与壳体组焊的焊缝。

4.3.4.5　换热管与管板的焊接接头。

5　外观与尺寸检查

5.1　外观检查。

5.1.1　检查堆焊表面，堆焊宜采用埋弧带极堆焊，堆焊表面应平整，两相邻焊道之间的凹陷不得大于1mm。焊道搭接平整，不得有凹坑、咬边、缺肉等缺陷，焊道接头的平面度不得大于1mm（用≥200mm长的弧型样板测定）。

5.1.2　检查堆焊厚度和平面度，所有堆焊层的厚度应符合采购技术文件的规定，管板堆焊后的平面度应符合采购技术文件的规定。

5.1.3　检查设备表面，不允许存在深度大于0.5mm的划伤、疤痕、刻痕及弧坑，敲打、刻制材料标记及焊工钢印只能用低应力钢印。如有应修磨，修磨深度≤0.5mm，斜度至少1∶3。

5.1.4 穿管时不允许强行敲打，换热管表面不应出现凹瘪或划伤。穿管后应对管端及坡口进行清洁度检查。

5.1.5 检查设备焊接接头，表面质量要求如下。

5.1.5.1 形状、尺寸以及外观应符合采购技术文件的规定。

5.1.5.2 焊接区域内，包括对接接头和角接接头的表面，不得有裂纹、气孔和咬边等缺陷。不应有急剧的形状变化，圆滑过度。

5.1.5.3 角焊缝的焊脚高度，应符合采购技术文件的规定，应凹形圆滑过渡。

5.2 尺寸检查。

5.2.1 检查封头，封头尽量采取整板下料，冲压成形，或采用分瓣成型后组焊的方法，其形状和尺寸偏差按照采购技术条件验收。

5.2.2 检查管板，管板钻孔后应对管孔直径、管桥宽度、管孔粗糙度、坡口尺寸、管板方位等进行检查，强度胀接还应检查胀管槽的深度及宽度；折流板形状尺寸、管孔内径、管孔粗糙度、管孔两端倒角尺寸、平面度和外观应进行检查。

5.2.3 定距管的尺寸应进行检查，其尺寸公差应符合GB/T 151的要求。

5.2.4 换热管弯制后应对弯曲部位的几何形状及壁厚进行检查。

5.2.5 管头伸出管板的长度应符合采购技术文件规定，管头胀接前应进行胀管工艺试验。

5.2.6 设备整体外形尺寸检查，包括接管方位、标高、伸出长度等尺寸及法兰跨中情况检查。

5.2.7 液位计两接管距离允差为±1.5mm；通过两接管中心垂线的间距不大于1.5mm，法兰面的垂直度公差不大于0.5/100的法兰外径。

5.2.8 以上尺寸偏差按照相应的标准、采购技术文件要求执行。未注尺寸公差值的机械加工表面和非机械加工表面线性尺寸和角度的极限偏差，应分别符合GB/T 1804中m级和c级的规定。未注形状和位置公差值的机械加工表面和非机械加工表面的形位极限偏差，应分别符合GB/T 1184中K级和L级的规定。

6 热处理及产品焊接试件

6.1 热处理。

6.1.1 依据GB/T 30583和GB/T 150对设备的消除应力处理进行检查。

6.1.2 封头热压成型后如若改变材料的供货状态应按GB/T 150进行恢复性能热处理（同时制备母材试件）。

6.1.3 管板、管箱封头、管箱筒体及需堆焊的法兰过渡层堆焊后应进行消除应力处理。

6.1.4 热处理前检查。

6.1.4.1 所有的焊接工作已完成。

6.1.4.2 对内外表面进行外观检查，工装焊接件已去除。

6.1.4.3 进炉前应加装防变形工装，对法兰密封面应采取保护措施以防止法兰密封面氧化和变形。

6.1.4.4 所有无损检测（包含临时工装去除后的部位）已全部合格。

6.1.4.5 热处理工艺用热电偶的数量及布置应符合热处理工艺要求。

6.1.4.6 所有其他应在PWHT前完成的检验已全部合格。

6.1.4.7 试件（含母材试件）的数量、摆放位置满足标准、采购技术文件要求。

6.1.5 热处理后审查热处理曲线，热处理温度、保温时间、升降温速率均应满足相应标准、采购技术文件及热处理工艺要求。

6.1.6 热处理后按采购技术文件要求进行焊缝、热影响区及母材的硬度检测。

6.1.7 热处理后不得直接在受压部件上施焊。

6.2 产品焊接试件。

6.2.1 应根据GB/T 150、采购技术文件要求制备母材、产品焊接试件。

6.2.2 产品焊接试件所用母材及焊材应与实际产品相一致，应采用与所代表焊缝相同的工艺焊接。

6.2.3 试件尺寸、热处理状态、检验项目以及性能试验结果应符合NB/T 47016、采购技术文件的规定。

7 耐压试验及泄漏试验

7.1 耐压试验。

7.1.1 换热管煨弯后逐根进行耐压试验，耐压试验压力按采购技术文件要求。

7.1.2 壳程耐压试验使用专用的试验压环，不得使用设备法兰作为试验工装使用。

7.1.3 耐压试验压力、保压时间、水温、压力表要求等均应符合图纸、采购技术条件及标准要求。

7.1.4 耐压试验后应把设备内部清理干净，如采用液压试验应当用压缩空气将设备内部吹干。

7.2 泄漏试验。

壳程耐压试验合格后，进行泄漏试验，按照采购技术文件要求。

8 涂敷包装

8.1 涂敷包装。

8.1.1 设备制造完毕后外表面应按采购技术文件要求的规定予以清理和除锈。

8.1.2 设备不锈钢表面需进行酸洗钝化处理，蓝点法检测合格。

8.1.3 油漆的种类、颜色，以及漆膜厚度应符合采购技术文件要求。

8.1.4 法兰密封面及紧固件不应涂漆，应涂防锈油脂。设备本体上应按采购技术文件要求标注重心以及方位标识。

8.1.5 备品备件装箱前进行核对检查，数量和规格应与装箱清单一致，同时符合采购技术文件的相关要求。所有可拆卸的内构件及其备件，均应单独包装。

8.1.6 设备铭牌应符合采购技术文件要求。

8.2 发运。

8.2.1 废热锅炉的运输包装应符合JB/T 4711的规定。

8.2.2 内陆运输过程中应保持设备内部干燥，避免因潮湿引起设备内部表面产生锈蚀。海上运输时，应将设备内部充氮保护。采购技术文件有明确规定充氮保护后运输的，需按要求执行。

8.2.3 运输前需对设备进行捆扎，采取必要的措施避免损坏表面已喷涂的漆膜。

8.2.4 运输过程中应采用专用鞍座，确保设备运输途中稳固可靠。

9 主要外购外协件检验要求

9.1 主要外购外协件供应商应符合采购技术文件要求。

9.2 外购外协件进厂后，应进行尺寸、外观、标识及文件资料核查。

9.3 主要外协件应按采购技术文件要求，采取过程控制（如关键点访问监造）。

10 其它检查

10.1 合金元素检测。

10.1.1 合金钢母材及每条承压焊缝焊后应进行材料验证性试验（PMI），以确认母材和焊缝的焊接材料是否正确使用，并保证焊缝金属的合金（铬、钼等元素）含量不低于材料标准规定的下限值。或按采购技术文件规定进行材料验证性试验；

10.1.2 堆焊层熔敷金属应进行材料验证性试验（PMI），以确认堆焊层的焊接材料是否正确使用，并保证熔敷金属的合金（铬、钼等元素）含量不低于材料标准规定的下限值。

10.2 其他制造要求。

10.2.1 所有可拆卸的内构件及其备件，均应在制造单位进行预组装。

10.2.2 材料代用及制造单位提出的其它变更应取得原设计单位的书面同意。

10.2.3 其他特殊检验项按采购技术文件执行。

11 废热锅炉驻厂监造主要质量控制点

11.1 文件见证点（R）：由监造人员对设备材料制造过程有关文件、记录或报告进行见证而预先设定的监造质量控制点。

11.2 现场见证点（W）：由监造人员对设备材料制造过程、工序、节点或结果进行现场见证而预先设定的监造质量控制点，且应包括相关文件见证点（R）质量控制内容。

11.3 停止点（H）：由监造人员见证并签认后才可转入下一个过程、工序或节点而预先设定的监造质量控制点，应包括相关现场见证点（W）和文件见证点（R）质量控制内容。

序号	零部件及工序名称	监造内容	文件见证点（R）	现场见证点（W）	停止点（H）
1	资质审查	1.制造单位设计、制造资质审查	R		
		2.制造厂质保体系的审查	R		
		3.焊工资格审查	R		
		4.无损检测人员资质审查	R		
		5.其它人员（如理化）资质审查	R		
		6.装备能力及完好性检查		W	
2	工艺文件	1.文件状态表	R		
		2.材料状态表	R		
		3.生产进度计划	R		
		4.ITP（制造单位检验与试验计划）	R		
		5.设备焊缝排版图	R		
		6.焊接工艺评定和焊接工艺指导书	R		
		7.制造工艺过程文件	R		
		8.无损检测工艺文件	R		
		9.热处理工艺文件	R		
		10.耐压试验、泄漏试验程序	R		
		11.喷砂油漆程序文件	R		
		12.包装方案	R		
3	材料	1.板材、接管法兰材料质量证明书审查	R		
		1）化学成分	R		
		2）力学性能（含工艺性能）	R		
		3）无损检测（如有）	R		
		4）供货状态	R		
		5）锻造比（锻件）	R		
		6）锻件热处理（锻件）	R		

（续表）

序号	零部件及工序名称	监造内容	文件见证点（R）	现场见证点（W）	停止点（H）
3	材料	2.板材、接管法兰材料复验（如有）		W	
		3.换热管、管板质量证明书审查	R		
		1）化学成分	R		
		2）力学性能（含工艺性能）	R		
		3）无损检测（如有）	R		
		4）供货状态	R		
		5）化学成分、力学性能复验	R		
		6）超声测厚复查	R		
		4.换热管、管板材料复验（如有）		W	
		5.外购件质量证明文件审查	R		
		1）化学成分	R		
		2）力学性能（含工艺性能）	R		
		3）无损检测（如有）	R		
		4）供货状态	R		
		6.焊材	R		
		1）规格、型号	R		
		2）化学成分、力学性能（含工艺性能）	R		
		3）无损检测（如有）	R		
		4）供货状态	R		
		7.实物检查		W	
		1）标识核对、包装、外观检查	R		
		2）材质、尺寸检查		W	
4	冷、热加工	1.成型尺寸（封头、筒体等）及制造公差		W	
		2.坡口尺寸		W	
		3.各筒节尺寸（椭圆度、错边量、棱角度）		W	
		4.法兰尺寸及密封面		W	
		5.管板、折流板机加工尺寸检查，管孔、管桥、胀槽（若有）、坡口尺寸			H
		6.U形换热管煨弯成形		W	
		7.U形换热管逐根耐压试验		W	

（续表）

序号	零部件及工序名称	监造内容	文件见证点（R）	现场见证点（W）	停止点（H）
5	母材试件	1. 试板数量		W	
		2. 受热史	R		
		3. 力学性能		W	
6	焊接	1. 焊工资格检查	R		
		2. 焊接工艺检查	R		
		3. 焊接材料发放	R		
		4. 焊接工艺执行（包括预热及后热）		W	
		5. 焊缝外观检查		W	
		6. 焊接试板焊接方法		W	
		7. 焊缝返修检查	R		
		8. 管板堆焊后平面度检查			H
7	管束	1. 穿管，不允许强力组装，检查管头尺寸		W	
		2. 管头氩弧焊接，不允许焊穿及严重过烧		W	
		3. 管头第一遍焊后气密性试验			H
		4. 管头角焊缝高度检查		W	
		5. 胀接前胀接工艺评定的审查、见证		W	
		6. 胀接参数、设备、工具		W	
8	无损检测	1. 铬钼钢检测时机		W	
		2. 所有对接焊缝100%RT，审片	R		
		3. 所有Cr-Mo钢焊缝100%MT，接管Cr-Mo钢角焊缝100%UT	R		
		4. 热处理后所有Cr-Mo钢A、B、D类焊缝UT、MT或PT	R		
		5. 耐压试验后所有Cr-Mo钢A、B、D类焊缝UT、MT或PT	R		
9	材料验证	1. 堆焊面层PMI		W	
		2. 主体焊缝及母材PMI		W	
10	方位尺寸检查	1. 管口方位		W	
		2. 分段、总体尺寸		W	
		3. 预焊件焊接		W	

（续表）

序号	零部件及工序名称	监造内容	文件见证点（R）	现场见证点（W）	停止点（H）
11	热处理	1. 中间热处理		W	
		2. 最终热处理 PWHT			
		1）热处理前外观检查			H
		2）热处理程序符合工艺		W	
		3）热处理曲线	R		
12	产品焊接试件	1. 受热史（同产品）	R		
		2. 力学性能	R		
13	密封面及紧固件检查	1. 密封面情况、硬度		W	
		2. 精度、标识		W	
14	耐压试验	1. 氯离子含量、介质温度、保压时间			H
		2. 壳程耐压试验、管程耐压试验			H
15	泄漏试验	1. 壳程耐压试验合格后，吹扫、清洁度检查		W	
		2. 按图纸及采购技术文件规定的方法			H
16	出厂检验	1. 法兰密封面检查		W	
		2. 喷砂油漆、外观检查		W	
		3. 敞口接管法兰密封保护以及包装检查		W	
		4. 铭牌、备品备件检查		W	
		5. 标识标记的检查		W	
		6. 随机资料审查	R		

双套管急冷废热锅炉监造大纲

目 录

前 言……………………………………………………………………………… 345
1 总则 …………………………………………………………………………… 346
2 原材料 ………………………………………………………………………… 348
3 焊接 …………………………………………………………………………… 348
4 无损检测 ……………………………………………………………………… 349
5 几何尺寸与外观 ……………………………………………………………… 349
6 热处理及产品试件 …………………………………………………………… 350
7 耐压及泄漏试验 ……………………………………………………………… 350
8 涂装与发运 …………………………………………………………………… 351
9 主要外购外协件检验要求 …………………………………………………… 351
10 其它要求 …………………………………………………………………… 351
11 双套管急冷废热锅炉驻厂监造主要质量控制点 ………………………… 351

前　言

《双套管急冷废热锅炉监造大纲》参照 GB/T 1.1—2009《标准化工作导则　第1部分：标准的结构和编写》给出的规则起草。

本大纲由中国石油化工集团有限公司物资装备部提出。

本大纲2010年7月第一次发布，本次为修订升版。

本大纲起草单位：上海众深科技股份有限公司。

本大纲起草人：华伟、方寿奇、邵树伟、贺立新。

双套管急冷废热锅炉监造大纲

1 总则

1.1 内容和适用范围。

1.1.1 本大纲主要规定了采购单位（或使用单位）对双套管急冷废热锅炉（第一或初级急冷锅炉）制造过程监造的基本内容及要求，是委托驻厂监造的主要依据。

1.1.2 本大纲适用于石油化工工业使用的双套管急冷废热锅炉制造过程监造，同类设备可参照使用。

1.1.3 本大纲中具体技术要求如与采购技术文件不一致时，原则上应以采购技术文件为准。

1.2 监造工作的基本要求。

1.2.1 监造人员要求。

1.2.1.1 监造人员应与所在监造单位有正式劳动合同关系。

1.2.1.2 监造人员应严格依据监造委托合同，履行监造职责，完成监造任务。

1.2.1.3 监造人员应持有不低于中国设备监理协会颁发的专业设备监理师资格证书，监造人员有二年（或以上）的监造业务经验，在相应专业岗位工作三年以上。

1.2.1.4 监造人员应熟悉监造物资的制造工艺，掌握制造过程中的质量技术要求和检验试验关键控制点。

1.2.1.5 监造人员在监造活动过程中应遵守有关保密约定和规定。

1.2.1.6 监造人员应遵守制造厂HSSE或安全生产管理制度的相关规定，严格执行劳保着装和安全防护要求。

1.2.2 监造工作程序。

1.2.2.1 监造人员在开始监造的10个工作日内，对制造厂的人员资质、生产工艺、装备能力和质保体系运行情况进行检查和评估，并向委托方提供质量风险评估报告，明确风险等级（高、中、低、无）。

1.2.2.2 监造单位在收到采购技术文件后，10个工作日内编制完成《监造大纲》。

1.2.2.3 监造单位在获得设计相关图纸、制造工艺、质量控制计划、生产进度计划后，15日内编制完成《监造实施细则》。

1.2.2.4 监造人员应配备必要的用于平行检查且检定合格的检测器具。

1.2.2.5 监造人员应按委托方的通知或有关要求参加或组织召开预检验会议，与

制造厂对接确定检验试验计划和质量控制点，并经委托方确认。

1.2.2.6　监造人员应组织制造厂质量、技术、生产及经营（项目管理）等相关部门召开监理周例会，通报监造工作情况，协调解决质量进度问题，结合生产进度计划安排后续监造工作，并形成会议纪要。

1.2.2.7　监造人员在监造实施过程中，如发现质量隐患、质量问题以及可能影响交货期的重大因素时，应及时报委托方，并以书面形式通知制造厂，要求制造厂采取有效措施予以整改，若制造厂延误或拒绝整改时，可责令其停工。

1.2.2.8　对于原材料、外购件以及外协加工、外协检测和外协检验试验等过程，监造人员应重点审查质量证明文件、外协单位资质、人员资质、工艺文件和检验试验报告等。并依据监造实施细则和检验试验计划中设置的监造访问点，实施质量控制。

1.2.2.9　实施监造的物资经现场监造人员确认符合标准规范和订单约定后，按发货批次开具监造放行单，并报委托方。

1.2.2.10　全部监造工作完成后，应于30日内完成监造总结报告交付委托方。

1.3　监造单位应提交的文件资料。

1.3.1　目录（含页码）（必须）。

1.3.2　产品质量监造报告书（必须）。

1.3.3　监造工作总结（必须）。

1.3.4　监造大纲（必须）。

1.3.5　监造实施细则（必须）。

1.3.6　监造周报（必须）。

1.3.7　设计变更通知及往来函件（如有）。

1.3.8　监造工作联系单（如有）。

1.3.9　监理工程师通知单（如有）。

1.3.10　会议纪要（如有）。

1.3.11　监造放行单（必须）。

1.4　主要编制依据。

1.4.1　TSG 21 固定式压力容器安全技术监察规程。

1.4.2　GB/T 150 压力容器。

1.4.3　GB/T 151 热交换器。

1.4.4　GB/T 1804 一般公差 未注公差的线性和角度尺寸的公差。

1.4.5　GB/T 8923.1 涂覆涂料前钢材表面处理 表面清洁额度的目视评定 第一部分：未涂覆过的钢材表面和全面清除原有涂层后的钢材表面的锈蚀等级和处理等级。

1.4.6　GB/T 26429 设备工程监理规范。

1.4.7　GB/T 30583 承压设备焊后热处理规程。

1.4.8　GB/T 16507 水管锅炉。

1.4.9　JB 3375—2002 锅炉用材料入厂验收规则。
1.4.10　NB/T 47013 承压设备无损检测。
1.4.11　NB/T 47014 承压设备焊接工艺评定。
1.4.12　ASME、DIN 标准规范。
1.4.13　Q/SHCG 11001～Q/SHCG 11008—2016 中国石化物资采购技术标准。
1.4.14　采购技术文件。

2　原材料

2.1　内管、扁圆（或环形）管主要钢种为13CrMo44、SA213T11、SA335P11、12Cr2Mo1；外管、上下联箱管材料为SA106Gr.B、20；连接管材为15CrMoG；裂解气联箱管材料为SA335P22、15CrMoG、0Cr18Ni10Ti；入口带叉锥体材料为INCOLOY800、25Cr35Ni+Nb铸件；裂解气出口联箱端盖材料为SA336F22CL3锻件；上下联箱端盖材料为SA266Gr.2、20锻件等。

2.2　审核主体材料（含焊材）质量证明书，材料牌号及规格、锻件级别、数量、热处理状态、供货商等应与采购技术文件规定一致。

2.3　见证主体材料外观、热处理状态、材料标记检查。

2.4　内管、扁圆（或环形）管、裂解气联箱管、外管、上下集箱、封头、入口带叉锥体等主要承压件的化学成分、常温机械性能、高温机械性能、压扁、夏比冲击试验、水压试验、无损检测、尺寸精度、晶粒度及非金属夹杂物、热处理状态等应与采购技术文件规定一致。材料复验应按采购技术文件规定执行，监理工程师应现场见证。

2.5　内、外管原则上不允许拼接；如采用拼焊结构，应取得设计单位或用户的书面认可。

2.6　凡在制造过程中改变热处理状态的主体材料，应重新进行性能热处理，其机械性能结果应符合母材和采购技术文件的规定。

3　焊接

3.1　应在产品施焊前，根据采购技术文件及NB/T 47014的规定，审查焊接工艺评定报告和产品焊接工艺规程。

3.2　主要焊接工艺评定至少覆盖基体焊接工艺评定、异种钢焊接工艺评定、内外管与扁圆（或环形）管焊接接头工艺评定、返修焊补工艺评定四大类。

3.3　根据评定合格的焊接工艺核查焊接工艺规程。

3.4　应检查焊接作业人员资格，焊工作业必须持有相应类别的有效焊接资格证书。焊接内、外管与扁圆（或环形）管接头的焊工还需经技能评定合格。

3.5　焊接作业应严格遵守焊接工艺纪律。

3.6 见证内、外管与扁圆（或环形）管连接焊缝应为全焊透结构，采用氩弧焊封底、手工电弧焊焊接方法。

3.7 见证Cr-Mo钢焊前应预热、焊后应立即消氢或在焊接后保持预热温度直至中间消除应力处理。

3.8 焊接返修次数应与采购技术文件规定一致，所有的返修均应有返修工艺评定支持。

3.9 外管拼接焊缝数量应符合采购技术文件的规定。

3.10 焊缝外观不允许存在咬边、裂纹、气孔、弧坑、夹渣、飞溅等缺陷。

3.11 角焊缝焊脚高应符合图样规定。

4 无损检测

4.1 应检查无损检测人员资格及无损检测设备的有效性。

4.2 审查制造单位的无损检测报告，检验标准、探伤比例、验收级别按NB/T 47013、采购技术文件规定验收。对射线检测，逐张对底片进行确认。重要部位的表面无损检测和超声检测，应到现场检查。

4.3 审查以下材料无损检测报告。

4.3.1 所有承压锻件粗加工后的超声检测。

4.3.2 所有承压锻件精加工后的磁粉或渗透检测。

4.3.3 所有管材的超声检测。

4.3.4 扁圆（或环形）管、内管、外管、上下集箱管外表面的磁粉检测。

4.3.5 扁圆（或环形）管成型后外表面的磁粉检测。

4.3.6 裂解气出口管外表面的渗透检测。

4.3.7 合金钢弯头成型后的磁粉检测。

4.3.8 入口带叉锥体精加工后的渗透检测。

4.4 承压焊缝的无损检验。

4.4.1 A、B类焊缝的射线检测。

4.4.2 外管拼接焊缝的射线检测。

4.4.3 外管拼接焊缝的磁粉检测。

4.4.4 裂解气联箱焊接接头外表面的渗透检测。

4.4.5 C、D类焊接接头的磁粉或超声检测。

4.4.6 因结构原因无法进行RT检验的，除由焊接工艺来保证焊接质量，还需进行磁粉和超声检测，其检验比例、验收级别按采购技术文件规定。

5 几何尺寸与外观

5.1 采用适当方式检查试验过程及外观质量，对主要尺寸、几何形状复测或见证，按采购技术文件验收。并审核以下检验试验记录。

5.1.1 外管拼接后及内管的直线度。

5.1.2 外管拼接后的弯曲度。

5.1.3 扁圆（或环形）管成型后的形状、尺寸及厚度。

5.1.4 扁圆（或环形）管上内、外管管孔加工后的孔径、孔间距、坡口尺寸。

5.1.5 内管组装时的预拉伸。

5.1.6 内、外管与扁圆（或环形）管组焊后的同轴度。

5.1.7 内、外管与扁圆（或环形）管的组焊后，每排管轴线在同一平面内的平面度。

5.1.8 上、下集箱与所有接管组焊后的尺寸。

5.1.9 机加工表面的自由尺寸应符合 GB/T 1804 的 m 级精度。

5.2 不允许强力组装。

5.3 整体尺寸、管口方位应进行检查。

6 热处理及产品试件

6.1 按 GB/T 150 及 GB/T 30583 的要求，检查热处理设备及热工仪表的适用性、有效性。

6.2 应查看热处理工艺文件，核查热处理执行与工艺文件的一致性。

6.3 应审查以下热处理报告（包括自动测温仪表记录的热处理曲线）。

6.3.1 扁圆（或环形）管热压成型后，应进行正火加回火的性能热处理。

6.3.2 产品组焊完成后的整体或分部件热处理。

6.4 设备或各部件最终热处理前检查。

6.4.1 所有的焊接件和预焊件应完成焊接。

6.4.2 外观应进行检查，全部工装焊接件应清除干净。

6.4.3 所有连接部位应圆滑过渡，不得有棱角、突变等。

6.4.4 产品或部件最终热处理前的各项检验应已完成。

6.5 最终热处理时产品或部件的放置、热电偶数量及布置、升降温速度、热处理温度及保温时间等应进行检查，按采购技术文件规定验收。

6.6 现场焊接的部位应进行局部热处理。

6.7 产品焊接试件按采购技术文件的要求。

6.8 扁圆（或环形）管热成型性能热处理后母材试板应满足采购技术文件的要求。

7 耐压及泄漏试验

7.1 现场见证试验过程，审核水压试验和气密性试验报告，按采购技术文件的规定。

7.2 壳程水压试验，应检查下列内容。

7.2.1 计量器具的精度、量程、有效期。

7.2.2 容器壁温、升压和降压速率、试验压力、保压时间、试验用水氯离子含量、渗漏或泄漏、变形或响声。

7.3 管程应进行气密性试验，应检查以下内容。

7.3.1 计量器具的精度、量程、有效期。

7.3.2 试验介质、升压和降压速率、试验压力、保压时间、渗漏检查。

8 涂装与发运

8.1 壳体外表面应喷砂除锈，达到 GB 8923 中 Sa2.5 级的规定。

8.2 壳体外表面油漆应按采购技术文件规定。

8.3 所有接管应用防水材料遮盖密封。

8.4 装箱备件型号、数量应与清单一致。

8.5 壳体内应充氮保护。

8.6 装箱及出厂文件检查。

9 主要外购外协件检验要求

9.1 主要外购外协件供应商应符合采购技术文件要求。

9.2 外购外协件进厂后，应进行尺寸、外观、标识及文件资料核查。

9.3 主要外协件应按采购技术文件要求，采取过程控制（如关键点访问监造）。

10 其它要求

10.1 材料代用及图纸变更应取得设计单位或买方的书面同意。

10.2 其它特殊要求按采购技术文件执行。

11 双套管急冷废热锅炉驻厂监造主要质量控制点

11.1 文件见证点（R）：由监造人员对设备材料制造过程有关文件、记录或报告进行见证而预先设定的监造质量控制点。

11.2 现场见证点（W）：由监造人员对设备材料制造过程、工序、节点或结果进行现场见证而预先设定的监造质量控制点，且应包括相关文件见证点（R）质量控制内容。

11.3 停止点（H）：由监造人员见证并签认后才可转入下一个过程、工序或节点而预先设定的监造质量控制点，应包括相关现场见证点（W）和文件见证点（R）质量控制内容。

序号	零部件名称	监造内容	文件见证点（R）	现场见证点（W）	停止点（H）
1	上下联箱管、接管	1. 材料质量证明书及复验报告审查	R		
		2. 化学成分	R		
		3. 力学性能（常温、高温）	R		
		4. 无损检测UT、全表面MT	R		
		5. 水压试验	R		
		6. 几何尺寸、精度		W	
		7. 机加工后管孔尺寸		W	
2	入口带叉锥体	1. 材料质量证明书及复验报告	R		
		2. 化学成分	R		
		3. 力学性能	R		
		4. 晶粒度	R		
		5. 非金属夹杂物	R		
		6. 超声检测	R		
		7. 尺寸	R		
		8. 机加工全表面无损检测PT	R		
3	内管、外管	1. 材料质量证明书及复验报告	R		
		2. 化学成分	R		
		3. 力学性能（常温、高温）	R		
		4. 无损检测UT、全表面MT	R		
		5. 水压试验		W	
		6. 尺寸、精度		W	
		7. 外管拼接焊缝无损检测RT、MT	R		
		8. 内、外管弯曲度	R		
4	扁圆（或环形）管	1. 材料质量证明书及复验报告	R		
		2. 化学成分	R		
		3. 力学性能	R		
		4. 晶粒度	R		
		5. 非金属夹杂物	R		
		6. 无损检测UT、MT		W	
		7. 水压试验	R		
		8. 热压成型及性能热处理	R		

（续表）

序号	零部件名称	监造内容	文件见证点（R）	现场见证点（W）	停止点（H）
4	扁圆（或环形）管	9. 形状、尺寸、厚度及外观		W	
		10. 无损检测全表面 MT	R		
		11. 扁圆（或环形）管上内、外管的管孔尺寸		W	
5	裂解气出口联箱（联箱管、出口管、等径三通）	1. 材料质量证明书及复验报告	R		
		2. 化学成分	R		
		3. 力学性能	R		
		4. 形状、尺寸、厚度及外观		W	
		5. 联箱管与等径三通组焊环缝 RT、PT	R		
		6. 出口联箱的管孔尺寸		W	
6	封头	1. 材料质量证明书	R		
		2. 化学成分	R		
		3. 力学性能	R		
		4. 几何尺寸及外观		W	
7	总装	1. 内外管、上下联箱管及所有接管组装尺寸		W	
		2. 内、外管组焊后直线度、同轴度、排管平面度		W	
		3. 裂解气出口联箱 A、B 类焊缝打磨		W	
		4. 内、外管组装时预拉伸		W	
		5. 设备外观		W	
		6. 方位、尺寸		W	
		7. 角焊缝磁粉或渗透检测 MT/PT	R		
8	热处理	1. A/B/D 类焊缝消氢处理		W	
		2. 整体或部件最终热处理		W	
9	产品试件	焊接试件、母材试件		W	
10	压力试验	1. 壳体水压试验			H
		2. 管程气密性试验			H
		3. 内部清洁度		W	
11	油漆、包装	1. 喷砂除锈、油漆		W	
		2. 管口包装		W	
		3. 标记		W	
		4. 充氮保护		W	
		5. 随机文件检查		W	

高压空冷器

监造大纲

目 录

前　言 ·· 357
1　总则 ··· 358
2　原材料 ·· 360
3　焊接 ··· 361
4　无损检测 ··· 362
5　几何尺寸与外观 ··· 362
6　热处理 ·· 363
7　耐压及运转试验 ··· 363
8　涂装与发运 ··· 363
9　主要外购外协件检验要求 ·· 363
10　其它要求 ··· 364
11　高压空冷器驻厂监造主要质量控制点 ·································· 364

前　言

《高压空冷器监造大纲》参照 GB/T 1.1—2009《标准化工作导则　第1部分：标准的结构和编写》给出的规则起草。

本大纲由中国石油化工集团有限公司物资装备部提出。

本大纲2010年7月第一次发布，本次为修订升版。

本大纲起草单位：上海众深科技股份有限公司。

本大纲起草人：华伟、邵树伟、方寿奇、贺立新。

高压空冷器监造大纲

1 总则

1.1 内容和适用范围。

1.1.1 本大纲主要规定了采购单位（或使用单位）对高压（设计压力大于或等于10MPa）空冷器制造过程监造的基本内容及要求，是委托驻厂监造的主要依据。

1.1.2 本大纲适用于石油化工工业使用的的丝堵式或盖板式管箱结构高压空冷器（板式焊接结构管箱、锻件结构管箱）制造过程监造，同类设备可参照使用。

1.1.3 本大纲中具体技术要求如与采购技术文件不一致时，原则上应以采购技术文件为准。

1.2 监造工作的基本要求。

1.2.1 监造人员要求。

1.2.1.1 监造人员应与所在监造单位有正式劳动合同关系。

1.2.1.2 监造人员应严格依据监造委托合同，履行监造职责，完成监造任务。

1.2.1.3 监造人员应持有不低于中国设备监理协会颁发的专业设备监理师资格证书，监造人员有二年（或以上）的监造业务经验，在相应专业岗位工作三年以上。

1.2.1.4 监造人员应熟悉监造物资的制造工艺，掌握制造过程中的质量技术要求和检验试验关键控制点。

1.2.1.5 监造人员在监造活动过程中应遵守有关保密约定和规定。

1.2.1.6 监造人员应遵守制造厂HSSE或安全生产管理制度的相关规定，严格执行劳保着装和安全防护要求。

1.2.2 监造工作程序。

1.2.2.1 监造人员在开始监造的10个工作日内，对制造厂的人员资质、生产工艺、装备能力和质保体系运行情况进行检查和评估，并向委托方提供质量风险评估报告，明确风险等级（高、中、低、无）。

1.2.2.2 监造单位在收到采购技术文件后，10个工作日内编制完成《监造大纲》。

1.2.2.3 监造单位在获得设计相关图纸、制造工艺、质量控制计划、生产进度计划后，15日内编制完成《监造实施细则》。

1.2.2.4 监造人员应配备必要的用于平行检查且检定合格的检测器具。

1.2.2.5 监造人员应按委托方的通知或有关要求参加或组织召开预检验会议，与

制造厂对接确定检验试验计划和质量控制点,并经委托方确认。

1.2.2.6 监造人员应组织制造厂质量、技术、生产及经营（项目管理）等相关部门召开监理周例会,通报监造工作情况,协调解决质量进度问题,结合生产进度计划安排后续监造工作,并形成会议纪要。

1.2.2.7 监造人员在监造实施过程中,如发现质量隐患、质量问题以及可能影响交货期的重大因素时,应及时报委托方,并以书面形式通知制造厂,要求制造厂采取有效措施予以整改,若制造厂延误或拒绝整改时,可责令其停工。

1.2.2.8 对于原材料、外购件以及外协加工、外协检测和外协检验试验等过程,监造人员应重点审查质量证明文件、外协单位资质、人员资质、工艺文件和检验试验报告等。并依据监造实施细则和检验试验计划中设置的监造访问点,实施质量控制。

1.2.2.9 实施监造的物资经现场监造人员确认符合标准规范和订单约定后,按发货批次开具监造放行单,并报委托方。

1.2.2.10 全部监造工作完成后,应于30日内完成监造总结报告交付委托方。

1.3 监造单位应提交的文件资料。

1.3.1 目录（含页码）（必须）。

1.3.2 产品质量监造报告书（必须）。

1.3.3 监造工作总结（必须）。

1.3.4 监造大纲（必须）。

1.3.5 监造实施细则（必须）。

1.3.6 监造周报（必须）。

1.3.7 设计变更通知及往来函件（如有）。

1.3.8 监造工作联系单（如有）。

1.3.9 监理工程师通知单（如有）。

1.3.10 会议纪要（如有）。

1.3.11 监造放行单（必须）。

1.4 主要编制依据。

1.4.1 GB/T 150 压力容器。

1.4.2 GB/T 151 热交换器。

1.4.3 GB/T 26429 设备工程监理规范。

1.4.4 JB/T 10175 热处理质量控制要求。

1.4.5 NB/T47007 空冷式热交换器。

1.4.6 NB/T 47013 承压设备无损检测。

1.4.7 NB/T47014 承压设备焊接工艺评定。

1.4.8 NB/T47015 压力容器焊接规程。

1.4.9 Q/SHCG 0100—2014（SPTS-EQ12-T002）高压空冷器采购技术规范。

1.4.10 采购技术文件。

2 原材料

2.1 材料的一般要求。

2.1.1 管箱、换热管、翅片材质应符合采购技术文件和NB/T47007的规定，换热管须选用整根无缝钢管（含翅片管基管）。

2.1.2 换热管入口端衬管主要材质按采购技术文件规定选取。

2.1.3 丝堵材质应与丝堵板相匹配；垫片硬度应低于丝堵板上接触面的硬度。

2.2 依据采购技术文件审核承压件材料（含焊材）质量证明书，材料牌号及规格、锻件级别、供货商等应与采购技术文件规定一致。

2.3 见证承压件材料进行外观、热处理状态、材料标记检查。

2.4 审查管箱的管板、盖板、丝堵板、隔板、换热管等主要承压件的化学成分、常温力学性能、夏比冲击试验、抗氢诱导裂纹试验、抗硫化物应力腐蚀开裂试验、晶粒度及非金属夹杂物（指锻件）、金相组织、硬度、无损检测的报告，应与采购技术文件规定一致。管板、丝堵板不允许拼接。

2.5 所有承压板材应进行超声检测，按采购技术文件规定验收。

2.6 所有承压锻件粗加工后应进行超声检测，按采购技术文件规定验收。

2.7 所有承压锻件精加工后应进行磁粉检测，按采购技术文件规定验收。

2.8 见证翅片管型式应与采购技术文件规定一致。

2.9 审查翅片管传热性能试验报告，应满足NB/T 47007的要求。单管传热性能试验及抽查数量按采购技术文件或NB/T 47007的规定。

2.10 见证翅片与基管的连接应紧密、无松弛。缠绕式翅片管的翅片不得有裂纹、磕碰和倒塌等缺陷；轧制式翅片管翅片根部不得有开裂、磕碰和倒塌等缺陷，翅片顶部开裂深度不得大于翅片高度的1/4。

2.11 审查换热管所用材料，除应符合相应材料标准外，还应符合。

2.11.1 逐根进行水压试验、超声检测和涡流检测。

2.11.2 内外表面不得有裂纹、折叠、轧折、结疤和离层；其它缺陷应打磨清除，打磨深度不应超过公称壁厚的负偏差；实际厚度不应小于壁厚的允许最小值。

2.12 紧固件及垫片质证书的审查与见证。

2.12.1 所有承压件使用的紧固件（螺栓和螺母）应采用专用级产品。接管法兰与紧固件应以相同标准配套供货。

2.12.2 用于制造高压螺栓（含六角螺塞）的棒料应采用超声或射线的方法进行检测，不得有超过9mm线性缺陷存在。其它无损检测方法按采购技术文件的规定。

2.12.3 不得使用石棉或含有石棉的垫片。

2.12.4 空冷器构架的立柱和梁不得采用Q235-A.F或Q235-A，应采用Q235-B或更高等级的材料。

2.13 焊接材料质证书审查与见证。

2.13.1 所用主体焊接材料应保证焊缝的化学成分与主体材料相匹配。

2.13.2 所用焊接材料均应为低氢型，并应符合 NB/T 47015 的规定。

2.14 制造过程中的材料代用或技术要求变动，应事先以书面形式征得设计单位或买方同意。

3 焊接

3.1 应检查焊接作业人员资格，焊工作业必须持有相应类别的有效焊接资格证书。

3.2 审查产品施焊前根据采购技术文件的规定完成的焊接工艺评定、焊接工艺指导书。

3.3 审查管箱焊接工艺评定试板的力学性能、腐蚀性能试验报告，检验项目、试样数量及热处理状态应满足 NB/T 47014 和采购技术文件的规定。管子与管板连接焊缝的焊接工艺评定应符合 NB/T 47014 附录 D 规定。

3.4 见证焊前预热、焊后消除应力处理，按 NB/T 47015 的规定。Cr—Mo 钢焊前应预热、焊后应立即进行脱氢处理或在焊接后保持预热温度直至中间消除应力热处理（ISR）。

3.5 焊接超次返修应报买方审批，所有的返修均应有返修工艺评定支持。

3.6 查阅管箱焊接前制定的工艺措施，以减少焊接变形。

3.7 见证管箱板间的焊接接头应采用双面焊全焊透结构，管箱板与隔板焊接接头、接管与管箱连接焊缝应采用全焊透结构形式。焊接应符合图样和焊接工艺规定，应无烧穿、虚焊等缺陷。

3.8 核查换热管与管板连接型式应符合采购技术文件规定。采用深孔内角焊或管头伸出焊接时，焊工应通过技能评定考核。

3.9 见证换热管与管板焊接前应彻底去除管孔油污，并采用填充金属焊接。

3.10 管箱端板与管板、丝堵板、盖板之间的焊接接头可采用 GTAW 或 GMAM 打底后单面焊接。

3.11 焊缝检查。

3.11.1 见证管箱承压焊缝（含热影响区、母材）最终消除应力热处理后逐条进行的硬度检测，按采购技术文件规定验收。

3.11.2 焊缝外观不允许存在咬边、裂纹、气孔、弧坑、夹渣、飞溅等缺陷，角焊缝焊脚高度及圆滑过渡应符合采购技术文件规定。

3.11.3 管头焊缝焊渣及焊瘤均应清除，管端焊后不得有塌陷。

3.11.4 焊缝返修前，应清除缺陷后进行补焊。

4 无损检测

4.1 核查无损检测作业人员应持有相应类（级）别的有效无损检测资格证书。

4.2 审查所有承压板材的超声检测报告，按采购技术文件规定验收。

4.3 审查所有承压锻件粗加工后的超声检测报告，按采购技术文件规定验收。

4.4 审查所有承压锻件精加工后的磁粉检测报告，按采购技术文件规定验收。

4.5 审查管板、丝堵板、盖板、端板连接焊缝的射线检测报告及底片审片，按NB/T47013.2 Ⅱ级验收。

4.6 审查螺塞粗加工后的磁粉检测，按NB/T47013.4 Ⅰ级规定验收。

4.7 管板、丝堵板、盖板、端板连接焊缝应进行超声检测，检测比例按采购技术文件的规定。查阅制造厂应有成熟可行的角接形式的对接焊缝的超声检测工艺或规程。

4.8 管板、丝堵板、盖板、端板连接焊缝及进出口接管与管箱焊缝焊后、热处理后的磁粉检测，按采购技术文件规定验收。

4.9 堆焊层的无损检测按采购技术文件规定。

4.10 换热管与管板焊缝的无损检测按采购技术文件规定。

5 几何尺寸与外观

5.1 检查管板、丝堵板的管孔加工精度应保证管子与管板连接焊缝的有效厚度及焊接质量。丝堵孔的密封面应与孔中心线垂直，且不允许有表面斑痕和贯通刻痕。

5.2 检查管孔加工毛刺应清理干净，不得有毛刺、铁屑、锈蚀、油污及贯通的纵向或螺旋状刻痕等。

5.3 检查丝堵孔的有效螺纹不允许有多于两扣的缺陷，否则应进行修补。累计缺陷孔数不应超过总丝堵孔数的5%。

5.4 丝堵孔的垫片接触面应锪窝。锪窝边缘应无毛刺。

5.5 胀管应采用液压胀管或带有控制扭矩的机械胀管，胀管工艺试件按采购技术文件规定。

5.6 管箱制造完毕，应清理铁屑、焊渣、油污等。

5.7 衬管尺寸及装配应进行检查。

5.8 侧梁制作后应进行矫直处理。

5.9 丝堵应采用可控制力矩的上紧装置旋紧。

5.10 几何尺寸按施工图样验收。当图样未作规定时，其组装后的公差按NB/T 47007的规定。

5.11 空冷器零、部件应按NB/T 47007的规定进行预组装，其预装数量应符合采购技术文件规定。

5.12 零、部件应有明显标记。

6 热处理

6.1 见证Cr-Mo钢管箱管板、盖板、丝堵板、端板间的焊缝焊后进行的消氢处理或审查中间消除应力处理曲线记录、报告。

6.2 管箱整体热处理前应检查防变形的工装或措施。

6.3 审查、见证管箱焊后整体消除应力热处理曲线、报告。热处理后应根据变形情况进行校平。

6.4 审查热处理后的焊接接头硬度检测报告，按采购技术文件规定。

7 耐压及运转试验

7.1 管子与管板焊接后胀管前应进行气密试验，试验压力按采购技术文件要求。

7.2 管束的压力试验应按NB/T 47007的规定进行，且保压最少1h。水压试验应使用洁净水，水温要求按GB/T 150的规定。试验完应立即将水渍吹干。

7.3 见证或审查风机组件平衡试验或报告。轮毂作动平衡试验，叶片作力矩平衡试验，其不平衡力矩应符合NB/T 47007规定。

7.4 见证或审查风机叶片超速试验或报告。

7.4.1 超速试验转速应为1.1倍最大工作转速，且连续运转时间不少于10min；

7.4.2 试验后应对叶片进行检查，不得有裂纹、变形和损伤。

7.5 见证或审查风机空载运转试验或报告，要求。

7.5.1 轴承温升稳定后连续运转时间不得少于1h。

7.5.2 轴承部位的温度和风机噪声应符合NB/T 47007和采购技术文件规定。

8 涂装与发运

8.1 管箱外表面应喷砂处理，达到GB 8923中Sa2.5级的规定。

8.2 法兰密封面应采用防护措施。

8.3 进出口法兰用螺栓和螺母应采取防锈措施。

8.4 充氮保护应按采购技术文件规定。

8.5 装车发运前应查看管束与管箱、横梁、侧梁的支撑和管箱的固定情况，以及管口有无损伤、丝堵有无松动。

8.6 铭牌、油漆及包装应按NB/T 47007及采购技术文件规定。

8.7 装箱及出厂文件检查。

9 主要外购外协件检验要求

9.1 主要外购外协件供应商应符合采购技术文件要求。

9.2 外购外协件进厂后，应进行尺寸、外观、标识及文件资料核查。

9.3 主要外协件应按采购技术文件要求,采取过程控制(如关键点访问监造)。

10 其它要求

10.1 空冷器制造单位应具有《空冷式换热器产品安全注册证》A3级资质。

10.2 其它特殊要求按采购技术文件规定。

11 高压空冷器驻厂监造主要质量控制点

11.1 文件见证点(R):由监造人员对设备材料制造过程有关文件、记录或报告进行见证而预先设定的监造质量控制点。

11.2 现场见证点(W):由监造人员对设备材料制造过程、工序、节点或结果进行现场见证而预先设定的监造质量控制点,且应包括相关文件见证点(R)质量控制内容。

11.3 停止点(H):由监造人员见证并签认后才可转入下一个过程、工序或节点而预先设定的监造质量控制点,应包括相关现场见证点(W)和文件见证点(R)质量控制内容。

序号	零部件及工序名称	监造内容	文件见证点(R)	现场见证(W)	停止点(H)
1	主体焊材	焊材质证书	R		
2	管板、丝堵板、盖板、端板、隔板	材料质证书:化学成分、力学性能、超声检测、金相组织、抗氢诱导裂纹试验、抗硫化物应力腐蚀开裂试验	R		
3	翅片管	1. 翅片材料质证书及供货厂家	R		
		2. 翅片型式检查	R		
		3. 基管材料质量证明书: 化学成分、力学性能、金相、扩口、水压试验、超声检测、涡流检测	R		
		4. 基管外径偏差、壁厚偏差、外观、标记		W	
		5. 成品检查 1)翅片外观检查 2)翅片外径尺寸 3)每米管长的翅片数量及翅片间距检查 4)翅片管传热性能报告		W	
4	法兰	1. 材料质证书:化学成分、力学性能、超声检测、金相、晶粒度、非金属夹杂物、硬度	R		
		2. 几何尺寸及形状检查		W	
5	衬管	1. 材料质证书	R		
		2. 几何尺寸检查		W	

（续表）

序号	零部件及工序名称	监造内容	文件见证点（R）	现场见证（W）	停止点（H）
6	六角螺塞	1. 材质证书：化学成分、力学性能、硬度	R		
		2. 棒料无损检测		W	
		3. 几何尺寸及精度（通止规）	R		
7	螺栓、螺母（≥M36）	1. 质证书检查		W	
		2. 几何尺寸抽查		W	
		3. 螺栓无损检测（MT）、螺母硬度测试	R		
8	管箱焊接	1. 坡口形状、尺寸及组装检查		W	
		2. 焊接工艺执行及焊缝外观质量检查		W	
		3. 无损检测（RT、UT、MT、PT）	R		
9	管箱整体热处理	1. 热处理曲线及报告		W	
		2. 管箱焊缝及热影响区硬度检查		W	
		3. 管箱校平		W	
		4. 管板、丝堵板、盖板的不平度		W	
		5. 管板、丝堵板与盖板的垂直度		W	
		6. 管箱直线度、管口方位		W	
10	管板、丝堵板管孔加工	1. 管板、丝堵板管孔［孔径、同心度、管（螺）间距］尺寸及公差		W	
		2. 管孔外观检查		W	
11	管束装配	1. 管箱横梁、侧梁、支撑板等安装位置和几何尺寸及直线度检查		W	
		2. 管头伸出（或缩进）长度		W	
12	管子/管板焊接	1. 焊接工艺评定及焊材检查		W	
		2. 焊接工艺执行及焊缝外观		W	
		3. 无损检测（PT）	R		
		4. 管端：无局部咬塌、焊缝无宏观缺陷		W	
13	管头气密性试验	试验压力、泄漏情况		W	
14	胀管	1. 胀管工艺试验	R		
		2. 管端内壁宏观检查		W	
15	管束试验	1. 管束压力试验			H
		2. 管束气密试验			H
16	衬管装配	贴胀过程抽查		W	

（续表）

序号	零部件及工序名称	监造内容	文件见证点（R）	现场见证（W）	停止点（H）
17	风机	1. 叶片力矩平衡试验（如要求）	R		
		2. 轮毂动平衡试验（如要求）	R		
		3. 空载运转试验		W	
		4. 叶片超速试验（如要求）		W	
		5. 噪音检测		W	
18	皮带、电机百叶窗	1. 审查合格证、质保书	R		
		2. 规格尺寸、外观质量检查		W	
		3. 防爆等级、防护等级	R		
		4. 百叶窗开启检查		W	
19	预组装	1. 管束、构架及风机连接尺寸检查		W	
		2. 整机运转（如要求）		W	
20	油漆及出厂	1. 油漆牌号、漆膜厚度及外观检查		W	
		2. 随机资料、装箱单核对		W	
		3. 包装检查		W	

普通空冷器监造大纲

目 录

前　言 ·· 369
1　总则 ·· 370
2　原材料 ··· 372
3　焊接 ·· 373
4　无损检测 ·· 373
5　几何尺寸与外观 ··· 373
6　热处理 ··· 374
7　耐压及运转试验 ··· 374
8　涂装与发运 ··· 375
9　主要外购外协件检验要求 ··· 375
10　其它要求 ·· 375
11　普通空冷器驻厂监造主要质量控制点 ·· 375

前 言

《普通空冷器监造大纲》参照 GB/T 1.1—2009《标准化工作导则 第1部分：标准的结构和编写》给出的规则起草。

本大纲由中国石油化工集团有限公司物资装备部提出。

本大纲2010年7月第一次发布，本次为修订升版。

本大纲起草单位：上海众深科技股份有限公司。

本大纲起草人：刘海洋、方寿奇、华伟、贺立新。

普通空冷器监造大纲

1 总则

1.1 内容和适用范围。

1.1.1 本大纲主要规定了采购单位（或使用单位）对普通空冷器制造过程进行监造的基本内容及要求，是委托驻厂监造的主要依据。

1.1.2 本大纲适用于石油化工工业使用的空冷器制造过程监造，同类设备可参照使用。

1.1.3 本大纲中具体技术要求如与采购技术文件不一致时，原则上应以采购技术文件为准。

1.2 监造工作的基本要求。

1.2.1 监造人员要求。

1.2.1.1 监造人员应与所在监造单位有正式劳动合同关系。

1.2.1.2 监造人员应严格依据监造委托合同，履行监造职责，完成监造任务。

1.2.1.3 监造人员应持有不低于中国设备监理协会颁发的专业设备监理师资格证书，监造人员有二年（或以上）的监造业务经验，在相应专业岗位工作三年以上。

1.2.1.4 监造人员应熟悉监造物资的制造工艺，掌握制造过程中的质量技术要求和检验试验关键控制点。

1.2.1.5 监造人员在监造活动过程中应遵守有关保密约定和规定。

1.2.1.6 监造人员应遵守制造厂 HSSE 或安全生产管理制度的相关规定，严格执行劳保着装和安全防护要求。

1.2.2 监造工作程序。

1.2.2.1 监造人员在开始监造的 10 个工作日内，对制造厂的人员资质、生产工艺、装备能力和质保体系运行情况进行检查和评估，并向委托方提供质量风险评估报告，明确风险等级（高、中、低、无）。

1.2.2.2 监造单位在收到采购技术文件后，10 个工作日内编制完成《监造大纲》。

1.2.2.3 监造单位在获得设计相关图纸、制造工艺、质量控制计划、生产进度计划后，15 日内编制完成《监造实施细则》。

1.2.2.4 监造人员应配备必要的用于平行检查且检定合格的检测器具。

1.2.2.5 监造人员应按委托方的通知或有关要求参加或组织召开预检验会议，与

制造厂对接确定检验试验计划和质量控制点，并经委托方确认。

1.2.2.6 监造人员应组织制造厂质量、技术、生产及经营（项目管理）等相关部门召开监理周例会，通报监造工作情况，协调解决质量进度问题，结合生产进度计划安排后续监造工作，并形成会议纪要。

1.2.2.7 监造人员在监造实施过程中，如发现质量隐患、质量问题以及可能影响交货期的重大因素时，应及时报委托方，并以书面形式通知制造厂，要求制造厂采取有效措施予以整改，若制造厂延误或拒绝整改时，可责令其停工。

1.2.2.8 对于原材料、外购件以及外协加工、外协检测和外协检验试验等过程，监造人员应重点审查质量证明文件、外协单位资质、人员资质、工艺文件和检验试验报告等。并依据监造实施细则和检验试验计划中设置的监造访问点，实施质量控制。

1.2.2.9 实施监造的物资经现场监造人员确认符合标准规范和订单约定后，按发货批次开具监造放行单，并报委托方。

1.2.2.10 全部监造工作完成后，应于30日内完成监造总结报告交付委托方。

1.3 监造单位应提交的文件资料。

1.3.1 目录（含页码）（必须）。

1.3.2 产品质量监造报告书（必须）。

1.3.3 监造工作总结（必须）。

1.3.4 监造大纲（必须）。

1.3.5 监造实施细则（必须）。

1.3.6 监造周报（必须）。

1.3.7 设计变更通知及往来函件（如有）。

1.3.8 监造工作联系单（如有）。

1.3.9 监理工程师通知单（如有）。

1.3.10 会议纪要（如有）。

1.3.11 监造放行单（必须）。

1.4 主要编制依据。

1.4.1 TSG 21 固定式压力容器安全技术监察规程。

1.4.2 GB/T 150 压力容器。

1.4.3 GB/T 151 热交换器。

1.4.4 GB/T 26429 设备工程监理规范。

1.4.5 NB/T 47007 空冷式热交换器。

1.4.6 NB/T 47013 承压设备无损检测。

1.4.7 NB/T 47014 承压设备焊接工艺评定。

1.4.8 NB/T 47015 压力容器焊接规程。

1.4.9 Q/SHCG 0100—2014（SPTS-EQ12-T001）中低压空冷器采购技术规范。

1.4.10 采购技术文件。

2 原材料

2.1 材料及质证书审查的一般要求。

2.1.1 管箱、换热管、翅片材质应符合采购技术文件和 NB/T 47007 的规定，换热管须选用整根无缝钢管（含翅片管基管），应为相关标准中要求的较高级（或高级）。

2.1.2 换热管入口端衬管材质按采购技术文件规定。

2.1.3 丝堵材质应与丝堵板材质相适应，丝堵材料的硬度应比丝堵板稍低。不应使用铸件丝堵。

2.1.4 螺柱和螺母材料的选取应符合 NB/T 47007 的要求；丝堵垫片应为金属垫片，垫片的硬度应低于丝堵板接触面的硬度。

2.2 审核承压件材料（含焊材）质量证明书，材料牌号及规格、锻件级别、供货商等应与采购技术文件规定一致。

2.3 见证承压件材料外观、热处理状态、材料标记检查。

2.4 管板、盖板、丝堵板、端板、隔板、换热管等管箱主要承压件的化学成分、力学性能等应与采购技术文件规定一致。

2.5 翅片管型式应与采购技术文件规定一致。

2.6 审查翅片管传热性能报告，试验应满足 NB/T 47007 的要求。单管传热性能试验及抽查数量按采购技术文件或 NB/T 47007 的规定。

2.7 翅片与基管的连接应紧密、无松弛。缠绕式翅片管的翅片不得有裂纹、磕碰和倒塌等缺陷；轧制式翅片管翅片根部不得有开裂、磕碰和倒塌等缺陷，翅片顶部开裂深度不得大于翅片高度的 1/4。

2.8 翅片管基管所用材料，除应符合 NB/T 47007 的规定，还应符合采购技术文件的相关规定。

2.8.1 基管应逐根以两倍设计压力进行水压试验，基管的拼接应符合 NB/T 47007 的规定和采购技术文件的相关规定。

2.8.2 基管内外表面不得有裂纹、折叠、轧折、结疤和离层，其它缺陷应打磨清除，打磨深度不应超过公称壁厚的负偏差，实际厚度不应小于壁厚的允许最小值。

2.9 所有承压件使用的紧固件（六角螺塞、螺栓和螺母）、接管法兰与紧固件（螺栓和螺母）、丝堵及管箱用垫片应符合 NB/T 47007 的规定和采购技术文件的相关规定。

2.10 钢结构的制作除应符合 NB/T 47007 的要求，还应符合 GB 50205 的规定。

2.11 所用焊接材料均应为低氢型，并应符合 NB/T 47015 的规定。主体焊接材料应保证焊缝的化学成分与主体材料相匹配。

2.12 制造过程中的材料代用或技术要求变动，应事先以书面形式征得设计单位或买方同意。

3 焊接

3.1 应检查焊接作业人员资格，焊工作业必须持有相应类别的有效焊接资格证书。

3.2 审查产品施焊前应根据采购技术文件的规定完成焊接工艺评定。

3.3 审查管箱焊接工艺评定报告，试板的力学性能、腐蚀性能试验检验项目、试样数量及热处理状态应满足 NB/T 47014 和采购技术文件的规定。管子与管板连接焊缝的焊接工艺评定应符合 GB/T 151 的规定。

3.4 焊前预热、焊后消除应力处理按 NB/T 47015 的规定。Cr–Mo 钢焊前应预热、焊后应立即进行脱氢处理或在焊接后保持预热温度直至中间消除应力热处理（ISR）。焊接超过二次返修应报买方审批，所有的返修均应有返修工艺评定支持。

3.5 查阅管箱焊接前，制定合理的工艺措施，以减少焊接变形。

3.6 见证、检查管箱的所有受压焊缝应全焊透和全熔合。除了端板和接管外，所有管箱焊缝都应是双面焊全焊透结构。隔板与相邻板的焊接应从两侧采用密封焊或采用全焊透焊接。施焊应符合图样和焊接工艺规定，无烧穿、虚焊等缺陷。

3.7 对于不带垫板的单面焊接接头，应采用 GTAW 或 GMAM 或 SMAW 来形成根部焊道。

3.8 翅片管与管板连接型式应符合采购技术文件规定。采用强度焊连接时，施焊前应按 NB/T 47014 及附录 D 的规定进行焊接工艺评定。

3.9 检查、见证翅片管与管板连接前，基管两端和管板孔表面应清理干净，不得有影响连接质量的毛刺、铁屑、锈蚀、油污等。

3.10 翅片管与管板焊接连接时，焊渣及凸出于翅片管内壁的焊瘤均应清除。

3.11 翅片管与管板胀接连接时，应符合 NB/T 47007 的相关要求。

3.12 焊缝检查。

3.12.1 焊缝表面的形状尺寸和外观检查应按 GB/T 150 的规定，角焊缝焊脚高度及圆滑过渡应符合采购技术文件规定。

3.12.2 管端焊后不得有塌陷。焊缝返修应清除缺陷后进行补焊。

3.12.3 钢结构的焊缝质量应符合 GB 50205 相关规定。

4 无损检测

4.1 应检查无损检测人员资格及无损检测设备的有效性。

4.2 无损检测要求及验收标准应符合 NB/T 47013 的规定。

4.3 所有承压件的无损检测，应按采购技术文件规定进行。

5 几何尺寸与外观

5.1 管板、丝堵板的加工应有成熟可行的工艺手段来控制。

5.2 管孔毛刺必须清理干净，避免影响管子与管板焊接质量及丝堵的安装和使用。

5.3 胀管应采用液压胀管或带有控制扭矩的机械胀管，胀管工艺试件按采购技术文件规定。

5.4 管箱制造完毕，应清理铁屑、焊渣、油污等。

5.5 几何尺寸按施工图样验收。当图纸未规定时，空冷器组装后的公差要求按NB/T47007的规定。

5.6 管束外型几何尺寸、平面对角线、直线度应符合采购技术文件规定。

5.7 侧梁制作后应进行矫直处理。

5.8 所有结构件均应进行喷砂处理，并符合采购技术文件相关要求。

5.9 管箱整体热处理后应进行箱体几何形状复查。公差要求按NB/T 47007的规定。

5.10 应进行衬管贴合质量进行检查，衬管长度按采购技术文件要求。

5.11 同规格且同批下料的空冷器零（部）件应按NB/T 47007规定至少进行1台预组装。

5.12 需重叠放置的管束应在制造厂进行重叠预组装，预组装后的各零部件应有明显标记。

6 热处理

6.1 审查所有碳素钢和低合金钢管箱焊后热处理曲线、报告。焊后热处理不包括管子与管板的焊接接头。

6.2 焊接的铁素体金属垫片需在焊接后作退火热处理。

6.3 检查、见证管箱热处理后应根据变形情况进行的校平。

6.4 热处理后焊接接头的硬度检测应符合NB/T 47007及采购技术文件相关规定。

7 耐压及运转试验

7.1 管束与管板焊接后、胀管前的各项试验应按采购技术文件规定。

7.2 现场见证管束的压力试验按NB/T 47007的规定，且保压最少1h。水压试验应使用洁净水，试验完毕后应立即将水渍吹干。水温要求按GB/T 150的规定。

7.3 检查丝堵采用可控制力矩的上紧装置进行旋紧。

7.4 见证或审核风机组件平衡试验或报告。轮毂作动平衡，叶片作力矩平衡，其不平衡力矩应符合NB/T 47007规定。

7.5 见证或审核风机叶轮超速试验或报告，并符合NB/T 47007规定。超速试验后应检查叶轮各部位，不得有裂纹、变形和损伤。

7.6 见证或审核风机空载运转试验或报告，并符合NB/T 47007规定。

7.7 噪声测试应按NB/T 47007的规定进行。

8 涂装与发运

8.1 管箱外表面应喷砂处理，达到 GB 8923 中 Sa2.5 级的规定。

8.2 法兰密封面应采用防护措施。

8.3 进出口法兰螺栓和螺母应采取防锈措施。

8.4 装车发运前应查看管束与管箱、横梁、侧梁的支撑和管箱的固定情况，以及管口有无损伤丝堵有无松动。

8.5 铭牌、油漆及包装应按 NB/T 47007 及采购技术文件规定。

8.6 装箱及出厂文件检查。

9 主要外购外协件检验要求

9.1 主要外购外协件供应商应符合采购技术文件要求。

9.2 外购外协件进厂后，应进行尺寸、外观、标识及文件资料核查。

9.3 主要外协件应按采购技术文件要求，采取过程控制（如关键点访问监造）。

10 其它要求

10.1 空冷器制造单位应具有《空冷式换热器产品安全注册证》。

11 普通空冷器驻厂监造主要质量控制点

11.1 文件见证点（R）：由监造人员对设备材料制造过程有关文件、记录或报告进行见证而预先设定的监造质量控制点。

11.2 现场见证点（W）：由监造人员对设备材料制造过程、工序、节点或结果进行现场见证而预先设定的监造质量控制点，且应包括相关文件见证点（R）质量控制内容。

11.3 停止点（H）：由监造人员见证并签认后才可转入下一个过程、工序或节点而预先设定的监造质量控制点，应包括相关现场见证点（W）和文件见证点（R）质量控制内容。

序号	零部件名称	监造内容	文件见证点（R）	现场见证点（W）	停止点（H）
1	生产前检查	1. 焊接工艺评定 PQR	R		
		2. 焊接工艺卡 WPS	R		
		3. 制造工艺卡	R		
		4. 焊工资质	R		
		5. 无损检测人员资质	R		
		6. 质量保证体系运行情况		W	

（续表）

序号	零部件名称	监造内容	文件见证点（R）	现场见证点（W）	停止点（H）
2	原材料检查	1. 板材、管材原始质保书	R		
		2. 锻件、棒料原始质保书	R		
		3. 焊材原始质保书	R		
3	管箱	1. 板材、锻件标记检查		W	
		2. 坡口角度、表面质量及钝边检查		W	
		3. 焊接检查		W	
		4. 焊缝无损检测	R		
		5. 焊后热处理检查	R		
		6. 机加工检查		W	
		7. 管箱尺寸检查		W	
4	翅片管	1. 基管材料质量证明书审查	R		
		2. 基管外径偏差、壁厚偏差、标记		W	
		3. 翅片材质证书及供货厂家	R		
		4. 翅片型式检查		W	
		5. 翅片管表面质量检查		W	
5	管束组装	1. 管束组装检查		W	
		2. 换热管与管板焊接检查		W	
		3. 管头焊缝气密性试验		W	
		4. 胀接检查		W	
		5. 管束外型尺寸、平面对角线、直线度检查		W	
		6. 衬管装配贴胀检查		W	
		7. 水压试验			H
6	风机	1. 审查合格证、质保书	R		
		2. 叶片力矩平衡试验（如要求）	R		
		3. 轮毂动平衡试验（如要求）	R		
		4. 叶片超速试验（如要求）		W	
		5. 空载运转试验		W	
		6. 噪声检测		W	
7	皮带、电机	1. 审查合格证、质保书	R		
		2. 规格尺寸、外观质量检查		W	
		3. 防爆等级、防护等级	R		

（续表）

序号	零部件名称	监造内容	文件见证点（R）	现场见证点（W）	停止点（H）
8	百叶窗	1. 尺寸及外观检查		W	
		2. 开启检查		W	
9	预组装	1. 管束、构架及风机连接尺寸		W	
		2. 整机运转		W	
10	油漆及出厂	1. 油漆牌号、漆膜厚度及外观质量检查		W	
		2. 随机资料、装箱单核对	R		
		3. 包装检查		W	

乙烯冷箱
监造大纲

目 录

前 言 ·· 381
1 总则 ··· 382
2 铝制板翅式换热器 ·· 384
3 钢制冷箱本体及附属设备 ··· 386
4 主要外购外协件检验要求 ··· 388
5 乙烯冷箱驻厂监造主要质量控制点 ··· 388

前　言

《乙烯冷箱监造大纲》参照 GB/T 1.1—2009《标准化工作导则　第1部分：标准的结构和编写》给出的规则起草。

本大纲由中国石油化工集团有限公司物资装备部提出。

本大纲2010年7月第一次发布，本次为修订升版。

本大纲起草单位：上海众深科技股份有限公司。

本大纲起草人：邵树伟、华伟、方寿奇、贺立新。

乙烯冷箱监造大纲

1 总则

1.1 内容和适用范围。

1.1.1 本大纲主要规定了采购单位（或使用单位）对乙烯冷箱制造过程进行监造的基本内容及要求，是委托驻厂监造的主要依据。

1.1.2 本大纲适用于石油化工工业使用的乙烯冷箱制造过程监造，天然气及烃回收冷箱等其它同类设备可参照使用。

1.1.3 本大纲中具体技术要求如与采购技术文件不一致时，原则上应以采购技术文件为准。

1.2 监造工作的基本要求。

1.2.1 监造人员要求。

1.2.1.1 监造人员应与所在监造单位有正式劳动合同关系。

1.2.1.2 监造人员应严格依据监造委托合同，履行监造职责，完成监造任务。

1.2.1.3 监造人员应持有不低于中国设备监理协会颁发的专业设备监理师资格证书，监造人员有二年（或以上）的监造业务经验，在相应专业岗位工作三年以上。

1.2.1.4 监造人员应熟悉监造物资的制造工艺，掌握制造过程中的质量技术要求和检验试验关键控制点。

1.2.1.5 监造人员在监造活动过程中应遵守有关保密约定和规定。

1.2.1.6 监造人员应遵守制造厂HSSE或安全生产管理制度的相关规定，严格执行劳保着装和安全防护要求。

1.2.2 监造工作程序。

1.2.2.1 监造人员在开始监造的10个工作日内，对制造厂的人员资质、生产工艺、装备能力和质保体系运行情况进行检查和评估，并向委托方提供质量风险评估报告，明确风险等级（高、中、低、无）。

1.2.2.2 监造单位在收到采购技术文件后，10个工作日内编制完成《监造大纲》。

1.2.2.3 监造单位在获得设计相关图纸、制造工艺、质量控制计划、生产进度计划后，15日内编制完成《监造实施细则》。

1.2.2.4 监造人员应配备必要的用于平行检查且检定合格的检测器具。

1.2.2.5 监造人员应按委托方的通知或有关要求参加或组织召开预检验会议，与

制造厂对接确定检验试验计划和质量控制点，并经委托方确认。

1.2.2.6 监造人员应组织制造厂质量、技术、生产及经营（项目管理）等相关部门召开监理周例会，通报监造工作情况，协调解决质量进度问题，结合生产进度计划安排后续监造工作，并形成会议纪要。

1.2.2.7 监造人员在监造实施过程中，如发现质量隐患、质量问题以及可能影响交货期的重大因素时，应及时报委托方，并以书面形式通知制造厂，要求制造厂采取有效措施予以整改，若制造厂延误或拒绝整改时，可责令其停工。

1.2.2.8 对于原材料、外购件以及外协加工、外协检测和外协检验试验等过程，监造人员应重点审查质量证明文件、外协单位资质、人员资质、工艺文件和检验试验报告等。并依据监造实施细则和检验试验计划中设置的监造访问点，实施质量控制。

1.2.2.9 实施监造的物资经现场监造人员确认符合标准规范和订单约定后，按发货批次开具监造放行单，并报委托方。

1.2.2.10 全部监造工作完成后，应于30日内完成监造总结报告交付委托方。

1.3 监造单位应提交的文件资料。

1.3.1 目录（含页码）（必须）。

1.3.2 产品质量监造报告书（必须）。

1.3.3 监造工作总结（必须）。

1.3.4 监造大纲（必须）。

1.3.5 监造实施细则（必须）。

1.3.6 监造周报（必须）。

1.3.7 设计变更通知及往来函件（如有）。

1.3.8 监造工作联系单（如有）。

1.3.9 监理工程师通知单（如有）。

1.3.10 会议纪要（如有）。

1.3.11 监造放行单（必须）。

1.4 主要编制依据。

1.4.1 TSG 21 固定式压力容器安全技术监察规程。

1.4.2 GB/T 150 压力容器。

1.4.3 GB/T 3190 变形铝及铝合金化学成分。

1.4.4 GB/T 3198 铝及铝合金箔。

1.4.5 GB/T 3880 一般工业用铝和铝合金板、带材。

1.4.6 GB/T 6892 一般工业用铝及铝合金挤压型材。

1.4.7 GB/T 6893 铝及铝合金拉（轧）制无缝管。

1.4.8 GB/T 8923 涂覆涂料前钢材表面处理 表面清洁度的目视评定。

1.4.9 GB/T 10858 铝和铝合金焊丝。

1.4.10 GB/T 24598 铝及铝合金熔化焊焊工技能评定。

1.4.11 GB/T 26429 设备工程监理规范。

1.4.12 YS/T 69 钎焊用铝合金复合板。

1.4.13 JB/T 4734 铝制焊接容器。

1.4.14 JB/T 4747.5 承压设备用铝及铝合金焊丝和填充丝技术条件。

1.4.15 NB/T 47006 铝制板翅片换热器。

1.4.16 NB/T 47013 承压设备无损检测。

1.4.17 ASME Sec Ⅸ—2015 焊接、钎接和粘接评定。

1.4.18 采购技术文件。

2 铝制板翅式换热器

2.1 原材料。

2.1.1 封条、导流片、翅片、侧板、隔板的材料供应商、牌号、级别、规格、性能及热处理状态应符合采购技术文件的要求。变更应征得业主或工程设计单位的书面确认。

2.1.2 核对主体材料（含焊材）质量证明书，并进行外观质量抽查。

2.1.3 材料复验按《固定式压力容器安全技术监察规程》和采购技术文件规定。

2.1.4 翅片和导流片应进行爆破试验（型式试验），试验压力不小于4～6倍设计压力，翅片被拉断为止，按NB/T 47006及采购技术文件验收。

2.1.5 基材焊接材料和堆焊材料的检验应按采购技术文件规定。

2.2 芯体组装。

2.2.1 元件成型后，应去除毛刺；不得有严重的磕、划、碰伤；表面应清洁干净、无油迹和锈斑；并进行干燥。

2.2.2 翅片、导流片的翅形应保持平整，不被挤压、拉伸和扭曲；不符合要求的翅片、导流片、封条应进行整形。隔板应平整，不得有弯曲、拱起、小角翘起和无包覆层的白边存在。

2.2.3 翅片、隔板、封条在组装前应进行酸洗。

2.2.4 组装时每一层钎焊元件应互相靠紧，但不得重叠。当设计压力$P \leq 2.5MPa$时，拼接间隙不大于1.5mm，局部不大于3mm；当$P > 2.5MPa$时，拼接间隙不大于1mm，局部不大于2mm（如有特殊要求，按特殊要求执行）。

2.2.5 芯体组装夹紧时宜先从中间几排开始，逐渐由中间向两端夹紧，保证接头钎焊间隙符合工艺规定要求。

2.3 焊接。

2.3.1 焊工作业必须持有相应类别的有效焊接资格证书。

2.3.2 钎焊。

2.3.2.1 产品施焊前应根据采购技术文件和 ASME Sec IX 的规定完成钎焊工艺评定。

2.3.2.2 根据评定合格的焊接工艺，制订焊接工艺指导书。

2.3.2.3 测温热电偶的位置和深度应进行检查。

2.3.2.4 真空炉的控制应严格遵守焊接工艺纪律。升温降温速率和真空度应有记录。

2.3.2.5 一次钎接合格率应在98%以上。焊缝外观不允许存在咬边、裂纹、气孔等缺陷；板束焊缝应饱满、平滑，不得有钎料堵塞通道现象；测温孔封堵焊点的直径不得大于测温孔的2倍，焊缝打磨与芯体圆滑过渡。

2.3.2.6 钎焊返修应依据返修工艺评定，并记录返修次数。允许补焊长度按采购《技术条件》和 NB/T 47006 的规定。

2.3.3 封头和芯体的焊接。

2.3.3.1 产品施焊前应根据采购技术文件及 JB/T 4734—2002 附录 B 的规定完成焊接工艺评定。

2.3.3.2 根据评定合格的焊接工艺，制订焊接工艺指导书。

2.3.3.3 封头与芯体组焊前，应对封头内部及板束被封头覆盖区域的清洁度进行检查。

2.3.3.4 封头不得直接焊在芯体上，应焊在芯体堆焊层上。芯体堆焊层不得有裂纹、气孔等表面缺陷。

2.3.3.5 角焊缝应为全焊透结构，并尽可能在平焊位置进行焊接。

2.3.3.6 焊缝外观不允许存在咬边、裂纹、气孔、弧坑、夹渣、飞溅等缺陷。

2.3.3.7 焊缝余高、错边量、纵缝错开距离等应满足相关标准及采购技术文件的要求。

2.3.3.8 焊缝与母材应圆滑过渡；内件角焊缝应采用连续焊，焊脚高应符合图样规定。

2.3.3.9 应检查翅片和导流片缩进隔板距离，不得露在隔板之外；检查上、下两平面的错位量、两侧板总高度错位量、临封条的内凹、外突总距离。

2.3.3.10 焊缝返修次数按 JB/T 4734 和采购技术文件规定，返修应依据相应返修工艺评定。

2.4 无损检测。

2.4.1 无损检测作业人员应持有相应类（级）别的有效资格证书。

2.4.2 换热器封头角焊缝应进行100%渗透检测，按采购技术文件相关规定验收。

2.4.3 换热器封头对接焊缝应进行100%射线检测，按采购技术文件规定级别验收。

2.4.4 换热器封头与芯体的焊缝应进行100%渗透检测，按采购技术文件相关规定验收。

2.4.5 换热器封头和接管表面、板束表面允许缺陷深度按采购技术文件规定验收。

2.5 几何尺寸及外观。

2.5.1 翅片、导流片的高度、节距、垂直度、孔径和每米长度内的翅数偏差应进行抽查。

2.5.2 封条的高度、侧向弯曲、平面弯曲和扭曲长度偏差应进行抽查。

2.5.3 隔板、侧板的对角线长度和平面度应进行抽查。

2.5.4 钎焊元件的尺寸偏差和形位公差应符合采购技术文件的规定。

2.5.5 芯体组装时，翅片和导流片的翅形及隔板应平整。

2.5.6 板束钎焊后，上、下两平面的错位量和总错位量应进行检查，每100mm高不大于1.5mm，且总错位量不大于8mm。

2.5.7 封头成型后应对壁厚进行检查，减薄量应不大于施工图样规定厚度的10%，且不大于3mm。

2.5.8 封头组焊后应对几何形状进行检查。

2.5.9 整体尺寸及公差按施工图样和NB/T 47006—2009标准的6.1.2条款。

2.5.10 管口方位、法兰面水平度和垂直度及伸出高度按施工图样和NB/T 47006—2009标准的6.1.2条款。

2.6 耐压及泄漏试验。

2.6.1 水压试验或气压试验的压力、保压时间、水质及试验程序应符合标准、采购技术文件和《固定式压力容器安全技术监察规程》，不允许有渗漏和变形。

2.6.2 压力试验后24h内应进行干燥处理，露点应小于≤–5℃。

2.6.3 各通道和通道之间应分别进行气密性试验，试验压力为设计压力，保压120分钟，无渗漏。

2.6.4 氦检漏试验按采购技术文件规定。

2.6.5 各通道应分别进行气阻试验，试验条件和要求按采购技术文件和NB/T 47006—2009附录A。检验本体进、出口阻力值和本体之间的阻力值。

2.6.6 荧光试验按采购技术文件规定。

2.6.7 充氮保护应进行检查。在各管口上打上流体代号。

3 钢制冷箱本体及附属设备

3.1 原材料。

3.1.1 审核冷箱外壳材料（含焊材）质量证明书，材料牌号及规格、数量、供货商等应与采购技术文件规定一致。

3.1.2 审核管线、接管法兰等（含焊材）材料质量证明书，材料牌号及规格、数量、供货商等应与采购技术文件规定一致。

3.1.3 主体材料应进行外观检查。冷箱外壳材料的厚度应符合采购技术文件的规定。

3.2 焊接。

3.2.1 焊工作业必须持有相应类别的有效焊接资格证书。

3.2.2 管线焊接前，应根据采购技术文件及 JB/T 4734—2002 附录 B 铝容器焊接工艺评定的相关规定，完成焊接工艺评定。

3.2.3 根据评定合格的焊接工艺制订焊接工艺指导书。

3.2.4 管线及设备焊缝外观不允许存在咬边、裂纹、气孔、弧坑、夹渣、飞溅等缺陷。焊缝余高，错边量等应满足相关标准及采购技术文件的要求。

3.2.5 箱体外壳焊缝外观质量应进行检查。

3.2.6 焊接返修次数应与采购技术文件规定一致，所有的返修均应有返修工艺评定支持。

3.3 无损检测。

3.3.1 无损检测人员应持有相应类（级）别的有效资格证书。

3.3.2 冷箱内管路、气液分离器等对接焊缝应进行 100% 射线检测，角焊缝应进行 100% 渗透检测，按采购技术文件规定级别验收。

3.4 几何尺寸及外观。

3.4.1 直管、弯管组焊前的几何形状应进行抽查。管帽成型后的几何形状应进行检查。

3.4.2 直管、弯管、法兰、冷箱外壳等材料厚度应进行检查；冷箱外壳几何尺寸应进行检查。

3.4.3 板翅换热器与冷箱外壳组装后应进行方位检查。

3.4.4 管路与板翅换热器、气液分离器等焊接后应进行尺寸检查；冷箱组装后内、外部尺寸应进行检查；伸出管法兰面的水平、垂直及伸出高度应进行检查。

3.4.5 各通道方位应进行检查。

3.5 试验。

3.5.1 所有管路组装完毕后应进行气压试验，试验压力和保压时间按采购技术文件规定。

3.5.2 各通道应分别进行气密性试验，试验压力和保压时间按采购技术文件规定。

3.5.3 各通道应分别进行干燥度试验和露点测试，按采购技术文件规定验收。

3.5.4 箱体应进行气密性试验，按采购技术文件规定验收。

3.6 冷箱总体检验。

3.6.1 冷箱内所有设备在任何情况下均可排空，除由接管放空和排净的外，带阀门的放空和排净接头应安置在冷箱的高点和低点。

3.6.2 冷箱管路不得采用法兰及螺纹连接；箱内设备距冷箱外壳不得小于 200mm；接管法兰不得直接固定在冷箱的壁面上；所有通道应用盲盖密封。

3.6.3 内部换热器及容器与支架之间应设置厚度不低于12mm绝热板。

3.6.4 管路内应充氮保护，压力要求按采购技术文件规定。

3.6.5 冷箱外表面油漆按采购技术文件规定验收。

3.6.6 冷箱外表面应喷砂除锈，达到GB/T 8923.1中Sa2.5级的规定和GB/T 8923.3—2011中P3级的规定。

3.7 汽液分离器。

汽液分离器按压力容器进行验收。包括受压零件的材料试验、焊接工艺评定报告（PQR）及焊接工艺规程（WPS）的正确性，对接焊缝的射线探伤、角焊缝的表面探伤，压力试验及总体尺寸检查等。

4 主要外购外协件检验要求

4.1 主要外购外协件供应商应符合采购技术文件要求。

4.2 外购外协件进厂后，应进行尺寸、外观、标识及文件资料核查。

4.3 主要外协件应按采购技术文件要求，采取过程控制（如关键点访问监造）。

5 乙烯冷箱驻厂监造主要质量控制点

5.1 文件见证点（R）：由监造人员对设备材料制造过程有关文件、记录或报告进行见证而预先设定的监造质量控制点。

5.2 现场见证点（W）：由监造人员对设备材料制造过程、工序、节点或结果进行现场见证而预先设定的监造质量控制点，且应包括相关文件见证点（R）质量控制内容。

5.3 停止点（H）：由监造人员见证并签认后才可转入下一个过程、工序或节点而预先设定的监造质量控制点，应包括相关现场见证点（W）和文件见证点（R）质量控制内容。

序号	零部件及工序名称	监造内容	文件见证点（R）	现场见证（W）	停止点（H）
1	生产准备	1. 施工图样	R		
		2. 生产网络计划	R		
		3. 质量检验计划	R		
		4. 焊接、钎接评定记录及工艺规程	R		
2	换热器材料	1. 封条、导流片、翅片、侧板、隔板等材质证明书	R		
		2. 焊接材料质量证明书	R		
		3. 外观及几何尺寸		W	
		4. 材料标记移植		W	
		5. 翅片爆破试验	R		

（续表）

序号	零部件及工序名称	监造内容	文件见证点（R）	现场见证（W）	停止点（H）
3	换热器芯体组装	1. 翅片、导流片等元件的成型		W	
		2. 翅片、导流片等元件的干燥处理		W	
		3. 翅片、隔板、封条等酸洗处理		W	
		4. 芯体零件的清洁度		W	
		5. 芯体的组装		W	
		6. 钎焊元件对接间隙		W	
		7. 钎焊前芯体的外观		W	
4	换热器钎焊	1. 钎焊工资格证检查	R		
		2. 钎焊前间隙检查		W	
		3. 钎焊测温热电偶的位置和深度		W	
		4. 升温、真空度、降温的速率	R		
		5. 一次钎接合格率	R		
		6. 返修次数		W	
5	封头和芯体的焊接	1. 坡口加工及装配		W	
		2. 焊工资格和钢印	R		
		3. 芯体堆焊质量		W	
		4. 焊接接头外观质量		W	
		5. 角焊缝		W	
		6. 形状及几何尺寸		W	
		7. 返修次数		W	
6	换热器无损检验	1. 无损作业人员资格证书	R		
		2. 封头角焊缝PT		W	
		3. 封头对接焊缝RT	R		
		4. 封头与芯体焊缝PT		W	
7	换热器尺寸检查	1. 翅片、导流片的几何形状		W	
		2. 封条的几何形状		W	
		3. 隔板、侧板的几何形状		W	
		4. 翅片、导流片、隔板的平整度和翘形		W	
		5. 芯体组装及钎焊后几何形状		W	
		6. 封头成型后的测厚		W	
		7. 封头组焊后的几何形状		W	

（续表）

序号	零部件及工序名称	监造内容	文件见证点（R）	现场见证（W）	停止点（H）
7	换热器尺寸检查	8. 整体尺寸、管口方位			H
		9. 法兰面的水平度和垂直度及伸出高度			H
8	换热器试验	1. 压力试验：包括水压试验和气压试验			H
		2. 干燥度试验			H
		3. 气密性试验			H
		4. 氦检漏试验			H
		5. 气阻试验		W	
		6. 充氮保护		W	
9	钢制冷箱本体及附属设备原材料	1. 冷箱外壳材料质量证明书	R		
		2. 管线材料、接管法兰等质量证明书	R		
		3. 焊材质量证明书	R		
		4. 材料外观		W	
		5. 材料标记		W	
		6. 冷箱外壳材料厚度		W	
10	钢制冷箱本体及附属设备焊接	1. 焊工有效持证	R		
		2. 焊接工艺执行检查		W	
		3. 焊接返修次数		W	
		4. 焊缝外观		W	
11	钢制冷箱本体及附属设备无损检测	1. 无损作业人员持证检查	R		
		2. 冷箱内管路、气液分离器（或其它设备）对接焊缝100%射线检测	R		
		3. 冷箱内管路、气液分离器（或其它设备）角焊缝100%PT		W	
12	钢制冷箱本体及附属设备几何尺寸及形状	1. 管路、弯管组焊前的几何形状		W	
		2. 管帽成型后的几何形状		W	
		3. 管路、弯管、法兰、冷箱外壳等的材料厚度		W	
		4. 冷箱外壳外形几何尺寸		W	
		5. 板翅与冷箱外壳组装后方位		W	
		6. 内、外几何尺寸		W	
		7. 各通道方位		W	
		8. 伸出管法兰面水平、垂直及伸出高度			H

（续表）

序号	零部件及工序名称	监造内容	文件见证点（R）	现场见证（W）	停止点（H）
13	试验	1. 管路气压试验			H
		2. 各通道的气密性试验			H
		3. 各通道的干燥度试验			H
		4. 箱体气密性试验			H
14	总体检验	1. 尺寸			H
		2. 放空和排净接头设置		W	
		3. 隔热板		W	
		4. 除锈和油漆		W	
		5. 通道用盲盖密封		W	
		6. 整体检查			H
15	汽液分离器或其它应按压力容器进行检验的附属设备	1. 材料确认	R		
		2. 焊接检验		W	
		3. 无损检测		W	
		4. 压力试验			H
		5. 管口方位			H
		6. 外观检验			H

空气分离装置冷箱监造大纲

目 录

前 言 ………………………………………………………………………… 395
1 总则 ……………………………………………………………………… 396
2 铝制塔器、冷凝器、蒸发器、液化器 ………………………………… 398
3 铝制板翅式换热器 ……………………………………………………… 400
4 冷箱箱体（散件）及附件 ……………………………………………… 403
5 空气分离装置中的冷箱驻厂监造主要质量控制点 …………………… 404

前　言

《空气分离器装置冷箱监造大纲》参照 GB/T 1.1—2009《标准化工作导则　第 1 部分：标准的结构和编写》给出的规则起草。

本大纲由中国石油化工集团有限公司物资装备部提出。

本大纲 2010 年 7 月第一次发布，本次为修订升版。

本大纲起草单位：上海众深科技股份有限公司。

本大纲起草人：邵树伟、华伟、方寿奇、贺立新。

空气分离装置冷箱监造大纲

1 总则

1.1 内容和适用范围。

1.1.1 本大纲主要规定了采购单位（或使用单位）对空气分离装置冷箱制造过程进行质量监造的基本内容及要求，是委托驻厂监造的主要依据。

1.1.2 本大纲适用于石油化工工业使用的空气分离装置冷箱制造过程监造，同类设备可参照使用。

1.1.3 本大纲中具体技术要求如与采购技术文件不一致时，原则上应以采购技术文件为准。

1.2 验收检验工作的基本要求。

1.2.1 监造人员要求。

1.2.1.1 监造人员应与所在监造单位有正式劳动合同关系。

1.2.1.2 监造人员应严格依据监造委托合同，履行监造职责，完成监造任务。

1.2.1.3 监造人员应持有不低于中国设备监理协会颁发的专业设备监理师资格证书，监造人员有二年（或以上）的监造业务经验，在相应专业岗位工作三年以上。

1.2.1.4 监造人员应熟悉监造物资的制造工艺，掌握制造过程中的质量技术要求和检验试验关键控制点。

1.2.1.5 监造人员在监造活动过程中应遵守有关保密约定和规定。

1.2.1.6 监造人员应遵守制造厂 HSSE 或安全生产管理制度的相关规定，严格执行劳保着装和安全防护要求。

1.2.2 监造工作程序。

1.2.2.1 监造人员在开始监造的 10 个工作日内，对制造厂的人员资质、生产工艺、装备能力和质保体系运行情况进行检查和评估，并向委托方提供质量风险评估报告，明确风险等级（高、中、低、无）。

1.2.2.2 监造单位在收到采购技术文件后，10 个工作日内编制完成《监造大纲》。

1.2.2.3 监造单位在获得设计相关图纸、制造工艺、质量控制计划、生产进度计划后，15 日内编制完成《监造实施细则》。

1.2.2.4 监造人员应配备必要的用于平行检查且检定合格的检测器具。

1.2.2.5 监造人员应按委托方的通知或有关要求参加或组织召开预检验会议，与

制造厂对接确定检验试验计划和质量控制点，并经委托方确认。

1.2.2.6 监造人员应组织制造厂质量、技术、生产及经营（项目管理）等相关部门召开监理周例会，通报监造工作情况，协调解决质量进度问题，结合生产进度计划安排后续监造工作，并形成会议纪要。

1.2.2.7 监造人员在监造实施过程中，如发现质量隐患、质量问题以及可能影响交货期的重大因素时，应及时报委托方，并以书面形式通知制造厂，要求制造厂采取有效措施予以整改，若制造厂延误或拒绝整改时，可责令其停工。

1.2.2.8 对于原材料、外购件以及外协加工、外协检测和外协检验试验等过程，监造人员应重点审查质量证明文件、外协单位资质、人员资质、工艺文件和检验试验报告等。并依据监造实施细则和检验试验计划中设置的监造访问点，实施质量控制。

1.2.2.9 实施监造的物资经现场监造人员确认符合标准规范和订单约定后，按发货批次开具监造放行单，并报委托方。

1.2.2.10 全部监造工作完成后，应于30日内完成监造总结报告交付委托方。

1.3 监造单位应提交的文件资料。

1.3.1 目录（含页码）（必须）。

1.3.2 产品质量监造报告书（必须）。

1.3.3 监造工作总结（必须）。

1.3.4 监造大纲（必须）。

1.3.5 监造实施细则（必须）。

1.3.6 监造周报（必须）。

1.3.7 设计变更通知及往来函件（如有）。

1.3.8 监造工作联系单（如有）。

1.3.9 监理工程师通知单（如有）。

1.3.10 会议纪要（如有）。

1.3.11 监造放行单（必须）。

1.4 主要编制依据。

1.4.1 TSG 21 固定式压力容器安全技术监察规程。

1.4.2 GB/T 150 压力容器。

1.4.3 GB/T 3190 变形铝及铝合金化学成分。

1.4.4 GB/T 3880 一般工业用铝和铝合金板、带材。

1.4.5 GB/T 6892 一般工业用铝及铝合金挤压型材。

1.4.6 GB/T 6893 铝及铝合金拉（轧）制无缝管。

1.4.7 GB/T 10858 铝和铝合金焊丝。

1.4.8 GB/T 24598 铝及铝合金熔化焊焊工技能评定。

1.4.9 GB/T 26429 设备工程监理规范。

1.4.10　GB 50274　制冷设备、空气分离设备安装工程施工及验收规范。

1.4.11　YS/T 69　钎焊用铝合金复合板。

1.4.12　JB/T 2549　铝制空气分离设备制造技术规范。

1.4.13　JB/T 4734　铝制焊接容器。

1.4.14　JB/T 4747.5　承压设备用铝及铝合金焊丝和填充丝技术条件。

1.4.15　JB/T 5902　空气分离设备用氧气管道 技术条件。

1.4.16　JB/T 6895　铝制空气分离设备安装焊接技术规范。

1.4.17　JB/T 6896　空气分离设备表面清洁度。

1.4.18　NB/T 47006　铝制板翅片换热器。

1.4.19　NB/T 47013　承压设备无损检测。

1.4.20　ASME Sec IX—2015　焊接、钎接和粘接评定。

1.4.21　采购技术文件。

2　铝制塔器、冷凝器、蒸发器、液化器

2.1　原材料。

2.1.1　审核板材、管材、锻件、棒料等主体材料和焊材的质量证明书。

2.1.2　外观质量检查及热处理状态确认。

2.1.3　材料标记检查。

2.2　焊接。

2.2.1　根据采购技术文件及 JB/T 4734—2002 附录 B《铝容器焊接工艺评定》的规定审核焊接工艺评定报告。

2.2.2　焊工作业人员必须持有相应类别的有效焊接资格证书。焊工技能培训和考试应符合 JB/T 6895—2006 中第6章的规定。

2.2.3　根据评定合格的焊接工艺制订焊接工艺指导书。

2.2.4　铝和铝合金的焊接坡口应采用机械方法加工，表面应光洁平整。所有坡口焊前应进行清洗，去除杂质和油脂。焊接坡口尺寸应进行检查。

2.2.5　铝和铝合金的焊接应采用钨极氩弧焊或熔化极氩弧焊，不得采用气焊或电弧焊。

2.2.6　角焊缝应为全焊透结构，尽量在平焊位置进行焊接。

2.2.7　焊接作业应严格遵守焊接工艺纪律。

2.2.8　铝制压力容器的焊后热处理按采购技术文件的规定。

2.2.9　焊接返修次数应与采购技术文件规定一致，所有的返修应有返修工艺评定支持。

2.2.10　压力容器的焊接试件按采购技术文件的规定。

2.2.11　内件的焊接应符合图样的要求。

2.2.12 焊缝外观不允许有咬边、裂纹、气孔、弧坑、夹渣、飞溅等缺陷。

2.2.13 焊缝余高、错边量、纵缝错开距离等应满足相关标准及采购技术文件的要求。

2.2.14 焊缝与母材应圆滑过渡。

2.2.15 内件角焊缝应连续焊，焊脚高应符合图样规定。集液盘与筒壁焊接需密封。

2.2.16 装焊塔板时，不得碰伤塔板；油污不得进入塔内；每焊毕一块塔板，必须进行一次清洁工作。

2.3 无损检测。

2.3.1 无损作业人员应持有相应类（级）别的有效资格证书。

2.3.2 对接焊缝应进行射线检测，检测长度及比例按采购技术文件规定，验收按 NBT 47013.2 Ⅱ级。

2.3.3 角焊缝应进行100%渗透检测，验收按采购技术文件规定。

2.4 几何尺寸及外观。

2.4.1 筒节下料长度和宽度应符合设计图纸公差要求。

2.4.2 角焊缝的加强高应进行检查。

2.4.3 筒节校圆后椭圆度应进行检查。

2.4.4 封头成型后的厚度及几何形状应进行检查。

2.4.5 内件定位尺寸、方位、水平度、垂直度等应进行检查。包括：填料格栅安装，填料盘交叉，伸入分布器的降液管与填料的距离，支承梁、分配器、预分布器的水平安装。

2.4.6 整体尺寸、塔体直线度、管口方位、法兰面的水平度和垂直度及伸出高度应进行检查。

2.5 耐压及泄漏试验。

2.5.1 压力试验的压力、保压时间、验收按采购技术文件规定。

2.5.2 所有接管应封盖，设置防屑挡板。

2.5.3 铝制容器和换热器试压后，应将内腔及通道吹干，外表清洗干净。

2.5.4 铝制设备零部件表面残油量试验按 JB/T 6896 的规定。

2.5.5 高压腔和低压腔应进行充氮保护。

2.6 筛板塔器的特殊要求。

2.6.1 筛板应避免拼接。板材应平整，不得有翘曲、凹陷、凸起、裂纹、划伤和锈蚀等缺陷。筛孔表面应光洁。

2.6.2 筛板筛孔直径及允许偏差应进行检查。筛孔排列及间距偏差应符合图样规定。

2.6.3 筛板的溢流口与筛板孔之间、塔板与上下圆环之间的缝隙不应大于筛孔直径的一半。

2.6.4 筛板安装后的水平度应进行检查。

2.7 绕管式换热器的特殊要求。

2.7.1 中心筒外形应光洁，无明显凹凸。

2.7.2 管板与集气器的连接应进行检查。

2.7.3 绕管应退火，管子拼接应进行通球试验。

2.7.4 盘绕前的原料管子、每绕完一层管子及总装后的盘管应进行水压试验，不得渗漏。有缺陷的管子应予以更换。

2.7.5 通常不允许堵塞绕管。如必须堵管时应得到设计和业主的书面同意。被堵死管子的数量、位置应在产品质量证明书中载明。

2.7.6 绕管式换热器应按图样规定进行气体阻力试验。

2.8 列管式换热器的特殊要求。

2.8.1 采用胀接法的列管式换热器，应严格控制并保证管子与管孔间隙符合图样规定。

2.9 自动阀箱的特殊要求。

2.9.1 上、下阀板的螺纹精度和 V 形槽的形状、尺寸、粗糙度及槽与内孔的同轴度应符合图样要求。

2.9.2 铝制 O 形密封圈，其接口对接焊缝应与圆截面形状一致，表面应圆滑光洁。密封圈的成型加工应在退火后进行。

2.10 吸附器的特殊要求。

2.10.1 滤网的拼接按采购技术文件规定。

2.10.2 滤网应紧贴筛孔板，不得松动和留有缝隙。

2.10.3 各支承圈与筒体间应采用连续焊，不得采用间断焊。

3 铝制板翅式换热器

3.1 原材料。

3.1.1 封条、导流片、翅片、侧板、隔板的材料供应商、牌号、级别、规格、性能及热处理状态应符合采购技术文件的要求。变更应征得业主或工程设计单位的书面确认。

3.1.2 核对主体材料（含焊材）质量证明书，并进行外观质量抽查。

3.1.3 材料复验按《固定式压力容器安全技术监察规程》和采购技术文件规定。

3.1.4 翅片应进行爆破试验（型式试验），试验压力不小于5倍设计压力，翅片被拉断为止，按采购技术文件验收。

3.1.5 基材焊接材料和堆焊材料的检验应按采购技术文件规定。

3.2 芯体组装。

3.2.1 元件成型后，应去除毛刺；不得有严重的磕、划、碰伤；表面应清洁干净、无油迹和锈斑；并进行干燥。

3.2.2 翅片、导流片的翅形应保持平整，不被挤压、拉伸和扭曲；不符合要求的翅片、导流片、封条应进行整形。隔板应平整，不得有弯曲、拱起、小角翘起和无包覆层的白边存在。

3.2.3 翅片、隔板、封条在组装前应进行酸洗。

3.2.4 组装时每一层钎焊元件应互相靠紧，但不得重叠。当设计压力 $P \leq 2.5\mathrm{MPa}$ 时，拼接间隙不大于 $1.5\mathrm{mm}$，局部不大于 $3\mathrm{mm}$；当 $P > 2.5\mathrm{MPa}$ 时，拼接间隙不大于 $1\mathrm{mm}$，局部不大于 $2\mathrm{mm}$（如有特殊要求，按特殊要求执行）。

3.2.5 芯体组装夹紧时宜先从中间几排开始，逐渐由中间向两端夹紧，保证接头钎焊间隙符合工艺规定要求。

3.3 焊接。

3.3.1 焊工作业必须持有相应类别的有效焊接资格证书。

3.3.2 钎焊。

3.3.2.1 产品施焊前应根据采购技术文件和 ASME Sec IX 的规定完成钎焊工艺评定。

3.3.2.2 根据评定合格的焊接工艺，制订焊接工艺指导书。

3.3.2.3 测温热电偶的位置和深度应进行检查。

3.3.2.4 真空炉的控制应严格遵守焊接工艺纪律。升温降温速率和真空度应有记录。

3.3.2.5 一次钎焊合格率应在 98% 以上。焊缝外观不允许存在咬边、裂纹、气孔等缺陷；板束焊缝应饱满、平滑，不得有钎料堵塞通道现象；测温孔封堵焊点的直径不得大于测温孔的2倍，焊缝打磨应与芯体圆滑过渡。

3.3.2.6 钎焊返修应依据返修工艺评定，并记录返修次数。允许补焊长度按采购《技术条件》和 NB/T 47006 的规定。

3.3.3 封头和芯体的焊接。

3.3.3.1 产品施焊前应根据采购技术文件及 JB/T 4734 附录B的规定完成焊接工艺评定。

3.3.3.2 根据评定合格的焊接工艺，制订焊接工艺指导书。

3.3.3.3 封头与芯体组焊前，应对封头内部及板束被封头覆盖区域的清洁度进行检查。

3.3.3.4 封头不得直接焊在芯体上，应焊在芯体堆焊层上。芯体堆焊层不得有裂纹、气孔等表面缺陷。

3.3.3.5 角焊缝应为全焊透结构，并尽可能在平焊位置进行焊接。

3.3.3.6 焊缝外观不允许存在咬边、裂纹、气孔、弧坑、夹渣、飞溅等缺陷。

3.3.3.7 焊缝余高、错边量、纵缝错开距离等应满足相关标准及采购技术文件的要求。

3.3.3.8 焊缝与母材应圆滑过渡；内件角焊缝应采用连续焊，焊脚高应符合图样规定。

3.3.3.9 应检查翅片和导流片缩进隔板距离，不得露在隔板之外；上、下两平面的错位量和两侧板总高度错位量应进行检查；临封条的内凹、外突距离应进行检查。

3.3.3.10 焊缝返修次数按JB/T4734和采购技术文件规定，返修应依据相应返修工艺评定。

3.4 无损检测。

3.4.1 无损检测作业人员应持有相应类（级）别的有效资格证书。

3.4.2 换热器封头角焊缝应进行100%渗透检测，按采购技术文件相关规定验收。

3.4.3 换热器封头对接焊缝应进行100%射线检测，按采购技术文件规定级别验收。

3.4.4 换热器封头与芯体的焊缝应进行100%渗透检测，按采购技术文件相关规定验收。

3.4.5 换热器封头和接管表面、板束表面的允许缺陷深度按采购技术文件规定验收。

3.5 几何尺寸及外观。

3.5.1 翅片、导流片的高度、节距、垂直度、孔径和每米长度内的翅数偏差应进行抽查。

3.5.2 封条的高度、侧向弯曲、平面弯曲和扭曲长度偏差应进行抽查。

3.5.3 隔板、侧板的对角线长度和平面度应进行抽查。

3.5.4 钎焊元件的尺寸偏差和形位公差应符合采购技术文件的规定。

3.5.5 芯体组装时，翅片和导流片的翅形及隔板应平整。

3.5.6 板束钎焊后，上、下两平面的错位量和总错位量应进行检查。

3.5.7 封头成型后应对壁厚进行检查，减薄量应不大于施工图样规定厚度的10%，且不大于3mm。

3.5.8 封头组焊后应对几何形状进行检查。

3.5.9 整体尺寸及公差按施工图样和NB/T 47006—2009标准的第6.1.2条款。

3.5.10 管口方位、法兰面水平度和垂直度及伸出高度按施工图样和NB/T 47006—2009标准的6.1.2条款。

3.6 试验。

3.6.1 水压试验或气压试验的压力、保压时间、水质及试验程序应符合采购技术文件和《固定式压力容器安全技术监察规程》，不允许有渗漏和变形。

3.6.2 压力试验后24h内应进行干燥处理，露点应小于≤ $-5℃$。

3.6.3 各通道和通道之间应分别进行气密性试验，试验压力为设计压力，保压120分钟，无渗漏。

3.6.4 氦检漏试验按采购技术文件规定。

3.6.5 各通道应分别进行气阻试验，试验条件和要求按采购技术文件和NB/T 47006—2009附录A。检验本体进、出口阻力值和本体之间的阻力值。

3.6.6 荧光试验按采购技术文件规定。

3.6.7 充氮保护应进行检查。在各管口上打上流体代号。

4 冷箱箱体（散件）及附件

4.1 原材料。

4.1.1 审核冷箱箱体材料（含焊材）质量证明书，材料牌号及规格、数量、供货商等应与采购技术文件规定一致。

4.1.2 审核管线材料、接管法兰等（含焊材）质量证明书，材料牌号及规格、数量、供货商等应与采购技术文件规定一致。

4.1.3 主体材料应进行外观、热处理状态、材料标记检查。

4.1.4 箱体、管路、法兰厚度应符合采购技术文件的规定。

4.2 几何尺寸。

4.2.1 钢构件尺寸及配对钻孔尺寸应进行抽查。

4.2.2 箱板尺寸及对角线长度、箱板开孔方位应进行检查。

4.2.3 管路、弯管组焊前及管帽成型后的几何形状应进行检查。

4.3 钢构件及箱板的焊接。

4.3.1 焊工作业必须持有相应类别的有效焊接资格证书。

4.3.2 钢构件拼接时应防止焊接变形，焊缝表面及焊脚高度应进行抽查，拼接焊缝外观不允许存在咬边、裂纹、气孔、弧坑、夹渣、飞溅等缺陷。

4.3.3 箱板拼接应采用全焊透结构，对接焊缝坡口及焊缝表面质量应进行抽查。

4.3.4 箱板与骨架的焊接不得有间隙。

4.3.5 箱板接管的焊接质量应进行检查。

4.4 内部管道。

4.4.1 接管管口端面对管子轴线的垂直度及管子外观质量应符合相关规定。

4.4.2 管线材料、管件、阀门等应彻底清洗和严格脱脂。

4.4.3 接管焊缝应与母材圆滑过渡。焊缝表面不允许存在裂纹、未融合、未焊透、引弧点、焊瘤、缺肉等焊接缺陷。

4.4.4 加热管与低温液体管或液体容器壁面的平行距离、交叉距离及管道外壁与冷箱内壁距离应符合图样要求。

4.4.5 氧气管道应符合JB/T 5902的相关规定，其内、外表面残油量按JB/T 6896—2007的规定。

4.4.6 管道应在自然状态下组对，防止因强力组对导致管道变形、裂纹和拉断。

4.4.7 非输氧用接管（含波纹管、弯管等）的焊缝应经射线探伤，其探伤长度及比例按 JB/T 2549—1994 表 4 的规定。验收按按 NBT 47013.2 规定的 Ⅱ 级。

4.4.8 应进行耐压试验和气密性试验。

4.5 箱体总装及外观。

4.5.1 钢构件预组装应进行检查。

4.5.2 箱体外观质量及外形几何尺寸应进行检查。

4.5.3 箱体应进行喷砂和除锈。

4.5.4 油漆质量及箱体编号应进行检查。

4.5.5 现场组装的大型空分冷箱，按采购技术文件的规定和 GB 50274 中 2.6 节检验。

5 空气分离装置中的冷箱驻厂监造主要质量控制点

5.1 文件见证点（R）：由监造人员对设备材料制造过程有关文件、记录或报告进行见证而预先设定的监造质量控制点。

5.2 现场见证点（W）：由监造人员对设备材料制造过程、工序、节点或结果进行现场见证而预先设定的监造质量控制点，且应包括相关文件见证点（R）质量控制内容。

5.3 停止点（H）：由监造人员见证并签认后才可转入下一个过程、工序或节点而预先设定的监造质量控制点，应包括相关现场见证点（W）和文件见证点（R）质量控制内容。

序号	零部件及工序名称	监造内容	文件见证点（R）	现场见证（W）	停止点（H）
1	生产准备	1. 生产网络计划	R		
		2. 质量检验计划	R		
		3. 焊接、钎接评定记录及工艺规程	R		
		4. 铆接、热处理工艺规程	R		
2	铝制塔器、冷凝器、蒸发器、液化器				
2.1	原材料	1. 主体材料质量证明书	R		
		2. 主体材料外观及几何尺寸		W	
		3. 材料标记		W	
2.2	焊接	1. 焊工持证情况		W	
		2. 坡口加工尺寸及清洁度		W	
		3. 焊缝棱角度及错边量		W	
		4. 零部件清洗和脱脂		W	

（续表）

序号	零部件及工序名称	监造内容	文件见证点（R）	现场见证（W）	停止点（H）
2.2	焊接	5. 焊接返修		W	
		6. 焊缝外观质量		W	
2.3	无损检测	1. 无损检测作业人员持证情况		W	
		2. 对接焊缝射线检测	R		
		3. 角焊缝表面检测	R		
2.4	几何形状及尺寸	1. 下料尺寸检查		W	
		2. 筒体椭圆度		W	
		3. 封头成型后几何形状及壁厚		W	
		4. 直线度		W	
		5. 整体尺寸、管口方位		W	
		6. 法兰面水平度、垂直度及伸出高度		W	
2.5	试验和总体检验	1. 压力试验			H
		2. 铝制设备零部件表面残油量		W	
		3. 充氮保护		W	
		4. 外形尺寸		W	
2.6	筛板塔器补充检查	1. 塔板表面质量		W	
		2. 筛孔孔径及偏差		W	
		3. 筛板平整度、水平度		W	
2.7	绕管式换热器补充检查	1. 中心筒几何形状及外形尺寸		W	
		2. 管板尺寸		W	
		3. 绕管拼接和通球		W	
		4. 绕管水压试验		W	
		5. 管子管板连接		W	
		6. 气体阻力试验		W	
2.8	列管式换热器补充检查	1. 管板尺寸		W	
		2. 管子管板连接		W	
		3. 压力试验			H
2.9	自动阀箱补充检查	1. 焊缝无损检测	R		
		2. 装配		W	
		3. 压力试验			H

（续表）

序号	零部件及工序名称	监造内容	文件见证点（R）	现场见证（W）	停止点（H）
2.10	吸附器补充检查	1. 焊缝无损检测	R		
		2. 滤网装配		W	
		3. 高颈法兰、支承圈尺寸及装配		W	
		4. 压力试验			H
3	板翅式换热器				
3.1	材料	1. 封条、导流片、翅片、侧板、隔板等材质证明书	R		
		2. 焊接材料质量证明书	R		
		3. 外观及尺寸检查		W	
		4. 材料标记移植		W	
		5. 翅片爆破试验	R		
3.2	芯体组装	1. 翅片、导流片等元件的成型		W	
		2. 翅片、导流片等元件的干燥处理		W	
		3. 翅片、隔板、封条等酸洗处理		W	
		4. 芯体零件的清洁度		W	
		5. 芯体的组装检查		W	
		6. 钎焊元件对接间隙		W	
		7. 钎焊前芯体的外观		W	
3.3	钎焊	1. 钎接工资格证	R		
		2. 钎焊间隙检查		W	
		3. 钎焊测温热电偶的位置和深度		W	
		4. 升温、真空度、降温的速率		W	
		5. 一次钎接合格率	R		
		6. 返修次数及检查		W	
3.4	封头和芯体的焊接	1. 坡口制备及装配		W	
		2. 焊工资格和钢印	R		
		3. 芯体堆焊检查		W	
		4. 焊接接头外观质量		W	
		5. 角焊缝检查		W	
		6. 形状尺寸		W	
		7. 返修次数及检查		W	

（续表）

序号	零部件及工序名称	监造内容	文件见证点（R）	现场见证（W）	停止点（H）
3.5	无损检验	1. 无损检测作业人员资格证书	R		
		2. 封头角焊缝作PT		W	
		3. 封头对接焊缝作RT		W	
		4. 封头与芯体焊缝PT		W	
3.6	尺寸检查	1. 翅片、导流片的几何形状		W	
		2. 封条的几何形状		W	
		3. 隔板、侧板的几何形状		W	
		4. 翅片、导流片、隔板的平整度和翅形		W	
		5. 芯体组装及钎焊后几何形状		W	
		6. 封头成型后的测厚		W	
		7. 封头组焊后的几何形状		W	
		8. 整体尺寸、管口方位			H
		9. 法兰面的水平度和垂直度及伸出高度			H
3.7	试验	1. 压力试验：包括水压试验和气压试验			H
		2. 干燥度试验			H
		3. 气密性试验			H
		4. 氦检漏试验			H
		5. 气阻试验		W	
		6. 充氮保护		W	
4	冷箱箱体（散件）及附件				
4.1	原材料	1. 箱体材料质量证明书	R		
		2. 管线、接管法兰材料质量证明书	R		
		3. 焊材质量证明书	R		
		4. 材料外观、热处理状态		W	
		5. 材料标记		W	
		6 箱体厚度		W	
4.2	几何形状及尺寸	1. 钢构件尺寸		W	
		2. 钢构件配对钻孔尺寸		W	
		3. 箱体外形及几何尺寸		W	
		4. 管路几何尺寸及形状		W	

(续表)

序号	零部件及工序名称	监造内容	文件见证点（R）	现场见证（W）	停止点（H）
4.3	钢构件焊接	1. 焊工持证	R		
		2. 钢构件、箱板拼接		W	
		3. 焊缝外观		W	
		4. 接管管件焊接		W	
4.4	内部管路焊接及试验	1. 接管预制尺寸、方位和角度		W	
		2. 接管表面质量及清洁度		W	
		3. 对接焊缝射线检测	R		
		4. 角焊缝着色检测	R		
		5. 耐压试验			H
		6. 气密性试验			H
4.5	总体检验	1. 钢构件预组装		W	
		2. 箱体外观质量及清洁度		W	
		3. 箱体喷砂、除锈和油漆		W	
		4. 箱体编号		W	

带中间介质的海水气化器（IFV）监造大纲

目 录

前 言 ··· 411
1 总则 ·· 412
2 原材料 ··· 414
3 环境及清洁保护 ·· 415
4 焊接 ·· 415
5 无损检测 ·· 416
6 外观与尺寸检查 ·· 417
7 热处理及产品试件 ··· 417
8 耐压试验及泄漏试验 ··· 418
9 涂敷包装和发运 ·· 418
10 外协外购件检验 ··· 419
11 其它要求 ·· 419
12 带中间介质的海水气化器驻厂监造主要质量控制点 ·· 419

前　言

《带中间介质的海水气化器（IFV）监造大纲》参照 GB/T 1.1—2009《标准化工作导则 第1部分：标准的结构和编写》给出的规则起草。

本大纲由中国石油化工集团有限公司物资装备部提出。

本大纲为首次发布。

本大纲起草单位：南京三方化工设备监理有限公司。

本大纲起草人：赵清万、李辉、易锋、王常青、陆帅。

带中间介质的海水气化器（IFV）监造大纲

1 总则

1.1 内容和适用范围。

1.1.1 本大纲主要规定了采购单位（或使用单位）对带中间介质的海水气化器制造过程监造的基本内容及要求，是委托驻厂监造的主要依据。

1.1.2 本大纲适用于石油化工工业中液化天然气接收站使用的LNG气化装置中带中间介质的海水气化器制造过程监造，同类设备可参照使用。

1.1.3 本大纲中具体技术要求如与采购技术文件不一致时，原则上应以采购技术文件为准。

1.2 监造工作的基本要求。

1.2.1 监造人员要求。

1.2.2 监造人员应与所在监造单位有正式劳动合同关系。

1.2.3 监造人员应严格依据监造委托合同，履行监造职责，完成监造任务。

1.2.4 监造人员应持有不低于中国设备监理协会颁发的专业设备监理师资格证书，监造人员有二年（或以上）的监造业务经验，在相应专业岗位工作三年以上。

1.2.5 监造人员应熟悉监造物资的制造工艺，掌握制造过程中的质量技术要求和检验试验关键控制点。

1.2.6 监造人员在监造活动过程中应遵守有关保密约定和规定。

1.2.7 监造人员应遵守制造厂HSSE或安全生产管理制度的相关规定，严格执行劳保着装和安全防护要求。

1.2.8 监造工作程序。

1.2.9 监造人员在开始监造的10个工作日内，对制造厂的人员资质、生产工艺、装备能力和质保体系运行情况进行检查和评估，并向委托方提供质量风险评估报告，明确风险等级（高、中、低、无）。

1.2.10 监造单位在收到采购技术文件后，10个工作日内编制完成《监造大纲》。

1.2.11 监造单位在获得设计相关图纸、制造工艺、质量控制计划、生产进度计划后，15日内编制完成《监造实施细则》。

1.2.12 监造人员应配备必要的用于平行检查且检定合格的检测器具。

1.2.13 监造人员应按委托方的通知或有关要求参加或组织召开预检验会议，与制造厂对接确定检验试验计划和质量控制点,并经委托方确认。

1.2.14　监造人员应组织制造厂质量、技术、生产及经营（项目管理）等相关部门召开监理周例会,通报监造工作情况,协调解决质量进度问题,结合生产进度计划安排后续监造工作,并形成会议纪要。

1.2.15　监造人员在监造实施过程中,如发现质量隐患、质量问题以及可能影响交货期的重大因素时,应及时报委托方,并以书面形式通知制造厂,要求制造厂采取有效措施予以整改,若制造厂延误或拒绝整改时,可责令其停工。

1.2.16　对于原材料、外购件以及外协加工、外协检测和外协检验试验等过程,监造人员应重点审查质量证明文件、外协单位资质、人员资质、工艺文件和检验试验报告等。并依据监造实施细则和检验试验计划中设置的监造访问点,实施质量控制。

1.2.17　实施监造的物资经现场监造人员确认符合标准规范和订单约定后,按发货批次开具监造放行单,并报委托方。

1.2.18　全部监造工作完成后,应于30日内完成监造总结报告交付委托方。

1.3　监造单位应提交的文件资料。

1.3.1　目录（含页码）（必须）。

1.3.2　产品质量监造报告书（必须）。

1.3.3　监造工作总结（必须）。

1.3.4　监造大纲（必须）。

1.3.5　监造实施细则（必须）。

1.3.6　监造周报（必须）。

1.3.7　设计变更通知及往来函件（如有）。

1.3.8　监造工作联系单（如有）。

1.3.9　监造工程师通知单（如有）。

1.3.10　会议纪要（如有）。

1.3.11　监造放行单（必须）。

1.4　主要编制依据。

1.4.1　TSG 21—2016　固定式压力容器安全技术监察规程。

1.4.2　GB/T 26429　设备工程监理规范。

1.4.3　GB/T 150　压力容器。

1.4.4　GB/T 151　热交换器。

1.4.5　GB/T 1184　形状和位置公差未注公差值。

1.4.6　GB/T 1804　一般公差　未注公差的线性和角度尺寸公差。

1.4.7　GB/T 3531　低温压力容器用低合金钢钢板。

1.4.8　GB/T 3621　钛及钛合金板材。

1.4.9　GB/T 3625　换热器及冷凝器用钛和钛合金管。

1.4.10 GB/T 13296 锅炉、热交换器用不锈钢无缝钢管。

1.4.11 GB/T 15823 无损检测氦泄漏检测方法。

1.4.12 GB/T 16598 钛和钛合金饼和环。

1.4.13 GB 50461 石油化工静设备安装工程质量验收标准。

1.4.14 NB/T 47002 压力容器用爆炸焊接复合板。

1.4.15 NB/T 47008 承压设备用碳素钢和合金钢锻件。

1.4.16 NB/T 47009 低温承压设备用合金钢锻件。

1.4.17 NB/T 47010 承压设备用不锈钢和耐热钢锻件。

1.4.18 ASME BPVC 2015 SECTION Ⅱ 锅炉压力容器规范 第Ⅱ篇 材料。

1.4.19 NB/T 47013.1～NB/T 47013.13 承压设备无损检测。

1.4.20 NB/T 47014 承压设备焊接工艺评定。

1.4.21 NB/T 47015 压力容器焊接规程。

1.4.22 NB/T 47016 承压设备设备焊接试件的力学性能检验。

1.4.23 NB/T 47018 承压设备用焊接材料订货技术条件。

1.4.24 NB/T 47019 锅炉、热交换器用管订货技术条件。

1.4.25 JB/T 4711 压力容器涂敷与运输包装。

1.4.26 JB/T 4745 钛制焊接容器。

1.4.27 采购技术文件。

2 原材料

2.1 基本要求。

2.1.1 设备使用的材料应是未使用过的新材料，供应商应符合采购技术文件要求；对于低温板和低温锻件，应采用炉外精炼工艺。

2.1.2 设备所用低温板应符合 GB/T 3531 或 ASME SEC Ⅱ要求，且不低于采购技术文件要求。

2.1.3 设备所用不锈钢板应符合 GB 24511 或 ASME SEC Ⅱ要求，且不低于采购技术文件要求。

2.1.4 设备所用钛复合板应符合 NB/T 47002 或 ASME SEC Ⅱ要求，且不低于采购技术文件要求。

2.1.5 设备用不锈钢锻件应符合 NB/T 47010 或 ASME SEC Ⅱ要求，且不低于采购技术文件要求。

2.1.6 设备所用钛板符合 GB/T 3621 或 ASME SEC Ⅱ要求，且不低于采购技术文件要求。

2.1.7 设备所用U形换热管应符合 GB/T 13296 或 ASME SEC Ⅱ要求，且不低于采购技术文件要求。

2.1.8 设备所用Ti换热管应符合GB/T 3625、NB/T 47019.8、IFV钛换热管专用技术要求，且不低于采购技术文件要求。

2.1.9 M36及以上螺栓螺母等紧固件材料，应符合采购技术文件要求。

2.1.10 焊接材料应符合NB/T 47018或ASME SEC Ⅱ PARTC的要求，且不低于采购技术文件的要求。

2.1.11 非受压元件材料必须具有出厂合格证和质量证明书，其化学成分、力学性能和其他技术要求应符合相应的国家标准和行业标准的规定。

2.1.12 外购件按照采购技术文件和标准规范要求执行。

2.1.13 材料的实物标识应与质量证明文件相符。

2.2 检验与试验要求。

2.2.1 制造厂在制造前按采购技术文件要求对原材料进行复验，监理工程师应现场见证。

2.2.2 所有材料入厂后，应按采购技术文件要求对原材料外观以及尺寸进行检查。

2.2.3 焊条应按批进行药皮含水量或熔敷金属扩散氢含量的复验，其检验方法应按标准、采购技术文件要求。

3 环境及清洁保护

3.1 环境要求。

3.1.1 钛或不锈钢及其复合板应该单独存放，在该材料使用前，应被完全的覆盖和采用无铁的木料支撑离开地面。

3.1.2 钛或不锈钢及其复合板应有专用的固定生产场地，应与碳钢制品严格隔离；为防止铁离子和其它杂质的污染，生产场地应保持清洁、干燥。

3.2 清洁要求。

3.2.1 检查切削工具和其他工具必须清洁，即所有与钛材接触的工具、工装必须隔绝铁离子污染。

3.2.2 钛或其复合板的焊接和组装区域清洁后，应对空气进行菲绕啉试验，以避免铁离子的存在。

3.2.3 保护要求。

3.2.4 钛或不锈钢及其复合板在搬运、切割等制造过程中，要配备专用的起吊、运输工装器具，同时表面应注意保护，避免尖锐、硬性物质擦划伤钛或不锈钢表面。

4 焊接

4.1 焊前准备。

4.1.1 产品施焊前，受压元件焊缝、与受压元件相焊的焊缝、熔入永久焊缝内的定位焊缝、受压元件母材表面堆焊与补焊，以及上述焊缝的返修焊缝，应按NB/T

47014进行焊接工艺评定或具有经过评定合格的焊接工艺规程支持。

4.1.2 焊工应按照相关安全技术规范的规定考核合格，取得相应项目的《特种设备作业人员证》后，方能在有效期间内担任合格项目范围内的焊接工作，并按照焊接工艺规程进行焊接。

4.1.3 钛及其复合板材切割和坡口加工一般采用机械加工，当厚度较大采用热切割时，切割边缘和坡口仍应用机械方法加工和去除污染层，钛钢复合板在机械切割时应将钢基层朝下，注意防止分层。

4.1.4 钛钢复合板当采用钛垫板和钛盖板的焊接接头时，垫板和盖板后面应设置检漏孔。钛垫板和钛盖板组配时，应控制钛垫板和钛盖板与复合板覆层的配合间隙。

4.1.5 在钛及其复合板焊接前，应该清理所有表面的污染物，且钛的表面与焊丝应进行脱脂，并按照铁离子试验显示无铁离子污染。

4.2 焊接要求。

4.2.1 焊接过程中各焊接参数需严格遵守经审批合格的焊接工艺规程。

4.2.2 设备的焊接应严格控制线能量及层间温度，在工艺评定确认范围内，选用较小的线能量，采用多层多道焊。

4.2.3 焊接返修按采购技术文件要求，所有返修必须具有经评定合格的焊接返修工艺。返修后应按采购技术文件要求重新检验。

4.2.4 设备热处理后如进行焊接返修，需征得用户同意，并按照NB/T 47015、GB/T150规定对返修部位重新热处理。

4.2.5 钛焊接必须对焊缝和热影响区进行惰性气体保护，防止氧化；焊接过程中出现的氧化应去除后再进行焊接。

4.2.6 换热管与管板焊接，至少焊2道。换热管与管板焊接完成后进行贴胀。

5 无损检测

5.1 基本要求。

5.1.1 无损检测人员应具有相应资格，且所有检测均应按NB/T 47013执行。

5.1.2 无损检测前，应根据NB/T 47013编制相应的无损检测工艺。

5.2 射线及超声检测。

5.2.1 A、B类焊接接头应按采购技术文件要求进行射线检测，Ⅱ级合格。

5.2.2 公称直径大于等于250mm的接管与接管、接管法兰环缝应按采购技术文件要求进行射线检测，Ⅱ级合格。

5.2.3 接管与筒体的D类焊接接头应按采购技术文件要求进行超声检测，Ⅰ级合格。

5.3 表面检测。

5.3.1 管子与管板的焊接接头应进行100%渗透检测，Ⅰ级合格。

5.3.2 A、B、C、D、E类焊接接头应进行100%磁粉或渗透检测（优先选用磁粉检测），Ⅰ级合格。

5.3.3 设备的缺陷修磨或补焊处表面，拆除卡具、拉筋等临时附件割除后的割痕表面应进行100%磁粉或渗透检测（优先选用磁粉检测），Ⅰ级合格。

6 外观与尺寸检查

6.1 外观检查。

6.1.1 法兰密封面表面不得有影响密封性能的贯穿性缺陷及其他降低强度和连接可靠性的缺陷。

6.1.2 管孔表面不允许存在影响胀接紧密性的缺陷，如贯通的纵向或螺旋状刻痕。

6.1.3 管板与折流板、支撑板应去除管孔周边的毛刺，折流板应注意旋向，管板所有锐角倒钝。

6.1.4 换热管穿入支撑板和管板后不得弯曲，表面不得出现凹瘪和划伤。

6.1.5 所有焊缝表面不得有咬边、裂纹、未焊透、未熔合、表面气孔、弧坑、未填满和肉眼可见的夹渣等缺陷，焊缝上的熔渣和两侧的飞溅必须清除。焊缝与母材应圆滑过渡。角焊缝的焊脚高度，应符合采购技术文件要求，外形应凹形圆滑过渡。

6.2 尺寸检查。

6.2.1 管束管板机加工尺寸进行检查，管束管板密封面与轴线的垂直度；管孔与管板密封面的垂直度。

6.2.2 筒体成型后直径、圆度、棱角度等尺寸检查。

6.2.3 封头压制后最小厚度及成型尺寸检查。

6.2.4 管箱与管板装配，管箱与换热器壳程装配，应符合采购技术文件要求。

6.2.5 设备外观尺寸、接管方位及直线度等应符合采购技术文件要求。除非另有规定，所有螺栓孔应跨水平垂直中心线均布。除注明外，加工面尺寸公差GB/T 1804 m级要求，非加工面按c级要求。未注形状和位置公差值的机械加工表面和非机械加工表面的形位极限偏差，应分别符合GB/T 1184中K级和L级的规定。

7 热处理及产品试件

7.1 热处理。

7.1.1 壳程及海水出口管箱及短节焊后需进行热处理。

7.1.2 热处理前检查。

7.1.3 所有焊接工作已经完成。

7.1.4 所有无损检测（包含临时工装去除后的部位）已全部合格。

7.1.5 所有其他应在PWHT前完成的检验已全部合格。

7.1.6 试件的数量、摆放位置满足标准、采购技术文件要求。

7.1.7 进炉前应加装防变形工装，对法兰密封面应采取保护措施以防止法兰密封面氧化和变形。

7.1.8 设备应按 GB/T 30583、采购技术文件要求进行焊后消除应力处理。

7.1.9 热处理工艺用热电偶的数量及布置、热处理温度及保温时间均应满足相应标准、采购技术文件及热处理工艺要求，并记录热处理曲线。

7.2 产品试件。

7.2.1 设备应根据 GB/T 151、采购技术文件要求制备母材、产品焊接试件。

7.2.2 焊接试件所用母材及焊材应与实际产品相一致，应采用与所代表焊缝相同的工艺焊接。

7.2.3 试板尺寸、热处理状态、检验项目以及性能试验结果应符合 NB/T 47016、采购技术文件的要求。

8 耐压试验及泄漏试验

8.1 耐压试验。

8.1.1 耐压试验压力、保压时间、介质温度、压力表要求等均应符合采购技术文件及标准要求。

8.1.2 耐压试验用介质的氯离子含量应符合采购技术文件要求。

8.1.3 耐压试验后应把内部清理干净。

8.2 泄漏试验。

8.2.1 耐压试验后按采购技术文件要求对指定的壳程按 GB/T 15823 进行氦检漏试验，并且检查设备氦检试验压力、保压时间以及泄漏情况，允许泄漏率应符合采购技术文件要求。

9 涂敷包装和发运

9.1 涂敷。

9.1.1 制造完毕后设备外表面应按采购技术文件要求的规定予以清理和除锈。

9.1.2 油漆的种类、颜色，以及漆膜厚度应符合采购技术文件要求。

9.1.3 设备不锈钢表面及钛表面进行酸洗钝化处理，酸洗后表面进行蓝点检测，无蓝点为合格。

9.1.4 钛盖板、钛复合板覆层、钛接管衬板、钛法兰面所接触的区域和所有的焊缝以及钛换热器的管板面，应进行阳极化处理，全部表面应为连续的蓝色。

9.2 包装和发运。

9.2.1 所有敞口接管法兰应按采购技术文件及 JB/T 4711 要求进行密封保护。法兰密封面及紧固件不应涂漆，应涂防锈油脂。

9.2.2 设备充氮保护，应符合采购技术文件要求。

9.2.3 设备本体上应按采购技术文件要求标准重心以及方位标识。

9.2.4 备品备件装箱前进行核对检查，数量和规格应与装箱清单一致，同时符合采购技术文件的相关要求。

9.2.5 设备铭牌应符合采购技术文件要求。

10 外协外购件检验

10.1 根据采购技术文件要求，确认供货商。

10.2 审查供货商的质量证明文件，产品合格证、检验报告等。

10.3 材料/部件入厂后宏观及尺寸检查，确认满足采购技术文件要求。

10.4 材料/部件入厂后PMI检查，确认满足采购技术文件要求。

11 其它要求

11.1 所有可拆卸的内构件及其备件，均应在制造单位进行预组装。

11.2 材料代用及制造单位提出的其它变更应取得原设计单位的书面同意。

11.3 其他特殊检验项按采购技术文件执行。

12 带中间介质的海水气化器驻厂监造主要质量控制点

12.1 文件见证点（R）：由监造人员对设备材料制造过程有关文件、记录或报告进行见证而预先设定的监造质量控制点。

12.2 现场见证点（W）：由监造人员对设备材料制造过程、工序、节点或结果进行现场见证而预先设定的监造质量控制点，且应包括相关文件见证点（R）质量控制内容。

12.3 停止点（H）：由监造人员见证并签认后才可转入下一个过程、工序或节点而预先设定的监造质量控制点，应包括相关现场见证点（W）和文件见证点（R）质量控制内容。

序号	零部件及工序名称	监造内容	文件见证点（R）	现场见证（W）	停止点（H）
1	资质审查	1.制造单位设计、制造资质审查	R		
		2.焊工资格审查	R		
		3.无损检测人员资质审查	R		
		4.其它人员资质审查	R		
		5.装备能力及完好性检查	R		
2	工艺文件	1.生产进度计划	R		
		2.质量计划（检验计划）	R		
		3.焊接排版图	R		

（续表）

序号	零部件及工序名称	监造内容	文件见证点（R）	现场见证（W）	停止点（H）
2	工艺文件	4. 焊接工艺评定和焊接工艺指导书	R		
		5. 制造工艺过程文件	R		
		6. 无损检测工艺	R		
		7. 热处理工艺	R		
		8. 耐压试验、泄漏试验程序	R		
		9. 喷砂油漆程序	R		
		10. 包装方案	R		
3	材料	1. 板材	R		
		1）质量证明书（化学成分、力学性能、交货状态、检验项目等）	R		
		2）标记移植		W	
		2. 锻件	R		
		1）质量证明书（化学成分、力学性能、交货状态、检验项目等）	R		
		2）材料复验Ⅳ锻件（尺寸、外观、无损检测、标识）		W	
		3）标记移植		W	
		3. 封头检查		W	
		1）质量证明书（化学成分、力学性能、交货状态、检验项目等）	R		
		2）材料复验（尺寸、外观、无损检测、标识）		W	
		3）成型后形状尺寸检查		W	
		4. 换热管	R		
		质量证明书（化学成分、力学性能、交货状态、检验项目等）	R		
		5. 接管	R		
		质量证明书（化学成分、力学性能、交货状态、检验项目等）	R		
		6. 螺栓螺母	R		
		质量证明书（化学成分、力学性能、交货状态、检验项目等）	R		
		7. 焊材	R		
		质量证明书（化学成分、力学性能等检验项目）	R		

（续表）

序号	零部件及工序名称	监造内容	文件见证点（R）	现场见证（W）	停止点（H）
4	E1/E2壳程壳体	1. 下料尺寸、坡口加工抽查		W	
		2. 错边量、椭圆度		W	
		3. 几何形状检查		W	
		4. 纵缝外观、无损检验	R		
		5. 环缝组对		W	
		6. 焊缝焊接		W	
		7. 环缝外观、无损检测	R		
		8. 划线开孔检查		W	H
		9. 接管法兰与壳体组装		W	
		10. 接管法兰与壳体焊接检查		W	
		11. 接管法兰与壳体焊接接头外观检查、无损检测	R	W	
		12. 焊后热处理	R		
5	E3壳程壳体制作	1. 坡口加工检查		W	
		2. 环缝组对		W	
		3. 焊缝焊接		W	
		4. 环缝外观、无损检测	R		
		5. 划线开孔检查			H
		6. 接管法兰与壳体组装		W	
		7. 接管法兰与壳体焊接检查		W	
		8. 接管法兰与壳体焊接接头外观检查、无损检测		W	
6	E1海水管箱	1. 下料尺寸、坡口加工抽查		W	
		2. 盖板、半圆等组装检查		W	
		3. 焊缝焊接		W	
		4. 划线开孔检查			H
		5. 接管法兰与壳体组装		W	
		6. 接管法兰与壳体焊接检查		W	
		7. 检漏孔打孔焊接		W	
		8. 焊后热处理	R		
		9. 密封面及螺栓孔加工		W	
		10. 贴条及焊接		W	
		11. PT及反向气密/氦检漏		W	H

（续表）

序号	零部件及工序名称	监造内容	文件见证点（R）	现场见证（W）	停止点（H）
7	E2管箱	1. 下料尺寸、坡口加工抽查		W	
		2. 错边量、椭圆度		W	
		3. 几何形状检查		W	
		4. 纵缝外观、无损检验	R		
		5. 焊缝焊接		W	
		6. 划线开孔检查			H
		7. 接管法兰与壳体组装		W	
		8. 接管法兰与壳体焊接检查		W	
		9. 内部分程隔板组焊		W	
		10. 与E2管板和封头环缝组装		W	
		11. 焊缝焊接		W	
		12. 无损检查	R		
8	E3管箱	1. 下料尺寸、坡口加工抽查		W	
		2. 错边量、椭圆度		W	
		3. 几何形状检查		W	
		4. 纵缝外观、无损检验	R		
		5. 焊缝焊接		W	
		6. 划线开孔检查			H
		7. 接管法兰与壳体组装		W	
		8. 接管法兰与壳体焊接检查		W	
		9. 检漏孔打孔焊接		W	
		10. 贴条及焊接		W	
		11. PT及反向气密/氦检漏			H
9	试件	1. 性能热处理母材试件检查	R		
		2. 产品焊接试件检查	R		
10	E1/E3管束组装	1. 管束龙骨搭架、检查方位、间距		W	
		2. 穿换热管、无强力组装、无划伤		W	
		3. 组装另一侧管板		W	
		4. 左右管板定尺打底焊接		W	
		5. 气密试验/氦检漏（如有）			H

(续表)

序号	零部件及工序名称	监造内容	文件见证点（R）	现场见证（W）	停止点（H）
10	E1/E3管束组装	6. 管头盖面焊接		W	
		7. 管头氦检漏			H
		8. 胀管		W	
11	E2管束组装	1. 管束龙骨搭架、检查方位、间距		W	
		2. 穿换热管、无强力组装、无划伤		W	
		3. 管头定尺打底焊接		W	
		4. 气密试验/氦检漏（如有）			H
		5. 管头盖面焊接		W	
		6. 管头氦检漏			H
		7. 胀管		W	
12	整体组装	1. E1海水短节和E2壳程短节与E1管板组装		W	
		2. 焊接检查		W	
		3. 局部焊后热处理	R		
		4. E1海水短节贴条及焊接		W	
		5. PT及反向气密/氦检漏			H
		6. E2管束组装		W	
		7. E1/E2壳程水压			H
		8. E1/E2壳程氦检漏			H
		9. E3管箱组装		W	
		10. E3管箱和E3管板焊接		W	
		11. 无损检测	R		
		12. 连通管组装		W	
		13. E3壳程、E2管程、连通管试压			H
		14. E3壳程、E2管程、连通管氦检漏			H
		15. E1/E3管程试压			H
		16. E1/E3管程氦检漏			H
13	最终尺寸检查	1. 壳程筒体直线度、整体尺寸检查		W	
		2. 管口方位、外伸尺寸等		W	
		3. 鞍座安装尺寸检查		W	
		4. 外观检查		W	

（续表）

序号	零部件及工序名称	监造内容	文件见证点（R）	现场见证（W）	停止点（H）
14	表面处理	1. 不锈钢酸洗钝化，蓝点法检测		W	
		2. 钛焊缝及钛覆层阳极化处理		W	
		3. 碳钢表面喷砂后外观检查		W	
		4. 碳钢表面油漆外观、厚度检查		W	
15	出厂检验	1. 外观质量检查		W	
		2. 法兰密封面、管口保护及包装检查		W	
		3. 铭牌检查		W	
		4. 标记检查/充氮检查		W	
		5. 出厂资料、备品、备件检查		W	

浸没燃烧式气化器（SCV）监造大纲

目 录

前 言 427
1 总则 428
2 原材料 430
3 焊接 430
4 无损检测 431
5 外观与尺寸检查 432
6 耐压试验 432
7 泄漏试验 432
8 盛水试验 433
9 外购件检验 433
10 涂敷包装 433
11 浸没燃烧式气化器驻厂监造主要质量控制点 433

前 言

《浸没燃烧式气化器（SCV）监造大纲》参照 GB/T 1.1—2009《标准化工作导则 第1部分：标准的结构和编写》给出的规则起草。

本大纲由中国石油化工集团有限公司物资装备部提出。

本大纲为首次发布。

本大纲起草单位：南京三方化工设备监理有限公司。

本大纲起草人：赵清万、李辉、易锋、王常青、李文健。

浸没燃烧式气化器（SCV）监造大纲

1 总则

1.1 内容和适用范围。

1.1.1 本大纲主要规定了采购单位（或使用单位）对浸没燃烧式气化器制造过程监造的基本内容及要求，是委托驻厂监造的主要依据。

1.1.2 本大纲适用于石油化工工业中使用的浸没燃烧式气化器制造过程监造，同类设备可参照使用。

1.1.3 浸没燃烧式气化器，是通过燃烧加热液化天然气（LNG）使其气化的换热设备。主要有以下关键部件组成：管束、堰流箱、烟气分布器、碱液罐、烟道系统、燃烧室、顶部盖板、燃烧器、风机和空风道系统等。

1.1.4 本大纲中具体技术要求如与采购技术文件不一致时，原则上应以采购技术文件为准。

1.2 监造工作的基本要求。

1.2.1 监造人员要求。

1.2.2 监造人员应与所在监造单位有正式劳动合同关系。

1.2.3 监造人员应严格依据监造委托合同，履行监造职责，完成监造任务。

1.2.4 监造人员应持有不低于中国设备监理协会颁发的专业设备监理师资格证书，监造人员有二年（或以上）的监造业务经验，在相应专业岗位工作三年以上。

1.2.5 监造人员应熟悉监造物资的制造工艺，掌握制造过程中的质量技术要求和检验试验关键控制点。

1.2.6 监造人员在监造活动过程中应遵守有关保密约定和规定。

1.2.7 监造人员应遵守制造厂HSSE或安全生产管理制度的相关规定，严格执行劳保着装和安全防护要求。

1.2.8 监造工作程序。

1.2.9 监造人员在开始监造的10个工作日内，对制造厂的人员资质、生产工艺、装备能力和质保体系运行情况进行检查和评估，并向委托方提供质量风险评估报告，明确风险等级（高、中、低、无）。

1.2.10 监造单位在收到采购技术文件后，10个工作日内编制完成《监造大纲》。

1.2.11 监造单位在获得设计相关图纸、制造工艺、质量控制计划、生产进度计划后，15日内编制完成《监造实施细则》。

1.2.12　监造人员应配备必要的用于平行检查且检定合格的检测器具。

1.2.13　监造人员应按委托方的通知或有关要求参加或组织召开预检验会议，与制造厂对接确定检验试验计划和质量控制点，并经委托方确认。

1.2.14　监造人员应组织制造厂质量、技术、生产及经营（项目管理）等相关部门召开监理周例会，通报监造工作情况，协调解决质量进度问题，结合生产进度计划安排后续监造工作，并形成会议纪要。

1.2.15　监造人员在监造实施过程中，如发现质量隐患、质量问题以及可能影响交货期的重大因素时，应及时报委托方，并以书面形式通知制造厂，要求制造厂采取有效措施予以整改，若制造厂延误或拒绝整改时，可责令其停工。

1.2.16　对于原材料、外购件以及外协加工、外协检测和外协检验试验等过程，监造人员应重点审查质量证明文件、外协单位资质、人员资质、工艺文件和检验试验报告等。并依据监造实施细则和检验试验计划中设置的监造访问点，实施质量控制。

1.2.17　实施监造的物资经现场监造人员确认符合标准规范和订单约定后，按发货批次开具监造放行单，并报委托方。

1.2.18　全部监造工作完成后，应于30日内完成监造总结报告交付委托方。

1.3　监造单位应提交的文件资料。

1.3.1　目录（含页码）（必须）。

1.3.2　产品质量监造报告书（必须）。

1.3.3　监造工作总结（必须）。

1.3.4　监造大纲（必须）。

1.3.5　监造实施细则（必须）。

1.3.6　监造周报（必须）。

1.3.7　设计变更通知及往来函件（如有）。

1.3.8　监造工作联系单（如有）。

1.3.9　监造工程师通知单（如有）。

1.3.10　会议纪要（如有）。

1.3.11　监造放行单（必须）。

1.4　主要编制依据。

1.4.1　TSG 21—2016 固定式压力容器安全技术监察规程。

1.4.2　GB/T 26429 设备工程监理规范。

1.4.3　GB/T 150 压力容器。

1.4.4　GB/T 151 热交换器。

1.4.5　GB/T 713 锅炉和压力容器用钢板。

1.4.6　GB/T 3531 低温压力容器用低合金钢钢板。

1.4.7　GB/T 15823　无损检测氦泄漏检测方法。

1.4.8　GB/T 24511　承压设备用不锈钢钢板及钢带。

1.4.9　GB/T 50051　烟囱设计规范。

1.4.10　GB/T 50078　烟囱工程施工及验收规范。

1.4.11　GB/T 50461　石油化工静设备安装工程质量验收标准。

1.4.12　NB/T 47003.1　钢制焊接常压容器。

1.4.13　NB/T 47008　承压设备用碳素钢和合金钢锻件。

1.4.14　NB/T 47009　低温承压设备用合金钢锻件。

1.4.15　NB/T 47010　承压设备用不锈钢和耐热钢锻件。

1.4.16　NB/T 47013.1～NB/T 47013.13　承压设备无损检测。

1.4.17　NB/T 47014　承压设备焊接工艺评定。

1.4.18　NB/T 47015　压力容器焊接规程。

1.4.19　NB/T 47018　承压设备用焊接材料订货技术条件。

1.4.20　NB/T 47019　锅炉、热交换器用管订货技术条件。

1.4.21　JB/T 4711　压力容器涂敷与运输包装。

1.4.22　采购技术文件。

2　原材料

2.1　基本要求。

2.1.1　使用的材料应是未使用过的新材料，材料采购应符合采购技术文件要求。

2.1.2　焊接材料应符合 NB/T 47018 的规定。

2.1.3　非受压元件材料必须具有出厂合格证和质量证明书，其化学成分、力学性能和其他技术要求应符合相应的国家标准和行业标准的规定。

2.1.4　有材料的实物标识应与质量证明文件相符。

2.2　检验与试验要求。

2.2.1　制造厂在制造前按采购技术文件要求对主要受压件进行复验。

2.2.2　奥氏体型不锈钢开平板应按采购技术文件要求复验力学性能。

3　焊接

3.1　焊前准备。

3.1.1　产品施焊前，受压元件焊缝、与受压元件相焊的焊缝、熔入永久焊缝内的定位焊缝、受压元件母材表面堆焊与补焊，以及上述焊缝的返修焊缝，应按 NB/T 47014 进行焊接工艺评定或具有经过评定合格的焊接工艺规程支持。

3.1.2　焊工应按照相关安全技术规范的规定考核合格，取得相应项目的《特种设备作业人员证》后，方能在有效期间内担任合格项目范围内的焊接工作，并按照焊接工艺规程进行焊接。

3.1.3　所有不锈钢的焊接坡口应采用机械方法加工或等离子切割。

3.1.4　蛇管弯制前，应考虑每段的长度，拼接焊缝应远离U形弯管段460mm以上，且蛇管支撑组件200mm范围内不得有蛇管拼缝。蛇管拼接，检查错边量及清洁度（蛇管内部不应有毛刺）。

3.1.5　烟气分布器鼓泡管纵缝，焊接前应选择合适的工装，防止焊接变形，同时做好鼓泡管内部的充氩保护，防止里口氧化。

3.1.6　烟气分布器鼓泡管与筒体组对，检查鼓泡管间的水平度和到堰流箱中部的距离。

3.1.7　碱液罐角钢圈及支座与筒体组对，应采用十字撑防止焊接变形。

3.2　焊接要求。

3.2.1　按照焊接工艺，对蛇管进行焊接，焊后检查焊缝宽度、高度，满足采购技术文件要求。

3.2.2　堰流箱、烟气分布器、碱液罐、烟道系统、燃烧室等部件焊接过程中应严格控制线输入，控制焊接顺序，注意对称焊接，防止焊接变形。

3.2.3　燃烧室内外夹套筒体与内筒体组对应检查打底焊质量。

3.2.4　顶部盖板焊接时，应采用合理的工艺措施，防止焊接导致盖板整体水平度的变化。

4　无损检测

4.1　基本要求。

4.1.1　无损检测人员应具有相应资格，且所有检测均应按NB/T 47013执行。

4.1.2　无损检测前，应根据NB/T47013编制相应的无损检测工艺。

4.2　射线及超声检测。

4.2.1　蛇管所有对接接头100%射线检测，Ⅱ级合格。

4.2.2　LNG进出口接管及管线所有对接接头100%射线检测，Ⅱ级合格。

4.2.3　烟道系统A、B类焊接接头20%射线检测，Ⅲ级合格。

4.3　表面检测。

4.3.1　LNG进出口接管及管线所有角焊缝100%渗透检测，Ⅰ级合格。

4.3.2　集箱管与蛇管角焊缝进行100%渗透检测，Ⅰ级合格。

4.3.3　集箱管附件、管束上附件与相应部件角焊缝100%渗透检测，Ⅰ级合格。

4.3.4　蛇管单元的附件（包括连接板、扁钢等）与管束单元及堰流箱单元焊缝100%PT检测，Ⅰ级合格。

4.3.5　烟气分布器鼓泡管纵缝、筒体纵环焊缝和鼓泡管与筒体连接焊缝及法兰拼缝100%渗透检测，Ⅰ级合格。

4.3.6 燃烧室内外夹套筒体、内筒体、法兰、涡流段、变径段焊缝100%渗透检测，Ⅰ级合格。

4.3.7 烟道系统C、D、E类焊缝100%磁粉检测，Ⅰ合格。

4.3.8 顶部盖板焊缝100%磁粉检测，Ⅰ级合格。

5 外观与尺寸检查

5.1 外观检查。

5.1.1 蛇管折弯处圆度和外观检查，圆度应满足采购技术文件要求，外观不得有褶皱和其他表面缺陷存在。

5.1.2 LNG进出口接管及管线的所有角焊缝应圆滑过渡，角高满足采购技术文件要求。

5.1.3 鼓泡管端部与筒体内壁平齐，内口打磨光滑并倒角。

5.1.4 碱液罐接管端部与筒体内壁平齐，内口打磨圆滑。

5.2 尺寸检查。

5.2.1 蛇管尺寸允差及通球试验应符合采购技术文件要求。

5.2.2 集箱管方位尺寸、与接管的垂直度检查。

5.2.3 底板水平度、护板平面度、端盖边缘角钢水平度检查。

5.2.4 管束与堰流箱组装检查。

5.2.5 烟气分布器法兰焊后平面度符合采购技术文件要求。

5.2.6 碱液罐角钢圈椭圆度符合采购技术文件要求，应无明显变形和急剧的母材突变。

5.2.7 顶部盖板组件平面度应符合采购技术文件要求。

5.2.8 烟气系统各部件组装，检查各个法兰之间的连接间隙、相关部件的水平度和垂直度应符合采购技术文件要求。

5.2.9 燃烧室设备整体检查。

6 耐压试验

6.1 蛇管逐根进行耐压试验，试验压力、保压时间、介质温度、压力表要求等均应符合采购技术文件及标准要求。

6.2 管束单元耐压试验，试验压力、保压时间、介质温度、压力表要求等均应符合采购技术文件及标准要求。

7 泄漏试验

管束单元气密性试验，试验压力、压力表要求等均应符合采购技术文件及标准要求。

8 盛水试验

碱液罐进行盛水试验，试验用水氯离子含量应小于25mg/L，试验过程应符合采购技术文件及标准要求。

9 外购件检验

9.1 主要外购外协件供应商应符合采购技术文件要求。

9.2 外购外协件进厂后，应进行尺寸、外观、标识及文件资料核查。

9.3 主要外协件应按采购技术文件要求，采取过程控制（如关键点访问监造）。

9.4 如有要求，燃烧器外购件工厂FAT验收，点火试验等应符合相关技术要求。

9.5 如有要求，BMS外购件工厂FAT验收，指标应符合相关技术要求。

9.6 风机机械运行试验，按照API 617技术要求检测振动、噪声、转速、轴温等。

10 涂敷包装

10.1 蛇管表面、烟气分布器内外表面、燃烧室不锈钢表面进行酸洗钝化处理，蓝点法检测。

10.2 碱液罐内外表面用干燥压缩空气或氮气进行清扫吹干。

10.3 管束内表面吹扫烘干处理。

10.4 堰流箱箱体表面进行清扫和冲洗。

10.5 烟道系统碳钢内外表面按照采购技术文件要求进行喷砂涂敷，并标注吊装方位。

10.6 燃烧室碳钢内外表面按照采购技术文件要求进行喷砂涂敷，并标注吊装方位。

10.7 顶部盖板碳钢内外表面按照采购技术文件要求进行喷砂涂敷，并标注吊装方位。

10.8 产品包装、防护检查，管束发运时应充氮保护。

11 浸没燃烧式气化器驻厂监造主要质量控制点

11.1 文件见证点（R）：由监造人员对设备材料制造过程有关文件、记录或报告进行见证而预先设定的监造质量控制点。

11.2 现场见证点（W）：由监造人员对设备材料制造过程、工序、节点或结果进行现场见证而预先设定的监造质量控制点，且应包括相关文件见证点（R）质量控制内容。

11.3 停止点（H）：由监造人员见证并签认后才可转入下一个过程、工序或节点而预先设定的监造质量控制点，应包括相关现场见证点（W）和文件见证点（R）质量控制内容。

序号	零部件及工序名称	监造内容	文件见证点（R）	现场见证（W）	停止点（H）
1	资质审查	1. 制造单位设计、制造资质审查	R		
		2. 焊工资格审查	R		
		3. 无损检测人员资质审查	R		
		4. 其它人员资质审查	R		
		5. 装备能力及完好性检查		W	
2	工艺文件	1. 生产进度计划	R		
		2. 质量计划（检验计划）	R		
		3. 焊接排版图	R		
		4. 焊接工艺评定和焊接工艺规程	R		
		5. 制造工艺过程文件	R		
		6. 无损检测工艺	R		
		7. 耐压试验、气密性试验、盛水试验程序	R		
		8. 喷砂油漆程序	R		
		9. 包装运输方案	R		
3	材料	1. 板材、锻件检查			
		1）质量证明书审查			
		A 化学成分	R		
		B 力学性能（含工艺性能）	R		
		C 无损检测	R		
		D 供货状态	R		
		E 锻造比（锻件）	R		
		F 锻件热处理（锻件）	R		
		2）复验	R		
		3）外观及材料标识		W	
		2. 封头质保书及外观标识		W	
		3. 蛇管检查			
		1）化学成分	R		
		2）力学性能	R		
		3）压扁试验	R		
		4）扩口试验	R		
		5）涡流检测	R		

(续表)

序号	零部件及工序名称	监造内容	文件见证点（R）	现场见证（W）	停止点（H）
3	材料	6）超声检测	R		
		7）液压试验	R		
		8）晶间腐蚀试验	R		
		9）供货状态	R		
		10）外观及材料标识		W	
		4.焊材			
		1）质量证明书审查	R		
		2）复验	R		
4	冷、热加工	1.成型及制造公差		W	
		2.坡口尺寸（含取热管）		W	
		3.各段筒体加工尺寸		W	
		4.错边量、圆度		W	
		5.封头尺寸检查		W	
5	焊接	1.焊接工艺检查	R		
		2.焊前预热及焊后热处理		W	
		3.焊接材料		W	
		4.焊接工艺执行		W	
		5.焊工资格		W	
		6.焊缝外观检查		W	
		7.焊后尺寸检查		W	
		8.焊缝返修检查		W	
6	无损检测	1.无损检测人员资质	R		
		2.RT片审查	R		
		3.焊缝UT、MT、PT	R		
7	方位尺寸	1.管口方位、伸出长度及标高			H
		2.外形总体尺寸		W	
		3.蛇管管束		W	
		4.烟道系统		W	
		5.各装配尺寸		W	
		6.法兰尺寸及密封面粗糙度		W	
		7.堰流槽		W	

（续表）

序号	零部件及工序名称	监造内容	文件见证点（R）	现场见证（W）	停止点（H）
7	方位尺寸	8. 燃烧室		W	
		9. 内部和外部附件方位及偏差		W	
		10. 各段总装适配		W	
8	通球试验	蛇管通球试验		W	
9	耐压试验及泄漏试验	1. 蛇管逐根耐压试验			H
		2. 管束耐压试验			H
		3. 管束氨检漏试验			H
10	盛水试验	碱液罐盛水试验			H
11	外购件验收	1. 风机运转试验			H
		2. BMS FAT（如有）		W	
		3. 燃烧器 FAT			H
		4. 发货前终检（外观、尺寸、包装、资料等）（如有）		W	
12	出厂检验	1. 法兰密封面检查		W	
		2. 喷砂、油漆检查		W	
		3. 敞口接管法兰密封保护以及包装检查		W	
		4. 铭牌、备品备件检查		W	
		5. 充氮保护检查		W	
		6. 标识标记的检查		W	
		7. 随机资料审查	R		

开架式海水气化器（ORV）监造大纲

目 录

前　言 …………………………………………………………………………………… 439
1　总则 …………………………………………………………………………………… 440
2　原材料 ………………………………………………………………………………… 442
3　焊接 …………………………………………………………………………………… 443
4　产品试件 ……………………………………………………………………………… 444
5　尺寸检查 ……………………………………………………………………………… 444
6　无损检测 ……………………………………………………………………………… 445
7　焊工培训 ……………………………………………………………………………… 445
8　耐压试验 ……………………………………………………………………………… 446
9　包装发运 ……………………………………………………………………………… 446
10　其它检查 …………………………………………………………………………… 446
11　开架式海水气化器驻厂监造主要质量控制点 …………………………………… 446

前　言

《开架式海水气化器（ORV）监造大纲》参照GB/T 1.1—2009《标准化工作导则　第1部分：标准的结构和编写》给出的规则起草。

本大纲由中国石油化工集团有限公司物资装备部提出。

本大纲为首次发布。

本大纲起草单位：南京三方化工设备监理有限公司。

本大纲起草人：赵清万、李辉、易锋、田海涛、陈允轩。

开架式海水气化器（ORV）监造大纲

1 总则

1.1 内容和适用范围。

1.1.1 本大纲主要规定了采购单位（或使用单位）对LNG气化装置用开架式海水气化器制造过程监造的基本内容及要求，是委托驻厂监造的主要依据。

1.1.2 本大纲适用于石油化工工业中液化天然气接收站使用的LNG气化装置中的开架式海水气化器制造过程监造，同类设备可参照使用。

1.1.3 本大纲中具体技术要求如与采购技术文件不一致时，原则上应以采购技术文件为准。

1.2 监造工作的基本要求。

1.2.1 监造人员要求。

1.2.2 监造人员应与所在监造单位有正式劳动合同关系。

1.2.3 监造人员应严格依据监造委托合同，履行监造职责，完成监造任务。

1.2.4 监造人员应持有不低于中国设备监理协会颁发的专业设备监理师资格证书，监造人员有二年（或以上）的监造业务经验，在相应专业岗位工作三年以上。

1.2.5 监造人员应熟悉监造物资的制造工艺，掌握制造过程中的质量技术要求和检验试验关键控制点。

1.2.6 监造人员在监造活动过程中应遵守有关保密约定和规定。

1.2.7 监造人员应遵守制造厂HSSE或安全生产管理制度的相关规定，严格执行劳保着装和安全防护要求。

1.2.8 监造工作程序。

1.2.9 监造人员在开始监造的10个工作日内，对制造厂的人员资质、生产工艺、装备能力和质保体系运行情况进行检查和评估，并向委托方提供质量风险评估报告，明确风险等级（高、中、低、无）。

1.2.10 监造单位在收到采购技术文件后，10个工作日内编制完成《监造大纲》。

1.2.11 监造单位在获得设计相关图纸、制造工艺、质量控制计划、生产进度计划后，15日内编制完成《监造实施细则》。

1.2.12 监造人员应配备必要的用于平行检查且检定合格的检测器具。

1.2.13 监造人员应按委托方的通知或有关要求参加或组织召开预检验会议，与制造厂对接确定检验试验计划和质量控制点，并经委托方确认。

1.2.14　监造人员应组织制造厂质量、技术、生产及经营（项目管理）等相关部门召开监理周例会，通报监造工作情况，协调解决质量进度问题，结合生产进度计划安排后续监造工作，并形成会议纪要。

1.2.15　监造人员在监造实施过程中，如发现质量隐患、质量问题以及可能影响交货期的重大因素时，应及时报委托方，并以书面形式通知制造厂，要求制造厂采取有效措施予以整改，若制造厂延误或拒绝整改时，可责令其停工。

1.2.16　对于原材料、外购件以及外协加工、外协检测和外协检验试验等过程，监造人员应重点审查质量证明文件、外协单位资质、人员资质、工艺文件和检验试验报告等。并依据监造实施细则和检验试验计划中设置的监造访问点，实施质量控制。

1.2.17　实施监造的物资经现场监造人员确认符合标准规范和订单约定后，按发货批次开具监造放行单，并报委托方。

1.2.18　全部监造工作完成后，应于30日内完成监造总结报告交付委托方。

1.3　监造单位应提交的文件资料。

1.3.1　目录（含页码）（必须）。

1.3.2　产品质量监造报告书（必须）。

1.3.3　监造工作总结（必须）。

1.3.4　监造大纲（必须）。

1.3.5　监造实施细则（必须）。

1.3.6　监造周报（必须）。

1.3.7　设计变更通知及往来函件（如有）。

1.3.8　监造工作联系单（如有）。

1.3.9　监造工程师通知单（如有）。

1.3.10　会议纪要（如有）。

1.3.11　监造放行单（必须）。

1.4　主要编制依据。

1.4.1　TSG 21–2016　固定式压力容器安全技术监察规程。

1.4.2　GB/T 26429　设备工程监理规范。

1.4.3　GB/T 150　压力容器。

1.4.4　GB/T 3190　变形铝及铝合金化学成分。

1.4.5　GB/T 3191　铝及铝合金挤压棒材。

1.4.6　GB/T 4436　铝及铝合金管材外形尺寸及允许偏差。

1.4.7　GB/T 4437.1　铝及铝合金热挤压管　第一部分　无缝圆管。

1.4.8　GB/T 9795　热喷涂铝及铝合金涂层。

1.4.9　GB/T 10858　铝及铝合金焊丝。

1.4.10 GB/T 50205 钢结构工程施工质量验收规范。

1.4.11 JB 4732—1995 钢制压力容器–分析设计标准（2005年确认）。

1.4.12 JB 4743—2002 铝制品焊接容器。

1.4.13 NB/T 47013.1 ~ NB/T 47013.13 承压设备用无损检测。

1.4.14 NB/T 47029 压力容器用铝及铝合金锻件。

1.4.15 ASME B31.3—2016 工艺管道。

1.4.16 ASME BPVC SECTION Ⅷ Division 1 压力容器建造规则。

1.4.17 采购技术条件。

2 原材料

2.1 通用要求。

2.1.1 设备所用材料应符合采购技术文件的要求。

2.1.2 所用的材料必须是未经使用过的，所有铝材应按批进行PMI检查。

2.1.3 集箱管、联箱管、翅片管以及LNG进出管路上的所有支管、管件、法兰、盲板都应进行成品的化学成分分析。

2.2 铝合金板材。

2.2.1 设备用铝合金板材应符合GB/T 3880的要求。

2.2.2 用于受压元件的铝合金板材，还必须满足JB/T 4734的相关规定。

2.2.3 溢流水槽用铝合金板材不允许拼焊，并应双面贴膜保护。板材表面不得有折痕，不得有明显的凹凸不平或毛刺、拉伤、气孔等缺陷。

2.3 铝合金管材。

2.3.1 设备用无缝铝合金管的材料标准为GB/T 4437.1，供货状态按采购技术文件的规定。

2.3.2 用于受压元件的铝合金管材，必须满足JB/T 4734的相关规定。

2.4 集箱管和联箱管。

2.4.1 设备用无缝铝合金管的材料标准为GB/T 4437.1，供货状态按采购技术文件的规定。

2.4.2 用于受压元件的铝合金管材，必须满足JB/T 4734的相关规定。

2.4.3 按采购技术文件要求进行复验。

2.4.4 集箱管和联箱管都不允许拼接，表面应平整、光洁。

2.4.5 外径公差及内径公差按采购技术文件要求。

2.4.6 集箱管和联箱管的全长直线度应≤3mm。

2.5 翅片管。

2.5.1 按采购技术文件要求进行复验。

2.5.2 翅片管不允许拼接，外表面应平整、光洁，不允许有裂纹、腐蚀斑点、起皮和气泡，擦伤、压痕等缺陷的深度不得大于0.3mm。

2.5.3 审查翅片管的最小厚度及翅片间距是否满足采购技术文件的要求。

2.5.4 翅片管最大截面尺寸处的扭拧度要求不大于0.5mm/m，全长不大于2mm。

2.5.5 翅片管按每批400支抽取3%进行外表面100%渗透检测，按NB/T 47013.5 Ⅰ级验收，如有不合格，加倍进行渗透检测。

2.6 铝合金锻件。

2.6.1 铝合金锻件应符合NB/T 47029的要求，也可参照ASME SB247的规定执行。

2.6.2 受压元件用铝合金锻件同时应满足JB/T 4734的相关规定。

2.6.3 用于法兰和盲板的铝合金锻件应在使用前进行超声检测复验。

2.7 过渡接头。

2.7.1 过渡接头应100%贴合，供方应提供合格的产品质量证明书。

2.7.2 过渡接头应由多层金属材料爆炸复合而成。

2.8 焊材材料。

2.8.1 铝及铝合金焊丝的订货标准应为GB/T 10858或AWS A5.10，同时应满足NB/T 47018.6的规定。

2.8.2 选用焊接材料应保证焊缝金属的力学性能不低于母材规定的下限值，同时应满足采购技术文件的规定。

2.8.3 铝材的焊接应采用钨极气体保护焊，保护气体为氩气，其纯度不小于99.99%。另外，也可以用氩气和氦气的混合气体。当瓶装氩气低于0.5MPa时，不宜继续使用。

2.8.4 对于钨极气体保护焊，推荐使用的电极为锆钨极和铈钨极。

2.9 外协外购件检验。

2.9.1 根据采购技术文件要求，确认供货商。

2.9.2 审查供货商的质量证明文件，产品合格证、检验报告等。

2.9.3 材料/部件入厂后宏观及尺寸检查，确认满足采购技术文件要求。

2.9.4 材料/部件入厂后PMI检查，确认满足采购技术文件要求。

3 焊接

3.1 焊前准备。

3.1.1 产品施焊前，受压元件焊缝、与受压元件相焊的焊缝、熔入永久焊缝内的定位焊缝、受压元件母材表面堆焊与补焊，以及上述焊缝的返修焊缝，应按NB/T 47014 进行焊接工艺评定或具有经过评定合格的焊接工艺规程支持。

3.1.2 焊工应按照相关安全技术规范的规定考核合格，取得相应项目的《特种设备作业人员证》后，方能在有效期间内担任合格项目范围内的焊接工作，并按照焊接工艺规程进行焊接。

3.1.3 铝合金的焊接应满足 NB/T 47015 的要求。

3.1.4 焊接前应结合产品按 NB/T 47014 进行焊接工艺评定。

3.2 坡口准备。

3.2.1 坡口应采用机械加工的方法进行制备。焊前应对坡口及其两侧至少各 50mm 进行打磨以去除表面氧化膜，直至露出金属光泽。

3.2.2 坡口表面应去除水分、油污、氧化物等所有附着物，避免污染，并及时进行焊接。

3.3 焊接要求。

3.3.1 焊丝表面应清洗去除油污和用化学方法去除表面氧化膜。

3.3.2 焊丝及坡口表面清理后超过 4h 未焊应重新清理。

3.3.3 焊接环境检查，整个焊接过程应在无污染、无灰尘和无金属粉尘的专用洁净场地内进行。

3.3.4 采用交流氩弧焊机进行焊接，焊接过程中，应严格控制层/道间温度不超过 150℃。

3.3.5 多层多道焊接时，每焊完一道或一层，必须使用不锈钢钢丝刷清除表面氧化膜。

3.3.6 焊接过程中，若发现有夹钨，必须立即停止焊接。待去除夹钨后，再继续进行施焊。

3.3.7 翅片管与集箱管的焊接应进行预热，预热温度应不高于 100℃，焊接接头表面呈凹形圆滑过渡。不允许咬边、气孔、弧坑、夹渣等缺陷。

3.3.8 联箱管与过渡接头焊接时，应控制过渡接头的金属温度不高于采购技术文件允许的最高温度。

3.3.9 焊接返修按采购技术文件要求，所有返修必须具有经评定合格的焊接返修工艺。返修后应按采购技术文件要求重新检验。

4 产品试件

4.1 设备应根据 GB 150、采购技术文件要求制备母材、产品焊接试件。

4.2 试件所用母材及焊材应与实际产品相一致，应采用与所代表焊缝相同的工艺焊接。

4.3 试件尺寸、热处理状态、检验项目以及性能试验结果应符合 NB/T 47016、采购技术文件的要求。

5 尺寸检查

5.1 管束装配。

5.1.1 组对和焊接翅片管与集箱管时，应保证翅片管与集箱管的垂直度不超过 2mm。

5.1.2 组焊翅片管时,应确保相邻翅片管之间的间隙最大不超过1mm;相邻翅片管组对的最大错边量不超过2mm。

5.1.3 集箱管和联箱管与法兰、盲板和过渡接头的组对应确保内外平齐,错边量不得大于1mm,采用氩弧焊打底,确保焊透。

5.1.4 翅片管组焊完成后的直线度应≤5mm,每片面板的平面度应≤8mm。

5.1.5 管束的装配应有合适的装配平台和装配工装,能保证管束的装配尺寸和装配质量。

5.2 整体组装。

5.2.1 装配时应保证每排管束的平行度,可控制上下集箱管任意两排之间的平行度≤3mm。

5.2.2 集箱管与联箱管之间的垂直度应≤3mm;联箱管与翅片管所在平面的垂直度≤3mm。

5.2.3 焊接完成后的管束应平稳放置,合理支撑,防止长时间存放后变形。

6 无损检测

6.1 基本要求。

6.1.1 无损检测人员应具有相应资格,且所有检测均应按NB/T 47013执行。

6.1.2 无损检测前,应根据NB/T 47013编制相应的无损检测工艺。

6.2 射线和超声检测。

6.2.1 集箱管、联箱管与法兰、盲盖、复合接头和各种管件连种管件连接的对接接头,应进行100%射线检测,按NB/T 47013.2—2005 Ⅱ级合格,检测技术等级不低于AB级。

6.2.2 耐压试验合格后,所有对接接头进行不低于20%超声复检,按NB/T 47013.3—2005 Ⅰ级合格,检测技术等级不低于B级。

6.3 渗透检测。

6.3.1 铝材的所有机加工表面,包括法兰表面、翅片管两端表面及所有坡口表面,都应进行100%渗透检测。

6.3.2 翅片管与集箱管连接的根部焊缝,应逐层进行100%渗透检测,合格后才能进行下一道焊接。

6.3.3 铝材外表面的所有焊缝,都应进行100%渗透检测。

6.3.4 所有渗透检测,按NB/T 47013.5—2005 Ⅰ级合格。

7 焊工培训

7.1 理论培训。

7.1.1 铝制品焊接基本理论和安全防护知识培训。

7.2 模拟训练

7.2.1 模拟翅片管与集气/液管焊接结构，制作障碍管培训焊工操作技术水平及熟练程度。

8 耐压试验

8.1 耐压试验的要求按 GB 150.4 和 JB/T 4734 的相关规定。

8.2 耐压试验的垫片采用产品垫片。

8.3 翅片管与集箱管焊接完成后，应对每片管束单独进行耐压试验，合格后，才能与联箱管焊接。

8.4 每片管束与联箱管焊接完成后，还要进行最终的耐压试验，耐压试验压力按采购技术文件的规定。

9 包装发运

9.1 包装运输应符合采购技术文件要求及 JB/T 4711 的规定。

9.2 包装应用可拆的整体钢架对管束进行合理支撑，再用结实的帆布对钢架包裹保护，并捆扎牢固，确保 ORV 在存放和运输期间，不致变形和损伤。

9.3 管束内应充 0.1MPa 的氮气，配压力表，用带完整软橡胶垫片的法兰盖密封保护。

9.4 溢流水槽应单独用钢架或木箱包装，塑料膜包裹，小零件应袋装、箱装或采取其他保护措施。所有包装应附上装箱清单。

10 其它检查

防腐系统的检查如下：

10.1 设备热交换面板的防腐系统采用热喷涂涂层。喷涂材料为 AL–ZN 合金，其电极电位低于基材，对基材起到牺牲阳极保护及防冲蚀的保护作用。

10.2 在设备制造厂内可采用火焰喷涂或电弧喷涂，涂层厚度控制在 120～450μm。热喷涂后涂层表面涂环氧树脂型封孔剂。

11 开架式海水气化器驻厂监造主要质量控制点

11.1 文件见证点（R）：由监造人员对设备材料制造过程有关文件、记录或报告进行见证而预先设定的监造质量控制点。

11.2 现场见证点（W）：由监造人员对设备材料制造过程、工序、节点或结果进行现场见证而预先设定的监造质量控制点，且应包括相关文件见证点（R）质量控制内容。

11.3 停止点（H）：由监造人员见证并签认后才可转入下一个过程、工序或节点而预先设定的监造质量控制点，应包括相关现场见证点（W）和文件见证点（R）质量控制内容。

序号	零部件及工序名称	监造内容	文件见证点（R）	现场见证点（W）	停止点（H）
1	资质审查	1. 制造单位设计、制造资质审查	R		
		2. 焊工资格审查	R		
		3. 无损检测人员资质审查	R		
		4. 其它人员资质审查	R		
		5. 装备能力及完好性检查		W	
2	工艺文件	1. 生产进度计划	R		
		2. 质量检验计划	R		
		3. WPS&PQR（含焊缝布置图）	R		
		4. 焊接及无损检测人员资质证书	R		
		5. 制造与组装工艺（含工装方案）	R		
		6. PMI程序文件	R		
		7. NDE程序文件	R		
		8. 耐压试验程序文件	R		
		9. 喷涂程序文件	R		
		10. 包装运输方案等	R		
3	材料	1. 翅片管			
		1）原材料质证书及复验报告审查	R		
		2）翅片管宏观检查		W	
		3）翅片管外形尺寸检查		W	
		4）翅片管内件装配过程检查		W	
		5）翅片管内件装配后尺寸检查		W	
		6）坡口机加工后PT检查		W	
		2. 上/下集箱管，上/下集箱盖板			
		1）原材料质证书及复验报告审查	R		
		2）集箱管宏观检查		W	
		3）集箱管尺寸检查		W	
		4）集箱管机加工后尺寸检查		W	
		5）坡口机加工后PT检查		W	
		3. 上/下联箱管，上/下联箱盖板			
		1）原材料质证书及复验报告审查	R		
		2）联箱管宏观检查		W	

（续表）

序号	零部件及工序名称	监造内容	文件见证点（R）	现场见证点（W）	停止点（H）
3	材料	3）联箱管尺寸检查		W	
		4）联箱管机加工后尺寸检查		W	
		5）坡口机加工后PT检测		W	
		4. 焊材			
		1）焊材质证书及复验报告审查	R		
		2）焊材宏观检查及标记标识检查		W	
		3）焊材存放检查		W	
		5. 采购件（材料/部件）			
		1）合格供货商确认	R		
		2）审查供货商产品质量证明文件	R		
		3）材料/部件入厂后宏观及尺寸检查		W	
		4）材料/部件入厂后PMI检查		W	
4	面板	1. 盖板、加强环、节流孔板与上集箱管装配及焊接检查		W	
		2. 挡板环、盖板、加强环与下集箱管装配及焊接检查		W	
		3. 翅片管与上下集箱管装配后检查直线度，翅片管主翅间隙、错边量检查		W	
		4. 翅片管与上/下集箱管焊接检查		W	
		5. 翅片管与上/下集箱管焊缝PT检测		W	
		6. 翅片管与上/下集箱管焊缝RT检测		W	
		7. 面板最终宏观及尺寸检查		W	
		8. 面板耐压试验			H
		9. 面板喷涂检查		W	
5	模块	1. 盖板与上联箱管组焊检查		W	
		2. 盖板、前支座连接板加强板与下联箱管组焊检查		W	
		3. 面板与上/下联箱管组焊检查		W	
		4. 焊缝PT检测	R	W	
		5. 对接焊缝RT检测	R		
		6. 模块终检		W	
		7. 模块耐压试验检查			H
		8. 耐压试验后对接头20%UT检查	R		

（续表）

序号	零部件及工序名称	监造内容	文件见证点（R）	现场见证点（W）	停止点（H）
5	模块	9. 除面板外模块部分喷涂检查		W	
		10. 铭牌检查		W	
6	海水分配系统	1. 引流板组件装配/焊接		W	
		2. 单溢流水槽装配/焊接		W	
		3. 双溢流水槽装配/焊接		W	
		4. 海水集箱管管箱装配/焊接		W	
		5. 焊缝PT检测	R		
7	钢结构及检修平台	1. 装配尺寸检查		W	
		2. 焊接检查		W	
		3. 热镀锌检查		W	
8	运输包装	1. 充氮保护检查		W	
		2. 包装钢架支撑点、紧固点检查		W	
		3. 备品备件检查		W	
		4. 随机资料审查	R		

催化裂化装置外取热器（衬里）监造大纲

目 录

前　言 ………………………………………………………………………………… 453
1　总则 ………………………………………………………………………………… 454
2　原材料 ……………………………………………………………………………… 456
3　焊接 ………………………………………………………………………………… 457
4　无损检测 …………………………………………………………………………… 458
5　外观与尺寸检查 …………………………………………………………………… 458
6　热处理及试板 ……………………………………………………………………… 459
7　耐压试验 …………………………………………………………………………… 460
8　涂覆包装 …………………………………………………………………………… 460
9　衬里施工检查 ……………………………………………………………………… 460
10　主要外购外协件检验要求 ………………………………………………………… 461
11　其它检查 …………………………………………………………………………… 462
12　催化裂化装置外取热器（衬里）驻厂监造主要质量控制点 …………………… 462

前　言

《催化裂化装置外取热器（衬里）监造大纲》参照 GB/T 1.1—2009《标准化工作导则　第1部分：标准的结构和编写》给出的规则起草。

本大纲由中国石油化工集团有限公司物资装备部提出。

本大纲为首次发布。

本大纲起草单位：南京三方化工设备监理有限公司。

本大纲起草人：赵清万、李辉、易锋、陈琳、康建强。

催化裂化装置外取热器（衬里）监造大纲

1 总则

1.1 内容和适用范围。

1.1.1 本大纲主要规定了采购单位（或使用单位）对催化裂化装置外取热器（衬里）制造过程监造的基本内容及要求，是委托驻厂监造的主要依据。

1.1.2 本大纲适用于石油化工工业中使用的催化裂化装置外取热器（衬里）制造过程监造，同类设备可参照使用。

1.1.3 本大纲中具体技术要求如与采购技术文件不一致时，原则上应以采购技术文件为准。

1.2 监造工作的基本要求。

1.2.1 监造人员要求。

1.2.1.1 监造人员应与所在监造单位有正式劳动合同关系。

1.2.1.2 监造人员应严格依据监造委托合同，履行监造职责，完成监造任务。

1.2.1.3 监造人员应持有不低于中国设备监理协会颁发的专业设备监理师资格证书，监造人员有二年（或以上）的监造业务经验，在相应专业岗位工作三年以上。

1.2.1.4 监造人员应熟悉监造物资的制造工艺，掌握制造过程中的质量技术要求和检验试验关键控制点。

1.2.1.5 监造人员在监造活动过程中应遵守有关保密约定和规定。

1.2.1.6 监造人员应遵守制造厂HSSE或安全生产管理制度的相关规定，严格执行劳保着装和安全防护要求。

1.2.2 监造工作程序。

1.2.2.1 监造人员在开始监造的10个工作日内，对制造厂的人员资质、生产工艺、装备能力和质保体系运行情况进行检查和评估，并向委托方提供质量风险评估报告，明确风险等级（高、中、低、无）。

1.2.2.2 监造单位在收到采购技术文件后，10个工作日内编制完成《监造大纲》。

1.2.2.3 监造单位在获得设计相关图样、制造工艺、质量控制计划、生产进度计划后，15日内编制完成《监造实施细则》。

1.2.2.4 监造人员应配备必要的用于平行检查且检定合格的检测器具。

1.2.2.5 监造人员应按委托方的通知或有关要求参加或组织召开预检验会议，与

制造厂对接确定检验试验计划和质量控制点，并经委托方确认。

1.2.2.6 监造人员应组织制造厂质量、技术、生产及经营（项目管理）等相关部门召开监理周例会，通报监造工作情况，协调解决质量进度问题，结合生产进度计划安排后续监造工作，并形成会议纪要。

1.2.2.7 监造人员在监造实施过程中，如发现质量隐患、质量问题以及可能影响交货期的重大因素时，应及时报委托方，并以书面形式通知制造厂，要求制造厂采取有效措施予以整改，若制造厂延误或拒绝整改时，可责令其停工。

1.2.2.8 对于原材料、外购件以及外协加工、外协检测和外协检验试验等过程，监造人员应重点审查质量证明文件、外协单位资质、人员资质、工艺文件和检验试验报告等。并依据监造实施细则和检验试验计划中设置的监造访问点，实施质量控制。

1.2.2.9 实施监造的物资经现场监造人员确认符合标准规范和订单约定后，按发货批次开具监造放行单，并报委托方。

1.2.2.10 全部监造工作完成后，应于30日内完成监造总结报告交付委托方。

1.3 监造单位应提交的文件资料。

1.3.1 目录（含页码）（必须）。

1.3.2 产品质量监造报告书（必须）。

1.3.3 监造工作总结（必须）。

1.3.4 监造大纲（必须）。

1.3.5 监造实施细则（必须）。

1.3.6 监造周报（必须）。

1.3.7 设计变更通知及往来函件（如有）。

1.3.8 监造工作联系单（如有）。

1.3.9 监造工程师通知单（如有）。

1.3.10 会议纪要（如有）。

1.3.11 监造放行单（必须）。

1.4 主要编制依据。

1.4.1 TSG 21—2016 固定式压力容器安全技术监察规程。

1.4.2 GB/T 150 压力容器。

1.4.3 GB/T 1184 形状和位置公差未注公差值。

1.4.4 GB/T 1804 一般公差 未注公差的线性和角度尺寸公差。

1.4.5 GB/T 5310 高压锅炉用无缝钢管。

1.4.6 GB/T 26429 设备工程监理规范。

1.4.7 GB 50474 隔热耐磨衬里技术规范。

1.4.8 NB/T 47008 承压设备用碳素钢和合金钢锻件。

1.4.9 NB/T 47010 承压设备用不锈钢和耐热钢锻件。

1.4.10　NB/T 47013.1～NB/T 47013.13　承压设备无损检测。
1.4.11　NB/T 47014　承压设备焊接工艺评定。
1.4.12　NB/T 47015　压力容器焊接规程。
1.4.13　NB/T 47016　承压设备产品焊接试件的力学性能检验。
1.4.14　NB/T 47018　承压设备用焊接材料订货技术条件。
1.4.15　NB/T 47019　锅炉、热交换器用管订货技术条件。
1.4.16　JB/T 4711　压力容器涂敷与运输包装。
1.4.17　SH/T 3504—2014　石油化工隔热耐磨衬里设备和管道施工质量验收规范。
1.4.18　SH/T 3601—2009　催化裂化装置反应再生系统设备施工技术规程。
1.4.19　SH/T 3609—2011　石油化工隔热耐磨衬里施工技术规程。
1.4.20　采购技术文件。

2　原材料

2.1　基本要求。
2.1.1　设备使用的材料应是未使用过的新材料，供应商符合采购技术文件要求。
2.1.2　设备所用Q245R、15CrMoR等钢板应符合GB/T713　要求，且不低于采购技术文件要求。
2.1.3　取热管所用20G、15CrMo等钢管应符合GB/T 5310、NB/T 47019.1及NB/T 47019.3或GB/T 6479的要求，且不低于采购技术文件要求。1Cr9Mo等钢管应符合相应标准要求，且不低于采购技术文件要求。
2.1.4　异径三通应符合GB/T 12459的要求，且不低于采购技术文件要求。管件用管坯应符合取热管的规定。
2.1.5　锻件应符合NB/T 47008或NB/T 47010要求，且不低于采购技术文件要求。
2.1.6　M36及以上螺栓螺母等紧固件材料，质保书中的供货状态、化学成分、力学性能、无损检测以及材料硬度应符合采购技术文件要求。
2.1.7　焊接材料应符合NB/T 47018的要求，且不低于采购技术文件要求。
2.1.8　制造外取热器的非受压元件材料必须具有出厂合格证和质量证明书，其化学成分、力学性能和其他技术要求应符合相应的国家标准和行业标准的规定。
2.1.9　所有衬里材料必须有出厂合格证、质量证明书和检验报告，不定形耐火材料应提供使用技术条件，材料应在有效期内。选购的衬里材料型号须满足设计文件要求，或者其性能指标取得设计方的书面认可，且不低于GB 50474要求。
2.1.10　所有材料的实物标识应与质量证明文件相符。
2.2　检验与试验要求。
2.2.1　制造厂在制造前按采购技术文件要求对取热管进行化学成分分析、力学性能复验。

2.2.2 制造厂应按采购技术文件要求逐根对取热管进行超声检测，检测方法按照 NB/T 47013 执行，Ⅰ级合格。

2.2.3 衬里锚固件、不定形耐火材料等衬里材料应按照 GB 50474 要求进行抽样复检，结果应满足相应的要求。

2.2.4 不定形耐火材料应由具备相关资质的试验室按照标准及采购技术文件要求进行检验试验。

2.2.5 对于复验的项目，监造人员应现场见证。

3 焊接

3.1 焊前准备。

3.1.1 设备施焊前，受压元件焊缝、与受压元件相焊的焊缝、熔入永久焊缝内的定位焊缝、受压元件母材表面堆焊与补焊，以及上述焊缝的返修焊缝都应按 NB/T 47014 进行焊接工艺评定或具有经过评定合格的焊接工艺规程支持。

3.1.2 焊工应按照相关安全技术规范的规定考核合格，取得相应项目的《特种设备作业人员证》后，方能在有效期间内担任合格项目范围内的焊接工作，并按照焊接工艺规程进行焊接。

3.1.3 所有 A、B 类焊接接头均应采用全焊透对接接头型式，对无法进行双面焊的对接接头，应采用氩弧焊打底的单面坡口全焊透结构。

3.1.4 所有铬钼钢的焊接坡口均应采用机械方法加工，并进行磁粉或渗透检测（优先选用磁粉检测）。

3.1.5 取热管拼接，按采购技术文件执行。

3.2 焊接要求。

3.2.1 所有与铬钼钢之间的焊接均应按焊接工艺规程要求进行焊前预热，所有翅片管均应进行焊后热处理。

3.2.2 翅片与取热管焊接时，应采取适当的工艺措施控制取热管的变形（严禁采用通水降温的工艺手段），同时不得发生熔穿取热管的现象。

3.2.3 设备的内外构件和壳体焊接的焊缝不得与壳体的焊缝重叠。

3.2.4 设备上凡被补强圈、支座、垫板等覆盖的焊缝，均应打磨至与母材齐平。

3.2.5 未注明的搭接接头和角接接头的焊脚高度均应等于较薄件厚度，并须是连续焊。翅片管与蒸发管的焊接不开坡口，采用连续焊并且全焊透，高度按图纸要求，翅片两端不焊，保证透气。

3.2.6 焊接返修按采购技术文件要求，所有返修必须具有经评定合格的焊接返修工艺。返修后应按采购技术文件要求重新检验。

3.2.7 每条铬钼钢受压焊缝焊后均应取一处进行化学成分分析，以确定该条焊缝的焊接材料。

3.2.8 在任何情况下，铬钼钢元件之间或铬钼钢与碳钢之间的受压焊接接头均不得采用奥氏体型焊接材料。

3.2.9 衬里壳壁上的焊接工作应在衬里施工前完成，衬里施工后不宜直接在衬里壳壁上施焊。

4 无损检测

4.1 基本要求。

4.1.1 无损检测人员应具有相应资格，且所有检测均应按NB/T 47013执行。

4.1.2 无损检测前，应根据NB/T 47013编制相应的无损检测工艺。

4.1.3 铬钼钢的无损检测应在焊接完成24h后进行。

4.2 射线及超声检测。

4.2.1 设备壳体和取热管的A、B类焊接接头应进行100%射线检测，Ⅱ级合格，检测技术等级不低于AB级，或采用TOFD检测；若条件允许，须进行20%超声复验，Ⅰ级合格，检测技术等级不低于B级。

4.2.2 钢板卷制接管的纵向焊接接头应进行100%的射线检测，Ⅱ级合格，检测技术等级不低于B级。

4.2.3 先拼焊后成形的凸形封头，成形后所有拼接焊缝应进行100%的射线检测，Ⅱ级合格，检测技术等级不低于AB级，或采用TOFD检测。

4.2.4 小直径合拢缝、结构特殊的对接焊缝等无法进行射线检测的部位应进行100%超声检测，Ⅰ级合格，检测技术等级不低于B级。

4.3 表面检测。

4.3.1 C、D类焊接接头应进行100%磁粉或渗透检测（优先选用磁粉检测），Ⅰ级合格。

4.3.2 下列焊接接头表面应进行100%磁粉或渗透检测（优先选用磁粉检测），Ⅰ级合格。

4.3.2.1 所有铬钼钢焊接接头。

4.3.2.2 取热管与翅片间的焊接接头。

4.3.2.3 耳式支座垫板与壳体及支座筋板（包括底板）的角焊缝。

4.3.2.4 设备的缺陷修磨或补焊处表面，拆除卡具、拉筋等临时附件的焊痕表面。

4.3.2.5 先拼板后成形凸形封头上的所有拼接接头。

4.3.2.6 铬钼钢焊缝热处理及耐压试验后。

4.3.2.7 设备内外部附件与壳体组焊的焊缝。

5 外观与尺寸检查

5.1 外观检查。

5.1.1　取热管应无机械损伤，管子无可见的变形，管内不得留存氧化皮等任何杂物。

5.1.2　所有承压元件内、外表面应光滑连续，没有明显的凹凸不平。

5.1.3　焊接接头的表面质量要求如下。

5.1.3.1　形状、尺寸以及外观应符合采购技术文件要求。

5.1.3.2　表面不得有咬边、裂纹、未焊透、未熔合、表面气孔、弧坑、未填满和肉眼可见的夹渣等缺陷，焊缝上的熔渣和两侧的飞溅必须清除。

5.1.3.3　焊缝与母材应圆滑过渡。

5.1.3.4　角焊缝的焊脚高度，应符合采购技术文件要求，外形应凹形圆滑过渡。

5.2　尺寸检查。

5.2.1　设备外形尺寸偏差按照相应的执行标准、采购技术文件要求验收。

5.2.2　检查取热管翅片间距、全长偏差和直线度允许偏差。各取热管组焊后中心距、中心管与集箱的垂直度、内管束与外管束的同心度应满足采购技术文件装配要求。

5.2.3　取热管与两端弯头组焊后轴线必须在同一平面，全长偏差不得大于4mm。

5.2.4　检查各内管束单元管段伸出高度、中心管的水平度和法兰密封面的垂直偏差。

5.2.5　检查外部管口方位、伸出长度及标高。

5.2.6　检查内部和外部附件方位及偏差。

5.2.7　检查套管轴线与法兰面垂直度。检查取热管与设备法兰面的垂直度，检查导向圈与取热管导管之间沿设备径向的间隙。

5.2.8　法兰密封面加工尺寸及粗糙度检查。

5.2.9　未注尺寸公差值的机械加工表面和非机械加工表面线性尺寸和角度的极限偏差，应分别符合GB/T 1804中m级和c级的规定。未注形状和位置公差值的机械加工表面和非机械加工表面的形位极限偏差，应分别符合GB/T 1184中K级和L级的规定，其中圆度、直线度还应符合GB 150的规定。

6　热处理及试板

6.1　热处理。

6.1.1　焊后热处理应按GB/T 30583、采购技术文件要求进行。

6.1.2　所有与铬钼钢之间的焊接均应焊后热处理，所有翅片管管束均应进行焊后热处理。

6.1.3　热处理前检查：

6.1.3.1　所有的焊接工作已完成；

6.1.3.2　对内外表面进行外观检查，工装焊接件已去除；

6.1.3.3　进炉前应加装防变形工装，对法兰密封面应采取保护措施以防止法兰密封面氧化和变形。

6.1.4　热处理工艺用热电偶的数量及布置、热处理温度及保温时间均应满足相应标准、采购技术文件及热处理工艺要求，并记录热处理曲线。

6.1.5 热处理后应按采购技术文件要求进行硬度检测。试验部位为：每条纵向接头，环向接头和接管角接接头各一处。每处至少包括焊接接头一点，热影响区和母材每侧各一点。

6.1.6 热处理后不得直接在受压部件上施焊。

6.2 试板。如若需要试板，试板的制备及检验须满足NB/T 47016、采购技术文件要求。

7 耐压试验

7.1 耐压试验应符合图样和GB 150要求。

7.2 单根翅片管制造完毕后应单独进行耐压试验。

7.3 取热管系统组装完毕后应对管束进行耐压试验。

7.4 外取热器制造完毕后，应在衬里前对壳程进行耐压试验。

8 涂覆包装

8.1 制造完毕后外取热器的所有内外表面应予以清理和除锈，且外表面的除锈等级应不低于GB/T 8923.1规定的Sa2.5级或St3级的要求。

8.2 法兰密封面、现场焊缝坡口及其附近约100mm范围内的外表面不应涂漆，但法兰密封面应涂防锈油脂，现场焊接的坡口及其附近未涂漆的区域应涂对焊接质量无害且易去除的保护膜或涂层。

8.3 衬里施工在制造单位完成时，外取热器外表面中心线两侧应标示字样："衬里设备，避免撞击和直接在衬里壳体上焊接"。

8.4 备品备件装箱前进行核对检查，数量和规格应与装箱清单一致，同时符合采购技术文件的相关要求。

8.5 设备铭牌应符合采购技术文件要求。

8.6 设备的运输包装应符合JB/T 4711的规定，且应符合下列要求。

8.6.1 所有可拆卸的内构件及其备件，均应单独包装。

8.6.2 内陆运输过程中应保持外取热器内部干燥，避免因潮湿引起设备内部表面产生锈蚀或衬里失效；海上运输时，应将外取热器内部充氮保护。

8.6.3 运输过程中应对取热管采取可靠的固定措施，外取热器安装完毕后予以拆除。

8.6.4 运输过程中外取热器的支撑应有适当的减震能力，以免衬里损坏。

9 衬里施工检查

9.1 施工准备检查。

9.1.1 施工单位施工前应制定衬里施工技术方案，并应按规定的程序审批，且应有相应的质量检验计划。

9.1.2 施工单位派遣的工程技术负责人应具备相应的工作经验,各岗位工人应持有上岗证。

9.1.3 衬里材料(此处衬里材料是指构成隔热耐磨衬里的金属和非金属材料的总称)必须经验收及复验合格后方能投入使用。

9.1.4 衬里材料的配合比应根据设计要求及使用条件,经试验鉴定合格后选用。

9.1.5 锚固钉等焊接前必须进行焊接试验以确认工艺参数,合格后方可正式焊接,焊接中应按规范及设计要求抽样检查。

9.1.6 施工前应组织有关人员对隐蔽工程进行全面检查、验收,确认合格后方可施工。

9.1.7 工程试样按照 GB 50474 及采购技术文件要求制备试样和检验试验。

9.2 施工过程检查。

9.2.1 需要施衬的器壁及附件应进行喷砂处理,设备及其附件的内表面和龟甲网的浮锈、氧化皮、油污必须清理合格,除锈应达到 Sa1/St2 级标准,表面呈灰色。并应有施工记录。

9.2.2 锚固钉与器壁焊缝表面不得有裂纹、气孔、弧坑和夹渣等缺陷,并不得有熔渣和飞溅物,焊脚高度符合标准要求,高度、间距及垂直度满足图纸要求。同时应按标准进行锤击试验。

9.2.3 龟甲网拼接型式和焊接应符合规范要求,平整度(测量间隙)应满足标准要求。

9.2.4 模板安装检查。钢模板表面应刷隔离剂;模板安装应牢固,对齐,无错边。

9.2.5 衬里混凝土应按标准要求进行养护;养护完毕后表面平整,厚度均匀,无超标的外观缺陷;按标准锤击检查密实度;烘炉前不得有贯穿性裂纹,收缩性裂纹宽度应符合采购技术文件的要求。

9.2.6 衬里缺陷的修补应符合相应标准要求。

9.2.7 衬里烘炉应出具相应的烘炉方案,应符合相应标准的要求。热处理时应做好记录,并绘制热处理曲线,降温时严禁强制冷却。

9.2.8 烘炉后衬里混凝土裂纹的表面宽度应符合采购技术文件的要求,且不得有贯穿性裂纹。

10 主要外购外协件检验要求

10.1 主要外购外协件供应商应符合采购技术文件要求。

10.2 外购外协件进厂后,应进行尺寸、外观、标识及文件资料核查。

10.3 主要外协件应按采购技术文件要求,采取过程控制(如关键点访问监造)。

11 其它检查

11.1 合金钢母材及每条承压焊缝焊后均应取一处进行化学成分分析，以确认该条焊缝的焊接材料，并保证焊缝金属的合金（铬、钼等元素）含量不低于母材标准规定的下限值。

11.2 所有可拆卸的内构件及其备件，均应在制造单位进行预组装。

11.3 在制造单位完成衬里施工时，出厂前应对衬里进行炉内烘干处理。

11.4 材料代用及制造单位提出的其它变更应取得原设计单位的书面同意。

11.5 其他特殊检验项按采购技术文件执行。

12 催化裂化装置外取热器（衬里）驻厂监造主要质量控制点

12.1 文件见证点（R）：由监造人员对设备材料制造过程有关文件、记录或报告进行见证而预先设定的监造质量控制点。

12.2 现场见证点（W）：由监造人员对设备材料制造过程、工序、节点或结果进行现场见证而预先设定的监造质量控制点，且应包括相关文件见证点（R）质量控制内容。

12.3 停止点（H）：由监造人员见证并签认后才可转入下一个过程、工序或节点而预先设定的监造质量控制点，应包括相关现场见证点（W）和文件见证点（R）质量控制内容。

序号	零部件及工序名称	监造内容	文件见证点（R）	现场见证点（W）	停止点（H）
1	资质审查	1.制造单位设计、制造资质审查	R		
		2.焊工资格审查	R		
		3.无损检测人员资质审查	R		
		4.其它人员资质审查	R		
		5.装备能力及完好性检查		W	
2	工艺文件	1.生产进度计划	R		
		2.质量计划（检验计划）	R		
		3.焊接排版图	R		
		4.焊接工艺评定和焊接工艺指导书	R		
		5.制造工艺过程文件	R		
		6.无损检测工艺	R		
		7.热处理工艺	R		
		8.耐压试验程序	R		
		9.喷砂油漆程序	R		

（续表）

序号	零部件及工序名称	监造内容	文件见证点（R）	现场见证点（W）	停止点（H）
2	工艺文件	10. 包装方案	R		
		11. 衬里施工方案（含烘炉方案）	R		
3	材料	1. 板材、锻件			
		1）化学成分	R		
		2）力学性能（含工艺性能）	R		
		3）无损检测（如有）	R		
		4）供货状态	R		
		5）锻造比（锻件）	R		
		6）锻件热处理（锻件）	R		
		7）外观、尺寸及材料标识		W	
		2. 封头			
		质量证明书及外观标识		W	
		3. 取热管、管件、翅片			
		1）化学成分	R		
		2）力学性能（含工艺性能）	R		
		3）无损检测（如有）	R		
		4）供货状态	R		
		5）化学成分、力学性能复验（取热管）		W	
		6）超声检测复查（取热管）		W	
		7）外观、尺寸及材料标识		W	
		4. M36及以上螺栓螺母紧固件			
		1）质量证明书审查（化学成分、力学性能、硬度）	R		
		2）无损检测	R		
		3）尺寸与外观		W	
		5. 衬里材料			
		1）合格证	R		
		2）质量证明书	R		
		3）使用技术条件（不定形耐火材料）	R		
		4）有效期（不定形耐火材料）	R		
		5）抽样复验（衬里锚固件和耐火材料）		W	
		6）检验试验（不定形耐火材料）	R		

（续表）

序号	零部件及工序名称	监造内容	文件见证点（R）	现场见证点（W）	停止点（H）
3	材料	7）外观、尺寸及材料标识		W	
		6.焊材规格、型号检查		W	
		7.复检（如有）		W	
		8.外协外购件检查		W	
4	冷、热加工	1.成型及制造公差		W	
		2.坡口尺寸（含取热管）		W	
		3.各段筒体加工尺寸		W	
		4.错边量、圆度		W	
		5.封头检查			
		1）质量证明书审查	R		
		2）外观标识及尺寸检查		W	
		3）尺寸检验报告	R		
5	焊接	1.焊接工艺检查	R		
		2.焊前预热及焊后热处理		W	
		3.焊接材料		W	
		4.焊接工艺执行		W	
		5.焊工资格		W	
		6.焊缝外观检查		W	
		7.焊后尺寸检查		W	
		8.焊缝返修检查		W	
6	无损检测	1.无损检测人员资质		W	
		2.铬钼钢检测时机	R		
		3.RT片审查或TOFD检测	R		
		4.UT检测	R		
		5.MT、PT检测	R		
7	方位尺寸	1.管方位、伸出长度及标高			H
		2.取热管长度及直线度			H
		3.取热管各装配尺寸			H
		4.焊后翅片管全长偏差			H
		5.内管束单元			H

（续表）

序号	零部件及工序名称	监造内容	文件见证点（R）	现场见证点（W）	停止点（H）
7	方位尺寸	6. 外管束单元			H
		7. 导向圈与取热管导管间隙			H
		8. 法兰尺寸及密封面粗糙度			H
		9. 总装尺寸检查			H
		10. 内部和外部附件方位及偏差			H
		11. 设备整体外观检查			H
8	热处理	1. 热电偶数量布置、设备防护、试板数量等热处理前检查			H
		2. 热处理报告及曲线审查	R		
9	硬度检测	热处理后焊接接头硬度检测	R		
10	产品焊接试板（若有）	1. 试板数量		W	
		2. 力学性能	R		
11	耐压试验	1. 单根翅片管制造完毕后单独进行			H
		2. 管束制造完毕后整体进行			H
		3. 壳程制造完毕后进行			H
		4. 耐压试验应符合图样和GB150要求			H
12	衬里	1. 施工准备检查			
		1）方案审查	R		
		2）材料检查	R		
		3）施工前验收		W	
		4）工程试样检查		W	
		2. 施工过程检查			
		1）除锈检查		W	
		2）锚固件及龟甲网等组焊检查		W	
		3）模板安装检查		W	
		4）混凝土养护检查		W	
		5）烘炉方案审查	R		
		6）烘炉后检查		W	
13	其他检查	1. 合金钢母材及焊缝合金元素检测（PMI）		W	
		2. 可拆卸内构件预组装		W	

（续表）

序号	零部件及工序名称	监造内容	文件见证点（R）	现场见证点（W）	停止点（H）
14	油漆包装发运	1. 出厂资料、报告	R		
		2. 备品、备件装箱		W	
		3. 运输工装		W	
		4. 油漆、运输		W	

大型塔器监造大纲

目 录

前　言 ·· 469
1　总则 ··· 470
2　原材料 ·· 472
3　焊接 ··· 472
4　无损检测 ··· 473
5　几何尺寸及外观 ··· 473
6　热处理及产品试件 ··· 474
7　耐压试验 ··· 474
8　涂装与发运 ··· 475
9　主要外购外协件检验要求 ··· 475
10　其他要求 ··· 475
11　大型塔器驻厂监造主要质量控制点 ·· 475

前　言

《大型塔器监造大纲》参照 GB/T 1.1—2009《标准化工作导则　第1部分：标准的结构和编写》给出的规则起草。

本大纲由中国石油化工集团有限公司物资装备部提出。

本大纲2010年7月第一次发布，本次为修订升版。

本大纲起草单位：上海众深科技股份有限公司。

本大纲起草人：华伟、时晓峰、邵树伟、方寿奇、贺立新。

大型塔器监造大纲

1 总则

1.1 内容和适用范围。

1.1.1 本大纲主要规定了采购单位（或使用单位）对大型塔器制造过程监造的基本内容及要求，是委托驻厂监造的主要依据。

1.1.2 本大纲适用于石油化工工业使用的大型塔器（焦炭塔除外）制造过程的质量监造，同类设备可参照使用。

1.1.3 本大纲中具体技术要求如与采购技术文件不一致时，原则上应以采购技术文件为准。

1.2 验收检验工作的基本要求。

1.2.1 监造人员要求。

1.2.1.1 监造人员应与所在监造单位有正式劳动合同关系。

1.2.1.2 监造人员应严格依据监造委托合同，履行监造职责，完成监造任务。

1.2.1.3 监造人员应持有不低于中国设备监理协会颁发的专业设备监理师资格证书，监造人员有二年（或以上）的监造业务经验，在相应专业岗位工作三年以上。

1.2.1.4 监造人员应熟悉监造物资的制造工艺，掌握制造过程中的质量技术要求和检验试验关键控制点。

1.2.1.5 监造人员在监造活动过程中应遵守有关保密约定和规定。

1.2.1.6 监造人员应遵守制造厂 HSSE 或安全生产管理制度的相关规定，严格执行劳保着装和安全防护要求。

1.2.2 监造工作程序。

1.2.2.1 监造人员在开始监造的 10 个工作日内，对制造厂的人员资质、生产工艺、装备能力和质保体系运行情况进行检查和评估，并向委托方提供质量风险评估报告，明确风险等级（高、中、低、无）。

1.2.2.2 监造单位在收到采购技术文件后，10 个工作日内编制完成《监造大纲》。

1.2.2.3 监造单位在获得设计相关图纸、制造工艺、质量控制计划、生产进度计划后，15 日内编制完成《监造实施细则》。

1.2.2.4 监造人员应配备必要的用于平行检查且检定合格的检测器具。

1.2.2.5 监造人员应按委托方的通知或有关要求参加或组织召开预检验会议，与

制造厂对接确定检验试验计划和质量控制点，并经委托方确认。

1.2.2.6　监造人员应组织制造厂质量、技术、生产及经营（项目管理）等相关部门召开监理周例会，通报监造工作情况，协调解决质量进度问题，结合生产进度计划安排后续监造工作，并形成会议纪要。

1.2.2.7　监造人员在监造实施过程中，如发现质量隐患、质量问题以及可能影响交货期的重大因素时，应及时报委托方，并以书面形式通知制造厂，要求制造厂采取有效措施予以整改，若制造厂延误或拒绝整改时，可责令其停工。

1.2.2.8　对于原材料、外购件以及外协加工、外协检测和外协检验试验等过程，监造人员应重点审查质量证明文件、外协单位资质、人员资质、工艺文件和检验试验报告等。并依据监造实施细则和检验试验计划中设置的监造访问点，实施质量控制。

1.2.2.9　实施监造的物资经现场监造人员确认符合标准规范和订单约定后，按发货批次开具监造放行单，并报委托方。

1.2.2.10　全部监造工作完成后，应于30日内完成监造总结报告交付委托方。

1.3　监造单位应提交的文件资料。

1.3.1　目录（含页码）（必须）。

1.3.2　产品质量监造报告书（必须）。

1.3.3　监造工作总结（必须）。

1.3.4　监造大纲（必须）。

1.3.5　监造实施细则（必须）。

1.3.6　监造周报（必须）。

1.3.7　设计变更通知及往来函件（如有）。

1.3.8　监造工作联系单（如有）。

1.3.9　监理工程师通知单（如有）。

1.3.10　会议纪要（如有）。

1.3.11　监造放行单（必须）。

1.4　主要编制依据。

1.4.1　TSG 21 固定式压力容器安全技术监察规程。

1.4.2　GB/T 150 压力容器。

1.4.3　GB/T 25198 压力容器封头。

1.4.4　GB/T 26429 设备工程监理规范。

1.4.5　NB/T 47041 塔式容器。

1.4.6　NB/T 47014 承压设备焊接工艺评定。

1.4.7　NB/T 47016 承压设备产品焊接试件力学性能试验。

1.4.8　JB 1205 塔盘技术条件。

1.4.9　JB 4732—1995 钢制压力容器分析设计（2005年确认）。

1.4.10　采购技术文件。

2　原材料

2.1　主要钢种包括碳钢、低合金钢、不锈钢及低温钢等。

2.2　依据采购技术文件审核主体材料（含焊材）质量证明书，材料牌号及规格、锻件级别、数量、供货商等应与采购技术文件规定一致。

2.3　对主体材料应进行外观、热处理状态、材料标记检查。

2.4　筒体、封头、进出口法兰及盖、法兰接管等主要承压件的化学成分、常温力学性能、高温力学性能、夏比冲击试验、晶间腐蚀试验、供货状态等应符合GB/T 150及采购技术文件规定。材料复验应按《固定式压力容器安全技术监察规程》、采购技术文件规定，监理工程师应现场见证。

2.5　裙座、塔内件等应符合相关材料标准和施工图样规定。

2.6　焊接材料检验应符合采购技术文件要求。

2.7　凡在制造过程中改变热处理状态的承压元件，应重新进行恢复性能热处理，其力学性能、晶间腐蚀试验结果应符合母材的有关规定。

3　焊接

3.1　焊工作业必须持有相应类别的有效焊接资格证书。

3.2　制造厂应在产品施焊前，根据施工图、采购技术文件及NB/T 47014的规定完成焊接工艺评定。

3.3　主要焊接工艺评定至少覆盖基体焊接、异种钢焊接、堆焊三大类。

3.4　焊接工艺评定报告应按采购技术文件规定报相关单位确认。

3.5　焊接作业应严格遵守焊接工艺规程。

3.6　焊接材料的选用要符合施工图规定。

3.7　焊接接头型式应符合施工图或焊接工艺规程要求。

3.8　复合板焊接接头坡口型式应符合施工图或采购技术文件规定。

3.9　焊接返修次数不得超过采购技术文件规定，所有的返修均应有返修工艺评定支持。

3.10　焊缝检查。

3.10.1　焊缝外观不允许存在咬边、裂纹、气孔、弧坑、夹渣、飞溅等缺陷。

3.10.2　塔内件与塔壁的焊接、支撑圈与塔壁的焊接型式应符合施工图样要求。

3.10.3　接管角焊缝应采用全焊透结构，坡口型式应与施工图一致，其焊角高应符合施工图样规定。

3.10.4　塔内件的焊角高（除注明外）应不低于薄板厚度并符合施工图样规定。

3.10.5　垫板与塔外壁的角焊缝应圆滑过渡，焊角高应符合采购技术文件和相关标准规定。

3.10.6 裙座与筒体或封头的连接焊缝应采用全焊透连续焊接。

3.10.7 焊缝的PMI检测应符合采购技术文件规定。

4 无损检测

4.1 无损检测作业人员应持有相应类（级）别的有效资格证书。

4.2 承压部件所用板材的超声检测，按采购技术文件规定。

4.3 承压焊缝的无损检测。

4.3.1 A、B类焊缝应进行射线或超声检测，检测比例和验收级别应符合本条件。

4.3.2 进行100%检测的A、B类焊缝，是否需进行另一种检测方法复查，应按GB/T150、采购技术文件规定。

4.3.3 C、D类焊缝的无损检测方法、检测比例和验收级别按采购技术文件规定。

4.3.4 吊耳与塔壳焊缝、裙座与塔壳焊缝应进行100%磁粉检测或渗透检测，按NB/T47013 Ⅰ级验收。

4.3.5 不锈钢及复合板覆层焊缝无损检测方法、检测比例和验收级别按采购技术文件规定执行。

5 几何尺寸及外观

5.1 设备外形尺寸偏差应按NB/T 47041和采购技术文件验收。

5.2 筒体下料长、宽允差和对角线允差应进行抽查。

5.3 筒体（含锥体）加工或校圆后应进行外圆周长、圆度、棱角度检查。

5.4 封头冲压后应按GB/T 25198进行几何形状和尺寸检查。

5.5 补强管加工尺寸应进行检查。

5.6 开孔划线尺寸及位置应进行检查。

5.7 管口方位及伸出高度应进行检查。

5.8 壳体直线度与同轴度应进行检查。

5.9 基准圆应在塔内、外作永久性标记，并将此标记移植到分段设备的内外表面。

5.10 基准圆与塔体轴线的垂直度及基准圆平面度应进行检查。

5.11 塔盘的定位尺寸检查应以支撑圈上表面为准。

5.12 塔盘支撑圈应对称点焊，无拘束端必须点焊，点焊密度和长度按焊接变形调整。塔盘支撑圈局部平面度及整板平面度应按采购技术文件验收。

5.13 可拆卸塔盘应按类型、规格在制造场地进行预组装。

5.14 相邻支撑圈的间距及任意两支撑圈的间距应进行检查。

5.15 降液板、塔盘板、联接板等内件应进行尺寸、标高检查。降液板装配应采用工装。

5.16 液位计装配组焊必须采用工装,直至焊接结束后方可拆除。液位计接口间距及周向位置、接管伸出长度及法兰面垂直度应进行检查。

5.17 塔外壁预焊件装焊尺寸应进行检查。

5.18 裙座基础模板和底板的地脚螺栓孔及中心圆直径尺寸应进行检查。

5.19 分段、分片交货的塔器。

5.19.1 出厂前应进行整体预组装,组装尺寸应符合采购技术文件要求。

5.19.2 与分段处相邻塔盘的支持圈和降液板应进行点固焊,以利现场安装组焊。

5.19.3 对接焊缝的坡口尺寸及防护应符合采购技术文件要求。

5.19.4 分段塔体的加固支撑应能防止运输变形。

5.20 现场合拢组焊前应对工件外观、施工条件等进行检查,包括转胎、焊接设备、焊材库、热处理设施,加热工具,检验检测仪器、起吊及运输设备等。

6 热处理及产品试件

6.1 最终热处理前检查。

6.1.1 所有的塔体连接件等应焊接完毕。

6.1.2 塔器应进行内外表面外观检查,全部工装焊接件应清除干净。

6.1.3 母材试板、焊接试板应齐全。

6.1.4 产品最终热处理前的各项检验应已完成。

6.1.5 筒体、封头、锥体等进炉前应加装必要的防变形工装。

6.2 最终热处理。

6.2.1 热处理工艺方案应按采购技术文件规定报相关单位确认。

6.2.2 热电偶的数量、布置及固定、热处理温度及时间等应按热处理工艺方案规定,并记录最终热处理的保温温度、保温时间及升降温速度。

6.2.3 分段热处理重复加热段的位置、热电偶的数量、布置及固定、热处理温度及保温时间应进行记录。

6.2.4 现场合拢缝的最终热处理设备、热电偶的数量、布置及固定、热处理温度及保温时间等应符合热处理工艺方案规定。

6.3 试板。

6.3.1 母材试板的性能应符合采购技术文件规定。

6.3.2 焊接试板的数量、检验项目及结果应符合采购技术文件和NB/T 47016的规定。

6.4 不锈钢塔器热处理应符合采购技术文件规定。

7 耐压试验

7.1 水压试验压力、保压时间、水温、氯离子含量等应符合采购技术文件规定。

8 涂装与发运

8.1 壳体外表面除锈、油漆应符合采购技术文件规定。

8.2 不锈钢及复合板塔器酸洗、钝化应符合采购技术文件规定。

8.3 所有接管至少用防水材料遮盖密封。

8.4 塔盘及主梁应逐层作标记，塔盘装箱应清点数量并与装箱清单一致。

8.5 塔体充氮保护应按采购技术文件规定执行。

8.6 装箱及出厂文件检查。

9 主要外购外协件检验要求

9.1 主要外购外协件供应商应符合采购技术文件要求。

9.2 外购外协件进厂后，应进行尺寸、外观、标识及文件资料核查。

9.3 主要外协件应按采购技术文件要求，采取过程控制（如关键点访问监造）。

10 其他要求

10.1 材料代用及图纸变更应取得业主或设计单位的书面同意。

10.2 其它特殊要求按采购技术文件执行。

11 大型塔器驻厂监造主要质量控制点

11.1 文件见证点（R）：由监造人员对设备材料制造过程有关文件、记录或报告进行见证而预先设定的监造质量控制点。

11.2 现场见证点（W）：由监造人员对设备材料制造过程、工序、节点或结果进行现场见证而预先设定的监造质量控制点，且应包括相关文件见证点（R）质量控制内容。

11.3 停止点（H）：由监造人员见证并签认后才可转入下一个过程、工序或节点而预先设定的监造质量控制点，应包括相关现场见证点（W）和文件见证点（R）质量控制内容。

序号	零部件名称	监造内容	文件见证点（R）	现场见证（W）	停止点（H）
1	筒体	1. 质量证明书审核，包括：化学成分、力学性能、冲击性能、晶间腐蚀试验	R		
		2. 超声检测	R		
		3. 下料尺寸（长、宽允差和对角线允差）及坡口加工抽查		W	
		4. 滚圆、纵缝焊接		W	
		5. 校圆、几何形状（外圆周长、圆度、棱角度）检查		W	
		6. 纵缝外观、无损检验（RT）		W	

(续表)

序号	零部件名称	监造内容	文件见证点（R）	现场见证（W）	停止点（H）
2	封头	1. 质量证明书审核，包括：化学成分、力学性能、冲击性能、晶间腐蚀试验	R		
		2. 超声检测	R		
		3. 复合板坡口型式		W	
		4. 冲压后形状尺寸（圆度、直径、厚度）		W	
		5. 成型后性能热处理及母材试板力学性能	R		
		6. 成型后焊缝无损检验（RT、UT、MT/PT）	R		
3	法兰、补强管、弯管	1. 质量证明书审核，包括：化学成分、力学性能、冲击性能、硬度	R		
		2. 超声检测（如有要求）	R		
		3. 加工后尺寸		W	
		4. 弯管成型后几何形状（尺寸、厚度）		W	
		5. 弯管成型后无损检验（MT/PT）	R		
4	塔内件	1. 质量证明书审核，包括：化学成分、力学性能、晶间腐蚀试验	R		
		2. 几何尺寸及外观检查		W	
5	M36及以上螺栓	1. 质量证明书审核，包括：化学成分、力学性能	R		
		2. 无损检验（UT/MT）	R		
		3. 尺寸及精度检查		W	
6	裙座	1. 材料质量证明书审查	R		
		2. 机加工后形状及尺寸	R		
		3. 筒节滚圆及纵、环缝无损检测（RT/UT）	R		
		4. 基础模板和底板地脚螺栓孔及中心圆尺寸		W	
7	总装	1. 环缝坡口形状及尺寸检查		W	
		2. 壳体A/B类焊缝RT、UT、MT	R		
		3. 壳体D类焊缝UT、MT	R		
		4. 环缝错边量、筒体直线度和同轴度检查		W	
		5. 管口方位、整体尺寸检查		W	
		6. 基准线与顶梁切线间距检查		W	
		7. 裙座底面与基准线的间距检查		W	

（续表）

序号	零部件名称	监造内容	文件见证点（R）	现场见证（W）	停止点（H）
7	总装	8.液位计管间距、周向位置、伸出高度、垂直度检查		W	
		9.设备内、外表面外观检查		W	
		10.内件与塔体组焊方位、尺寸、外观检查		W	
		11.支撑圈与塔体角焊缝 MT/PT		W	
		12.塔盘支撑圈的水平度检查		W	
		13.相邻支撑圈间距、任意支撑圈间距检查		W	
		14.垫板与塔外壁组焊尺寸及方位检查		W	
		15.基准圆标记检查		W	
8	热处理	1.热处理前设备外观检查		W	
		2.热处理工艺审查	R		
		3.热电偶的数量、布置及固定检查		W	
		4.整体最终热处理、分段及合拢缝最终热处理检查		W	
		5.热处理后塔体直线度检查		W	
		6.热处理后塔内支持圈尺寸检查		W	
		7.热处理后 A/B/C/D 类焊缝无损检测	R		
		8.热处理后 A/B/D 类焊缝硬度检测	R		
9	塔内件组装	1.塔盘的定位尺寸检查		W	
		2.塔盘等内件组焊后尺寸的检查		W	
		3.塔内件焊角高度检查		W	
		4.塔盘预组装检查		W	
		5.塔盘安装标记检查		W	
10	试板	1.母材性能热处理试板检查	R		
		2.产品焊接试板检查	R		
11	压力试验	1.壳体水压试验			H
		2.内部清洁度检查		W	
12	出厂检验	1.分段出厂前整体预组装		W	
		2.分段出厂塔体环缝坡口尺寸及防护		W	
		3.法兰密封面外观检查		W	
		4.除锈、油漆检查		W	
		5.酸洗、钝化		W	

（续表）

序号	零部件名称	监造内容	文件见证点（R）	现场见证（W）	停止点（H）
12	出厂检验	6. 管口保护及包装检查		W	
		7. 标记检查		W	
		8. 充氮保护检查（如有要求）		W	

焦炭塔
监造大纲

目 录

前　言 ··· 481
1　总则 ··· 482
2　原材料 ··· 484
3　焊接 ··· 484
4　无损检测 ··· 485
5　几何尺寸及外观 ··· 485
6　热处理及产品试件 ··· 486
7　压力试验 ··· 487
8　涂装与发运 ··· 487
9　主要外购外协件检验要求 ··· 487
10　其它要求 ·· 487
11　焦炭塔驻厂监造主要质量控制点 ·· 487

前 言

《焦炭塔监造大纲》参照 GB/T 1.1—2009《标准化工作导则 第1部分：标准的结构和编写》给出的规则起草。

本大纲由中国石油化工集团有限公司物资装备部提出。

本大纲2010年7月第一次发布，本次为修订升版。

本大纲起草单位：上海众深科技股份有限公司。

本大纲起草人：华伟、邵树伟、方寿奇、贺立新。

焦炭塔监造大纲

1 总则

1.1 内容和适用范围。

1.1.1 本大纲主要规定了采购单位（或使用单位）对延迟焦化装置用焦炭塔制造过程监造的基本内容及要求，是委托驻厂监造的主要依据。

1.1.2 本大纲适用于石油化工工业使用的延迟焦化装置焦炭塔制造过程监造，同类设备可参照使用。

1.1.3 本大纲中具体技术要求如与采购技术文件不一致时，原则上应以采购技术文件为准。

1.2 监造工作的基本要求。

1.2.1 监造人员要求。

1.2.1.1 监造人员应与所在监造单位有正式劳动合同关系。

1.2.1.2 监造人员应严格依据监造委托合同，履行监造职责，完成监造任务。

1.2.1.3 监造人员应持有不低于中国设备监理协会颁发的专业设备监理师资格证书，监造人员有二年（或以上）的监造业务经验，在相应专业岗位工作三年以上。

1.2.1.4 监造人员应熟悉监造物资的制造工艺，掌握制造过程中的质量技术要求和检验试验关键控制点。

1.2.1.5 监造人员在监造活动过程中应遵守有关保密约定和规定。

1.2.1.6 监造人员应遵守制造厂 HSSE 或安全生产管理制度的相关规定，严格执行劳保着装和安全防护要求。

1.2.2 监造工作程序。

1.2.2.1 监造人员在开始监造的 10 个工作日内，对制造厂的人员资质、生产工艺、装备能力和质保体系运行情况进行检查和评估，并向委托方提供质量风险评估报告，明确风险等级（高、中、低、无）。

1.2.2.2 监造单位在收到采购技术文件后，10 个工作日内编制完成《监造大纲》。

1.2.2.3 监造单位在获得设计相关图纸、制造工艺、质量控制计划、生产进度计划后，15 日内编制完成《监造实施细则》。

1.2.2.4 监造人员应配备必要的用于平行检查且检定合格的检测器具。

1.2.2.5 监造人员应按委托方的通知或有关要求参加或组织召开预检验会议，与

制造厂对接确定检验试验计划和质量控制点，并经委托方确认。

1.2.2.6　监造人员应组织制造厂质量、技术、生产及经营（项目管理）等相关部门召开监理周例会，通报监造工作情况，协调解决质量进度问题，结合生产进度计划安排后续监造工作，并形成会议纪要。

1.2.2.7　监造人员在监造实施过程中，如发现质量隐患、质量问题以及可能影响交货期的重大因素时，应及时报委托方，并以书面形式通知制造厂，要求制造厂采取有效措施予以整改，若制造厂延误或拒绝整改时，可责令其停工。

1.2.2.8　对于原材料、外购件以及外协加工、外协检测和外协检验试验等过程，监造人员应重点审查质量证明文件、外协单位资质、人员资质、工艺文件和检验试验报告等。并依据监造实施细则和检验试验计划中设置的监造访问点，实施质量控制。

1.2.2.9　实施监造的物资经现场监造人员确认符合标准规范和订单约定后，按发货批次开具监造放行单，并报委托方。

1.2.2.10　全部监造工作完成后，应于30日内完成监造总结报告交付委托方。

1.3　监造单位应提交的文件资料。

1.3.1　目录（含页码）（必须）。

1.3.2　产品质量监造报告书（必须）。

1.3.3　监造工作总结（必须）。

1.3.4　监造大纲（必须）。

1.3.5　监造实施细则（必须）。

1.3.6　监造周报（必须）。

1.3.7　设计变更通知及往来函件（如有）。

1.3.8　监造工作联系单（如有）。

1.3.9　监理工程师通知单（如有）。

1.3.10　会议纪要（如有）。

1.3.11　监造放行单（必须）。

1.4　主要编制依据。

1.4.1　TSG 21　固定式压力容器安全技术监察规程。

1.4.2　GB/T 150　压力容器。

1.4.3　GB/T 26429　设备工程监理规范。

1.4.4　NB/T 47013　承压设备无损检测。

1.4.5　NB/T 47041　塔式容器。

1.4.6　Q/SHCG 11007—2016　焦碳塔采购技术规范。

1.4.7　国家及行业相关材料及无损检测标准。

1.4.8　采购技术文件。

2 原材料

2.1 主要钢种14Cr1MoR、15CrMoR板材；14Cr1MoR+410S、15CrMoR+0Cr13复合板材；14Cr1Mo、15Cr Mo锻件以及1Cr5Mo管材和锻件等材料。

2.2 依据采购技术文件审核主体材料（含焊材）质量证明书，材料牌号及规格、锻件级别、数量、供货商等应与采购技术文件规定一致。

2.3 主体材料应进行外观、热处理状态、材料标记检查。复合板表面不得有气泡、结疤、裂纹、夹杂、折叠、分层等缺陷。

2.4 筒体、封头（椭圆型、锥型）、锥段、下过渡段、上过渡段、底盖法兰、出焦口法兰、钻焦口上、下法兰、固定盘、管座、接管等主要承压件的化学成分、常温力学性能（含钢板复合后的力学性能）、高温力学性能、夏比冲击试验、晶粒度及非金属夹杂物（指锻件）、无损检验及试样数量、模拟热处理状态等应与采购技术文件规定一致。材料复验应按采购技术文件规定执行，监理工程师应现场见证。

2.5 裙座材料应符合相关标准和图样规定。

2.6 焊接材料和堆焊材料检验应符合采购技术文件要求。

2.7 凡在制造过程中改变热处理状态的承压元件，应重新进行性能热处理，其力学性能结果应符合母材的规定。

3 焊接

3.1 焊工作业必须持有相应类别的有效焊接资格证书。

3.2 制造厂应在产品施焊前，根据采购技术文件及NB/T 47015的规定完成焊接工艺评定。

3.3 主要焊接工艺评定至少覆盖基体焊接工艺评定、异种钢焊接工艺评定、堆焊工艺评定三大类。

3.4 焊接工艺评定报告应按采购技术文件规定报相关单位确认。

3.5 焊接作业应严格遵守焊接工艺规程。

3.6 焊接材料的选用要符合施工图规定。

3.7 Cr-Mo钢焊前应预热，焊后应及时消氢或消除应力处理。

3.8 焊接接头型式应符合施工图及焊接工艺要求。

3.9 复合板焊接接头坡口型式应符合施工图或采购技术文件规定。

3.10 焊接返修次数不得超过采购技术文件规定，所有的返修均应有返修工艺评定支持。

3.11 焊缝检查。

3.11.1 焊缝外观不允许存在咬边、裂纹、气孔、弧坑、夹渣、飞溅等缺陷。

3.11.2 接管角焊缝应采用全焊透结构，坡口型式应与施工图一致，焊角高符合施工图样规定。

3.11.3　A、B、D类焊缝（含热影响区、母材）最终热处理后应逐条进行硬度检测，按采购技术文件验收。

3.11.4　Cr-Mo钢焊缝应进行光谱分析，其合金元素应符合采购技术文件规定。

3.11.5　法兰密封面堆焊层应进行硬度检查，按采购技术文件验收。

4　无损检测

4.1　无损检测作业人员应持有相应类（级）别的有效资格证书。

4.2　承压板材（含复合板）的超声检测，按采购技术文件规定验收。

4.3　所有承压锻件粗加工后应进行超声检测，按采购技术文件规定验收。

4.4　所有承压锻件精加工后应进行磁粉检测，验收标准按NB/T 47013.4 Ⅰ级要求。

4.5　所有承压管件表面应进行磁粉检测，验收标准按NB/T 47013.4 Ⅰ级要求。

4.6　承压焊缝的无损检测。

4.6.1　A、B类焊缝（含裙座上Cr-Mo钢接头）焊后应进行100%射线检测，按NB/T 47013.2 Ⅱ级验收。

4.6.2　A、B、D类焊缝（含裙座上Cr-Mo钢接头）热处理后应进行100%超声检测，按NB/T 47013.3 Ⅰ级验收。

4.6.3　A、B、D类焊缝焊后、热处理后应进行100%磁粉检测，按NB/T 47013.4 Ⅰ级验收。

4.7　裙座Cr-Mo钢接头与碳钢接头的无损检验方法、探伤比例和验收级别按施工图或采购技术文件要求。

4.8　裙座与过渡段焊缝的磁粉检测按NB/T 47013.4标准或采购技术文件验收。

4.9　不锈钢堆焊层焊后、热处理后应进行100%渗透检测，按NB/T 47013.5 Ⅰ级验收。

4.10　焊接接头堆焊面焊后、热处理后应进行100%超声检查，按采购技术文件规定验收。

4.11　法兰密封面堆焊层应进行100%渗透检测，按NB/T 47013.5 Ⅰ级验收。

4.12　分段热处理后复合板母材应进行20%超声检测，按NB/T 47002—2009 B1级验收。

4.13　A、B类焊缝水压后应进行20%超声检测，按NB/T 47013.3 Ⅰ级验收。

4.14　A、B、D类焊缝水压后应进行20%磁粉检测，按NB/T 47013.4 Ⅰ级验收。

4.15　Inconel182堆焊面水压后应进行20%渗透检测，按NB/T 47013.5 Ⅰ级验收。

5　几何尺寸及外观

5.1　设备外形尺寸偏差应按NB/T 47041和采购技术文件验收。

5.2 封头瓣片冲压后尺寸及组焊后封头几何形状应进行检查。

5.3 弯管或弯头几何形状及尺寸应进行检查。

5.4 过渡段、底盖法兰、出焦口法兰、管座等加工尺寸应进行检查。

5.5 筒体下料长、宽允差和对角线允差应进行检查。

5.6 筒体（含锥体）加工或校圆后应进行外圆周长、圆度、棱角度检查。

5.7 复合板焊缝错边量不超过覆层厚度的一半，其余焊缝错边量应符合 GB/T 150 或采购技术文件规定。不等板厚削薄斜度应符合施工图要求。

5.8 所有不锈钢堆焊层厚度应进行检查。

5.9 管口方位及伸出高度应进行检查。

5.10 塔体的直线度、同心度、出焦口法兰与中心线的垂直度及出焦口法兰的圆度、平面度应进行检查。

5.11 基准圆必须在塔内、外作标记，并将此标记移植到分段设备的内外表面。

5.12 基准圆与塔体轴线的垂直度及基准圆平面度应进行检查。

5.13 裙座底环板的地脚螺栓孔及中心圆直径尺寸应进行检查。

5.14 分段、分片交货。

5.14.1 组焊前应进行预组装，组装尺寸应符合采购技术文件的要求。

5.14.2 对接焊缝的坡口尺寸及防护应符合采购技术文件的要求。

5.14.3 分段塔体应防止运输中变形。

5.15 现场合拢组焊前应进行工件外观、施工条件等检查，如转胎、焊接设备、焊材库、热处理设施，加热工具，检验检测仪器、起吊及运输设备等。

5.16 水压后应再次检查整塔垂直度并应符合施工图和采购技术文件的要求。

6 热处理及产品试件

6.1 最终热处理前检查。

6.1.1 所有的分段塔体连接件等应焊接完成。

6.1.2 塔体应进行内外表面外观检查，内、外焊缝应磨平，工装焊接件应清除干净。

6.1.3 筒体、椭圆封头组合件、锥型封头组合件进炉前应加装必要的防变形工装。

6.1.4 母材试板、焊接试板应齐全。

6.1.5 产品最终热处理前的各项检验应已完成。

6.2 最终热处理。

6.2.1 热处理工艺方案应按采购技术文件规定报相关单位确认。

6.2.2 热电偶的数量、布置及固定、热处理温度及时间等应按采购技术文件规定，主体焊缝应逐条记录中间热处理和最终热处理的次数、保温温度、保温时间及升降温速度。

6.2.3 每段分别进行焊后最终热处理。分段热处理重复加热段的位置、热电偶的数量、布置及固定、热处理温度及保温时间应进行记录。

6.2.4 现场合拢缝的最终热处理，其热处理设备、热电偶的数量、布置及固定、热处理温度及保温时间等应按采购技术文件规定。

6.2.5 现场合拢缝卧式组装时，其最终热处理应采用必要的工装，防止局部变形。

6.3 试板。

6.3.1 母材试板的性能应符合采购技术文件中材料的规定。

6.3.2 焊接试板的数量、检验项目及结果应符合采购技术文件和NB/T 47016的规定。

7 压力试验

7.1 水压试验压力、保压时间、水温、氯离子含量等应按施工图和采购技术文件规定。

8 涂装与发运

8.1 壳体外表面应除锈，符合采购技术文件规定。

8.2 壳体外表面应涂耐500℃及以上高温防锈漆，油漆按采购技术文件和施工图规定。

8.3 上、下部焦口螺栓，应涂500℃螺栓高温防烧剂。

8.4 所有接管至少用防水材料遮盖密封。

8.5 装箱及出厂文件检查。

9 主要外购外协件检验要求

9.1 主要外购外协件供应商应符合采购技术文件要求。

9.2 外购外协件进厂后，应进行尺寸、外观、标识及文件资料核查。

9.3 主要外协件应按采购技术文件要求，采取过程控制（如关键点访问监造）。

10 其它要求

10.1 材料代用及图纸变更应取得业主或设计单位的书面同意。

10.2 设备吊装后，其吊耳应清除磨平并进行磁粉检测。

10.3 其它特殊要求按采购技术文件执行。

11 焦炭塔驻厂监造主要质量控制点

11.1 文件见证点（R）：由监造人员对设备材料制造过程有关文件、记录或报告进行见证而预先设定的监造质量控制点。

11.2 现场见证点（W）：由监造人员对设备材料制造过程、工序、节点或结果进行现场见证而预先设定的监造质量控制点，且应包括相关文件见证点（R）质量控制内容。

11.3 停止点（H）：由监造人员见证并签认后才可转入下一个过程、工序或节点而预先设定的监造质量控制点，应包括相关现场见证点（W）和文件见证点（R）质量控制内容。

序号	零部件名称	监造内容	文件见证点（R）	现场见证（W）	停止点（H）
1	大、小筒节、锥段、下过渡段、裙座（Cr-Mo钢段）	1. 质量证明书审核：化学成分、力学性能（含钢板复合后的力学性能）、冲击性能、超声检测、热处理状态	R		
		2. 外观检查（表面、尺寸）、标记核对		W	
		3. 下料尺寸（长、宽允差和对角线允差）检查、坡口形式		W	
		4. 滚圆、拼缝、纵缝焊接、中间热处理		W	
		5. 校圆、几何形状（外圆周长、圆度、棱角度）、外观检查		W	
		6. 纵缝无损检测RT、MT		W	
		7. 承压焊缝里口堆焊层测厚及PT		W	
		8. 承压焊缝光谱分析（复合板外口焊缝、单板里口焊缝）		W	
2	封头（椭圆、锥形）	1. 质量证明书审核：化学成分、力学性能（含钢板复合后的力学性能）、冲击性能、超声检测、热处理状态	R		
		2. 外观检查（表面、尺寸）、标记核对、坡口形式		W	
		3. 冲压后几何尺寸及厚度		W	
		4. 冲压后性能热处理及母材试板力学性能	R		
		5. 冲压后母材无损检测UT	R		
		6. 对接焊缝无损检测RT、UT、MT	R		
		7. 对接焊缝里口堆焊INCONEL182		W	
		8. 堆焊层测厚及PT	R		
		9. 焊缝光谱分析（复合板外口、单板里口）		W	
		10. 封头形状尺寸（外圆周长、圆度、直径）		W	
3	上过渡段、底盖法兰、出焦口法兰、钻焦口上法兰、钻焦口下法兰、法兰、固定盘、管座、加强接管、承压管件	1. 质量证明书审核，包括：热处理状态、化学成分、力学性能、冲击性能、晶粒度及非金属夹杂物、超声检测	R		
		2. 精加工后尺寸及MT检测	R		
		3. 上过渡段拼缝焊接、中间热处理		W	
		4. 上过渡段拼接焊缝RT、UT、MT	R		

（续表）

序号	零部件名称	监造内容	文件见证点（R）	现场见证（W）	停止点（H）
3	上过渡段、底盖法兰、出焦口法兰、钻焦口上法兰、钻焦口下法兰、法兰、固定盘、管座、加强接管、承压管件	5. 里口焊缝堆焊INCONEL182及PT	R		
		6. 上过渡段拼缝外口光谱分析		W	
		7. 接管、法兰堆焊层测厚及PT		W	
		8. 法兰密封面硬度测试、外观检查		W	
		9. 承压管件几何形状（尺寸、厚度）检查		W	
		10. 承压管件磁粉检测	R		
4	M36及以上螺栓	1. 质量证明书审核，包括：化学成分、力学性能	R		
		2. 无损检验（UT/MT）	R		
		3. 尺寸及精度检查		W	
5	裙座	1. 材料质量证明书审查	R		
		2. 筒节几何形状及纵、环焊缝RT、MT		W	
		3. 基础模板和底板地脚螺栓孔及中心圆尺寸		W	
6	总装	1. 环缝坡口形状及尺寸检测		W	
		2. A/B/D类焊缝焊后RT、MT	R		
		3. A/B/D类焊缝里口堆焊层PT	R		
		4. 塔体环缝错边量、直线度和同轴度检查		W	
		5. 管口方位、标高、整体尺寸检查		W	
		6. 整塔垂直度检查		W	
		7. 基准线与顶部切线间距检查		W	
		8. 裙座底面与基准线的间距检查		W	
		9. 设备内外表面外观检查		W	
		10. 基准圆标记检查		W	
		11. 出焦口法兰平面度、圆度检查		W	
7	热处理	1. 热处理前设备外观检查		W	
		2. 热处理工艺审查	R		
		3. 分段最终热处理、合拢缝最终热处理检查		W	
		4. 热处理后塔体直线度检查		W	
		5. 热处理后A/B/D类焊缝UT、MT	R		
		6. 裙座与壳体连接焊缝最终热处理后MT	R		
		7. 热处理后所有堆焊及覆层接头PT	R		
		8. 热处理后A/B/D类焊缝、母材、热影响区硬度检查	R		

（续表）

序号	零部件名称	监造内容	文件见证点（R）	现场见证（W）	停止点（H）
8	试板	1. 母材性能热处理试板检查	R		
		2. 产品焊接试板检查	R		
9	压力试验（安装现场）	1. 壳体水压试验			H
		2. 内部清洁度检查		W	
		3. 壳体 A/B/D 类焊缝水压后 20%MT、UT	R		
		4. 覆层堆焊面 20%PT	R		
		5. 裙座与壳体连接焊缝水压后 MT	R		
		6. 整塔垂直度复测		W	
10	出厂检验	1. 分段出厂前预组装		W	
		2. 分段塔体环缝坡口尺寸及防护		W	
		3. 法兰密封面外观检查		W	
		4. 除锈、油漆检查		W	
		5. 管口保护及包装检查		W	
		6. 标记检查		W	

现场组焊大型塔器监造大纲

目 录

前　言 …………………………………………………………………… 493
1　总则 …………………………………………………………………… 494
2　原材料 ………………………………………………………………… 496
3　焊接 …………………………………………………………………… 496
4　无损检测 ……………………………………………………………… 497
5　几何尺寸及外观 ……………………………………………………… 498
6　热处理及产品试件 …………………………………………………… 499
7　耐压试验 ……………………………………………………………… 501
8　涂装与发运 …………………………………………………………… 501
9　主要外购外协件检验要求 …………………………………………… 501
10　其他要求 ……………………………………………………………… 501
11　现场组焊大型塔器监造主要质量控制点 …………………………… 501

前　言

《现场组焊大型塔器监造大纲》参照 GB/T 1.1—2009《标准化工作导则　第 1 部分：标准的结构和编写》给出的规则起草。

本大纲由中国石油化工集团有限公司物资装备部提出。

本大纲为首次发布。

本大纲起草单位：南京三方化工设备监理有限公司。

本大纲起草人：赵清万、李辉、易锋、陈琳、王常青。

现场组焊大型塔器监造大纲

1 总则

1.1 内容和适用范围。

1.1.1 本大纲主要规定了采购单位（或使用单位）对现场组焊大型塔器制造过程监造的基本内容及要求，是委托驻厂监造的主要依据。

1.1.2 本大纲适用于石油化工工业使用的钢制现场组焊大型塔器（焦炭塔除外）制造过程监造，同类设备可参照使用。

1.1.3 本大纲中具体技术要求如与采购技术文件不一致时，原则上应以采购技术文件为准。

1.2 监造工作的基本要求。

1.2.1 监造人员要求。

1.2.1.1 监造人员应与所在监造单位有正式劳动合同关系。

1.2.1.2 监造人员应严格依据监造委托合同，履行监造职责，完成监造任务。

1.2.1.3 监造人员应持有不低于中国设备监理协会颁发的专业设备监理师资格证书，监造人员有二年（或以上）的监造业务经验，在相应专业岗位工作三年以上。

1.2.1.4 监造人员应熟悉监造物资的制造工艺，掌握制造过程中的质量技术要求和检验试验关键控制点。

1.2.1.5 监造人员在监造活动过程中应遵守有关保密约定和规定。

1.2.1.6 监造人员应遵守制造厂HSSE或安全生产管理制度的相关规定，严格执行劳保着装和安全防护要求。

1.2.2 监造工作程序。

1.2.2.1 监造人员在开始监造的10个工作日内，对制造厂的人员资质、生产工艺、装备能力和质保体系运行情况进行检查和评估，并向委托方提供质量风险评估报告，明确风险等级（高、中、低、无）。

1.2.2.2 监造单位在收到采购技术文件后，10个工作日内编制完成《监造大纲》。

1.2.2.3 监造单位在获得设计相关图纸、制造工艺、质量控制计划、生产进度计划后，15日内编制完成《监造实施细则》。

1.2.2.4 监造人员应配备必要的用于平行检查且检定合格的检测器具。

1.2.2.5 监造人员应按委托方的通知或有关要求参加或组织召开预检验会议，与

制造厂对接确定检验试验计划和质量控制点，并经委托方确认。

1.2.2.6 监造人员应组织制造厂质量、技术、生产及经营（项目管理）等相关部门召开监理周例会，通报监造工作情况，协调解决质量进度问题，结合生产进度计划安排后续监造工作，并形成会议纪要。

1.2.2.7 监造人员在监造实施过程中，如发现质量隐患、质量问题以及可能影响交货期的重大因素时，应及时报委托方，并以书面形式通知制造厂，要求制造厂采取有效措施予以整改，若制造厂延误或拒绝整改时，可责令其停工。

1.2.2.8 对于原材料、外购件以及外协加工、外协检测和外协检验试验等过程，监造人员应重点审查质量证明文件、外协单位资质、人员资质、工艺文件和检验试验报告等。并依据监造实施细则和检验试验计划中设置的监造访问点，实施质量控制。

1.2.2.9 实施监造的物资经现场监造人员确认符合标准规范和订单约定后，按发货批次开具监造放行单，并报委托方。

1.2.2.10 全部监造工作完成后，应于30日内完成监造总结报告交付委托方。

1.3 监造单位应提交的文件资料。

1.3.1 目录（含页码）（必须）。

1.3.2 产品质量监造报告书（必须）。

1.3.3 监造工作总结（必须）。

1.3.4 监造大纲（必须）。

1.3.5 监造实施细则（必须）。

1.3.6 监造周报（必须）。

1.3.7 设计变更通知及往来函件（如有）。

1.3.8 监造工作联系单（如有）。

1.3.9 监造工程师通知单（如有）。

1.3.10 会议纪要（如有）。

1.3.11 监造放行单（必须）。

1.4 主要编制依据。

1.4.1 TSG 21—2016 固定式压力容器安全技术监察规程。

1.4.2 GB/T 26429 设备工程监理规范。

1.4.3 GB/T 150 压力容器。

1.4.4 GB/T 25198 压力容器封头。

1.4.5 NB/T 47041 塔式容器。

1.4.6 NB/T 47014 承压设备用焊接工艺评定。

1.4.7 NB/T 47016 承压设备产品焊接试件力学性能试验。

1.4.8 JB 1205—2001 塔盘技术条件。

1.4.9 JB 4732—1995 钢制压力容器分析设计（2005年确认）。

1.4.10　NB/T 47013.1～NB/T 47013.13 承压设备无损检测。

1.4.11　采购技术文件。

2　原材料

2.1　主要钢种包括碳钢、低合金钢、不锈钢、低温钢及复合板等。

2.2　依据采购技术文件审核主体材料（含焊材）质量证明书，材料牌号及规格、锻件级别、数量、供货商等应与采购技术文件规定一致。

2.3　对主体材料应进行外观、热处理状态、材料标记检查。

2.4　筒体、封头、进出口法兰及盖、法兰接管等主要承压件的化学成分、常温力学性能、高温力学性能、夏比冲击试验、晶间腐蚀试验、供货状态等应符合 GB/T 150 及采购技术文件规定。材料复验应按采购技术文件规定，监理工程师应现场见证。

2.5　裙座、塔内件以及其它非受压元件等应符合相关材料标准，采购技术文件的要求。

2.6　焊接材料应符合 NB/T 47018 或 ASME SECII 的要求，且不低于采购技术文件的要求。

2.7　凡在制造过程中改变热处理状态的受压元件，应重新进行恢复性能热处理，其力学性能、晶间腐蚀试验结果应符合母材的有关规定。

3　焊接

3.1　焊工作业必须持有相应类别的有效焊接资格证书。

3.2　制造厂应在产品施焊前，根据采购技术文件及 NB/T 47014 的规定完成焊接工艺评定。

3.3　主要焊接工艺评定至少覆盖基体焊接、异种钢焊接、堆焊三大类。包含以下焊缝：受压元件焊缝、与受压元件相焊的焊缝、熔入永久焊缝内的定位焊缝、受压元件母材表面堆焊与补焊，以及上述焊缝的返修焊缝。

3.4　焊接工艺评定报告应按采购技术文件规定报相关单位确认。

3.5　焊接作业应严格遵守焊接工艺规程。

3.6　焊接材料的选用要符合施工图规定。

3.7　焊接接头型式应符合采购技术文件或焊接工艺规程要求。

3.8　复合板焊接接头坡口型式应符合采购技术文件规定。

3.9　焊接返修次数不得超过采购技术文件规定，所有焊接返修前审查是否具有经过审批的焊接返修方案，且焊接工艺是否具有焊接工艺评定支持。设备热处理后如进行焊接返修，需征得用户同意，返修后还需对返修部位重新热处理。

3.10　焊缝检查。

3.10.1　焊缝外观不允许存在咬边、裂纹、气孔、弧坑、夹渣、飞溅等缺陷。

3.10.2 塔内件与塔壁的焊接、支撑圈与塔壁的焊接型式应符合采购技术文件要求。

3.10.3 接管角焊缝应采用全焊透结构，坡口型式应与采购技术文件或焊接工艺规程一致，其焊角高应符合施工图样规定。

3.10.4 塔内件的焊角高（除注明外）应不低于薄板厚度并符合施工采购技术文件规定。

3.10.5 垫板与塔外壁的角焊缝应圆滑过渡，焊角高应符合采购技术文件和相关标准规定。

3.10.6 裙座与筒体或封头的连接焊缝应采用全焊透连续焊接。

3.10.7 焊缝的PMI检测应符合采购技术文件规定。

3.11 现场组焊。

3.11.1 施工现场必须设立符合标准和质保体系要求的焊接材料一级库和二级库。

3.11.2 现场施焊根据条件尽量搭建临时厂房，露天焊接时应采取防风防雨措施，气体保护焊风速小于2m/s，其他焊接方法风速小于10m/s。

3.11.3 环境湿度大于90%，焊件温度低于-20℃时，不允许施焊。当焊件温度为-20~0℃时，应在始焊处100mm范围内预热到15℃以上。

3.11.4 对有预热要求、消氢要求焊缝，需一次性焊完，不允许焊接过程中中途停止焊接。焊接时应控制道间温度不低于预热温度。

3.11.5 焊接过程严格按照焊接工艺施焊，做好焊接记录，标记焊工代号。

3.11.6 现场条件允许的情况下，优先采用分段立式组焊筒体纵、环缝。

4 无损检测

4.1 无损检测作业人员应持有相应类（级）别的有效资格证书。

4.2 承压部件所用板材的超声检测，按采购技术文件规定。

4.3 承压焊缝的无损检测。

4.3.1 A、B类焊缝应进行射线或超声检测，检测比例和验收级别应符合采购技术文件规定。

4.3.2 进行100%检测的A、B类焊缝，是否需进行另一种检测方法复查，应按GB/T150、采购技术文件规定。

4.3.3 C、D类焊缝的无损检测方法、检测比例和验收级别按采购技术文件规定执行。

4.3.4 吊耳与塔体焊缝、尾吊与裙座焊缝及裙座与塔体焊缝应进行100%磁粉检测或渗透检测，按NB/T 47013 Ⅰ级验收。

4.3.5 不锈钢及复合板覆层焊缝无损检测方法、检测比例和验收级别按采购技术文件规定执行。

5 几何尺寸及外观

5.1 设备外形尺寸偏差应按 NB/T 47041、采购技术文件验收。

5.2 筒体下料长、宽允差和对角线允差应进行抽查。

5.3 筒体（含锥体）加工或校圆后应进行外圆周长、圆度、棱角度检查。

5.4 筒体环缝组对后焊接前应对筒体环缝处圆度进行检查。

5.5 分段筒体热处理前后需逐层对支撑圈处圆度进行核查。

5.6 分段筒体端部断面的圆度和不平度进行核查。

5.7 分段筒体高度允许偏差检查。

5.8 复合板筒体纵、环缝对口错边量进行检查。

5.9 补强管加工尺寸应进行检查。

5.10 开孔划线尺寸及位置应进行检查。

5.11 管口方位及伸出高度应进行检查。

5.12 壳体直线度与同轴度应进行检查。

5.13 基准圆应在塔内、外作永久性标记，并将此标记移植到分段设备的内外表面。

5.14 基准圆与塔体轴线的垂直度及基准圆平面度应进行检查。

5.15 塔盘的定位尺寸检查应以支撑圈上表面为准。

5.16 塔盘支撑圈应对称点焊，无拘束端必须点焊，点焊密度和长度按焊接变形调整。塔盘支撑圈局部平面度及整板平面度应按采购技术文件验收。

5.17 可拆卸塔盘应按类型、规格在制造场地进行预组装。

5.18 相邻支撑圈的间距及任意两支撑圈的间距应进行检查。

5.19 降液板、塔盘板、连接板等内件进行尺寸、标高检查。降液板装配应采用工装。协调组织内件供应商对塔体的尺寸进行联合实测。

5.20 液位计装配组焊必须采用工装，直至焊接结束后方可拆除。液位计接口间距及周向位置、接管伸出长度及法兰面垂直度应进行检查。

5.21 塔外壁预焊件装焊尺寸应进行检查。

5.22 裙座基础模板和底板的地脚螺栓孔及中心圆直径尺寸应进行检查。如需参与热处理，该尺寸须在热处理后复查。

5.23 设备出厂前对封闭腔（如有）应进行内窥镜检查。

5.24 分段交货现场合拢塔器。

5.24.1 出厂前应进行整体预组装，组装尺寸应符合采购技术文件要求。

5.24.2 与分段处相邻塔盘的支持圈和降液板应进行点固焊，以利现场安装组焊。

5.24.3 对接焊缝的坡口按焊接工艺加工，检查坡口尺寸。焊接坡口表面及其内外侧 50mm 范围内清除底漆，并涂可焊性涂料。

5.24.4 分段塔体的加固支撑应能防止运输变形，尤其分段处端口须设置防变形工装。

5.24.5 分段筒体出厂发运前需对管口方位进行复核。

5.24.6 分段筒体现场组对错边量检查。

5.24.7 分段筒体现场组对塔盘支撑圈尺寸复查。

5.24.8 分段筒体现场组对时重点检查塔体直线度和垂直度。

5.25 分片交货现场组焊塔器。

5.25.1 板材在下料前检查板材表面质量，板材表面标识清晰，板面平整，不允许有裂纹、气泡、结疤、折叠、夹渣和明显的划痕等缺陷，不允许有严重的氧化皮残留。

5.25.2 在下料前板材需进行喷砂处理，去除表面污物、轻微的氧化皮，喷涂防锈漆，并做好材料移植标识。

5.25.3 在下料前，检查划线尺寸，按工艺要求尺寸检查板材厚度、料板材边长、对角线长度。

5.25.4 板片在下料后按焊接图纸要求机加工焊接坡口，检查坡口尺寸。焊接坡口表面及其内外侧50mm范围内清除底漆，并涂可焊性涂料。

5.25.5 封头板片压制后用样板检查曲率，样板与板片间距按制造单位工艺要求验收。封头板片压制后测量长度方向、宽度方向尺寸，以及对角线弦长允差、两弦之间的距离，按制造单位工艺验收。

5.25.6 封头板片检查合格后进行预组装，用样板检查组对错边量、棱角度，并检验封头整体尺寸。预组装检查合格，每片板片做好标识，便于现场原样组装。

5.25.7 筒体板片压制后测量长度方向、宽度方向尺寸，以及对角线弦长允差、两弦之间的距离，按制造单位工艺验收。

5.25.8 筒体板片检查合格后进行预组装，用样板检查组对错边量、棱角度，并检验筒节椭圆度。预组装检查合格，每片板片按排版图做好标识，便于现场原样组装。

5.25.9 板片的发货按照现场组焊顺序需要发货，避免发货顺序颠倒，造成板片现场堆积返锈、磕碰损伤。

5.25.10 板片发货时建议立式装车，必要时加固支撑防止运输变形。

5.26 现场合拢组焊前应对工件外观、施工条件等进行检查，包括转胎、焊接设备、焊材库、热处理设施、加热工具、检验检测仪器、起吊及运输设备等。

6 热处理及产品试件

6.1 分段交货现场合拢塔器需在厂内对分段的塔体进行最终热处理，现场合拢缝进行局部热处理，热处理检查事项如下。

6.1.1 分段最终热处理前所有的塔体连接件等应焊接完毕。

6.1.2 分段最终热处理前塔器应进行内外表面外观检查，全部工装焊接件应清除干净。

6.1.3 母材试件、产品焊接试件应齐全。

6.1.4 产品最终热处理前的各项检验应已完成。

6.1.5 筒体、封头、锥体等进炉前应加装必要的防变形工装。卧式热处理防变形工装须包含大于150°包角的支撑鞍座，支撑鞍座曲率应与筒体曲率吻合，且在热处理温度下具备支撑设备的强度，多次重复使用的鞍座需校核强度。建议立式分段热处理。

6.1.6 合拢缝局部热处理需编制单独的热处理工艺，以便对局部热处理进行有效控制。

6.2 分片交货现场组焊塔器的热处理。

6.2.1 塔器以现场分段整体热处理和合拢缝局部热处理的方式进行。

6.2.2 根据焊接工艺和热处理工艺，搭建现场热处理炉，炉子的尺寸根据塔器分段情况和外径尺寸确定，以电加热和天然气加热方式为宜。当采取其他热处理工艺（如内燃法），须征得设计院和业主的同意，工艺方法得到有效评估后方可使用。

6.2.3 现场分段最终热处理前所有的塔体连接件等应焊接完毕。

6.2.4 现场分段最终热处理前塔器应进行内外表面外观检查，全部工装焊接件应清除干净。

6.2.5 母材试件、产品焊接试件应齐全。

6.2.6 产品最终热处理前的各项检验应已完成。

6.2.7 筒体、封头、锥体等进炉前应加装必要的防变形工装。卧式热处理防变形工装须包含大于150°包角的支撑鞍座，支撑鞍座曲率应与筒体曲率吻合，且在热处理温度下具备支撑设备的强度，多次重复使用的鞍座需校核强度。

6.2.8 合拢缝局部热处理需编制单独的热处理工艺，以便对局部热处理进行有效控制。

6.3 最终热处理和局部热处理工艺。

6.3.1 热处理工艺方案应按采购技术文件规定报相关单位确认。

6.3.2 热电偶的数量、布置及固定、热处理温度及时间等应按热处理工艺方案规定，并记录最终热处理的保温温度、保温时间及升降温速度。

6.3.3 分段热处理重复加热段的位置、热电偶的数量、布置及固定、热处理温度及保温时间应进行记录。

6.3.4 现场合拢缝的最终热处理设备、热电偶的数量、布置及固定、热处理温度及保温时间等应符合热处理工艺方案规定。

6.4 试件。

6.4.1 母材试件的性能应符合采购技术文件规定。

6.4.2 产品焊接试件的数量、检验项目及结果应符合采购技术文件和NB/T 47016的规定。

6.5 不锈钢塔器热处理应符合采购技术文件规定。

7 耐压试验

7.1 耐压试验压力、保压时间、水温、氯离子含量等应符合采购技术文件规定。

7.2 需制定现场组焊塔器水压试验规程,内容包括塔器安放方式、分阶段注水方式、水压试验过程中塔器各支撑点的沉降测量方式、紧急情况处理预案等内容。

7.3 耐压试验如采用卧置形式,建议采用气压或气液混合形式;如需水压试验,需督促制造厂核查地基强度,同时根据强度校核确定水压试验支撑鞍座的数量、鞍座的宽度、鞍座的包角尺寸和防变形措施等。

8 涂装与发运

8.1 塔体外表面除锈、油漆应符合采购技术文件规定。

8.2 不锈钢及复合板塔器酸洗、钝化应符合采购技术文件规定。

8.3 所有接管至少用防水材料遮盖密封。

8.4 塔盘及主梁应逐层作标记,塔盘装箱应清点数量并与装箱清单一致。

8.5 塔体充氮保护应按采购技术文件规定执行。

9 主要外购外协件检验要求

9.1 主要外购外协件供应商应符合采购技术文件要求。

9.2 外购外协件进厂后,应进行尺寸、外观、标识及文件资料核查。

9.3 主要外协件应按采购技术文件要求,采取过程控制(如关键点访问监造)。

10 其他要求

10.1 材料代用及图纸变更应取得业主或设计单位的书面同意。

10.2 其它特殊要求按采购技术文件执行。

11 现场组焊大型塔器监造主要质量控制点

11.1 文件见证点(R):由监造人员对设备材料制造过程有关文件、记录或报告进行见证而预先设定的监造质量控制点。

11.2 现场见证点(W):由监造人员对设备材料制造过程、工序、节点或结果进行现场见证而预先设定的监造质量控制点,且应包括相关文件见证点(R)质量控制内容。

11.3 停止点(H):由监造人员见证并签认后才可转入下一个过程、工序或节点而预先设定的监造质量控制点,应包括相关现场见证点(W)和文件见证点(R)质量控制内容。

序号	零部件名称	监造内容	文件见证点（R）	现场见证点（W）	停止点（H）
1	资质审查	1. 制造单位设计、制造资质审查	R		
		2. 制造厂质保体系审查		W	
		3. 焊工资格审查	R		
		4. 无损检测人员资质审查	R		
		5. 其它人员（如理化）资质审查	R		
		6. 对该产品制造所需装备能力及完好性检查		W	
2	工艺文件	1. 审查焊接工艺评定	R		
		2. 审查焊接工艺规程（焊接排版图、板片编号图）	R		
		3. 审查无损检测工艺文件	R		
		4. 审查圆度控制方案	R		
		5. 审查基准圆划线方案	R		
		6. 审查热处理工艺文件（整体热处理、局部热处理）	R		
		7. 审查制造厂检验计划	R		
		8. 审查耐压试验方案和规程	R		
		9. 审查试车方案	R		
		10. 审查涂装工艺	R		
		11. 审查包装运输方案	R		
3	板片、筒体	1. 质量证明书审核，包括：化学成分、力学性能、冲击性能、晶间腐蚀试验（如有）	R		
		2. 超声检测	R		
		3. 下料尺寸（长、宽允差和对角线允差）及坡口加工抽查		W	
		4. 滚圆、压形		W	
		5. 纵、环缝焊接（分段发运塔器）		W	
		1）校圆、几何形状（外圆周长、圆度、棱角度）检查		W	
		2）纵缝外观、无损检验（RT）		W	
		6. 预组装（分片发运塔器，错边量、棱角度、整体尺寸、逐块编号标识）			H
		7. 发运（按现场需要，顺序发运）		W	
4	封头	1. 质量证明书审核：化学成分、力学性能、冲击性能、晶间腐蚀试验（如有）	R		

（续表）

序号	零部件名称	监造内容	文件见证点（R）	现场见证点（W）	停止点（H）
4	封头	2. 超声检测	R		
		3. 复合板坡口型式		W	
		4. 冲压后形状尺寸（边长、对角线误差、对角线间间距）		W	
		5. 成型后性能热处理及母材试件力学性能（对热压）	R		
		6. 预组装（错边量、棱角度、整体尺寸、逐块编号标识）			H
5	法兰、补强管、弯管	1. 质量证明书审核：化学成分、力学性能、冲击性能、硬度	R		
		2. 超声检测（如有要求）	R		
		3. 加工后尺寸		W	
		4. 弯管成型后几何形状（尺寸、厚度）		W	
		5. 弯管成型后无损检验（MT/PT）	R		
6	塔内件	1. 质量证明书审核：化学成分、力学性能、晶间腐蚀试验（如有）	R		
		2. 几何尺寸及外观检查		W	
7	M36及以上螺栓	1. 质量证明书审核：化学成分、力学性能	R		
		2. 无损检验（UT/MT）	R		
		3. 尺寸及精度检查		W	
8	裙座	1. 材料质量证明书审查	R		
		2. 机加工后形状及尺寸	R		
		3. 筒节滚圆及纵、环缝无损检测（RT/UT）	R		
		4. 基础模板和底板地脚螺栓孔及中心圆尺寸		W	
9	总装	1. 板片组对、焊接（分片发运塔器）		W	
		1）校圆、几何形状（外圆周长、圆度、棱角度）检查		W	
		2）纵缝外观、无损检验（RT或TOFD）		W	
		2. 环缝坡口形状及尺寸检查		W	
		3. 环缝组对后环缝圆度			H
		4. 壳体A/B类焊缝RT、UT、MT	R		
		5. 壳体D类焊缝UT、MT		W	

（续表）

序号	零部件名称	监造内容	文件见证点（R）	现场见证点（W）	停止点（H）
9	总装	6. 环缝错边量、筒体直线度和同轴度检查			H
		7. 管口方位、整体尺寸检查			H
		8. 基准线与顶部切线间距检查			H
		9. 裙座底面与基准线的间距检查		W	
		10. 液位计管间距、周向位置、伸出高度、垂直度检查			H
		11. 设备内、外表面外观检查		W	
		12. 内件与塔体组焊方位、尺寸、外观检查		W	
		13. 支撑圈与塔体角焊缝 MT/PT（如有）		W	
		14. 塔盘支撑圈的水平度检查（如有）		W	
		15. 相邻支撑圈间距、任意支撑圈间距检查（如有）		W	
		16. 垫板与塔外壁组焊尺寸及方位检查		W	
		17. 基准圆标记检查			H
		18. 分段出厂前整体预组装（分段发运塔器）		W	
		19. 分段出厂塔体环缝坡口尺寸及防护（分段发运塔器）		W	
		20. 塔内封闭腔内窥镜检查		W	
10	热处理	1. 热处理前设备外观检查		W	
		2. 热处理前防变形支撑工装检查		W	
		3. 热处理工艺审查	R		
		4. 热电偶的数量、布置及固定检查		W	
		5. 整体最终热处理、分段及合拢缝最终热处理检查		W	
		6. 热处理后塔体直线度、塔内支持圈尺寸检查		W	
		7. 热处理后 A/B/C/D 类焊缝无损检测	R		
		8. 热处理后 A/B/D 类焊缝硬度检测	R		
		9. 热处理后支撑圈处塔体圆度核查		W	
11	塔内件组装	1. 塔盘的定位尺寸检查		W	
		2. 塔盘等内件组焊后尺寸的检查		W	
		3. 塔内件焊角高度检查		W	
		4. 塔盘预组装检查		W	
		5. 塔盘安装标记检查		W	

（续表）

序号	零部件名称	监造内容	文件见证点（R）	现场见证点（W）	停止点（H）
12	试件	1. 母材性能热处理试件检查	R		
		2. 产品焊接试件检查	R		
13	耐压试验	1. 壳体水压试验			H
		2. 耐压支撑工装的检查			H
		3. 内部清洁度检查		W	
14	最终检验	1. 法兰密封面外观检查		W	
		2. 除锈、油漆检查		W	
		3. 酸洗、钝化（如有）		W	
		4. 管口保护及包装检查		W	
		5. 铭牌检查		W	
		6. 备品备件检查		W	
		7. 资料审查	R